普通高等教育"十二五"规划教材

机械设计基础教程

康凤华　张　磊　主编

北　京

冶金工业出版社

2016

内 容 提 要

本书共分 14 章,内容包括:平面机构的结构分析、平面连杆机构设计、凸轮机构及其设计、常用步进传动机构设计、连接、带传动和链传动、齿轮机构、齿轮传动、轮系及其设计、蜗杆传动、轴的设计、轴承、联轴器和离合器、机构组合与创新。各章均附有一定数量的思考题与习题,以巩固所学内容。

本书可作为高等学校工科近机械类和非机械类及高职高专机电工程类各专业机械设计基础课程的教学用书,也可供相关专业的师生和现场技术人员参考。

图书在版编目(CIP)数据

机械设计基础教程/康凤华,张磊主编 . —北京:冶金工业出版社,2011.8 (2016.8 重印)
普通高等教育"十二五"规划教材
ISBN 978-7-5024-5695-5

Ⅰ. ①机… Ⅱ. ①康… ②张… Ⅲ. ①机械设计—高等学校—教材 Ⅳ. ①TH122

中国版本图书馆 CIP 数据核字(2011)第 159864 号

出 版 人 谭学余
地 址 北京市东城区嵩祝院北巷 39 号 邮编 100009 电话 (010)64027926
网 址 www. cnmip. com. cn 电子信箱 yjcbs@ cnmip. com. cn
责任编辑 程志宏 郭冬艳 美术编辑 李 新 版式设计 孙跃红
责任校对 卿文春 责任印制 牛晓波
ISBN 978-7-5024-5695-5
冶金工业出版社出版发行;各地新华书店经销;北京印刷一厂印刷
2011 年 8 月第 1 版,2016 年 8 月第 2 次印刷
787mm×1092mm 1/16;19.75 印张;473 千字;300 页
39.00 元
冶金工业出版社 投稿电话 (010)64027932 投稿信箱 tougao@cnmip. com. cn
冶金工业出版社营销中心 电话 (010)64044283 传真 (010)64027893
冶金书店 地址 北京市东四西大街 46 号(100010) 电话 (010)65289081(兼传真)
冶金工业出版社天猫旗舰店 yjgycbs. tmall. com
(本书如有印装质量问题,本社营销中心负责退换)

前　言

本书是根据当前教学改革的需要，在吸收各高校近年来教学改革成果的基础上，结合编者多年教学实践经验和体会编写的。与同类教材相比，本书具有如下特点：

1. 本书以培养应用型人才为出发点，其基础理论知识以必需、够用为度，力求简单、实用，略去了大量的理论推导及纯理论的公式与定理。对内容进行了合理的整合，对设计类问题也尽可能做到简化，而更多地论述生产实际中大量遇到的应用问题，使内容易学、易懂。

2. 应用性、实用性强。为加强应用型人才培养，本教材贯彻应用及实用原则，典型机械传动和通用零部件部分适当编入了使用与维护方面的知识，在例题与习题的安排上注重培养学生分析问题和解决问题的能力。

3. 本教材为拓宽知识面和增加学科新内容，编写了第 14 章机构组合与创新，以培养学生创新能力，通过本章的学习，可提高学生分析、设计和创新机械的能力。

参加本书编写工作的有康凤华（绪论、第 1 章、第 2 章、第 14 章、第 12 章第 6 节）、王凤兰（第 3 章、第 4 章）、潘苏蓉（第 5 章）、张磊（第 6 章）、吴洁（第 7 章、第 11 章、第 12 章第 1 节至第 5 节）、宗振奇（第 8 章、第 10 章）、宿苏英（第 9 章、第 13 章）。全书由康凤华、张磊任主编，吴洁主审。

由于作者水平有限，不当之处敬请读者给予批评指正。

编　者

2011 年 5 月

目　录

绪　论

0.1　机械工业在现代化建设中的作用

机械工业肩负着为国民经济各个部门提供技术装备的重要任务。机械工业的生产水平是一个国家现代化建设水平的主要标志之一。国家的工业、农业、国防和科学技术的现代化程度都与机械工业的发展程度相关。人们之所以要广泛使用机器是由于机器既能承担人力所不能或不便进行的工作，又能比人工生产改进产品的质量，能够大大提高劳动生产率和改善劳动条件。同时，不论是集中进行的大量生产还是多品种、小批量生产，都只有使用机器才便于实现产品的标准化、系列化和通用化，实现产品生产的高度机械化、电气化和自动化。因此，大量设计制造和广泛使用各种各样先进的机器是促进国民经济发展，加速国家现代化建设的一个重要内容。

0.2　本课程研究的对象和内容

在进入本课程学习以前，首先需要了解一些基本概念及专业术语，如零件、构件、机构、机器和机械等，然后才能具体地讨论本课程所研究的对象和内容，从而进一步明确学习本课程的目的及学习中应注意的事项。

0.2.1　几个术语

（1）零件　任何机器都是由许多零件组成的，若将一部机器拆卸，拆卸到不可再拆的最小单元就是零件。如从制造工艺角度来看，零件是加工的最小单元。

（2）构件　一个构件通常是由若干零件组成的，如内燃机中的连杆，其结构如图0-1所示，它由连杆体1、连杆头2、轴套3、轴瓦4、螺栓5和螺母6等零件组成。这些零件刚性地联接在一起组成一个刚性系统，机器运动时作为一个整体来运动。所以，构件是由若干零件组成的一个刚性系统，是运动的最小单元。当然有的构件仅由一个零件所组成。

（3）机构　机构是由若干构件组成的一个人为的构件组合体，机构的功用在于传递运动或改变运动的形式。如图0-2所示的连杆机构，就是将曲柄1的回转运动转变为摇杆3的往复摆动；而图0-3所示的凸轮机构，能将凸轮1的连续回转运动转变为推杆（锤头）2的往复直线运动；图0-4所示的齿轮机构，则是通过一对相互啮合的齿轮，将轴1的回转运动传递给轴2。组成机构的各构件之间的相对运动是有规律的（是一个变量或多个变量的函数）。

（4）机器　机器是由若干机构组成的。机器的类型虽然很多，但组成机器的常用机构的类型并不多，如常见的机床、起重机、缝纫机、内燃机等机器，都是由连杆机构、齿轮机构、凸轮机构、带传动等常用机构组合而成的。机器可用来变换或传递能量、物料和信息。如电动机或发电机用来变换能量、加工机械用来变换物料的状态、起重运输机械用来传递物料、计算机则用来变换信息等。

（5）机械　一般常将机器和机构总称为机械。

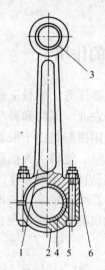

图0-1　连杆

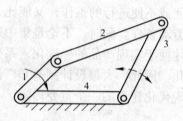

图0-2　连杆机构

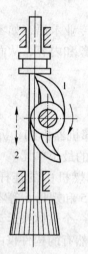

图0-3　凸轮机构

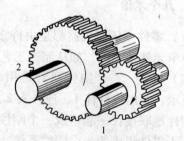

图0-4　齿轮机构

0.2.2　本课程研究的对象和内容

机械设计基础是一门研究机械传动及其设计中的一些基础知识的课程。其研究的内容主要有以下几个方面：

（1）常用传动机构设计：

1）机构的组成原理，研究构件组成机构的原理以及各构件间具有确定运动的条件；

2）常用机构的分析和设计，对常用机构的运动和工作特点进行分析，并根据一定的运动要求和工作条件来设计机构。

（2）通用零件设计。根据使用范围的不同，机械零件可分为两类：一类为广泛用于各种机械的通用零件，如螺钉、键、销、轴、轴承、齿轮等；另一类则是只用在某些机械中的专用零件，如风扇的叶片、洗衣机的波轮等。本书只研究通用零件的设计和选用问题，包括零件工作能力设计和结构设计，以及标准零、部件的选用等问题。

0.3　本课程在教学中的地位及学习方法

0.3.1　本课程在教学中的地位

随着机械化生产规模的日益扩大，除机械制造部门外，在动力、采矿、冶金、石油、化工、轻纺、食品等许多生产部门工作的工程技术人员，都会经常接触各种类型的通用机械和专用机械，他们必须对机械具备一定的基础知识。因此，机械设计基础如同机械制图、电工学、计算机应用技术一样，是高等学校工科的一门重要的技术基础课。

机械设计基础将为有关专业的学生学习专业机械设备课程提供必要的理论基础。

机械设计基础将使从事工艺、运行、管理的技术人员，在了解机械的传动原理、选购设备、设备的正确使用和维护、设备的故障分析等方面获得必要的基本知识。

通过本课程的学习和课程设计实践，可使学生初步具备运用手册设计简单机械传动装置的能力，为日后从事技术革新创造条件。

机械设计是多学科理论和实际知识的综合运用。机械设计基础的主要先修课程有机械制图、工程材料及机械制造基础、金工实习、理论力学和材料力学等。除此之外，考虑到许多近代机械设备中包含复杂的动力系统和控制系统，因此，各专业的工程技术人员还应当了解液压传动、气压传动、电子技术、计算机应用等有关知识。

在各个生产部门实现机械化，对于发展国民经济具有十分重要的意义。为了加速社会主义建设的步伐，应当对原有的机械设备进行全面的技术改造，以充分发挥企业潜力；应当设计各种高质量的、先进的成套设备来装备新兴的生产部门；还应当研究、设计完善的、高度智能化的机械手和机器人，从事空间探测、海底开发和实现生产过程自动化。可以预计，在实现四个现代化的进程中，机械设计基础这门学科必将发挥越来越大的作用，它自身也将得到更大的发展。

0.3.2　本课程的学习方法

本课程需要综合应用许多先修课程的知识，如数学、机械制图、工程材料及机械制造基础、工程力学等，涉及的知识面较广，且偏重于应用。学习本课程的一般方法为：

（1）应重视理论联系实际，对日常所遇到的机器要结合所学理论进行观察分析；

（2）对于设计计算的公式与数据，应着重了解其中各量的物理意义、取值范围、应用条件以及它们之间的相互关系；

（3）了解组成机器的各零件之间相互联系、相互制约的关系，从机器整体出发，体会本课程内容的系统性和规律性，避免把各章节内容分割开来孤立地学习；

（4）充分重视结构方面的设计，要多观察现有零部件的实物或图样，进行分析比较，提高和丰富结构设计方面的知识，为从事生产第一线的技术工作打下坚实的基础。

思考题与习题

0-1　机器与机构的共同特征有哪些，它们的区别是什么？

0-2　家用缝纫机、洗衣机、机械式手表是机器还是机构？

0-3　按机器的功能，分析一种机械装置（如机床、洗衣机、自行车、建筑用起重机等）由哪些部分组成？

0-4　以自行车为例，列举一两个构件，说明其主要由哪几个零件组装而成？

第1章 平面机构的结构分析

本章主要研究机构组成的一般规律和结构特点，这对分析现有机械以及设计新机械都具有十分重要的指导意义。

1.1 机构的组成

1.1.1 平面运动副

1.1.1.1 运动副的概念

机构中使两个构件直接接触并允许两构件有相对运动的连接称为运动副，而将两构件上能够参加接触而构成运动副的表面称为运动副元素。例如轴 1 与轴承 2 的配合（图 1－1）、滑块 1 与导轨 2 的接触（图 1－2）、两齿轮轮齿的啮合（图 1－3）等，就构成了运动副。

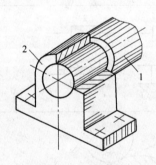

图 1－1 转动副

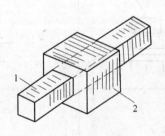

图 1－2 移动副

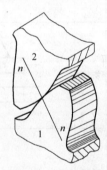

图 1－3 齿轮副

1.1.1.2 运动副的分类

根据构成运动副的两构件的接触情况分类，凡两构件通过点或线的接触而构成的运动副称为高副（如图 1－3 所示）；而两构件通过面接触而构成的运动副称为低副（如图 1－1 和图 1－2 所示）。运动副还常根据构成运动副的两构件之间的相对运动的不同来分类，如把两构件之间的相对运动为转动的运动副称为转动副或回转副，也称铰链；相对运动为移动的运动副称为移动副；相对运动为螺旋运动的运动副称为螺旋副（如图 1－4 所示）；相对运动为球面运动的运动副称为球面副（图 1－5）等。此外，还可把构成运动副的两构件之间的相对运动为平面运动的运动副统称为平面运动副，两构件之间的相对运动为空间运动的运动副统称为空间运动副。

为了便于绘制运动简图，运动副常需用简单的符号来表示（已制订有国家标准）。表 1－1 所列即为各种运动副的代表符号（图中画斜线的构件代表固定件）。

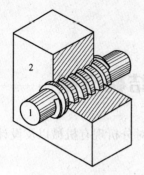

图 1 - 4　螺旋副

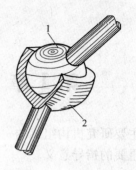

图 1 - 5　球面副

表 1 - 1　常用运动副的符号

运动副名称		运动副符号	
		两运动构件构成的运动副	两构件之一为固定时的运动副
平面运动副	转动副		
	移动副		
	平面高副		
空间运动副	螺旋副		
	球面副及球销副		

1.1.2 运动链和机构

1.1.2.1 运动链

若干个构件用运动副连接所构成的系统称为运动链，如运动链的各构件构成了首末封闭的系统，如图 1-6（a）、（b）所示，则称其为闭式运动链，或简称闭链；如运动链的构件未构成首末封闭的系统，如图 1-6（c）、（d）所示，则称其为开式运动链，或简称开链。在各种机械中，一般采用闭链，开链多用于机械手等机械中。

此外，根据运动链中各构件间的相对运动为平面运动还是空间运动，也可以把运动链分为平面运动链和空间运动链两类，分别如图 1-6 和图 1-7 所示。

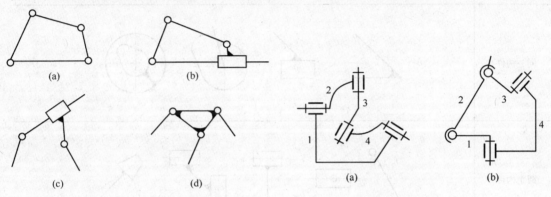

图 1-6　平面运动链　　　　　　　　图 1-7　空间运动链

1.1.2.2 机构

在运动链中，如果将某一构件加以固定而成为机架，则这种运动链便成为机构。机构中的其余构件均相对于机架而运动。一般情况下，机械安装在地面上，那么机架相对于地面是固定不动的；如果机械是安装在运动的物体（如车、船、飞机等）上，那么机架是相对固定，而相对于地面则可能是运动的。机构中按给定的已知运动规律独立运动的构件称为原动件；而其余活动的构件则称为从动件。从动件的运动规律决定于原动件的运动规律和机构的结构。

根据组成机构的各构件之间的相对运动为平面运动或空间运动，也可把机构分为平面机构和空间机构两类，其中平面机构的运用特别广泛。

1.2　平面机构的运动简图

1.2.1 机构运动简图的概念

不考虑构件和运动副的实际结构，只考虑与运动有关的构件尺寸、运动副种类及数目，用规定的线条（表 1-2）和符号（表 1-3），按一定的比例尺所画出的机构所在位置的简单的图形，称为机构运动简图。机构运动简图能反映机构中各构件间真实的相对运动关系，因此，借助它可以用图解的方法来分析各构件的运动。如果只要求定性的表达各构件间的相互关系，则可以不按比例绘制，这种机构简图称为机构示意图。

表 1 - 2　一般构件的表示方法

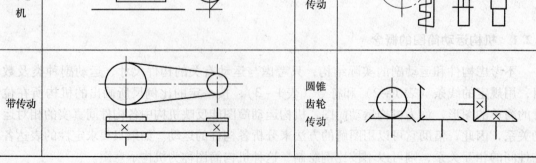

杆、轴类构件	
固定构件	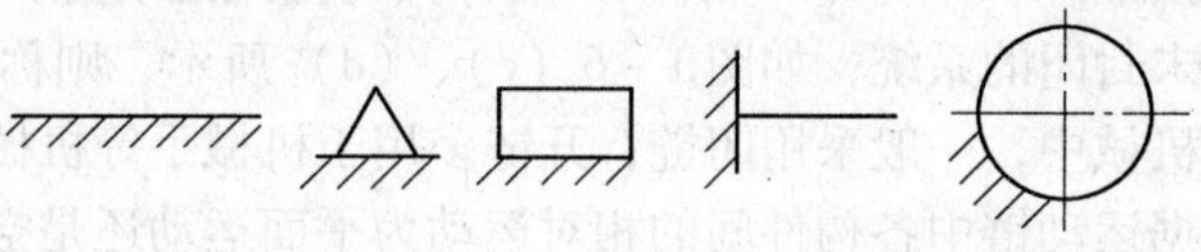
同一构件	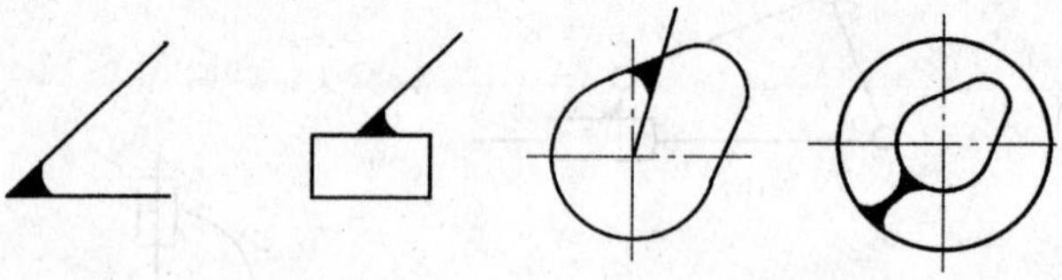
两副构件	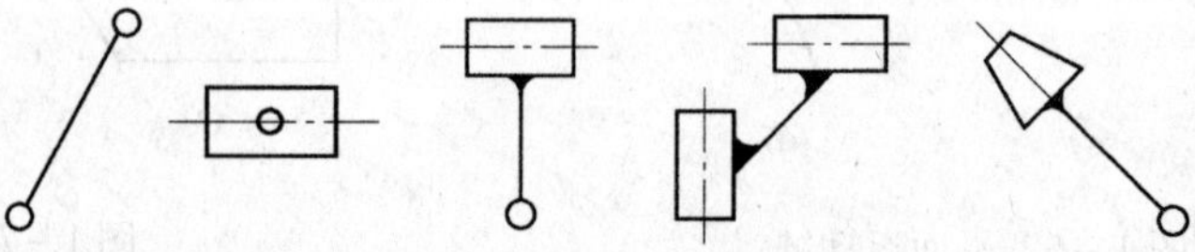
三副构件	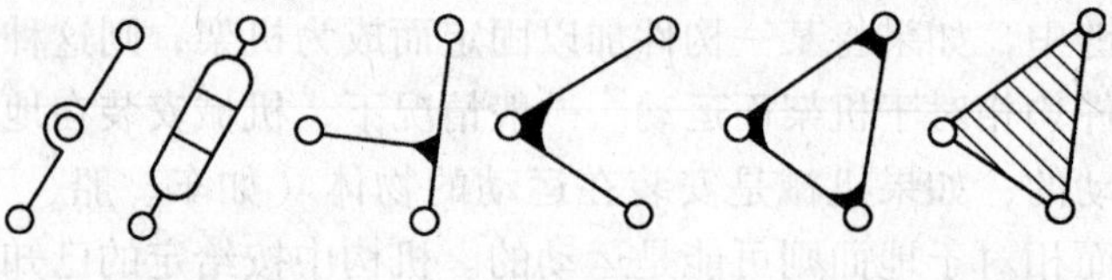

表 1 - 3　常用机构运动件简图符号

在支架上的电机	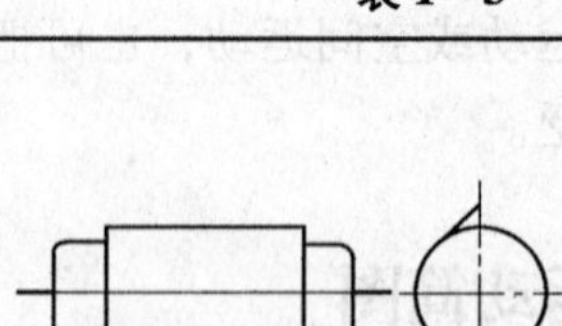	齿轮齿条传动	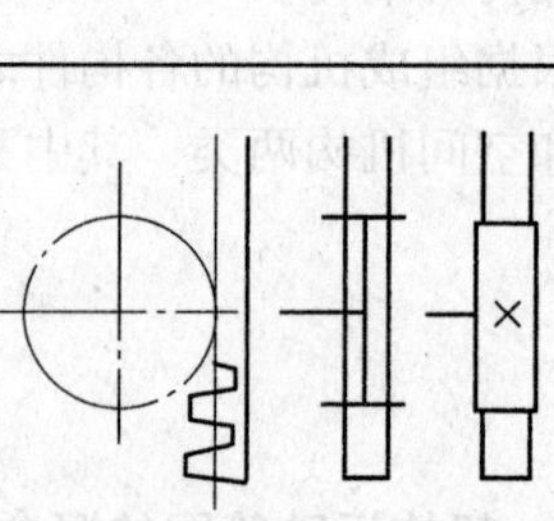
带传动		圆锥齿轮传动	

续表 1-3

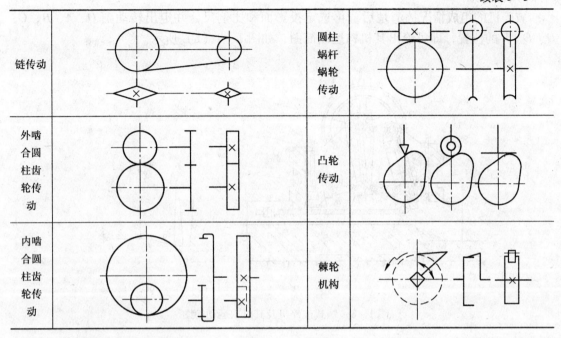

1.2.2 平面机构的运动简图绘制

绘制平面机构的运动简图可按下述步骤绘制：

（1）观察有多少个构件是运动的，找出机架和原动件；

（2）从原动件开始，依次观察每个构件上有多少个运动副，是什么性质的运动副；

（3）观察与运动有关的尺寸等几何因素，如两转动中心的距离、移动副导路的方向、高副的公法线方向等；

（4）选择视图使它能够清楚地表达构件间的运动关系（平面机构常选运动平面作为投影面），选定比例尺 μ_l，$\mu_l =$（构件的实际长度）/（图上所画的长度），式中，μ_l 的单位为 m/mm；然后用规定的符号画出原动件处于某一位置时的机构运动简图。图中原动件用带箭头的短线表示，箭头所指方向为原动件运动方向。

正确绘制机构简图是工程技术人员的一种基本技能。当然，依据实际机构画出机构运动简图是一个由具体到抽象的过程，有一定难度。只有多观察、多练习，才能掌握绘制技巧，熟练而准确地画出机构运动简图。

为了具体说明机构运动简图的画法，下面我们举例说明。

例 1-1　图 1-8（a）所示为一颚式破碎机。当曲轴 1 绕轴心 O 连续回转时，动颚板 5 绕轴心 F 往复摆动，从而将矿石轧碎。试绘制此破碎机的机构运动简图。

解：根据前述绘制机构运动简图的步骤，先找出破碎机的原动部分为曲轴 1，工作部分为动颚板 5。然后循着运动传递的路线可以看出，此破碎机是由曲轴 1、构件 2、3、4 及动颚板 5 和机架 6 等六个构件组成的。其中曲轴 1 和机架 6 在 O 点构成转动副，曲轴 1 和构件 2 也构成转动副，其轴心在 A 点。而构件 2 还与构件 3、4 在 D、B 两点分别构成转动副。构件 3 还与机架 6 在 E 点构成转动副。动颚板 5 与构件 4 和机架 6 分别在 C 点和

F 点构成转动副。

破碎机的组成情况搞清楚后，再选定投影面和比例尺，并定出转动副 O、A、B、C、D、E、F 的位置，即可绘出其机构运动简图，如图 1-8（b）所示。

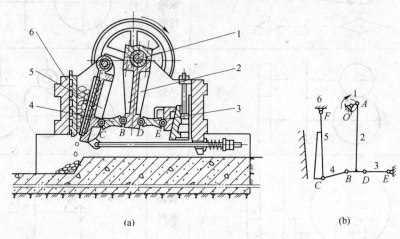

(a)   (b)

图 1-8　颚式破碎机及其机构运动简图

1.3　平面机构的自由度

1.3.1　平面机构的自由度的确定

自由度是指确定研究对象的独立参变量的数目。如图 1-9 所示，平面上一质点 A 的位置可由两个独立参变量即坐标 x_A、坐标 y_A 来确定，故质点 A 具有两个自由度。

1.3.1.1　作平面运动的自由构件的自由度

如图 1-9 所示，构件 AB 的位置可由三个独立参变量即坐标 x_A、坐标 y_A 直线的倾角 θ 来确定。这三个独立参变量描述了构件的三个独立运动，即沿 x 轴、y 轴的移动和绕垂直于 Oxy 平面的轴的转动。因此，作平面运动的自由构件具有三个自由度，即三个独立的运动。

1.3.1.2　约束

约束是指对独立运动所加的限制。每加上一个约束，构件便失去一个自由度。当一构件与另一构件组成平面转动副时，该两构件间便只具有一个独立的相对转动；当一构件与另一构件组成平面移动副时，该两构件间便只具有沿一个方向独立的相对移动。因此，平面低副引入两个约束。

两构件组成高副时，如图 1-3 所示，构件 2

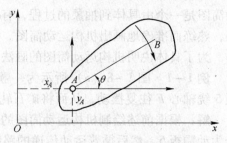

图 1-9　平面运动刚体的自由度

沿公法线 $n-n$ 方向的移动受到限制，构件 2 可以相对于构件 1 沿接触点切线方向移动，

还可以绕点 A 转动。因此，构件 2 相对于构件 1 具有两个自由度，即两构件组成平面高副时引入一个约束。

1.3.1.3 机构具有确定运动的条件

为了按照一定的要求进行运动的传递及变换，当机构的原动件按给定的规律运动时，该机构中的其余构件的运动也都应是完全确定的。一个机构在什么条件下才能实现确定的运动呢？为了说明这个问题，下面来分析几个例子。

图 1-10 所示为由四个构件组成的铰链四杆机构。在此机构中，如果给定一个独立的运动参数，例如构件 1 的角位移规律为 $\varphi_1(t)$，则不难看出，此时其余构件的运动便都完全确定。

图 1-11 所示为铰链五杆机构。在此机构中，如果也给定一个独立的运动参数，如构件 1 的角位移规律为 $\varphi_1(t)$，此时构件 2、3、4 的运动并不能确定。例如当构件 1 占有位置 AB 时，构件 2、3、4 可以占有位置 $BCDE$，也可以占有位置 $BC'D'E$，或其他位置。但是，如果再给定另一个独立的运动参数，如构件 4 的角位移规律为 $\varphi_4(t)$，即同时给定两个独立的运动参数，则不难看出，此机构各构件的运动便完全确定了。

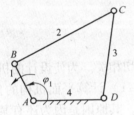

图 1-10 铰链四杆机构

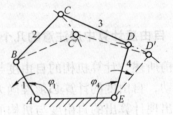

图 1-11 铰链五杆机构

机构具有确定运动时所必须给定的独立运动参数的数目（亦即为了使机构的位置得以确定，必须给定的独立的广义坐标的数目），称为机构的自由度。上述铰链四杆机构的自由度为 1，而铰链五杆机构的自由度为 2。由于一般机构的原动件都是和机架相连的，对于这样的原动件，只能给定一个独立的运动参数。所以，在此情况下，为了使机构具有确定的运动，则机构的原动件数目应等于机构的自由度数目，这就是机构确定运动的条件。当机构不满足这一条件时，如果机构的原动件数目小于机构的自由度，机构的运动将不确定；如果原动件数目大于机构的自由度，则将导致机构中最薄弱环节的损坏。

1.3.1.4 机构的自由度

机构相对于某机架所具有的独立运动的数目称为机构的自由度。当 n 个作平面运动的活动构件用 P_L 个平面低副和 P_H 个平面高副与机架组成平面机构时，n 个活动构件具有 $3n$ 个自由度，而全部运动副将引入 $(2P_L + P_H)$ 个约束，即 n 个活动构件将失去 $(2P_L + P_H)$ 个自由度。若以 F 表示机构的自由度，则平面机构自由度计算公式为：

$$F = 3n - 2P_L - P_H \tag{1-1}$$

这就是计算平面机构自由度的公式。利用这一公式不难计算四杆和五杆铰链机构的自由度。下面举例说明式 (1-1) 的应用。

例 1-2 计算图 1-12 所示双曲线画规和牛头刨床机构的自由度。

解：图 (a) 机构的自由度 $F = 3n - 2P_L - P_H = 3 \times 5 - 2 \times 7 - 0 = 1$；

图 (b) 机构的自由度 $F = 3n - 2P_L - P_H = 3 \times 6 - 2 \times 8 - 1 = 1$。

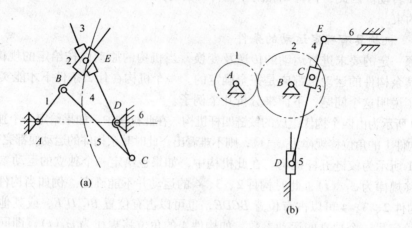

图 1 - 12　双曲线画规和牛头刨床机构
（a）双曲线画规；（b）牛头刨床机构

1.3.2　自由度计算中应注意的几个特殊问题

由前所述，计算机构的自由度与确定原动件的数目密切相关。为使设计的机构具有确定的运动，自由度的计算必须准确无误。但在应用式（1 - 1）计算平面机构的自由度时，往往会出现计算出的自由度与机构的实际不相符合的现象，其原因是因为还有某些应注意的事项未予以考虑，现将这些注意事项简述如下。

1.3.2.1　局部自由度

在某些机构中，某个机构所产生的相对运动并不影响其他构件的运动，把这种不影响其他构件运动的自由度称为局部自由度。

图 1 - 13（a）所示的凸轮机构，在按式（1 - 1）计算自由度时

$$F = 3n - 2P_{\mathrm{L}} - P_{\mathrm{H}} = 3 \times 3 - 2 \times 3 - 1 = 2$$

但是，实际上并不需要 2 个原动件。稍加观察就会发现，滚子 2 绕其自身轴线转动的自由度，并不影响其他构件的运动，因而该处是局部自由度。

对于局部自由度的处理方法是，假想地将滚子 2 和构件 3 刚性固接在一起，如图 1 - 13（b）所示，再按式（1 - 1）计算得

$$F = 3n - 2P_{\mathrm{L}} - P_{\mathrm{H}} = 3 \times 2 - 2 \times 2 - 1 = 1$$

1.3.2.2　复合铰链

两个以上的构件在同一处以转动副连接，则构成复合铰链。图 1 - 14（a）所示就是 3 个构件在 A 处以转动副连接而构成的复合铰链。而由图 1 - 14（b）可以清楚地看出，此 3 个构件共构成 2 个转动副，而不是 1 个。同理，若由 m 个构件在同一处构成转动副（在机构运动简图上显现为 1 个转动副），但该处的实际转动副数目为 m - 1 个。在计算机构的自由度时，应注意观察机构运动简图中是否存在复合铰链，以免把转动副数目搞错。

1.3.2.3　虚约束

对机构运动实际上不起限制作用的约束称为虚约束。图 1 - 15（a）所示的平行四边形机构，其自由度 F = 1。若在构件 3 和机架 1 之间与 AB 或 CD 平行地铰接一构件 5

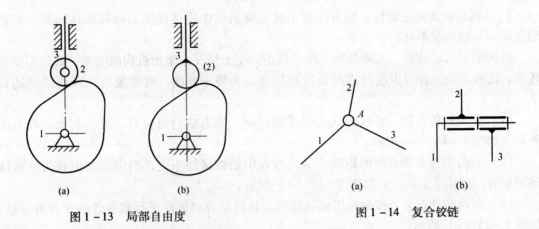

图1-13 局部自由度 图1-14 复合铰链

如图1-15（b）所示，则不难理解构件5并没有对机构运动起到实际的限制作用，显然是虚约束。但按式（1-1）计算该机构的自由度时，其结果为

$$F = 3n - 2P_L - P_H = 3 \times 4 - 2 \times 6 = 0$$

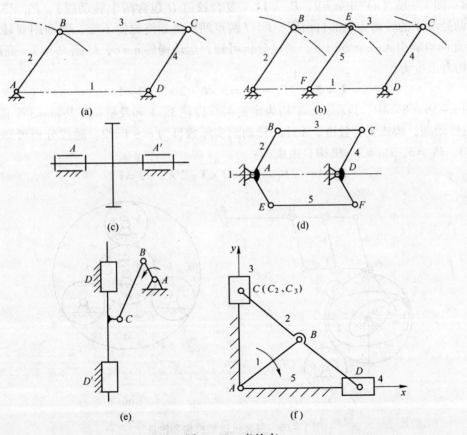

图1-15 虚约束

（a）平行四边形机构；（b）$EF \underline{\parallel} BA \underline{\parallel} CD$；（c）同轴多处转动副；（d）两构件上两点间始终等距；

（e）两构件在多处接触而组成移动副；（f）$AB = BC = BD$ 且 $\angle CAD = 90°$

很明显，以上计算结果与实际情况是不相符合的，这说明虚约束会影响使用式

（1 - 1）计算自由度的正确性。作为处理手段是将机构中构成虚约束的构件连同其所附带的运动副一概扣除不计。

　　机构中引入虚约束，主要是为了改善机构的受力情况或增加机构的刚度。虚约束类型较多，比较复杂，在自由度计算时要特别注意。为便于判断，将常见的几种形式简述如下：

　　（1）若两构件在同一轴线的几处组成转动副，则有效约束只有一处，其他处均为虚约束，如图 1 - 15（c）所示；

　　（2）若两构件上两点间的距离在运动过程中始终保持不变，当用运动副和构件连接该两点时，则构成虚约束，如图 1 - 15（d）所示；

　　（3）若两构件在多处接触而组成移动副，且移动方向彼此平行则有效约束只有一处，如图 1 - 15（e）所示；

　　（4）若构件上某点在引入运动副后的轨迹与未引入运动副的轨迹完全重合，则构成虚约束，如图 1 - 15（f）所示，当 $AB = BC = BD$ 成立时，D 处（或 C 处）为虚约束。

　　例 1 - 3　计算图 1 - 16 所示机构的自由度。

　　解： 图 1 - 16（a）中 $n = 9$，$P_L = 11$（复合铰链 D 包含两个转动副），$P_H = 3$。又因 C、H 两处滚子的转动为局部自由度，F、I 两点间距离始终保持不变，因而用双转动副杆 8 连接此两点将引入一个虚约束。通过分析可知，运动构件 $n = 6$，低副 $P_L = 7$，高副 $P_H = 3$，机构自由度为：

$$F = 3n - 2P_L - P_H = 3 \times 6 - 2 \times 7 - 3 = 1$$

　　图 1 - 16（b）中，齿轮 2'、2″均为虚约束；齿轮 3、1 和及机架 4 共 $m = 3$ 个构件在 A 处组成转动副，构成复合铰链，A 处的转动副实际数目为 $m - 1 = 2$。通过分析可知，该轮系 $n = 3$，$P_L = 3$，$P_H = 2$，机构自由度为：

$$F = 3n - 2P_L - P_H = 3 \times 3 - 2 \times 3 - 2 = 1$$

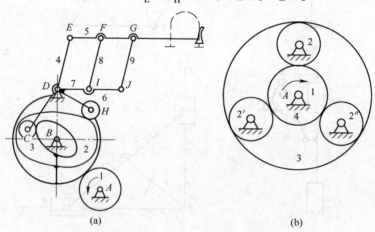

图 1 - 16　包装机送纸机构和轮系

思考题与习题

1 - 1　举例说明什么是构件，什么是零件？

1 - 2　何谓平面机构，何谓空间机构，举例说明之。

1 – 3 平面机构中应用的运动副有哪些种，它们各对所连两构件提供了什么约束，还保留了何种相对运动？

1 – 4 机构具有确定运动的条件是什么？

1 – 5 说明平面机构结构公式（$F = 3n - 2P_L - P_H$）中每项的意义。当不含高副且仅有移动副时，平面机构的自由度须按 $F = 2n - P_L$ 计算，试举例验证并给予解释。

1 – 6 绘图说明什么是复合铰链，什么是局部自由度，什么是虚约束，在计算机构自由度时应如何处理这些问题？

1 – 7 绘出图 1 – 17 所示机构的运动简图并计算自由度。

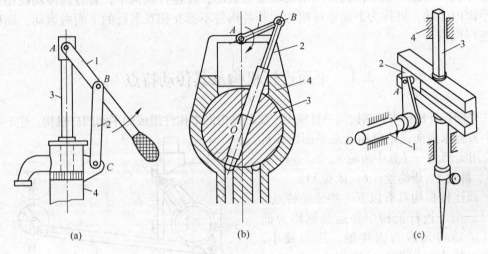

图 1 – 17   题 1 – 7 图

1 – 8 图 1 – 18 所示的各运动链中，若选图示原动件和机架，试判断能否成为机构。若有局部自由度、复合铰链、虚约束，请在图上明确指出。

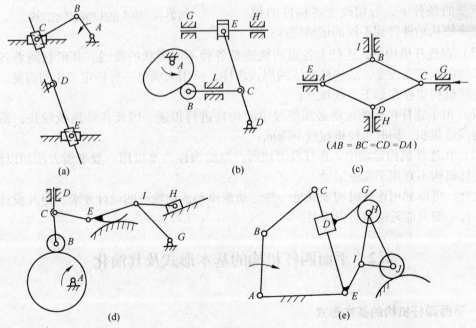

图 1 – 18   题 1 – 8 图

第2章　平面连杆机构设计

连杆机构是由一些刚性构件用低副联接而成的，在连杆机构中，若各构件均在相互平行的平面内运动，则称为平面连杆机构；若各构件不都在相互平行的平面内运动，则称为空间连杆机构。

2.1　平面连杆机构及其传动特点

在平面连杆机构中，结构简单且应用广泛的是由四个构件组成的平面四杆机构。图2－1所示的牛头刨床横向进给机构就是平面四杆机构的应用实例之一（其中齿轮1、2、连杆3、摇杆4、棘轮5、进给丝杠6、床身7）。

平面连杆机构具有以下一些传动特点：

（1）由于连杆机构中各运动副均为低副，其运动副元素为面接触，压力较小，承载能力较大，润滑好，磨损小，加工制造容易，且连杆机构中的低副一般是几何封闭，对保证工作的可靠性有利；

（2）在连杆机构中，在原动件的运动规律不变的条件下，可用改变各构件的相对长度来使从动件得到不同的运动规律；

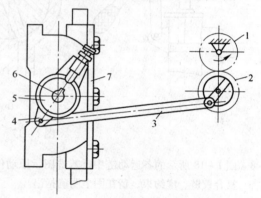

图2－1　牛头刨床横向进给机构

（3）在连杆机构中，连杆上各点的轨迹是各种不同形状的曲线，其形状随着各构件相对长度的改变而改变，故连杆曲线的形式多样，可用来满足一些特定工作的需要。

连杆机构也存在如下一些缺点：

（1）由于连杆机构的运动必须经过中间构件进行传递，因而传动路线较长，易产生较大的误差累积，同时也使机械效率降低；

（2）在连杆机构运动中，连杆及滑块所产生的惯性力难以用一般平衡方法加以消除，因而连杆机构不宜用于高速运动。

此外，可以利用连杆机构来满足一些运动规律和运动轨迹的设计要求，但其设计十分繁难，且一般只能近似地得以满足。

2.2　平面四杆机构的基本形式及其演化

2.2.1　平面四杆机构的基本形式

当平面四杆机构中的运动副都是转动副时，称为铰链四杆机构，它是四杆机构的基本形式。如图2-2（a）所示，构件4为机架，与机架相连的构件1和构件3称为连架杆，不与机架相连的构件2称为连杆。在连架杆中，能作360°整周转动的杆件称为曲柄，只能在一定角度范围内摆动的杆件称为摇杆。

根据两连架杆运动形式的不同，铰链四杆机构可分为以下三种基本形式。

2.2.1.1 曲柄摇杆机构

如图2-2（a）所示，连架杆1为曲柄，连架杆3为摇杆，故称为曲柄摇杆机构。图2-3所示雷达天线俯仰机构即为曲柄摇杆机构的应用实例。

2.2.1.2 双曲柄机构

如图2-2（b）所示，连架杆1、3均为曲柄，故称为双曲柄机构，图2-4为双曲柄机构在惯性筛中的应用。双曲柄机构中，如果两曲柄长度相等且平行，称为平行双曲柄机构，图2-5所示的机车车轮的联动机构就利用了其两曲柄等速同向转动的特性；图2-6所示的摄影平台升降机构及图2-7所示的播种机料斗机构中就利用了连杆作平移运动的特性。

2.2.1.3 双摇杆机构

如图2-2（c）所示，连架杆1、3均为摇杆，故称为双摇杆机构，图2-8所示铸造用大型造型机的翻箱机构，就应用了双摇杆机构 *ABCD*。

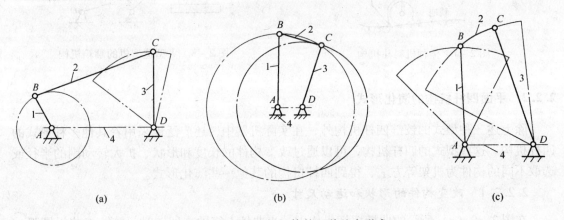

图2-2 铰链四杆机构的三种基本形式

（a）曲柄摇杆机构；（b）双曲柄机构；（c）双摇杆机构

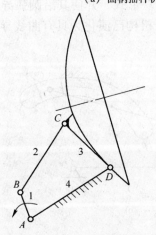

图2-3 雷达天线俯仰机构

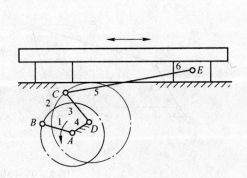

图2-4 惯性筛

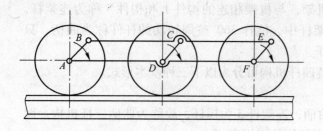

图2-5　机车车轮的联动机构

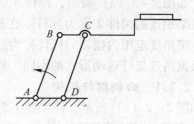

图2-6　摄影平台升降机构

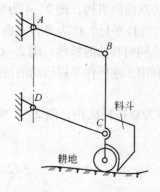

图2-7　播种机料斗机构

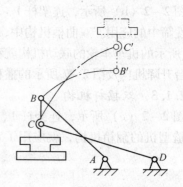

图2-8　大型造型机的翻箱机构

2.2.2　平面四杆机构的演化形式

除上述三种型式的铰链四杆机构外，在实际机器中，还广泛地采用着其他多种形式的四杆机构。这些型式的四杆机构，可以通过改变构件的长度和形状、扩大转动副的半径或选取不同的构件为机架等方法，得到四杆机构的其他一些演化形式。

2.2.2.1　改变构件的形状和运动尺寸

在图2-9（a）所示的曲柄摇杆机构中，当曲柄1绕轴A回转时，铰链C将沿圆弧$\overparen{\beta\beta}$往复运动。现如图2-9（b）所示，设将摇杆3做成滑块形式，并使其沿圆弧导轨$\overparen{\beta\beta}$往复运动，显然其运动性质并未发生改变，但此时铰链四杆机构已演化为具有曲线导轨的曲柄滑块机构。

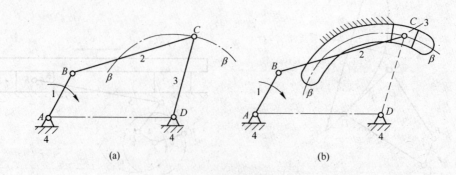

(a)　　　　　　　　　　　　　(b)

图2-9　铰链四杆机构的演变

在图 2 – 9（a）所示铰链四杆机构中，设将摇杆 3 的长度增至无穷大，则铰链 C 运动的轨迹 $\overset{\frown}{\beta\beta}$ 将变为直线，而与之相应的图 2 – 9（b）中的曲线导轨将变为直线导轨，于是铰链四杆机构将演化成为常见的曲柄滑块机构，如图 2 – 10 所示。其中图 2 – 10（a）所示为具有一偏距 e 的偏置曲柄滑块机构；图 b 所示为没有偏距的对心曲柄滑块机构。曲柄滑块机构在冲床、内燃机、空气压缩机等各种机械中得到广泛的应用。

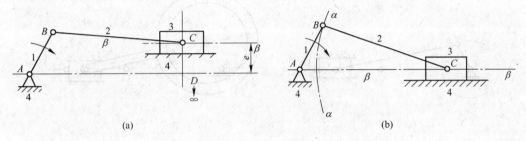

图 2 – 10   曲柄滑块机构

在图 2 – 10（b）所示的曲柄滑块机构中，由于铰链 B 相对于铰链 C 运动的轨迹为圆弧 $\overset{\frown}{\alpha\alpha}$，所以如将连杆 2 作成滑块形式，并使之沿滑块 3 上的圆弧导轨 $\overset{\frown}{\alpha\alpha}$ 运动（如图 2 – 11（a）所示），显然其运动性质并未发生改变，但是此时已演化成为一种具有两个滑块的四杆机构。

设将图 2 – 10（b）所示曲柄滑块机构中的连杆 2 的长度增至无穷长，则圆弧导轨 $\overset{\frown}{\alpha\alpha}$ 将成为直线，于是该机构将演化成为图 2 – 11（b）所示的正弦机构。这种机构应用在一些仪表和解算装置中。在此机构中，从动件 3 的位移 s 与原动件 1 的转角 φ 的正弦成正比，即 $s = L_{AB}\sin\varphi$。通过改变构件的形状和运动尺寸还可以演化出一些其他型式的四杆机构。

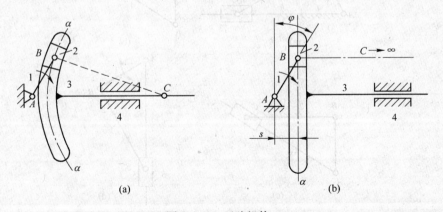

图 2 – 11   正弦机构

2.2.2.2   改变运动副的尺寸

在图 2 – 12（a）所示的曲柄滑块机构中，当曲柄 AB 的尺寸较小时，由于结构的需要，常将曲柄改作成如图 2 – 12（b）所示的一个几何中心不与回转中心相重合的圆盘，此圆盘称为偏心轮，回转中心与几何中心间的距离称为偏心距（它等于曲柄长），这种机构称为偏心轮机构。显然，此偏心轮机构与图 2 - 12（a）所示的曲柄滑块机构的运动特性完全相同。此偏心轮机构，可认为是将图 2 - 12（a）所示的曲柄滑块机构中的转动副 B 的半径扩大，使之超过曲柄的长度而演化成的。这种机构在各种机床和夹具中广为采用。

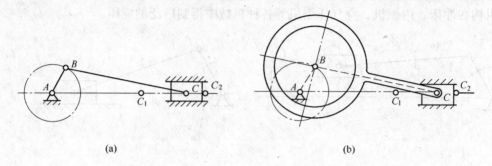

(a)   (b)

图 2 - 12   偏心轮机构

通过改变运动副的尺寸，同样可以演化出一些其他型式的四杆机构。

2.2.2.3 选用不同的构件为机架

在图 2 - 13（a）所示的曲柄滑块机构中，若改选构件 AB 为机架，如图 2 - 13（b）所示，则构件 4 将绕轴 A 转动，而构件 3 则将以构件 4 为导轨沿该构件相对移动。我们将构件 4 称为导杆，而将此机构称为导杆机构。

在导杆机构中，如果导杆能做整周转动，则称为回转导杆机构。图 2 - 14 所示即为回转导杆机构在一小型刨床中的应用实例。

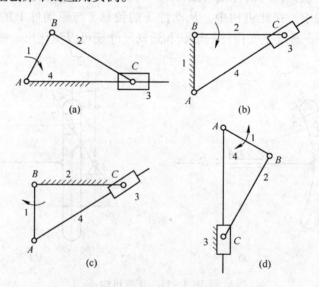

图 2 - 13   曲柄滑块机构的演化

在导杆机构中，如果导杆仅能在某一角度范围内往复摆动，则称为摆动导杆机构。图 2 - 15 所示牛头刨床的导杆机构即为一例。

如果在图 2 - 13（a）所示的曲柄滑块机构中，改选构件 BC 为机架（图 2 - 13（c）），则将演化为曲柄摇块机构。其中构件 3 仅能绕点 C 摇摆。图 2 - 16 所示的液压工

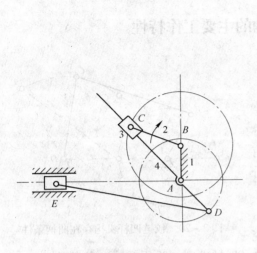

图2-14 回转导杆机构

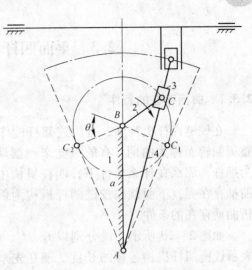

图2-15 牛头刨床的导杆机构

作筒,即为此机构的应用实例。液压工作筒的应用很广泛,图2-17所示的自卸卡车车厢的举升机构即为一例。

如果在图2-13(a)所示的曲柄滑块机构中,改选滑块为机架(图2-13(d)),则将演化为直动滑杆机构。图2-18所示的手摇唧筒即为一例。

选运动链中不同构件作为机架获得不同机构的演化方法称为机构的倒置。铰链四杆机构及如图2-19所示的具有两个移动副的四杆机构,经过机构倒置,也可以得到不同型式的四杆机构。

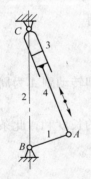

图2-16 液压工作筒

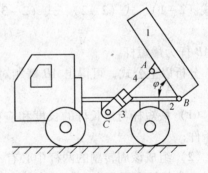

图2-17 自卸卡车车厢

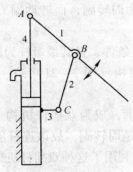

图2-18 手摇唧筒

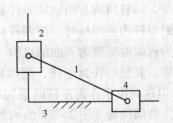

图2-19 两个移动副的四杆机构

2.3　平面四杆机构的主要工作特性

2.3.1　曲柄存在的条件

在铰链四杆机构中，有的连架杆能作 360°整周回转而称为曲柄，有的只能来回摆动而称为摇杆，那么在什么条件下，四杆机构中才有曲柄存在呢？下面就以铰链四杆机构为例来分析曲柄存在的条件。

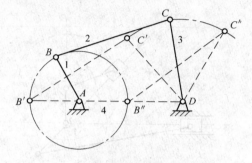

图 2 - 20　铰链四杆机构存在曲柄条件

如图 2 - 20 所示，设分别以 l_1、l_2、l_3、l_4表示铰链四杆机构各杆的长度，现在先来研究相邻两杆，如 AB 杆和 AD 杆，能互作整周回转（即转动副 A 为周转副）的条件。

现设 $l_1 < l_4$，则当 AB 杆能绕轴 A 相对于 AD 杆作整周回转时，AB 杆应能占据与 AD 杆共线的两个位置 AB′和 AB″。由图可见，为了使 AB 杆能转至位置 AB′，显然各杆的长度应满足

$$l_1 + l_4 \leqslant l_2 + l_3 \qquad (2-1)$$

为了使 AB 杆能转至位置 AB″，各杆的长度应满足

$$l_2 \leqslant (l_4 - l_1) + l_3, \quad 即 \quad l_1 + l_2 \leqslant l_4 + l_3 \qquad (2-2)$$

或

$$l_3 \leqslant (l_4 - l_1) + l_2, \quad 即 \quad l_1 + l_3 \leqslant l_2 + l_4 \qquad (2-3)$$

将式 (2-1)、式 (2-2)、式 (2-3) 分别两两相加，则得

$$l_1 \leqslant l_2, \quad l_1 \leqslant l_3, \quad l_1 \leqslant l_4 \qquad (2-4)$$

即 AB 杆为最短杆。

分析以上公式，可得出 AB 杆相对于 AD 杆互作整周（即转动副 A 为周转副）的条件是：

（1）最短杆与最长杆的长度和应小于或等于其他两杆的长度和，此条件通常称为杆长条件；

（2）组成该周转副的两杆中必有一杆为四杆中的最短杆。

上述条件表明：当四杆机构各杆的长度满足杆长条件时，其最短杆参与构成的转动副都是周转副。由此可知，上述四杆机构中的转动副 B 亦为周转副，而转动副 C 及 D 则只能是摆转副。

于是，四杆机构有曲柄的条件是各杆的长度满足杆长条件，且其最短杆为连架杆或机架。当最短杆为连架杆时，该四杆机构将成为曲柄摇杆机构（图 2 - 21 (a)、(b)）。当最短杆为机架时将成为双曲柄机构（图 2 - 21 (c)）

如果以其最短杆为连杆，则该四杆机构将不存在曲柄，成为双摇杆机构（图 2 - 21 (d)）。但这时由于作为连杆的最短杆上的两个转动副都是周转副，故该连杆能相对于两连架杆作整周回转。图 2 - 22 所示的风扇摇头机构，就是利用了这种双摇杆机构的连杆能相对于连架杆作整周回转的运动特性。如图所示，在风扇轴上装有蜗杆，风扇转动使蜗杆

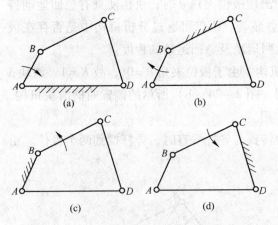

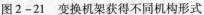

图 2-21 变换机架获得不同机构形式

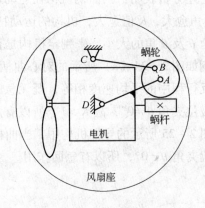

图 2-22 风扇摇头机构

带动蜗轮（即连杆 AB）回转，使连架杆 AD 及固装于该杆上的风扇壳体绕 D 轴往复摆动，以实现风扇摇头的要求。

如果铰链四杆机构各杆的长度不满足杆长条件，在该四杆机构中将不存在周转副（即其四个转动副都是摆转副），因而也就不可能存在曲柄。所以，此时不论以何杆为机架，该四杆机构将均为双摇杆机构。

2.3.2 平面四杆机构几个基本概念

2.3.2.1 行程速度变化系数（简称行程速比系数）K

图 2-23 所示为一曲柄摇杆机构，设曲柄 AB 为原动件，在其转动一周过程中，有两次与连杆共线，这时摇杆 CD 分别位于两极限位置 C_1D 和 C_2D。曲柄摇杆机构所处的这两个位置，称为极位。机构在两个极位时，原动件 AB 所处两个位置之间所夹的锐角 θ 称为极位夹角。

如图所示，当曲柄以等角速度 ω_1 顺时针转 $\alpha_1 = 180° + \theta$ 时，摇杆由位置 C_1D 摆到 C_2D，摆角为 φ，设所需时间为 t_1，C 点的平均速度为 v_1。当曲柄继续转过 $\alpha_2 = 180° - \theta$ 时，摇杆又从位置 C_2D 回到 C_1D，摆角仍然是 φ，所需时间为 t_2，C 点的平均速度为 v_2。由于摇杆往复摆动的摆角相同，但是相应的曲柄转角不等，即 $\alpha_1 > \alpha_2$，而曲柄又是等角速度转动的，所以有 $t_1 > t_2$，$v_2 > v_1$。摇杆的这种运动性质称为急回运动特性。为了表明急回运动的急回程度，通常用行程速度变化系数 K 来表示，即

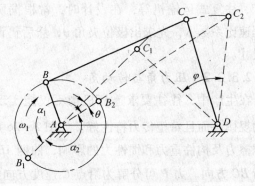

图 2-23 曲柄摇杆机构

$$K = \frac{v_2}{v_1} = \frac{C_1C_2/t_2}{C_1C_2/t_1} = \frac{t_1}{t_2} = \frac{\alpha_1}{\alpha_2} = \frac{180° + \theta}{180° - \theta} \qquad (2-5)$$

上述分析表明：当曲柄机构在运动过程中出现极位夹角 θ 时，机构便具有急回运动特性。θ 角愈大，K 值愈大，机构的运动特性也愈显著。所以可通过分析机构中是否存在极位夹角 θ 及 θ 角的大小，来判定机构是否有急回运动及急回运动的程度。

例如图 2-24（a）所示的对心曲柄滑块机构，由于极位夹角 $\theta = 0°$，故 $K = 1$，滑块 3 在正反行程中的平均速度相等，既无急回作用。图 2-24（b）所示的偏置曲柄滑块机构，因其极位夹角 $\theta \neq 0°$，故 $K > 1$，所以有急回作用。

图 2-25 所示的导杆机构中，当曲柄两次转到与导杆垂直时，导杆摆到两个极位。由于极位夹角 $\theta \neq 0°$，所以有急回作用。

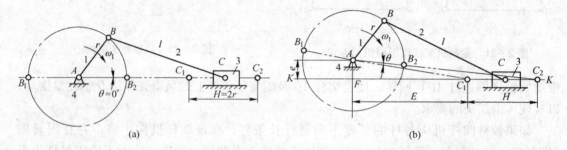

(a)　　　　　　　　　　　　　　　　　　(b)

图 2-24　对心曲柄滑块机构

四杆机构的这种急回作用，在一些机械中可以用来节省空回程的时间，以节省动力和提高劳动生产率。例如在牛头刨床中采用导杆机构就有这种目的。

由式（2-5）可推得：

$$\theta = 180°(K-1)/(K+1) \qquad (2-6)$$

对于一些要求具有急回运动性质的机械，如牛头刨床、往复式运输机等，在设计时，常根据所需要的行程速比系数 K，先求出极位夹角 θ，然后再设计各杆的尺寸。

2.3.2.2　压力角与传动角

在生产中，往往要求连杆机构不仅能实现预定的

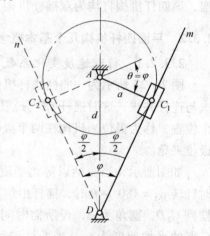

图 2-25　导杆机构

运动规律，而且希望传力特性好。如图 2-26 所示的曲柄摇杆机构，若不考虑各运动副中的摩擦力及构件重力和惯性力的影响，曲柄 AB 经过连杆 BC 传递到摇杆 CD 上点 C 的力 P 将沿 BC 方向。力 P 可分解为沿点 C 速度方向的分力 P_t 及沿 CD 方向的分力 P_n。其中 P_n 只能使铰链 C、D 产生径向压力，P_t 才是推动摇杆 CD 运动的有效分力。由图可见。

$$P_t = P\cos\alpha = P\sin\gamma$$

式中，α 是作用于点 C 的力 P 与点 C 速度方向之间所夹的锐角，为机构在此位置时的压力角。$\gamma = 90° - \alpha$ 是压力角的余角（即连杆 BC 与从动件 CD 所夹的锐角），称为机构在此位置时的传动角。由上式可见，γ 角愈大，则有效分力 P_t 愈大，而 P_n 愈小，因此对机构

的传动愈有利。所以在连杆机构中常用传动角的大小及变化情况来表示机构传力性能的好坏。

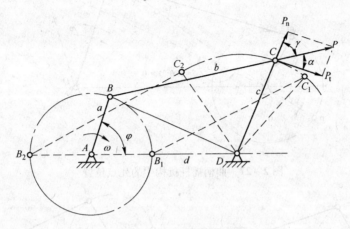

图 2-26　曲柄摇杆机构

在机构的运动过程中，传动角 γ 的大小是变化的。为了保证机构传动性能良好，设计时通常应使 $\gamma_{min} \geq 40°$；在传递力矩较大时，则应使 $\gamma_{min} \geq 50°$；对于一些受力很小或不常使用的操纵机构，则可允许传动角小些，只要不发生自锁即可。

为了检查曲柄摇杆机构的最小传动角，由图 2-26 可见，当 $\angle BCD \leq 90°$ 时，$\angle BCD$ 即为传动角，当 $\angle BCD > 90°$ 时，传动角 $\gamma = 180° - \angle BCD$，因此最小传动角将出现在如下两个位置之一：

(1) 原动件 AB 与机架共线时（AB_1 位置），这时 $\angle BCD$ 最小，其值为

$$\angle B_1 C_1 D = \arccos \frac{b^2 + c^2 - (d-a)^2}{2bc} \qquad (2-7)$$

(2) 主动件 AB 在机架的延长线上时（AB_2 位置），这时 $\angle BCD$ 最大，其值为

$$\angle B_2 C_2 D = \arccos \frac{b^2 + c^2 - (d+a)^2}{2bc} \qquad (2-8)$$

若 $\angle B_2 C_2 D < 90°$，则 $\angle B_1 C_1 D$ 为最小传动角；若 $\angle B_2 C_2 D > 90°$，则应比较 $\angle B_1 C_1 D$ 与 $180° - \angle B_2 C_2 D$ 两者中的小者，既为最小传动角 γ_{min}。由上两式可见，最小传动角与机构中各杆的长度有关，故可按给定的最小传动角来设计四杆机构。

2.3.2.3　死点

在图 2-27 所示的曲柄摇杆机构中，改取摇杆 CD 为主动件，曲柄 AB 为从动件，当摇杆摆到极限位置 C_1D 或 C_2D 时，出现了压力角 $\alpha = 90°$，传动角 $\gamma = 0°$ 的情况。这时主动件 CD 通过连杆作用于从动件 AB 上的力恰好通过其回转中心，所以不能使机构转动而出现"顶死"现象。机构的此种位置称为死点。

同样，对于图 2-28 所示的曲柄滑块机构，当以滑块为主动件时，若连杆与从动曲柄共线，机构也处于"死点"位置。对传动机构来说，机构有死点位置是一个缺陷，此缺陷一般可利用加大构件惯性加以克服，例如家用缝纫机利用其大带轮的惯性越过死点位置。

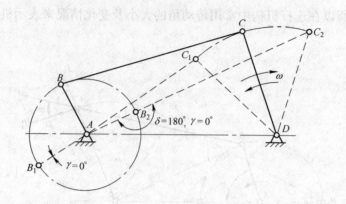

图 2-27　曲柄摇杆机构中的死点位置

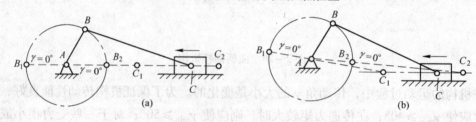

图 2-28　曲柄滑块机构的死点位置

工程上，也有许多场合是利用死点位置来实现一定工作要求的。图 2-29 所示的飞机起落架机构，在机轮放下时，杆 BC 与杆 CD 成一直线，此时虽然机轮上可能受到很大的力，但由于处于死点，经杆 BC 传给杆 CD 的力通过杆中心，所以起落架不会反转（折回），这样可使降落更加可靠。图 2-30 所示的工件夹紧机构，也是利用机构的死点进行工作的。当工件夹紧后，BCD 成一直线，即机构在工件反力的作用下处于死点。所以即使此反力很大，也可保证在加工时，工件不会松脱。

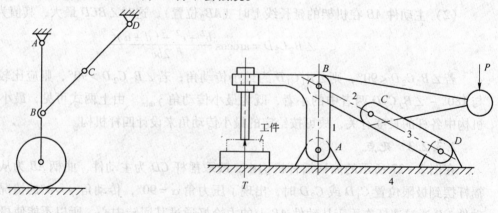

图 2-29　飞机起落架机构　　　　　图 2-30　工件夹紧机构

2.4　平面连杆机构设计

平面连杆机构设计的主要问题是：根据由机构所应完成的运动而给出的已知条件来确

定机构运动简图的尺寸。由于已知条件是根据机构的用途而定的，因此是各种各样的，所以设计平面连杆机构的实际问题也是多种多样的。这大致可归纳为以下两类基本问题。

（1）满足给定的位置要求或者运动规律要求：诸如连杆能够占据某些给定位置；两连架杆的转角能够满足给定的对应关系；或者在原动件运动规律一定的条件下，从动件能够准确地或近似地给定运动规律的要求等。

（2）满足给定的轨迹要求：即要求在机构运动的过程中，连杆上的某点能够实现给定的运动轨迹。

连杆机构的设计方法有：作图法、解析法和实验法。现分别介绍如下。

2.4.1　用作图法设计连杆机构

用作图法设计连杆机构，是连杆机构设计的一种基本方法，下面根据不同的设计要求分别加以介绍。

2.4.1.1　按连杆的预定位置设计四杆机构

如图 2 - 31 所示，设已知连杆 BC 的长度和预定要占据的两个位置 B_1C_1、B_2C_2，现需要设计此四杆机构。由于已知 B、C 点为连杆上的两活动铰链的中心，当连杆依次占据预定两位置的过程中，B、C 两点的轨迹应都是圆弧。两固定铰链的中心必分别位于 B_1B_2 和 C_1C_2 的垂直平分线 b_{12} 和 c_{12} 上。也就是说两固定铰链 A、D 可分别在 b_{12}、c_{12} 上适当选取，故此种四杆机构的设计问题可有无数多解。此时，可再根据结构条件或其他辅助条件来确定 A、D 的位置，然后连接 AB_1 及 C_1D，则得所求四杆机构在连杆位置为 B_1C_1 时的机构简图 AB_1C_1D。

如图 2 - 32 所示，若要求连杆占据预定的三个位置 B_1C_1、B_2C_2、B_3C_3，则可用上述方法分别作出 B_1B_2 和 B_2B_3 的垂直平分线 b_{12} 和 b_{23}，其交点即为转动副 A 的位置；同理，分别作 C_1C_2 和 C_2C_3 的垂直平分线 c_{12} 和 c_{23}，其交点即为转动副 D 的位置。连接 AB_1 及 C_1D，即得所求的四杆机构在位置 1 的简图。

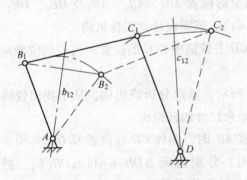

图 2 - 31　给定连杆两个位置的设计

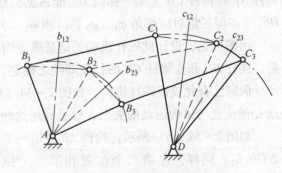

图 2 - 32　给定连杆三个位置的设计

2.4.1.2　按两连架杆的对应位置设计四杆机构

当连杆占据每一个预定位置时，两连架杆都相应地有一对对应的转角 φ_i 与 ψ_i，或者说有一组对应位置 AB_1 与 DC_1。所以按连杆预定的位置设计四杆机构，和按两连架杆预定的对应位置设计四杆机构的方法，实质上可认为是一样的。例如在图 2 - 33 中，给出了四杆机构的两个位置，其两连架杆的对应转角分别为 φ_1、φ_2 和 ψ_1、ψ_2。现在，设想将第二个位置的整个机构绕构件 CD 的轴心 D 转过 $\psi_1-\psi_2$ 角。显然这并不影响各构件间的相对运动。但此时构件 CD 已由 DC_2 位置回到了 DC_1，而构件 AB 由 AB_2 运动到了 $A'B'_2$ 位置。经过这样的转化，可以认为此机构成为以 CD 为机架，以 AB 为连杆的四杆机构，因而按两连架杆预定的对应位置设计四杆机构的问题，也就转化成了按连杆预定位置设计四杆机构的问题，下面举例加以说明。

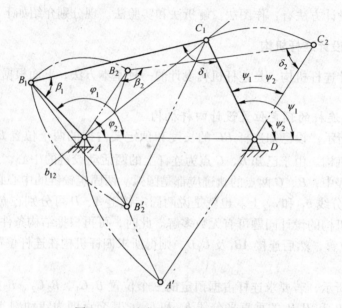

图 2-33 给定四杆机构的两个位置

如图 2-34 所示，设已知构件 AB 和机架 AD 的长度，要求在该机构的传动过程中，构件 AB 和构件 CD 上某一标线 DE 能占据三组预定的位置 AB_1、AB_2、AB_3 及 DE_1、DE_2、DE_3（亦即三组对应摆角 φ_1、φ_2、φ_3 和 ψ_1、ψ_2、ψ_3）。现需设计此四杆机构。

由图可见，设计此四杆机构关键是确定构件 CD 上铰链中心 C 的位置。当 C 的位确定后，连杆 BC 和连架杆 CD 的长度即随之确定。

假定已有此铰链四杆机构，如图 2-34（b）所示，就此分析该机构，从中找出铰链点 C 的位置与机构运动的关系，然后利用这种关系来设计四杆机构。

如图 2-34（b）所示，构件 AB 在第一个位置 AB_1 时，构件 CD 在位置 C_1D，并构成 $\triangle DB_1E_1$；同样，在第二个位置和第三个位置时，分别构成 $\triangle DB_2E_2$ 和 $\triangle DB_3E_3$。把 $\triangle DB_2E_2$ 和 $\triangle DB_3E_3$ 分别绕 D 点反转（按与构件 CD 转向相反的方向转动）使其边 DE_2 和 DE_3 分别与 $\triangle DB_1E_1$ 的边 DE_1 相重合，则 B_2 和 B_3 点分别转至 B'_2 和 B'_3 点。由于连杆的长度不会改变，即转动前为 $B_1C_1=B_2C_2=B_3C_3$；所以转动后为 $B_1C_1=B'_2C_1=B'_3C_1$。由此可知，B_1、B'_2 和 B'_3 点在以 C_1 点为圆心，以 BC_1 为半径的圆周上，即 C_1 点是 $B_1B'_2$ 和 $B'_2B'_3$ 的垂直平分线的交点。即为所求铰链点 C，图示 AB_1C_1D 即为所求的四杆机构。如果只要求两连架杆依次占据两组相应位置，则可以有无穷多解。

2.4.1.3 按给定的行程速比设计四杆机构

曲柄摇杆机构、曲柄滑块机构和导杆机构均能具有急回运动特性。在设计这类机构时，通常按实际需要给定行程速比 K 的数值，然后算出极位夹角 θ，再根据机构在极限位置时的几何关系，结合有关辅助条件来确定机构运动简图的尺寸参数。

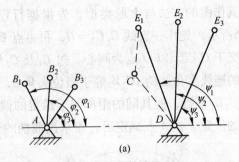

(a)

A 曲柄摇杆机构

已知摇杆的长度 l_{CD}、摇杆摆角 φ 和行程速比 K，试设计此曲柄摇杆机构。

设计的关键是确定曲柄轴心 A 的位置，然后是定出其他三杆的尺寸 l_{AB}、l_{BC} 和 l_{AD}。其作图设计如下：

首先由给定的行程速比系数 K，按公式求出极位夹角 θ，即

$$\theta = 180° \frac{K-1}{K+1} \qquad (2-9)$$

然后，取适当的长度比例尺 μ_1（m/mm），按已知的摇杆长 l_{CD} 和摆角 φ，作出

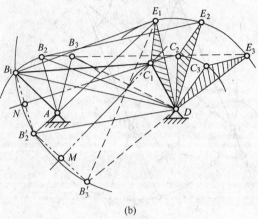

(b)

图 2-34 给定两连架杆三对位置

摇杆右、左两个极限位置 C_1D 和 C_2D（图 2-35）。连接 C_1 和 C_2，并作 C_2M 垂直于 C_1C_2。再作 $\angle C_2C_1N = 90° - \theta$，使 C_1N 与 C_2M 相交于 P 点。由图可见，$\angle C_1PC_2 = \theta$。再作 $\triangle PC_1C_2$ 的外接圆，则圆弧 C_1PC_2 上任一点 A 至 C_1 和 C_2 的连线的夹角 $\angle C_1AC_2$ 均等于极位夹角 θ，所以曲柄的轴心 A 应在此圆弧上。因极限位置处曲柄与连杆共线，故 $AC_1 = BC + AB$，$AC_2 = BC - AB$，即

$$\left. \begin{aligned} l_{AB} &= \frac{1}{2}\mu_1(AC_1 - AC_2) \\ l_{BC} &= \frac{1}{2}\mu_1(AC_1 + AC_2) \end{aligned} \right\} \qquad (2-10)$$

或以 A 为圆心，以 AC_2 为半径作弧交 AC_1 于 E，则也可利用此几何作图求得

$$\left. \begin{aligned} l_{AB} &= \frac{1}{2}\mu_1 EC_1 \\ l_{BC} &= \mu_1\left(AC_1 - \frac{1}{2}EC_1\right) \end{aligned} \right\} \qquad (2-11)$$

由于 A 点可在 $\triangle C_1PC_2$ 的外接圆周的弧 C_1PC_2 上任意选取，所以若仅按行程速比系数 K 设计，可得无穷多解。因此若未给出其他附加条件，如欲获得良好的传动质量，则可按传动角最优或其他辅助条件来确定 A 点的位置。

B 曲柄滑块机构

已知曲柄滑块机构的行程速比 K，行程长度 H 和偏距 e，试设计此曲柄滑块机构。

其作图的方法与上题类似，先根据行程速比系数 K，计算极位夹角 θ。然后按如图 2-36 所示，先作一直线 $C_1C_2 = H$，再由点 C_1、C_2 各作一直线与 C_1C_2 成 $90° - \theta$ 角，此两线相交于 O 点。以 O 点为圆心，过 C_1 及 C_2 作圆。则此圆弧 C_1AC_2 上任一点 A 与 C_1 和 C_2 两点的连线夹角 $\angle C_1AC_2$ 均等于极位夹角 θ，所以曲柄的轴心 A 应在此圆弧上。再作一直线与 C_1C_2 平行，使其间的距离等于给定的偏距 e，则此直线与上述圆弧的交点即为曲柄轴心 A 的位置。当 A 点确定后，可求出曲柄的长度 l_{AB} 及连杆的长度 l_{BC}。

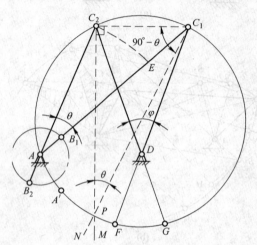

图 2-35   按 K 值设计曲柄摇杆机构

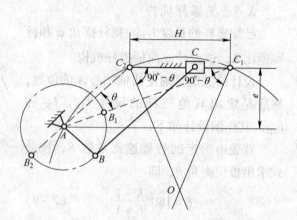

图 2-36   按 K 值设计曲柄滑块机构

C   导杆机构

已知摆动导杆机构中机架的长度 l_{AD}，行程速比系数 K，试设计该导杆机构。

由图 2-37 可以看出，摆动导杆机构的特点是：机构的极位夹角 θ 等于导杆的摆角 φ，所需确定的尺寸是曲柄长度 l_{AC}。其设计步骤如下：

先由给定的行程速比系数 K，按式（2-9）求得极位夹角 θ（即摆角 φ）

$$\varphi = \theta = 180° \frac{K-1}{K+1}$$

然后，选取适当的长度比例尺 μ_l，任选固定铰链中心 D，按摆角 φ 作出导杆两极限位置 D_m 和 D_n。并作摆角 φ 的平分线 AD，在其线上取 $AD = l_{AD}/\mu_l$，即可得曲柄轴心 A 的位置。

过 A 点作导杆极限位置的垂线 AC_1（或 AC_2），则该线段长即为曲柄的长度 l_{AC}。

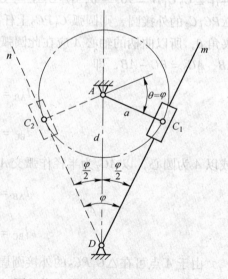

图 2-37   按 K 值设计摆动导杆机构

2.4.2   用解析法设计四杆机构

用解析法设计四杆机构时，首先需要建立包含机构的各尺度参数和运动变量在内的解析关系式，然后根据已知的运动变量求解所需的机构尺度参数。

如图 2-38 所示，设要求从动件 3 与主动件 1 的转角之间满足一系列的对应位置关系，即 $\theta_{3i}=f(\theta_{1i})$，$i=1$，2，3，…，$n$，试设计此四杆机构。该机构的运动变量为各构件转角 θ_1、θ_2、θ_3，由设计要求可知，其中 θ_1、θ_3 是已知的，只有 θ_2 未知，设计参数为各构件长度 a、b、c、d，以及 θ_1 和 θ_3 的计量起始角 α_0、φ_0。因为当各构件的长度按同一比例增减时，并不改变各

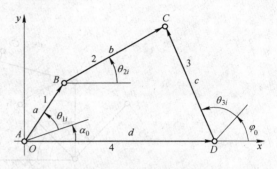

图 2-38　机构封闭多边形

构件的转角关系，故各构件的长度可用相对长度来表示，如令 $a/a=1$，$b/a=m$，$c/a=n$，$d/a=l$。则该机构的设计参数将变为 m、n、l、α_0、φ_0，共 5 个。

现建立如图 Oxy 坐标系，并把各杆当做杆矢量，则由矢量方程 $\boldsymbol{a}+\boldsymbol{b}=\boldsymbol{d}+\boldsymbol{c}$，在 x、y 坐标轴上的投影可得：

$$\left.\begin{array}{l} a\cos\left(\theta_{1i}+\alpha_0\right)+b\cos\theta_{2i}=d+c\cos\left(\theta_{3i}+\varphi_0\right) \\ a\sin\left(\theta_{1i}+\alpha_0\right)+b\sin\theta_{2i}=c\sin\left(\theta_{3i}+\varphi_0\right) \end{array}\right\} \quad (2-12)$$

将相对长度值代入，并移项有

$$\left.\begin{array}{l} m\cos\theta_{2i}=l+n\cos\left(\theta_{3i}+\varphi_0\right)-\cos\left(\theta_{1i}+\alpha_0\right) \\ m\sin\theta_{2i}=n\sin\left(\theta_{3i}+\varphi_0\right)-\sin\left(\theta_{1i}+\alpha_0\right) \end{array}\right\} \quad (2-13)$$

从以上两式中消去 θ_{2i}，并整理可得

$$\begin{aligned} \cos\left(\theta_{1i}+\alpha_0\right)=&\,n\cos\left(\theta_{3i}+\varphi_0\right)-\left(n/l\right)\cos\left(\theta_{3i}+\varphi_0-\theta_{1i}-\alpha_0\right)+\\ &\,\left(l^2+n^2+1-m^2\right)/(2l) \end{aligned} \quad (2-14)$$

令：$P_0=n$，$P_1=-n/l$，$P_2=(l^2+n^2+1-m^2)/(2l)$

则上式可化为：

$$\cos\left(\theta_{1i}+\alpha_0\right)=P_0\cos\left(\theta_{3i}+\varphi_0\right)+P_1\cos\left(\theta_{3i}+\varphi_0-\theta_{1i}-\alpha_0\right)+P_2 \quad (2-15)$$

上式中包含有 P_0、P_1、P_2、α_0 及 φ_0 五个待定参数，根据解析式的可解条件，方程式的总数应与待定未知数的总数相等，故四杆机构最多可按两连架杆的五个对应位置精确求解。

当两连架杆的对应位置数 $N>5$ 时，一般不能求得精确解，此时可用最小二乘法等进行近似设计。当要求的两连架杆对应位置数 $N<5$ 时，可预选某些尺度参数，如设预选的参数数目为 N_0，则：

$$N_0=5-N \quad (2-16)$$

由于有的参数可以预选，这时将有无穷多解。

由上式可知，当预选 α_0 及 φ_0 为已知参数时（即取 $N_0=2$），则 $N=3$，这时只能按 3 个对应位置要求进行精确设计。

如图 3-39 所示为用于某操纵装置中的铰链四杆机构，要求其两连架杆满足如下三组对应位置关系；$\theta_{11}=45°$，$\theta_{31}=50°$；$\theta_{12}=90°$，$\theta_{32}=80°$；$\theta_{13}=135°$，$\theta_{33}=110°$。

如上所述，这时可预选两个参数，设预选 $\alpha_0=\varphi_0=0°$，则当将 θ_{1i} 和 θ_{3i} 代入式（2-15）后，可得如下方程组

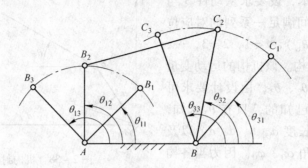

图2-39　两连架杆三组对应位置

$$\left.\begin{array}{l}\cos45° = P_0\cos50° + P_1\cos(50° - 45°) + P_2 \\ \cos90° = P_0\cos80° + P_1\cos(80° - 90°) + P_2 \\ \cos135° = P_0\cos110° + P_1\cos(110° - 135°) + P_2\end{array}\right\}$$

这是一线性方程组，可解得：$P_0 = 1.5330$，$P_1 = -1.0628$，$P_2 = 0.7805$。进而可求得各杆的相对长度为：$l = -n/P_1 = 1.422$，$m = (l^2 + n^2 + 1 - 2lP_2)^{1/2} = 1.783$。再根据结构条件，选定曲柄长度后，即可求得各杆的绝对长度。

用解析法设计四杆机构的优点是可以得到比较精确的设计结果，而且便于将机构的设计误差控制在许可的范围之内。随着数学手段的发展和电子计算机的普遍应用，解析法的应用日益广泛。但是在实际设计工作中，采用实验法或作图法却显得更为简便易行。

2.4.3　用实验法设计四杆机构

对于运动要求比较复杂的四杆机构的设计问题，特别是对于按照预定轨迹要求设计的四杆机构的问题，以实验法求解，有时显得更为简便易行，现介绍如下。

2.4.3.1　按两连架杆对应的角位移设计四杆机构

现要求设计一四杆机构，其原动件的角位移 α_i（顺时针方向）和从动件的角位移 φ_i（逆时针方向）的对应关系如表2-1所示。

表2-1　原动件的角位移 α_i 和从动件的角位移 φ_i 的对应关系

位 置	$\alpha_i/(°)$	$\varphi_i/(°)$	位 置	$\alpha_i/(°)$	$\varphi_i/(°)$
1→2	15	10.8	4→5	15	15.8
2→3	15	12.5	5→6	15	17.5
3→4	15	14.2	6→7	15	19.2

其实验设计方法如下：

首先，在一张纸上取固定轴 A 的位置如图2-40（a）所示，并按照表中所要求的原动件的角位移 α_i 作出一系列位置 AA_1、AA_2、…、AA_7；选择适当的原动件长度 AB，作一圆弧交上述 AA_1、AA_2、…、AA_7 线于点 B_1、B_2、…、B_7；再选择一适当的连杆长度 BC，分别以点 B_1、B_2、…为圆心，BC 长为半径作圆弧 K_1、K_2、…、K_7。

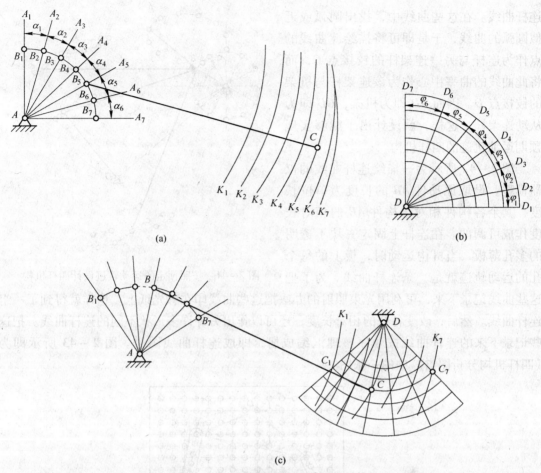

图 2-40 几何实验法设计四杆机构

　　然后如图 2-40（b）所示，在另一张透明纸上选定一点作为固定轴 D，并根据表中给定的角位移 φ_i 作出一系列相应的从动件位置 DD_1、DD_2、$\cdots$、DD_7，在以点 D 为圆心，以不同从动件长度为半径作一系列同心圆。

　　最后，把第二张透明纸覆盖在第一张图纸上，并移动透明纸，力求找到这样的位置，使从动件位置 DD_1、DD_2、$\cdots$、DD_7 与相应的圆弧 K_1、K_2、$\cdots$、K_7 的交点位于（或近似位于）以 D 为圆心的某一同心圆周上，如图 2-40（c）所示，上述交点 C_1、C_2、$\cdots$、C_7 即位于同一圆周上。此时，把透明纸固定下来，点 D 即为另一固定铰链所在位置，AD 为机架长，DC 则为从动件长度。四杆机构各杆的长度也就完全确定了。

　　但必须指出，上述交点一般只是近似地落在某一同心圆周上，因而会产生误差，若此误差较大，不满足设计要求时，则应重新选择原动件 AB 和连杆 BC 的长度，重复以上设计步骤，直至得到满意的设计结果为止。

2.4.3.2 按照预定的运动轨迹设计四杆机构

　　如图 2-41 所示，设已知原动件 AB 的长度及其中心 A 和连杆上一点 M，现要求设计一四杆机构，使连杆上的点 M 沿着预定的轨迹运动。为解决此设计问题，现在连杆上另取一些点 C'、C''、$\cdots$，在点 M 沿着预期的轨迹运动的过程中，这些点也将描绘出各自的

连杆曲线。在这些曲线中，找出圆弧或近
似圆弧的曲线，于是即可将描绘此曲线的
点作为连杆与另一连架杆的铰接点 C，而
将此曲线的曲率中心作为该连架杆与机架
的铰接点 D。因而 AD 即为机架，CD 即为
从动连架杆，这样，就设计出了能够实现
预期运动轨迹的四杆机构。

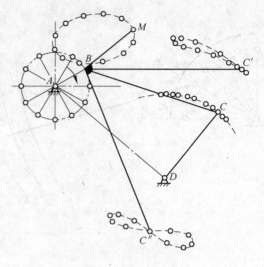

图 2 - 41 所示为一描绘连杆曲线的仪
器模型。设取原动件 AB 的长度为单位长
度，其余各构件相对于构件 AB 的相对长
度作成可调的。在连杆上固定一块不透明
的多孔薄板，当机构运动时，板上的每个
孔的运动轨迹就是一条连杆曲线。为了把

图 2 - 41　按照预定的运动轨迹设计四杆机构

这些曲线记录下来，可利用光束照射的办法把这些曲线印在感光纸上。这样就得到了一组
连杆曲线。然后，改变各杆的相对长度，还可以作出另外许多形状不同的连杆曲线。把这
些记录下来的连杆曲线按顺序整理汇编成册，即成连杆曲线图谱。图 2 - 43 所示即为
《四杆机构分析图谱》中的一张图。

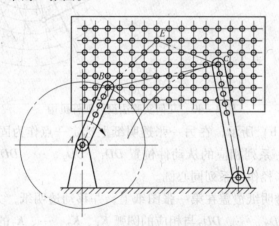

图 2 - 42　描绘连杆曲线的仪器模型

根据预期的运动轨迹设计四杆机构时，可从图谱中查找与要求实现的轨迹相似的连杆
曲线。如设图 2 - 43 中的连杆曲线 a_5 与所要求的轨迹相似，则描绘该曲线的四杆机构各
杆的相对长度可从图中右下角查得，而点 M 在连杆上的位置也可以从图中量得。最后用
缩放仪求出图谱中的连杆曲线与所要求的轨迹之间相差的倍数，就可以求得机构的各尺寸
参数。

上述四杆机构的各种设计方法，各有特点。作图法直观、清晰、一般比较简单易行，
但作图误差较大，而且这种误差事前是不能计算和控制的。实验法也有类似之处，而且工
作也比较繁琐，不过，它用来设计运动要求比较复杂的四杆机构或作为机构的初步设计也
不失为一种有效方法。解析法的缺点是机构的位置方程式相当复杂，计算求解也比较麻

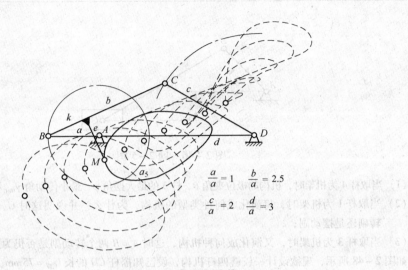

$$\frac{a}{a}=1 \quad \frac{b}{a}=2.5$$

$$\frac{c}{a}=2 \quad \frac{d}{a}=3$$

图 2-43   连杆曲线图谱

烦，但是如前所述，却可以得到比较精确的结果，而且在近似设计中，其误差可以在设计时求得，从而便于控制机构的精度。随着计算技术的发展，解析法的应用将会日益广泛。在实际设计工作中，究竟采用哪种方法，则应根据具体的设计要求和条件加以确定。

思考题与习题

2-1   在铰链四杆机构中，转动副成为周转副的条件是什么，在图 2-44 所示的四杆机构中哪些副为周转副？

2-2   在曲柄摇杆机构中，当以曲柄为原动件时，机构是否一定存在急回运动，且一定无死点，为什么？

2-3   在四杆机构中极位和死点有何异同？

2-4   如图 2-45 所示，设已知四杆机构各构件的长度为 $a=240\text{mm}$，$b=600\text{mm}$，$c=400\text{mm}$，$d=500\text{mm}$。试问：

(1) 当取杆 4 为机架时，是否有曲柄存在？

(2) 若各杆长度不变，能否以选不同杆为机架的办法获得双曲柄机构和双摇杆机构，如何获得？

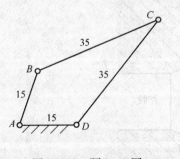

图 2-44   题 2-1 图

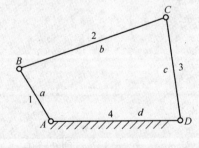

图 2-45   题 2-4 图

2-5   如图 2-46 所示为一偏置曲柄滑块机构，试求杆 AB 为曲柄的条件。若偏距 $e=0$，则杆 AB 为曲柄的条件又如何？

2-6   在图 2-47 所示的铰链四杆机构中，各杆的长度为 $l_1=28\text{mm}$，$l_2=52\text{mm}$，$l_3=50\text{mm}$，$l_4=72\text{mm}$。试求：

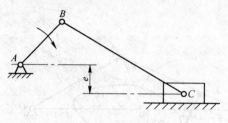

图 2-46 题 2-5 图

(1) 当取杆 4 为机架时，机构的极位夹角 θ、杆 3 的最大摆角 φ、最小传动角 γ_{min} 和行程速比系数 K；

(2) 当取杆 1 为机架时，将演化成何种类型的机构，为什么？并说明这时 C、D 两个转动副是周转副还是摆动副；

(3) 当取杆 3 为机架时，又演化成何种机构，这时 A、B 两个转动副是否仍为周转副？

2-7 如图 2-48 所示，现欲设计一铰链四杆机构，设已知摇杆 CD 的长 $l_{CD} = 75mm$，行程速比系数 $K = 1.5$，机架 AD 的长度为 $l_{AD} = 100mm$，摇杆的一个极限位置与机架间的夹角为 $\psi = 45°$，试求曲柄的长度 l_{AB} 和连杆的长度 l_{BC}（有两组解）。

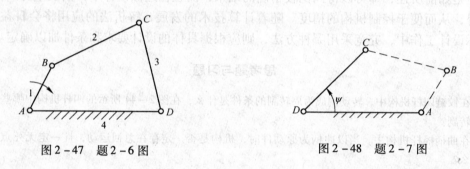

图 2-47 题 2-6 图   图 2-48 题 2-7 图

2-8 如图 2-49 所示为一试验用小电炉的炉门装置，在关闭时为位置 E_1，开启时为位置 E_2，试设计一四杆机构来操作炉门的启闭（各有关尺寸见图）。开启炉门应向外开启，炉门与炉体不得发生干涉；而在关闭时，炉门应有一个自动压向炉体的趋势（图中 S 为炉门质心位置）。B、C 为两活动铰链所在位置。

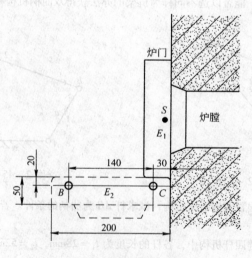

图 2-49 题 2-8 图

第3章 凸轮机构及其设计

凸轮机构是一种常用的机械机构，主要由凸轮、从动件和机架三个基本构件组成。在该机构中，凸轮是一个具有曲线轮廓或凹槽的构件，通过与从动件高副接触带动从动件实现预期运动。凸轮机构能实现复杂的运动要求，广泛应用于各种机械中，特别是在自动化、半自动化机械和自动控制装置中。

3.1 凸轮机构的应用和类型

3.1.1 凸轮机构的应用

在机械中，为了实现各种复杂的运动要求，广泛地应用着各种形式的凸轮机构。图3-1所示为一内燃机气阀的启闭凸轮机构，当凸轮1回转时，其轮廓将迫使推杆2做往复摆动，从而使气阀3开启或关闭（关闭是借弹簧4的作用），以控制可燃物质在适当的时间进入气缸或排出废气。至于气阀开启或关闭时间及其速度和加速度的变化规律，则取决于凸轮轮廓曲线的形状。

图3-2所示为自动机床的进刀机构。当具有凹槽的圆柱凸轮1回转时，其凹槽侧面通过嵌于凹槽中的滚子3迫使摆杆2绕点O做往复摆动，从而控制刀架的进刀和退刀运动。进刀和退刀的运动规律则完全取决于凹槽的形状。

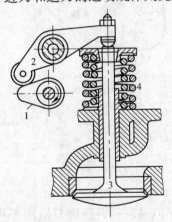

图3-1 内燃机启闭凸轮机构

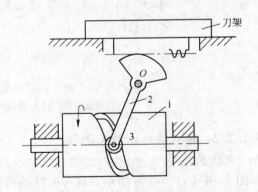

图3-2 自动机床的进刀机构

由以上两例可见，凸轮机构是由凸轮（原动件）、推杆（从动件）和机架三个主要构件所组成的高副机构。凸轮是一个具有曲线轮廓或凹槽的构件，当凸轮运动时，通过其曲线轮廓与推杆的高副接触，使推杆得到预期的运动。凸轮机构的优点是：只要适当地设计出凸轮轮廓曲线，就可以使推杆得到预期的运动规律，而且机构结构简单。凸轮机构的缺点是：由于凸轮轮廓与推杆之间为点、线接触，属高副机构，易磨损，所以凸轮机构多用于传力不大的场合。

3.1.2　凸轮机构的分类

凸轮机构的类型很多，常用的分类方法如下。

3.1.2.1　按凸轮的形状分类

A　盘形凸轮

如图 3 - 3（a）所示，这种凸轮是一个具有变化向径的盘形构件。当它绕固定轴转动时，可推动推杆在垂直于凸轮轴的平面内运动。盘形凸轮构件的结构简单，应用也较广泛，但推杆的行程不能太大，否则将使凸轮的径向尺寸变化过大，因而对凸轮机构的工作不利。

B　移动凸轮

图 3 - 3（b）所示的凸轮，可以看做是转轴在无穷远处的盘形凸轮的一部分，它是一个具有曲线轮廓的做往复直线移动的构件，当移动凸轮做直线往复运动时，可推动推杆在同一运动平面内运动。有时也常将此种凸轮固定，而使推杆连同支架相对于此凸轮运动。

C　圆柱凸轮

如图 3 - 2 所示的是在圆柱面上做出曲线凹槽的或是在圆柱端面上做出曲线轮廓的机构，这种将移动凸轮卷于圆柱体而形成的凸轮为圆柱凸轮（图 3 - 3（c）），当其转动时，其曲线凹槽或轮廓曲面可推动推杆产生预期的运动。由于凸轮与推杆的运动不在同一平面内，所以这是一种空间凸轮机构。利用圆柱凸轮可使推杆得到较大的行程。

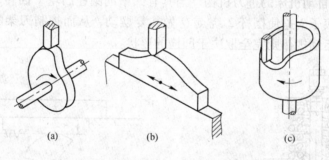

（a）　　　　　　　　（b）　　　　　　　　（c）

图 3 - 3　凸轮的类型

（a）盘形凸轮；（b）移动凸轮；（c）圆柱凸轮

3.1.2.2　按从动件的形式分类

A　尖底从动件

如图 3 - 4（a）、（b）所示，这种推杆的构造最简单，但易磨损，所以只适用于作用力不大和速度较低的场合，如用于仪表等机构中。

B　滚子从动件

如图 3 - 4（c）、（d）所示，这种推杆由于滚子与凸轮轮廓之间为滚动摩擦，所以磨损较小，故可用来传递较大的动力，因而应用较广。

C　平底从动件

如图 3 - 4（e）、（f）所示，这种推杆的优点是轮对推杆的作用力始终垂直于的底边，故受力比较平稳。而且凸轮与平底的接触面间容易形成油膜，润滑较好，所以常用于高速传动中。

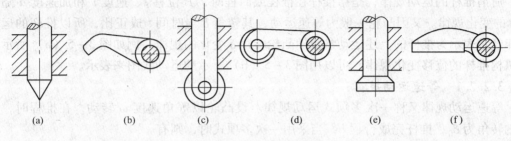

图 3－4　推杆的类型

3.2　从动件常用的运动规律

3.2.1　凸轮机构的基本名词术语

　　如图 3－5（a）所示为一对心直动尖顶推杆盘形凸轮机构，图中以凸轮的回转轴心 O 为圆心，以凸轮的最小半径 r_0 为半径所作的圆称为凸轮的基圆，r_0 称为凸轮的基圆半径。图示凸轮的轮廓由 AB、BC、CD 及 DA 四段曲线组成，而且 BC、DA 两段为圆弧。设点 A 为凸轮廓线的起始点，当凸轮与推杆在点 A 接触时，推杆处于最低位置。当凸轮以等角速度 ω 逆时针转动时，推杆在凸轮廓线 AB 段的推动下，将由最低位置被推到最高位置 B'，推杆运动的这一过程称为推程，而凸轮相应的转角 δ_0 称为推程运动角。凸轮再继续转动，当推杆与凸轮廓线的 BC 段接触时，由于 BC 段为以凸轮轴心 O 为圆心的圆弧，所以推杆将处于最高位置而静止不动，此一

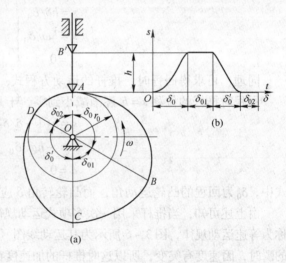

图 3－5　对心直动尖顶推杆盘形凸轮机构

过程称为远休，而此过程凸轮相应的转角 δ_{01} 称为远休止角。而后，当推杆与凸轮廓线的 CD 段接触时，它又由最高位置回到最低位置，推杆运动的这一过程称为回程，而凸轮相应的转角 δ_0' 称为回程运动角。最后，当推杆与凸轮廓线的 DA 段接触时，由于 DA 段为以凸轮轴心 O 为圆心的圆弧，所以推杆将处于最低位置而静止不动，此一过程称为近休，而凸轮相应的转角 δ_{02} 称为近休止角。凸轮再继续转动时，推杆又重复上述过程。推杆在推程或回程中移动的距离 h 称为推杆的行程。

　　由上述可知，凸轮的轮廓形状决定了从动件的运动规律。反之，从动件不同的运动规律要求凸轮具有不同的轮廓曲线形状，因此在设计凸轮轮廓之前应首先确定从动件的运动规律。

3.2.2　从动件常用的运动规律

所谓推杆的运动规律，是指推杆在推程或回程时，其位移 s、速度 v 和加速度 a 随时间 t 的变化规律。又因凸轮一般为等速运动，其转角 δ 与时间 t 成正比，所以推杆的运动规律经常表示为推杆的上述运动参数随凸轮转角 δ 变化的规律。例如图3-5（a）所示凸轮机构推杆的位移变化规律，可以用图3-5（b）所示的运动线图来表示。

3.2.2.1　等速运动规律

等速运动规律又称一次多项式运动规律。设凸轮以等角速度 ω 转动，在推程时，凸轮的转角为 δ_0，推杆完成行程 h，当采用一次多项式时，则有

$$\left. \begin{array}{l} s = C_0 + C_1\delta \\ v = \dfrac{\mathrm{d}s}{\mathrm{d}t} = \omega C_1 \\ a = \dfrac{\mathrm{d}v}{\mathrm{d}t} = 0 \end{array} \right\} \tag{3-1}$$

如果取边界条件为：在始点处 $\delta = 0$，$s = 0$；在终点处 $\delta = \delta_0$，$s = h$，则由式（3-1）可得 $C_0 = 0$，$C_1 = h/\delta_0$，故推杆推程的运动方程为

$$\left. \begin{array}{l} s = h\delta/\delta_0 \\ v = h\omega/\delta_0 \\ a = 0 \end{array} \right\} \tag{3-2a}$$

同理，可求得回程时，推杆的运动方程式。

回程时推杆的位移 $s = h$ 逐渐减小到零，于是得推杆回程的运动方程

$$\left. \begin{array}{l} s = h(1 - \delta/\delta_0') \\ v = -h\omega/\delta_0' \\ a = 0 \end{array} \right\} \tag{3-2b}$$

式中，δ_0' 为回程的凸轮运动角；而凸轮转角 δ 应从此段运动规律的起始位置计起。

由上述可知，当推杆采用一次多项式运动规律时，推杆为等速运动，故这种运动规律又称为等速运动规律，图3-6所示为其运动线图（推程）。由图可知，推杆在运动开始和终止的瞬时，因速度有突变，所以这时推杆的加速度在理论上将出现瞬时的无穷大值，致使推杆突然产生非常大的惯性力，因而使凸轮机构受到极大的冲击，这种冲击称为刚性冲击。

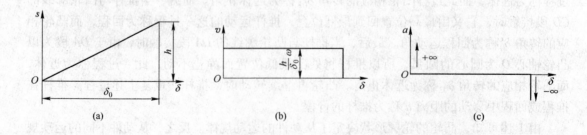

图3-6　等速运动规律

3.2.2.2 等加速等减速运动规律

等加速等减速运动规律又称为二次多项式运动规律。当采用二次多项式时，其表达式为

$$
\left.
\begin{aligned}
s &= C_0 + C_1\delta + C_2\delta^2 \\
v &= \frac{ds}{dt} = \omega C_1 + 2\omega C_2\delta \\
a &= \frac{dv}{dt} = 2\omega^2 C_2
\end{aligned}
\right\}
\tag{3-3}
$$

由上式可见，这时推杆的加速度为常数。为了保证凸轮机构运动的平稳性，通常应使推杆先做加速运动，后做减速运动。设在加速段与减速段凸轮的运动角及推杆的行程各占一半（即各为 $\delta_0/2$ 及 $h/2$）。这时，推程加速段边界条件为：在始点处 $\delta=0$，$s=0$，$v=0$；在终点处 $\delta=\delta_0/2$，$s=h/2$。由式（3-3）可得 $C_0=0$，$C_1=0$，$C_2=2h/\delta_0^2$，故推杆等加速推程段的运动方程为

$$
\left.
\begin{aligned}
s &= 2h\delta^2/\delta_0^2 \\
v &= 4h\omega\delta/\delta_0^2 \\
a &= 4h\omega^2/\delta_0^2
\end{aligned}
\right\}
\tag{3-4a}
$$

式中，δ 的变化范围为 $0\sim\delta_0/2$。由上式可见，在此阶段中，推杆的位移 s 与凸轮转角 δ 的平方成正比，故其位移曲线为一抛物线，如图 3-7（a）所示。

推程减速段边界条件为：在始点处 $\delta=\delta_0/2$，$s=h/2$；在终点处 $\delta=\delta_0$，$s=h$，$v=0$。将其代入式（3-3），可求得 $C_0=-h$，$C_1=4h/\delta_0$，$C_2=-2h/\delta_0^2$，故推杆等减速推程段的运动方程为

$$
\left.
\begin{aligned}
s &= h - 2h(\delta_0-\delta)^2/\delta_0^2 \\
v &= 4h\omega(\delta_0-\delta)/\delta_0^2 \\
a &= -4h\omega^2/\delta_0^2
\end{aligned}
\right\}
\tag{3-4b}
$$

式中，δ 的变化范围为 $\delta_0/2\sim\delta_0$，这时推杆的位移曲线，如图 3-7 所示为另一段与前者曲率方向相反的抛物线。

上述两种运动规律的结合，构成推杆的等加速和等减速运动规律。其运动线图如图 3-7 所示，由图可见，在 A、B、C 三点推杆的加速度有突变，因而推杆的惯性力也将有突变，不过这一突变为有限值，因而引起的冲击是有限的，称这种冲击为柔性冲击。

回程时的等加速等减速运动规律，由于在起始点推杆处于最高位置，即 $s=h$。随着凸轮的转动，推杆逐渐下降。故推杆的位移 s 应等于行程 h 减去式（3-4）中的 s，从而回程时的运动方程如下。

等加速回程：

$$
\left.
\begin{aligned}
s &= h - 2h\delta^2/\delta_0'^2 \\
v &= -4h\omega\delta/\delta_0'^2 \\
a &= -4h\omega^2/\delta_0'^2
\end{aligned}
\right\}, \delta = 0\sim\delta_0'/2
\tag{3-5a}
$$

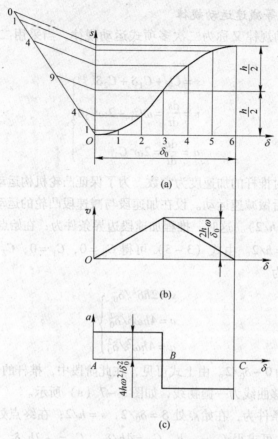

图 3－7 等加速等减速运动规律

等减速回程：

$$
\left.\begin{array}{l}
s = 2h(\delta'_0 - \delta)^2/\delta'^2_0 \\
v = -4h\omega(\delta'_0 - \delta)^2/\delta'^2_0 \\
a = 4h\omega^2/\delta'^2_0
\end{array}\right\}, \delta = \delta'_0/2 \sim \delta'_0 \qquad (3-5b)
$$

3.2.2.3 余弦加速度运动规律

余弦加速度运动规律又称为简谐运动规律。当推杆的加速度按余弦规律变化时，其推程时的运动方程为

$$
\left.\begin{array}{l}
s = h[1 - \cos(\pi\delta/\delta_0)]/2 \\
v = \pi h\omega\sin(\pi\delta/\delta_0)/2\delta_0 \\
a = \pi^2 h\omega^2\cos(\pi\delta/\delta_0)/2\delta_0^2
\end{array}\right\} \qquad (3-6a)
$$

回程时的运动方程为

$$
\left.\begin{array}{l}
s = h[1 + \cos(\pi\delta/\delta'_0)]/2 \\
v = -\pi h\omega\sin(\pi\delta/\delta'_0)/2\delta'_0 \\
a = -\pi^2 h\omega^2\cos(\pi\delta/\delta'_0)/2\delta'^2_0
\end{array}\right\} \qquad (3-6b)
$$

推杆按余弦加速度规律运动时的运动线图（推程）如图 3－8 所示，由图可见，在首、末两点推杆的加速度有突变，故也有柔性冲击。同时，由运动线图中还可以看出，在

整个推程中，推杆加速度按余弦加速度规律的变化只完成了余弦的半个周期。

3.2.2.4　正弦加速度运动规律

正弦加速度运动规律又称摆线运动规律。当推杆加速度按正弦加速度规律变化时，其推程时的运动方程为

$$
\left.\begin{array}{l}
s = h\left[(\delta/\delta_0) - \sin(2\pi\delta/\delta_0)/2\pi \right] \\
v = h\omega\left[1 - \cos(2\pi\delta/\delta_0) \right]/\delta_0 \\
a = 2\pi h\omega^2 \sin(2\pi\delta/\delta_0)/\delta_0^2
\end{array}\right\}
\qquad (3-7a)
$$

回程时的运动方程为

$$
\left.\begin{array}{l}
s = h\left[1 - (\delta/\delta_0') - \sin(2\pi\delta/\delta_0')/2\pi \right] \\
v = h\omega\left[\cos(2\pi\delta/\delta_0') - 1 \right]/\delta_0' \\
a = -2\pi h\omega^2 \sin(2\pi\delta/\delta_0')\delta_0'^2
\end{array}\right\}
\qquad (3-7b)
$$

推杆按正弦加速度规律运动时的运动线图（推程时）如图 3-9 所示。由图可见，推杆做正弦加速度运动时，其加速度没有突变，因而不产生冲击。另外，在推程中推杆加速度按正弦加速度规律的变化完成了正弦的一个周期。

除上面介绍的推杆常用的几种规律外，根据工作需要，还可以选择其他的运动规律，或者将上述常用的运动规律组合使用，以改善其运动特征。

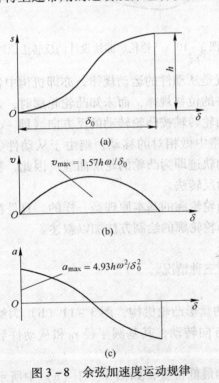

图 3-8　余弦加速度运动规律

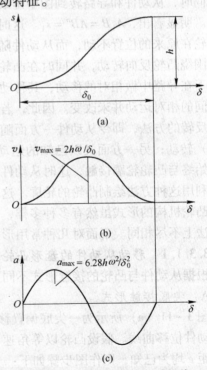

图 3-9　正弦加速度运动规律

3.3　凸轮轮廓曲线设计

从动件的运动规律选定以后，即可根据选定的运动规律和其他必要的给定条件（例

如基圆半径尺寸等）进行凸轮的轮廓设计。凸轮轮廓的设计方法可分为图解法和解析法两种。图解法的主要特点是简便易行，而且直观，但精确度有限，因此，适用于要求较低的凸轮设计中；解析法精确度较高，并能主动地控制精度，但计算工作量比较繁重，一般用于要求较高的凸轮设计中。

3.3.1　凸轮的图解法设计原理和方法

图 3 – 10 所示为尖底移动从动件的盘形凸轮机构从动件位于最低位置时，与凸轮在点 A 接触。当凸轮按 ω 的方向转过角 φ_1 时，凸轮的向径 OA 将转到 OA' 的位置上，而凸轮轮廓则转到图中虚线所示的位置。从动件在凸轮轮廓的推动下，沿导路由点 A 接触上升到点 B'' 接触，从而上升了一段位移 s_1。这时，若将整个机构连同导路反方向（即按 $-\omega$ 的方向）转过原来凸轮所转的角 φ_1，则凸轮将回到原来的实线位置；点 A' 也回到原来的点 A 位置上，而接触点 B' 将随凸轮轮廓回转到点 B 的位置。与此同时，从动件和导路转到图中虚线所示的位置。明显看出，$A_1B = AB'' = s_1$。这时，相当于凸轮在原来的位置不动，而从动件随着导路一起围绕凸轮反向转动，并同时在凸轮轮廓的

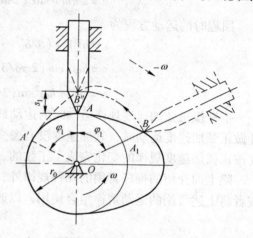

图 3 – 10　凸轮轮廓曲线设计的反转法原理

推动下在导路中做相对的移动，其移动规律显然就是从动件的运动规律，亦即机构中各构件之间的相对运动并未改变。因此，若已知从动件的位移规律，而未知凸轮轮廓时，采用上述反转的方法，即令从动件一方面随着导路绕凸轮转轴按凸轮转动的反方向（即 $-\omega$ 的方向）转动；另一方面又以已知的运动规律在导路中做相对的移动，则由于从动件尖底应该始终与凸轮轮廓接触，这时从动件尖底的运动轨迹即为凸轮的轮廓曲线。因此，我们可以利用这种方法绘制凸轮的轮廓。这种方法称为反转法。

凸轮机构的形式虽然有多种多样，但是绘制凸轮轮廓的基本原理是一样的，只是在具体画法上不尽相同。下面对几种常用形式的盘形凸轮轮廓的绘制方法加以叙述。

3.3.1.1　移动从动件的盘形凸轮

根据从动件与凸轮的接触形式不同可分为下列三种情况。

A　尖底接触形式

图 3 – 11（a）所示为一尖底偏置移动从动件的盘形凸轮机构，图 3 – 11（b）为给定的从动件位移曲线。假设凸轮以等角速 ω 顺时针方向转动，其基圆半径 r_0 和从动件导路的偏距 e 均为已知，则作图步骤如下：

（1）选定合适的比例尺，画出基圆和从动件的最低位置，如图 3 – 11（a）中所示在点 $B_0（C_0）$ 接触，另外，以同一长度比例尺和适当的角度比例尺作出从动件的位移曲线 $s = s(\delta)$，如图 3 – 11（b）所示；

（2）将位移曲线的推程角和回程角分别分成若干等份（图中各分为四等份），得点 1、2、3、…、9；

（3）在基圆上，自 OC_0 开始，按 ω 的反方向取推程角 $\delta_0 = 180°$、远休止角 $\delta_{01} = 30°$、回程角 $\delta_0' = 90°$、近休止角 $\delta_{02} = 60°$，并将推程角和回程角分成与图（b）对应的相同等份，得点 C_1、C_2、C_3、…、C_9；

（4）为了确定从动件的运动方向线，以偏距 e 为半径、O 为圆心，画出偏距圆，它与从动件的运动线（导路的中线）切于点 K；

（5）过点 C_1、C_2、C_3、…作偏距圆的一系列切线，这些切线就是从动件反转后的一系列相对于凸轮的运动线；

（6）在位移曲线上量取各转角位置时的位移量 $11'$、$22'$、$33'$、…，并在上述各对应的从动件运动线上，从基圆开始向外量取各对应位移量 $C_1B_1 = 11'$、$C_2B_2 = 22'$、$C_3B_3 = 33'$、…得出反转后从动件尖底的一系列位置 B_1、B_2、B_3、…；

（7）将点 B_0、B_1、B_2、…连接成光滑的曲线（B_4、B_5 之间和 B_9、B_0 之间均为以 O 为圆心的圆弧），即得出所求的凸轮轮廓。

画图时，推程角和回程角的等份数要根据运动规律复杂程度和精度要求来决定。

B 滚子接触形式

为了便于与上述尖底接触的情况进行比较，仍采用上述的已知条件，只是从动件端部加上一个半径为 r_T 的滚子。它的作图步骤如下：

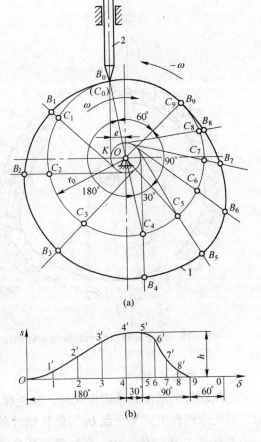

图 3 – 11 尖底偏置移动从动件的盘形凸轮廓线作图法设计

（1）由于滚子中心是从动件上的一个铰接点，它的运动就是从动件的运动，因此，首先把滚子中心看成是尖底从动件的尖点，按照上述尖底从动件作图法画出一条轮廓曲线 η，如图 3 – 12 所示。

（2）曲线 η 实际上是滚子中心相对于凸轮的运动轨迹，因此，以滚子的半径为半径，以曲线 η 上各点为圆心画一系列的滚子圆，最后作这些滚子圆的内包络线 η'，它就是滚子从动件的凸轮所需要的实际轮廓。它所相当的尖底（滚子中心）接触的轮廓曲线 η 则称为该凸轮的理论轮廓。显然，实际轮廓与理论轮廓是两条法向等距曲线。

另外，在一系列滚子圆的外侧，同样可以画出一条外包络线 η''，如图 3 – 12 所示。当以外包络线 η'' 作为凸轮轮廓时，称为内轮廓凸轮（图 3 – 13）；相反，上述轮廓为内包络线 η' 的凸轮则称为外轮廓凸轮。

必须说明一点，当从动件为滚子接触时，凸轮的基圆仍然指的是其理论轮廓的基圆，即凸轮的基圆是以理论轮廓最小半径所画的圆。显然，凸轮实际轮廓的最小半径等于凸轮基圆半径减去或加上滚子的半径。

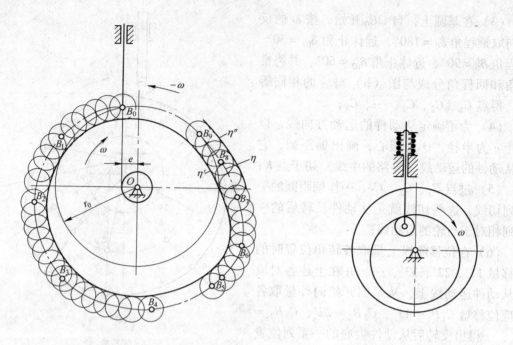

图 3 - 12   滚子推杆盘形凸轮廓线的作图法

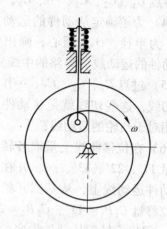

图 3 - 13   内轮廓凸轮

C   平底接触形式

当从动件的端部是平底形式时，其轮廓求法类似于上述滚子接触形式。如图 3 - 14 所示，首先取构件上的某一点 B_0 当做从动件的尖底，依照上述方法求出凸轮理论轮廓上的一系列点 B_1、B_2、B_3、…。然后过这些点画直线，分别垂直于从动件反转后各对应的相对凸轮的运动线，这些直线代表着构件反转时，其平底相对凸轮的一系列位置。最后，作这些直线的包络线，即为凸轮的实际轮廓。另外由图上可看出，平底上与实际轮廓的接触点（即切点）随从动件位于不同反转位置而改变，从图上可以找到左右两侧距导路最远（图中标出 b' 和 b''）的两个切点。为了保证在所有位置上平底都能与凸轮的轮廓相切接触，平底左右两侧的长度必须分别大于同侧最远切点的距离（b' 和 b''）。

3.3.1.2   摆动从动件的盘形凸轮

摆动从动件的凸轮机构也是一种常用的类型。下面以最基本的尖底接触形式为例，说明这种凸轮轮廓的绘制方法。

图 3 - 15 所示的是尖底摆动从动件盘形凸轮机构，已知凸轮基圆半径 r_0、凸轮与摆杆的中心距 l_{OA}、摆杆长度 l_{AB}，当凸轮顺时针方向回转时，推动从动件逆时针方向向外摆动，其最大摆角为 ψ_{max}，并给出了从动件的运动规律，如图 3 - 15（b）所示，其纵坐标的高度即可以表示从动件的摆角 ψ，也可以表示从动件尖底的弧线位移。这种凸轮轮廓的绘制步骤如下：

（1）选定合适的比例尺，根据给定的 l_{OA} 定出 O、A_0 的位置，以 O 为圆心，以 r_0 为半径画出基圆，以 A_0 为圆心、l_{AB} 为半径画圆弧，两者交于点 $B_0（C_0）$（如果要求从动件升程是顺时针方向摆动时，则应取两者在 OA_0 左边的交点——图中未画出），从而定出从动件尖底的起始位置；

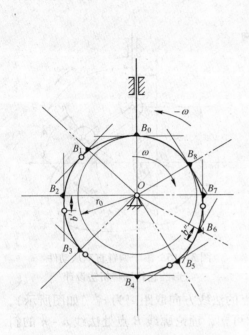

图 3-14 平底推杆盘形凸轮廓线的作图法

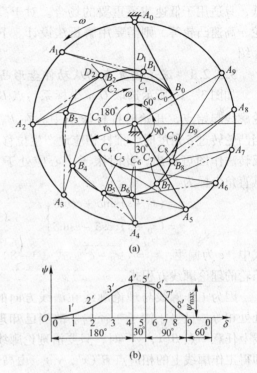

图 3-15 摆动从动件的凸轮廓线的作图法

（2）将 $\psi-\delta$ 线图的升程角和回程角各分为若干等份（图中均分为 4 等份），如图 3-15（b）所示；

（3）根据反转法原理，将机架 OA_0 按（$-\omega$）方向转动，这时点 A 将位于以 O 为圆心、OA 为半径的大圆上，因此，以 O 为圆心画出半径为 OA 的大圆，然后按凸轮回转的反方向（逆时针方向），自 OA_0 开始依次取升程角 $\delta_0 = 180°$、远休止角 $\delta_{01} = 30°$、回程角 $\delta_0' = 90°$、近休止角 $\delta_{02} = 60°$，再将升程角和回程角各分为与图（b）对应相等的等份，得点 A_1、A_2、A_3、$\cdots$，它们就是从动件反转时转轴 A 的一系列位置；

（4）以 AB 为半径，以 A_1、A_2、A_3、$\cdots$ 为圆心，画一系列圆弧 C_1D_1、C_2D_2、C_3D_3、$\cdots$ 分别与基圆交于 C_1、C_2、C_3、$\cdots$，自 A_1C_1、A_2C_2、A_3C_3、$\cdots$ 开始，向外量取与图（b）对应的摆角 ψ（例如 $\angle C_1A_1B_1 = 11'\mu_\psi$），得点 B_1、B_2、B_3、$\cdots$；

（5）将点 B_1、B_2、B_3、$\cdots$ 连接成光滑的曲线，即为该凸轮的轮廓曲线。

附带说明一点：从图中可看到，凸轮轮廓线与直线 AB 在某些位置（如 A_2B_2、A_3B_3 等）已经相交，因此考虑具体结构形状时，应将从动件做成弯杆或其他形式，以避免两构件相碰，但作为机构简图，图 3-15（a）的画法是可以的。

如果采用滚子或平底接触形式的摆动从动件时，上面求得的轮廓则相当于理论轮廓。如前所述，只要在该理论轮廓上个点画一系列的滚子圆或平底的直线，在作其包络线，即可求出凸轮的实际轮廓。

3.3.2 解析法设计凸轮轮廓曲线

利用图解法设计凸轮的轮廓曲线，简便易行，而且直观，但误差较大，凸轮精度较低，只适用于低速或不重要的场合。对于高速或精度要求高的凸轮，如检验用的样板凸轮、高速凸轮等，则需要用解析法设计。下面将以盘形凸轮机构的解析法设计为例加以介绍。

3.3.2.1　滚子偏置直动从动件盘形凸轮机构

如图 3 – 16 所示选取 Oxy 坐标系，点 B_0 为凸轮廓线起始点，开始时推杆滚子中心在 B_0 点处，当凸轮转过 δ 角度时，推杆相应地产生位移 s。由反转法作图可看出，此时滚子中心应处于 B 点，其直角坐标为

$$\left.\begin{array}{l} x = (s_0 + s)\sin\delta + e\cos\delta \\ y = (s_0 + s)\cos\delta - e\sin\delta \end{array}\right\} \quad (3-8)$$

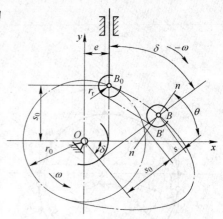

图 3 – 16　滚子偏置直动从动件盘形凸轮轮廓解析法设计

式中，e 为偏距，$s_0 = \sqrt{r_0^2 - e^2}$。式（3 – 8）即为凸轮的理论廓线方程式。

因为工作廓线与理论廓线在法线方向的距离处处相等，且等于滚子半径 r_T。故当已知理论廓线上任意一点 $B(x, y)$ 时，只要沿理论廓线在该点的法线方向取距离为 r_T（如图所示），即得工作廓线上的相应点 $B'(x', y')$。由高等数学可知，理论廓线 B 点处法线 $n - n$ 的斜率（与切线斜率互为负倒数）应为

$$\tan\theta = \frac{\mathrm{d}x}{-\mathrm{d}y} = \frac{\mathrm{d}x}{\mathrm{d}\delta}\Big/\Big(-\frac{\mathrm{d}y}{\mathrm{d}\delta}\Big) = \frac{\sin\theta}{\cos\theta} \quad (3-9)$$

根据式（3 – 8）有：

$$\left.\begin{array}{l} \mathrm{d}x/\mathrm{d}\delta = (\mathrm{d}s/\mathrm{d}\delta - e)\sin\delta + (s_0 + s)\cos\delta \\ \mathrm{d}y/\mathrm{d}\delta = (\mathrm{d}s/\mathrm{d}\delta - e)\cos\delta - (s_0 + s)\sin\delta \end{array}\right\} \quad (3-10)$$

$$\left.\begin{array}{l} \sin\theta = (\mathrm{d}x/\mathrm{d}\delta)\Big/\sqrt{(\mathrm{d}x/\mathrm{d}\delta)^2 + (\mathrm{d}y/\mathrm{d}\delta)^2} \\ \cos\theta = -(\mathrm{d}x/\mathrm{d}\delta)\Big/\sqrt{(\mathrm{d}x/\mathrm{d}\delta)^2 + (\mathrm{d}y/\mathrm{d}\delta)^2} \end{array}\right\} \quad (3-11)$$

工作廓线上对应点 $B'(x', y')$ 的坐标为

$$\left.\begin{array}{l} x' = x \pm r_T\cos\theta \\ y' = y \pm r_T\sin\theta \end{array}\right\} \quad (3-12)$$

此式为凸轮的工作廓线方程式。式中"–"用于内等距曲线，"+"用于外等距曲线。

3.3.2.2　对心平底推杆盘形凸轮机构

如图 3 – 17 所示，设坐标系的 y 轴与推杆轴线重合，当凸轮转过 δ 角度时，推杆相应位移为 s，根据反转法作法可知，此时平底推杆与凸轮在 B 相切；又由瞬心知识可知，此时凸轮与推杆的相对瞬心在

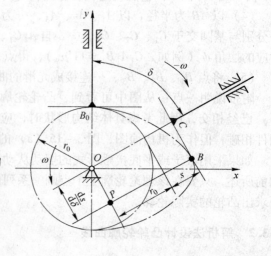

图 3 – 17　对心平底推杆盘形凸轮轮廓解析法设计

P 点，故知推杆的速度为

$$v = v_P = \overline{OP}\omega$$

或

$$\overline{OP} = \frac{v}{\omega} = ds/d\delta \qquad (3-13)$$

而由图可知 B 点的坐标 x、y 为

$$\left.\begin{array}{l} x = (r_0 + s)\sin\delta + (ds/d\delta)\cos\delta \\ y = (r_0 + s)\cos\delta - (ds/d\delta)\sin\delta \end{array}\right\} \qquad (3-14)$$

此式为凸轮的工作廓线方程式。

3.4 设计凸轮机构应注意的问题

上述在讨论凸轮轮廓曲线设计时，基圆半径和滚子半径等基本尺寸都是预先给定的。在实际设计中，这些尺寸参数需由设计者在综合考虑凸轮机构的受力情况是否良好、结构是否紧凑等因素后自行选定。下面讨论与此相关的几个问题。

3.4.1 凸轮机构压力角与基圆半径的关系

3.4.1.1 压力角

凸轮机构中，从动件运动方向与从动件所受凸轮作用力（不计摩擦）方向之间所夹的锐角称为压力角 α。图 3-18 所示为对心直动尖顶推杆盘形凸轮机构，推杆与凸轮在 B 点接触，F_Q 为作用在推杆上的载荷，F 为凸轮作用在推杆上的推动力，当不计摩擦时，力 F 必须沿接触点处凸轮廓线的法线 $n-n$ 方向。将该力分别沿推杆运动方向和垂直运动方向分解，得到有效分力 F' 和有害分力 F''，F' 和 F'' 的大小分别为

$$F' = F\cos\alpha$$

$$F'' = F\sin\alpha$$

可见压力角 α 是影响凸轮机构受力状况的一个重要参数。α 愈大，则有效分力 F' 愈小，有害分力 F'' 愈大，由 F'' 引起的导路中的摩擦阻力就愈大，效率就愈低，当 α 增大到某一数值时机构处于自锁状态，为了保证在载荷一定的条件下，使凸轮机构中的作用力 F 不至过大，必须对压力角 α 的最大值给予限制，使其不超过某一许用值 $[\alpha]$，在一般设计中，推荐许用压力角 $[\alpha]$ 的数值为：对于直动推杆，推程时取许用压力角 $[\alpha]$ = 30°~40°；对于摆动推杆，推程时，取许用压力角 $[\alpha]$ = 40°~45°；若在回程时，推杆是靠重力或弹簧力的作用下返回，则回程许用压力角 $[\alpha]$ = 70°~80°。

由以上分析可知，从减小机构受力方面考虑，压力角愈小愈好。

3.4.1.2 凸轮机构压力角与基圆半径的关系

图 3-19 所示为对心直动尖顶推杆盘形凸轮机构，由于推杆和凸轮在接触点处的相对运动速度只能沿接触点处的公切线 $t-t$ 方向，故

$$\left.\begin{array}{l} v_2 = v_1 \tan\alpha = \omega(r_0 + s)\tan\alpha \\ r_0 = \dfrac{v_2}{\omega\tan\alpha} - s \end{array}\right\} \qquad (3-15)$$

式中　r_0——凸轮的基圆半径；

　　　s——推杆的位移量。

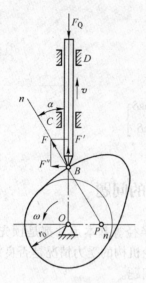

图 3 - 18 凸轮机构受力分析

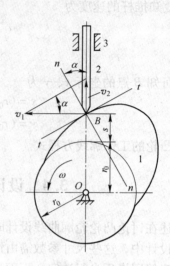

图 3 - 19 凸轮机构压力角与基圆半径关系

当推杆运动规律给定后，对应于凸轮的某一转角 φ 的 v_2、s 及 ω 均为已知常数。由上式可知，若要凸轮机构的压力角减小，势必要增大凸轮的基圆半径，也即要增大凸轮机构尺寸，对机构紧凑性不利；反之对凸轮机构受力不利。为了正确处理这一矛盾，在实际设计中，在保证凸轮机构的最大压力角 α_{max} 不超过许用压力角 $[\alpha]$ 的前提下，适当减小凸轮的基圆半径。为了确定基圆半径的大小，可利用如图 3 - 20 所示的诺模图，例如，一对心直动滚子推杆盘形凸轮机构，其行程 $h = 13\text{mm}$，推程运动角 $\phi_0 = 45°$，推杆按正弦加速度运动规律运动，$[\alpha] = 30°$，要求确定凸轮的基圆半径 r_0。具体做法是：在图 3 - 20 （b）中把 $\alpha_{max} = 30°$ 和 $\phi_0 = 45°$ 的两点以直线相连，交正弦加速度运动规律的标尺于 0.26 处，于是，根据和 $h/r_0 = 0.26$ 和 $h = 13\text{mm}$，即可求得凸轮的基圆半径 $r_0 \geq 50\text{mm}$。

在实际设计工作中，凸轮基圆半径 r_0 的确定，除了要满足 $\alpha_{max} \leq [\alpha]$ 外，还要考虑凸轮的结构及强度要求。为此，通常由经验公式 $r_0 = (1.6 \sim 2)R$ 来大致确定基圆半径的大小，式中 R 为安装凸轮的轴半径。

3.4.2 其他尺寸参数的确定

3.4.2.1 滚子半径的选择

采用滚子推杆时，滚子半径的选择，要考虑滚子的结构、强度及凸轮轮廓曲线的形状等多方面因素。

图 3 - 21 （a）为内凹的凸轮轮廓曲线，a 为实际廓线，b 为理论廓线。实际廓线的曲率半径 ρ_a 等于理论廓线的曲率半径 ρ 与滚子半径 r_T 之和，即 $\rho_a = \rho + r_T$。这样，不论滚子大小如何，实际廓线总可以作出。如图 3 - 21 （b）所示，对于外凸的凸轮轮廓曲线，其实际廓线的曲率半径等于理论廓线的曲率半径 ρ 与滚子半径 r_T 之差，即 $\rho_a = \rho - r_T$。

所以，如果 $\rho = r_T$，则实际廓线的曲率半径为零，于是实际廓线出现尖点（如图 3 - 21 （c）所示），凸轮轮廓很容易磨损。又如图 3 - 21 （d）所示，当滚子半径大于理论廓线曲率半径，亦即 $\rho < r_T$ 时，则实际廓线的曲率半径 $\rho_a < 0$。这时，实际廓线出现交叉，

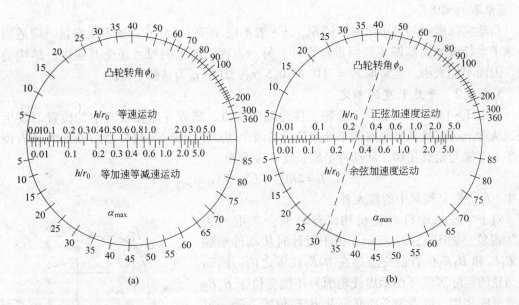

图 3 - 20 诺模图

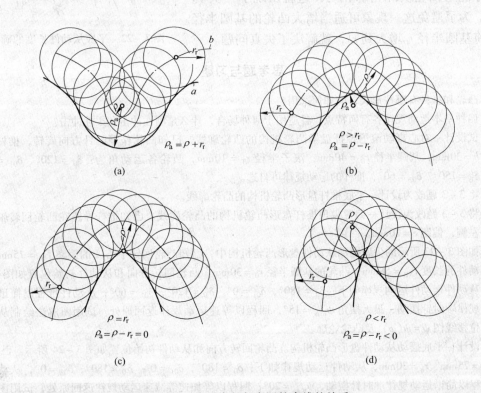

图 3 - 21 滚子半径与实际轮廓线的关系

图中阴影部分在实际制造中将被切去，致使推杆不能按预期的运动规律运动，这种现象称为失真。

综上所述，对于外凸的凸轮轮廓曲线，应使滚子半径 r_T 小于理论廓线最小曲率半径

ρ，通常取 $r_T \leqslant 0.8\rho_{min}$。

凸轮实际廓线的最小曲率半径 ρ_{min}，一般不应小于 $1 \sim 5mm$。如不能满足，应适当减小滚子半径或加大基圆半径后重新设计。另一方面，滚子的尺寸还受其强度、结构的限制，因而不能太小，通常取 $r_T = (0.1 \sim 0.5)r_0$，其中 r_0 为基圆半径。

3.4.2.2 平底长度的确定

由图 3-14 可知，平底于凸轮工作轮廓的切点，随着导路在反转中的位置而发生改变，从图上可以找到平底两侧至导路最远的两个切点的距离 b' 和 b''。为了保证在所有位置上平底都能与轮廓相切，从动件平底长度 L 应取为

$$L = 2L_{max} + (5 \sim 7)\,mm$$

式中，L_{max} 为 b' 和 b'' 中的较大者。

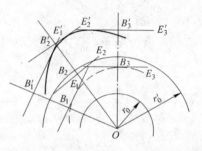

对于平底从动件凸轮机构，有时也会产生"失真"现象。如图 3-22 所示，由于设计时从动件平底在 B_1E_1 和 B_3E_3 位置的交点落在 B_2E_2 位置之内，因而使凸轮的实际廓线（图示虚线轮廓）不能与位于 B_2E_2 位置平底相切，或者说平底必须从 B_2E_2 位置下降一定距离才能与凸轮实际轮廓相切，这就出现了"失真"现象。为了避免这一现象可适当增大凸轮的基圆半径。图中将基圆半径 r_0 增大到 r_0'，就解决了失真问题。

图 3-22   平底从动件长度的确定

思考题与习题

3-1 凸轮和推杆有哪些形式，应如何选用？

3-2 四种基本运动规律各有何特点？各适用于何种场合，什么是刚性冲击和柔性冲击？

3-3 试设计一对心直动滚子推杆盘形凸轮机构的凸轮廓线，已知凸轮作顺时针方向旋转，推杆行程 $h = 30mm$，基圆半径 $r_0 = 40mm$，滚子半径 $r_T = 10mm$，凸轮各运动角为：$\delta_0 = 120°$、$\delta_{01} = 30°$、$\delta_0' = 150°$、$\delta_{02} = 60°$，推杆的运动规律可自选。

3-4 将 3-3 题改为设计一平底推杆盘形凸轮机构的凸轮廓线。

3-5 将 3-3 题改为设计一偏置尖顶推杆盘形凸轮机构的凸轮廓线。已知推杆导路在凸轮回转轴线的左侧，偏距 $e = 20mm$。

3-6 如图 3-23 所示的尖底摆动从动件盘形凸轮机构中，已知凸轮回转中心 A 的距离 $l_{A0} = 75mm$，从动件的长度 $l_{AB} = 58mm$，凸轮的基圆半径 $r_0 = 30mm$。凸轮回转方向和从动件初始位置如图所示；从动件运动件运动规律如下：$\delta_0 = 180°$，$\delta_{01} = 0°$，$\delta_0' = 120°$，$\delta_{02} = 60°$；从动件推程以简谐运动规律顺时针摆动，最大摆角 $\psi_{max} = 15°$，回程以等速运动规律返回原处。试用图解法绘制从动件位移线图 $\psi = \psi(\varphi)$ 及凸轮轮廓。

3-7 设计一平底摆动从动件盘形凸轮机构。凸轮回转方向和从动件初始位置如图 3-24 所示。已知 $l_{oa} = 75mm$，$r_0 = 30mm$，从动件运动规律如下：$\delta_0 = 180°$，$\delta_{01} = 0°$，$\delta_0' = 180°$，$\delta_{02} = 0°$，从动件推程以简谐运动规律顺时针摆动，$\psi_{max} = 20°$；回程以等加速等减速运动规律返回原处。试用图解法绘制凸轮轮廓，并确定从动件的长度（要求分点间隔 $\leqslant 30°$）。

3-8 用作图法求图 3-25 所示各凸轮从图示位置转过 45° 轮廓上的压力角，并在图 3-25 上标注出来。

3-9 如图 3-26 所示为两种凸轮机构的凸轮轮廓，起始上升点均为点 C。试求：

（1）标注出从点 C 接触到点 D 时的凸轮转角 φ；

（2）标出点 D 接触时的压力角 α，并量出它的数值。

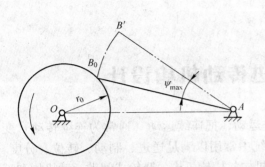

图 3-23 题 3-6 图

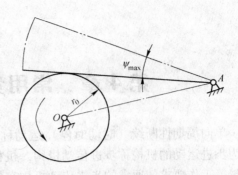

图 3-24 题 3-7 图

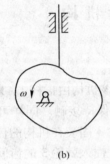
(a)

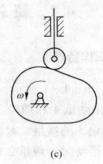
(b)

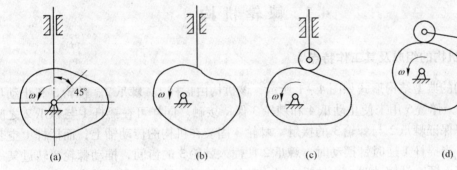
(c)

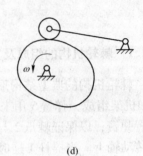
(d)

图 3-25 题 3-8 图

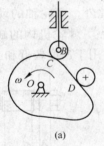
(a)

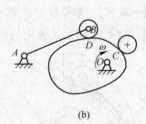
(b)

图 3-26 题 3-9 图

第4章　常用步进传动机构设计

单向周期性断续（时动时停）运动称步进运动，把连续运动（通常为连续转动）变换为步进运动的机构称步进传动机构，机械系统中常用以满足送进、制动、转位、分度、超越等工作要求。通常的步进传动机构有棘轮机构、槽轮机构、凸轮式间歇运动机构和不完全齿轮机构。

4.1　棘轮机构

4.1.1　棘轮机构的组成及其工作特点

棘轮机构的典型结构形式如图4-1所示，该机构由摇杆1、棘爪2、棘轮3和止动爪4和机架组成，弹簧5用来使止动爪4和棘轮3保持接触。同样可在摇杆1与棘爪2之间设置弹簧，以保证棘爪2与棘轮3的接触。棘轮3固装在机构的传动轴上，而摇杆1空套在传动轴上。当摇杆1逆时针摆动时，棘爪2便插入棘轮3的齿间，推动棘轮3转过某一角度。当摇杆1顺时针摆动时，止动爪4阻止棘轮3顺时针转动，同时棘爪2在棘轮3的齿背上滑过，故棘轮3静止不动。这样，当摇杆1连续往复摆动时，棘轮3便得到单向的间歇运动。

棘轮机构结构简单、制造方便、运动可靠；此外，棘轮轴的动程（即每次转过的角度）可以在较大的范围内调节，这些都是它的优点。棘轮机构的缺点是工作时有较大的冲击和噪声，而且运动精度较差。所以棘轮机构常用于速度较低和载荷不大的场合。

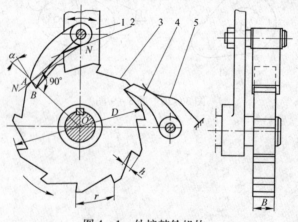

图4-1　外接棘轮机构

4.1.2　棘轮机构的类型与应用

棘轮上的齿大多是做在棘轮的外缘上，构成外接棘轮机构（图4-1）；也有做在内缘上，构成内接棘轮机构（图4-2）。

上述两种棘轮机构用于单向间歇传动。如果根据工作要求，需使棘轮得到不同转向的间歇运动，则可如图4-3所示，把棘轮的齿制成矩形，而棘爪制成可翻转的。如此，当棘爪处在图示位置 B 时，棘轮可获得逆时针方向单向间歇运动；而当把棘爪绕其销轴 A 翻转到虚线所示位置 B' 时，棘轮即可获得顺时针单向间歇运动。又如图4-4所示的棘轮机构，当棘爪按图示位置放置时，棘轮可获得逆时针单向间歇运动。当把棘爪提起，并绕其本身轴线转180°后再放下时，就使棘爪的工作边与棘轮轮齿的左侧齿廓相接触，从而可使棘轮获得顺时针单向间歇运动。

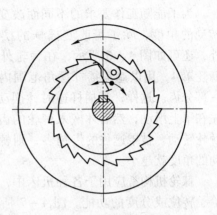

图4-2　内接棘轮机构

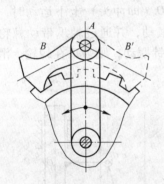

图4-3　翻转式双向棘轮机构

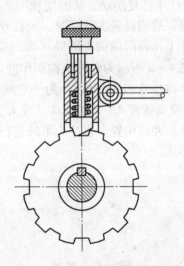

图4-4　提升转动式双向棘轮机构

又如要使摇杆来回摆动时都能使棘轮向同一方向转动，则可采用图4-5所示的双动式棘轮机构。此种机构的棘爪可制成带钩头的（图4-5（a））或直的（图4-5（b））。

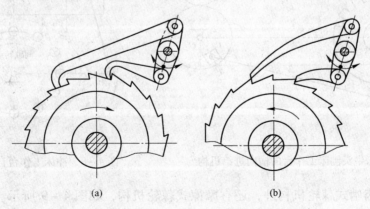

(a)　　　　　　　　　　(b)

图4-5　双动式棘轮机构

　　为了能随工作要求的不同而改变棘轮每次转动的角度，除了可改变摇杆的摆动角度之外，还可如图 4-6 所示，在棘轮外加装一个棘轮罩 4，用以遮盖摇杆摆角范围内棘轮上的一部分齿。这样，当摇杆逆时针摆动时，棘爪先在罩上滑动，然后才嵌入棘轮的齿间来推动棘轮转动。被罩遮住的齿越多，则棘轮每次转动的角度就越小。

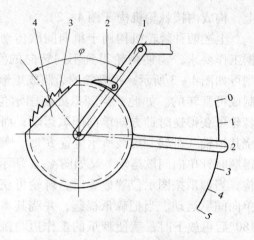

图 4-6　带棘轮罩的棘轮机构

　　棘轮机构常应用于各种机床中，以实现进给、转位或分度的功能。图 4-7 所示的牛头刨床工作台的横向进给，就是用棘轮机构来实现的。当齿轮 1 带动齿轮 2 回转时，通过连杆 3 使摇杆 4 往复摆动，从而使棘爪 7 推动棘轮 5 单向间歇转动，棘轮 5 固装在进给丝杆 6 的一端，故当棘轮 5 转动时，丝杠 6 同速转动，从而带动工作台作横向进给运动。而当需要改变工作台的横向进给量（即改变棘轮每次转过的角度）时，可调节 O_2A 的距离。

　　图 4-8 所示为棘轮机构用作冲床工作台自动转位机构的例子。在此机构中，转盘式工作台与棘轮固联，$ABCD$ 为一空间四杆机构。当滑块 D（即冲头）上下运动时，通过连杆 BC 带动摇杆 AB 来回摆动。冲头上升时摇杆顺时针摆动，并通过棘爪带动棘轮和工作台送料到冲压位置。当冲头下降进行冲压时，摇杆逆时针摆动，则棘爪在棘轮上滑行，工作台不动。

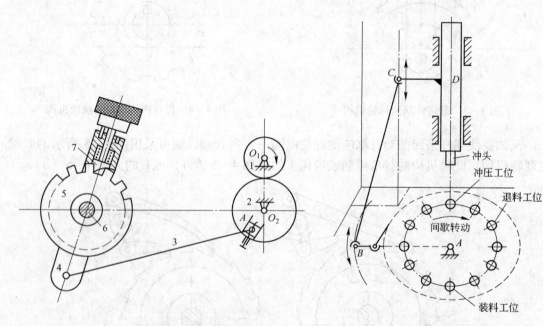

图 4-7　牛头刨床工作台的横向进给机构　　　　　图 4-8　冲床工作台自动转位机构

　　除了上述齿啮式棘轮机构外，还有摩擦式棘轮机构，如图 4-9 所示。其中图 4-9（a）是外接式，图 4-9（b）是内接式。通过凸块 2 与从动轮 3 间的摩擦力推动从动轮间歇转动，它克服了齿啮式棘轮机构冲击噪声大、棘轮每次转过角度的大小不能无级调节的缺点，但其运动准确性较差。

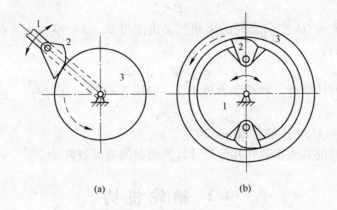

(a)   (b)

图 4 – 9 摩擦式棘轮机构

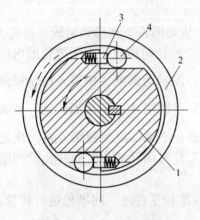

图 4 – 10 单向离合器

图 4 – 10 所示的单向离合器，就可看做是内接摩擦式棘轮机构。此机构由星轮 1，套 2、弹簧顶杆 3 及滚柱 4 等组成。如星轮 1 为主动件，则当其逆时针回转时，滚柱借摩擦力而滚向楔形空隙的小端，并将套筒楔紧，使其随星轮一同回转；而当星轮顺时外回转时，滚柱被滚到空隙的大端，而将套筒松开，这时套筒静止不动。此种机构可同时用作单向离合器和超越离合器。所谓单向离合器，是说当主动星轮 1 逆时针转动时，套筒 2 与星轮 1 结合在一起转动，而在星轮 1 顺时针转动时，两者分离。所谓超越离合器，是说当主动星轮 1 逆时针转动时。如果套筒 2 逆时针转动的速度超过了主动星轮 1 的转速，两者便将自动分离，套筒 2 以较高的速度自由转动。自行车中的所谓"飞轮"便是一种超越离合器。

4.1.3 棘轮机构的设计要点

为保证棘轮机构工作的可靠性，在工作行程时，棘轮应能顺利的滑入棘轮齿底，现来分析为此必需满足的条件。如图 4 – 11 所示，设棘轮齿的工作齿面与向径 OA 倾斜一 α 角；棘爪轴心 O' 和棘轮轴心 O 与棘轮齿顶 A 点的连线之间的夹角为 Σ；若不计棘爪的重力和转动副中的摩擦，则当棘爪由棘轮齿顶沿工作齿面 AB 滑向齿底时，棘爪将受到棘轮轮齿对其作用的法向压力 P_n 和摩擦力 F。为了使棘爪能顺利进入棘轮

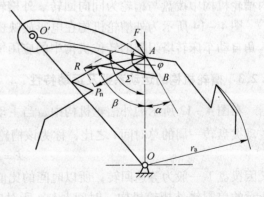

图 4 – 11 棘爪受力分析

的齿底而不致从棘轮轮齿上滑脱出来，则要求 P_n 和 F 的合力 R 对 O' 的力矩方向，应迫使棘爪进入棘轮齿底。即合力 R 的作用线应位于 OO' 之间，亦即应使

$$\beta < \Sigma \tag{4-1}$$

式中，β 为合力 R 与 OA 方向之间的夹角。又由图可知，$\beta = 90° - \alpha + \varphi$（其中 φ 为摩擦角）。代入上式后得

$$\alpha > 90° + \varphi - \Sigma \tag{4-2}$$

为了在传递相同的转矩时，棘爪受力最小，一般取 $\Sigma = 90°$，此时有

$$\alpha > \varphi \tag{4-3}$$

当 $f = 0.2$ 时，$\varphi = 11°30'$，故常取 $\alpha = 20°$。

关于棘轮机构的其他参数和几何尺寸计算可参阅有关资料[3]。

4.2 槽 轮 机 构

4.2.1 槽轮机构的组成及其特点

常用的槽轮机构如图 4 - 12 所示，它由主动拨盘 1、从动槽轮 2 和机架组成。拨盘 1 以等角速度 ω_1 作连续回转，当拨盘上的圆销 A 未进入槽轮的径向槽时，由于槽轮的内凹锁止弧 $\overset{\frown}{nn}$ 被拨盘 1 的外凸锁止弧 $\overset{\frown}{mm'm}$ 卡住，故槽轮不动。图示为圆销 A 刚进入槽轮径向槽时的位置，此时锁止弧 $\overset{\frown}{nn}$ 也刚开始被松开。此后，槽轮受圆销 A 的驱使而转动。当圆销 A 在另一边离开径向槽时，锁止弧 $\overset{\frown}{nn}$ 被卡住，槽轮又静止不动。直至圆销 A 再一次进入槽轮的另一个径向槽时，又重复上述运动。所以槽轮 2 作时而转动，时而静止的间歇运动。

槽轮机构构造简单，外形尺寸小，其机械效率高，并能较平稳地、间歇地进行转位。但因传动时存在柔性冲击，故常用于速度不太高的场合。

4.2.2 槽轮机构的类型及应用

槽轮机构有外槽轮机构（图 4 - 12）和内槽轮机构（图 4 - 13）之分，外槽轮机构及内槽轮机构均用于平行轴之间的间歇传动。在外槽轮机构中，拨盘与槽轮异向回转；而在内槽轮机构中拨盘与槽轮为同向回转。外槽轮机构的应用比较广泛。

图 4 - 14 所示为外槽轮机构在电影放映机中应用的情况；而图 4 - 15 所示则为在单轴六角自动车床转塔刀架的转位机构中的应用情况。

4.2.3 槽轮机构的运动系数及运动特性

在图 4 - 12 所示的外槽轮机构中，当主动拨盘 1 回转一周时，槽轮 2 的运动时间 t_d 与主动拨盘转一周的总时间 t 之比，称为该槽轮机构的运动系数，并以 k 表示，即

$$k = t_d / t \tag{4-4}$$

又因拨盘 1 一般为等速回转，所以时间的比值可以用拨盘转角的比值表示。对于图 4 - 12 所示的单圆销外槽轮机构，时间 t_d 与 t 所对应的拨盘转角分别为 $2\alpha_1$ 与 2π。为了避免圆

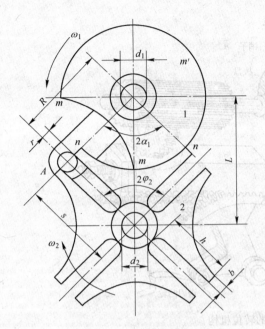

图 4-12 外槽轮机构

图 4-13 内槽轮机构

销 A 和径向槽发生刚性冲击,圆销开始进入或刚好脱出径向槽的瞬间,其线速度方向应沿着径向槽的中心线。于是由图可知,$2\alpha_1 = \pi - 2\varphi_2$,其中 $2\varphi_2$ 为槽轮两径向槽之间所夹的角。又如设槽轮有 z 个均布槽,则 $2\varphi_2 = 2\pi/z$,将上述关系代入式 (4-4) 得外槽轮机构的运动系数为

$$k = \frac{t_d}{t} = \frac{2\alpha_1}{2\pi} = \frac{\pi - 2\varphi_2}{2\pi} = \frac{\pi - (2\pi/z)}{2\pi} = \frac{1}{2} - \frac{1}{z}$$

$$(4-5)$$

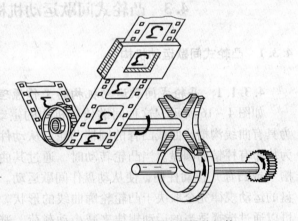

图 4-14 电影放映机的槽轮机构

因为运动系数 k 应大于零,所以由上式可知外槽轮径向槽的数目 z 应大于或等于 3。又由上式可知,运动系数 k 总是小于 0.5 的。也就是说,在这种槽轮机构中,槽轮的运动时间总是小于其静止的时间。

如果在拨盘 1 上均匀分布地装有 n 个圆销,则当拨盘转动一周时,槽轮将被拨动 n 次,故运动系数是单圆销的 n 倍,即

$$k = n\left(\frac{1}{2} - \frac{1}{z}\right) \qquad (4-6)$$

又因 k 值应小于或等于 1,即

$$n(1/2 - 1/z) \leq 1$$

由此得

$$n \leq 2z/(z-2) \qquad (4-7)$$

由上式可知,当 $z = 3$ 时,圆销的数目可为 1~5;当 $z = 4$ 或 5 时,圆销的数目可为 1~3;而当 $z \geq 6$ 时,圆销的数目可为 1 或 2。

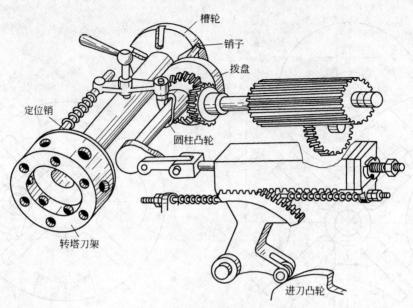

　　　　　　　　　　　　槽轮
　　　　　　　　　　　　销子
　　　　　　　　　　　　拨盘

定位销

　　　　　　　　　　　圆柱凸轮

转塔刀架

　　　　　　　　　　　　　　进刀凸轮

图4-15　刀架的转位机构

4.3　凸轮式间歇运动机构和不完全齿轮机构

4.3.1　凸轮式间歇运动机构

4.3.1.1　凸轮式间歇运动机构的工作原理及特点

　　如图4-16所示，这种间歇传动机构的主动件1为具有曲线沟槽或曲线凸脊的圆柱凸轮，从动件2则为均布有柱销的圆盘。当凸轮转动时，通过其曲线沟槽（或凸脊）拨动柱销，使从动盘作间歇运动。从动盘的运动规律完全取决于凸轮轮廓曲线的形状。我们可以通过选择适当的运动规律来减小动载荷，避免刚性冲击和柔性冲击，以适应高速运转的要求，这是此种机构的最大优点，同时它还具有定位精确可靠，结构比较紧凑等优点。但凸轮的加工比较复杂，而且装配调整要求严格。

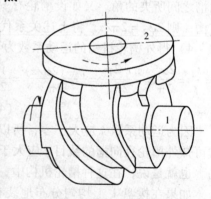

图4-16　凸轮式间歇运动机构
1—主动件；2—从动件

4.3.1.2　凸轮式间歇运动机构的类型及应用

　　A　圆柱凸轮间歇运动机构

　　图4-17所示即为圆柱凸轮间歇运动机构，这种机构多用于两相错轴间的分度传动。

　　图4-17（b）为图4-17（a）的平面展开图。为了实现可靠定位，在停歇阶段从动盘上相邻两个柱销必须同时贴在凸轮直线轮廓的两侧。为此，凸轮轮廓上直线段的宽度，应等于相邻两柱销表面之间的最短距离，即

$$b = 2R_2 \sin\alpha - d \tag{4-8}$$

式中　R_2——从动盘上柱销中心圆半径；

α——动程角之半，即 $\alpha = \pi / z_2$；

d——柱销直径；

z_2——从动盘的柱销数。

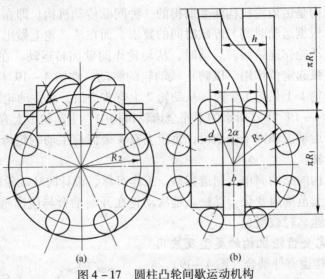

(a)　　　　　　　　　(b)

图 4 - 17　圆柱凸轮间歇运动机构

圆柱体上凸轮曲线的升程 h 应等于从动盘上相邻两柱销间的弦线距离 l，即

$$h = 2R_2 \sin\alpha \qquad\qquad (4-9)$$

而凸轮曲线的设计可参照前面介绍的摆动推杆圆柱凸轮机构的设计方法。设计时，通常取凸轮的槽数为1，从动盘的柱销数一般取 $z_2 \geqslant 6$。

这种机构在轻载的情况下（如在纸烟、火柴包装，拉链嵌齿等机械中），间歇运动的频率每分钟可高达1500次左右。

B　蜗杆凸轮间歇运动机构

图 4 - 18 所示为一蜗杆凸轮间歇运动机构，这种机构的主动件1为圆弧面蜗杆式的凸轮，从动轮2为具有周向均布柱销的圆盘。当蜗杆凸轮转动时，将推动圆盘作间歇转动。和圆柱凸轮间歇运动机构一样，在这种机构中通常也是采用单头蜗杆凸轮，而从动轮上的柱销数一般也取为 $m_2 \geqslant 6$。

蜗杆凸轮通常是根据从动轮按正弦加速度运动规律运动的要求设计的，以保证在高速运转下平稳工作。从动轮上的柱销则可采用窄系列的球轴承。又为了提高传动精度，可以利用控制中心距的办法，使滚子表面和凸轮轮廓之间保持紧密接触，以消除其间隙。

这种机构可以在高速下承受较大的载荷，它运转平稳，定位精确可靠，噪声和振动都很小，在要求高速、

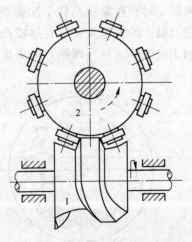

图 4 - 18　蜗杆凸轮间歇运动机构

高精度的分度转位机械（如高速冲床、多色印刷机、包装机等）中，其应用日益广泛。它能实现每分钟1200次左右的间歇动作，而分度精度可达30″。

4.3.2　不完全齿轮机构

4.3.2.1　不完全齿轮机构的工作原理和特点

不完全齿轮机构是由齿轮机构演变而得的一种间歇传动机构。即在主动轮上只做出一个或一部分齿，并根据运动时间与停歇时间的要求，而在从动轮上做出与主动轮轮齿相啮合的轮齿。故当主动轮作连续回转运动时，从动轮作间歇回转运动。在从动轮停歇期内，两轮轮缘各有锁止弧起定位作用，以防止从动轮的游动。在图4-19（a）所示的不完全齿轮机构中，主动轮1上只有1个齿，从动轮2上有8个齿，故主动轮转1转时，从动轮只转1/8转。在图4-19（b）所示的不完全齿轮机构中，主动轮1上有4个齿，从动轮2的圆周上具有四个运动段和四个停歇段，每段上有4个齿与主动轮轮齿啮合，主动轮转1转，从动轮转1/4转。

不完全齿轮机构的结构简单，制造容易，工作可靠，设计时从动轮的运动时间和静止时间的比例可在较大范围内变化。其缺点是从动轮在开始啮合与脱离啮合时有较大冲击，故一般只宜用于低速、轻载场合。

4.3.2.2　不完全齿轮机构的类型及应用

不完全齿轮机构也有外啮合（图4-19）与内啮合（图4-20）之分，同时不仅有圆柱不完全齿轮机构，而且也有圆锥不完全齿轮机构。

不完全齿轮机构多用在一些具有特殊运动要求的专用机械中。图4-21所示为用于铣削乒乓球拍周缘的专用靠模铣床中的不完全齿轮机构。加工时，主动轴1带动铣刀轴2转动；而另一个主动轴3上的不完全齿轮4和5分别使工件轴得到正、反两个方向的回转。当工件轴转动时，在靠模凸轮7和弹簧的作用下，使铣刀轴上的滚轮8紧靠在靠模凸轮7上以保证加工出工件（乒乓球拍）的周缘。

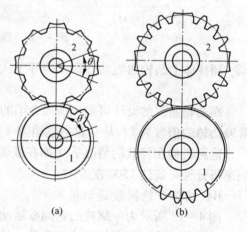

图4-19　外啮合不完全齿轮机构

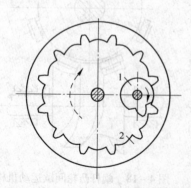

图4-20　内啮合不完全齿轮机构

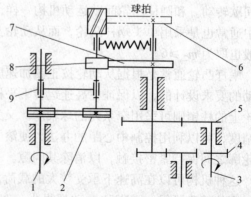

图4-21　专用靠模铣床中的不完全齿轮机构

1—主动轴；2—铣刀轴；3—主动轴；4，5—齿轮；

6—球拍；7—靠模凸轮；8—滚轮

思考题与习题

4 – 1 对于图 4 – 5 所示的两种棘轮机构，为保证工作时棘爪能顺利进入棘轮齿底，各应满足什么条件？

4 – 2 某牛头刨床送进丝杠的导程为 6mm，要求设计一棘轮机构，使每次送进量可在 0.2 ~ 1.2mm 之间作有级调整（共 6 级），设棘轮机构由一曲柄摇杆机构推动。试绘出机构简图，并作必要的计算和说明。

4 – 3 试设计一棘轮机构，要求每次送进量为 1/3 棘齿。

4 – 4 为什么槽轮机构的运动系数 k 不能大于 1？

4 – 5 为避免槽轮机构工作时的刚性冲击和非工作时的游动，在设计时必须注意什么，应如何确定缺口弧 $\overset{\frown}{mm}$ 的尺寸（参看图 4 – 12）？

4 – 6 试设计一个六槽外槽轮机构，已初步确定其中心距为 60mm，圆销半径为 6mm，槽轮齿顶厚度 $b = 3mm$。绘出其机构简图，并计算其运动系数。

4 – 7 某自动机床的工作台要求有六个工位，转台停歇时进行工艺动作，其中最长的一个工序为 30s。现拟采用一槽轮机构来完成间歇转位工作，试确定槽轮机构主动轮的转速。

第 5 章 连 接

一台机器是由若干个零部件组成的，必须按一定的形式把它们连接起来，才能完成规定的功能。机械连接是按一定的工作要求，连接机械零件和部件，并使其正常工作。机械连接可分为静连接和动连接，把两个零部件连接起来使之没有相对运动的机械连接称为机械静连接，简称为连接。机械静连接分为可拆连接和不可拆连接两类。拆开连接在一起的零部件时，连接件和被连接件都不破坏，称为可拆连接，如螺纹连接、平键连接、花键连接等，这类连接用于需经常拆卸的结构；如果在拆卸时，连接件或被连接件中的任一件必须破坏，则称为不可拆连接，如铆钉连接、焊接、粘接等。

5.1 螺纹连接的基本知识

5.1.1 螺纹的类型和应用

螺纹有外螺纹和内螺纹之分，它们共同组成螺旋副。起连接作用的螺纹称为连接螺纹；起传动作用的螺纹称为传动螺纹。螺纹又分为米制和英制（螺距以每英寸牙数表示）两类。我国除管螺纹保留英制外，都采用米制螺纹。

常用螺纹的类型主要有普通螺纹、管螺纹、梯形螺纹、矩形螺纹和锯齿形螺纹，前两种螺纹主要用于连接，后三种螺纹主要用于传动。其中除矩形螺纹外，都已标准化。标准螺纹的基本尺寸，可查阅有关标准。常用螺纹的类型、特点和应用，如表 5 - 1 所示。

表 5 - 1 常用螺纹的类型、特点和应用

类 型		牙 型 图	特点和应用
连接螺纹	普通螺纹	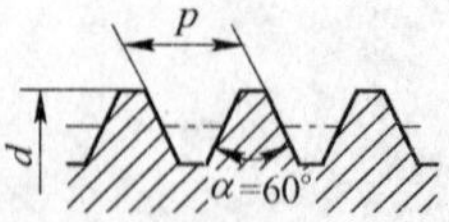	牙型角 $\alpha = 60°$，同一公称直径按其螺距不同，分为粗牙与细牙两种，细牙螺距小，升角小，自锁性较好，强度高，因牙细不耐磨，容易滑扣。 一般连接多用粗牙螺纹。细牙螺纹多用于薄壁或细小零件，以及受变载、冲击和振动的连接中，还可用作轻载和精密的微调机构中的螺旋副
	非螺纹密封的55°圆柱管螺纹	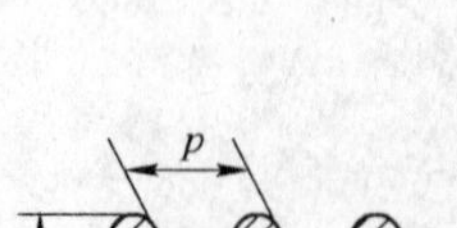	牙型为等腰三角形，牙型角 $\alpha = 55°$，牙顶有较大的圆角，内外螺纹旋合后无径向间隙，管螺纹为英制细牙螺纹，基准直径为管子的外螺纹大径。适用于管接头、旋塞、阀门及其他附件。若要求连接后具有密封性，可压紧被连接件螺纹副外的密封面，也可在密封面间添加密封物

续表 5 - 1

类　型		牙　型　图	特点和应用
连接螺纹	用螺纹密封的55°圆锥管螺纹	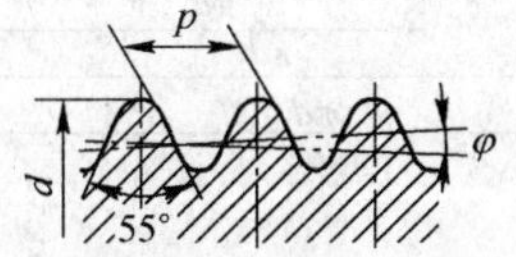	牙型角 $\alpha = 55°$，公称直径近似为管子内径螺纹分布在 1:16 的圆锥管壁上，内、外螺纹公称牙型间没有间隙，不用填料可保证螺纹连接的不渗漏性。当与55°圆柱管螺纹配用（内螺纹为圆柱管螺纹）时，在 1MPa 压力下，可保证足够的紧密性，必要时，允许在螺纹副内添加密封物保证密封。 通常用于高温、高压系统，如管子，管接头、旋塞、闸门及其他附件
	60°圆锥管螺纹	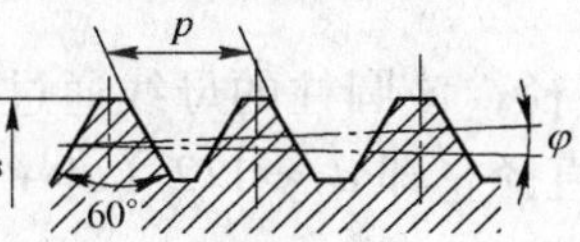	牙型角 $\alpha = 60°$，螺纹副本身具有密封性。为保证螺纹连接的密封性，亦可在螺纹副内加入密封物。 适用于一般用途管螺纹的密封及机械连接
	米制锥螺纹		牙型角 $\alpha = 60°$，用于依靠螺纹密封的连接螺纹（但水、煤气管道用管螺纹除外）
传动螺纹	梯形螺纹	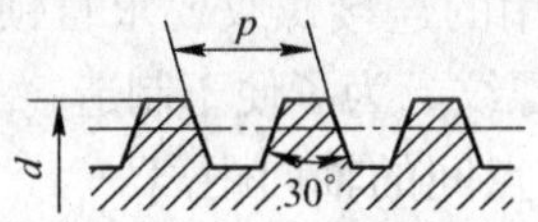	牙型角 $\alpha = 30°$，牙根强度高、工艺性好、螺纹副对中性好，采用剖分螺母时可以调整间隙，传动效率略低于矩形螺纹。 用于传动，如机床丝杠等
	矩形螺纹	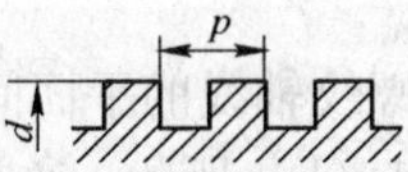	牙型为正方形、传动效率高于其他螺纹，牙厚是螺距的一半，强度较低（螺距相同时比较），精确制造困难，对中精度低 用于传力螺纹，如千斤顶、小型压力机等
传动螺纹	锯齿形螺纹	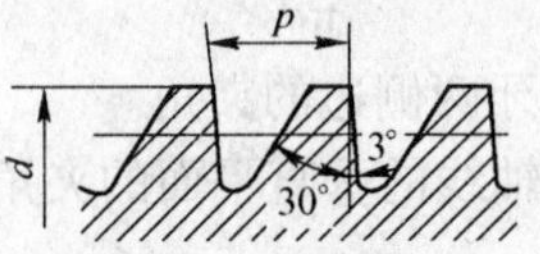	牙型角 $\alpha = 33°$，牙的工作面倾斜 3°、牙的非工作面倾斜30°。传动效率及强度都比梯形螺纹高，外螺纹的牙底有相当大的圆角，以减小应力集中。螺纹副的大径处无间隙，对中性良好。 用于单向受力的传动螺纹，如轧钢机的压下螺旋、螺旋压力机等
	圆弧螺纹	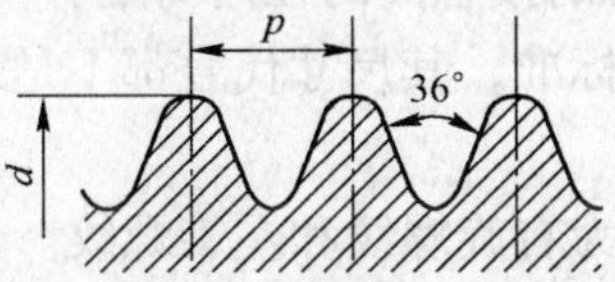	牙型角 $\alpha = 36°$，牙粗、圆角大、螺纹不易碰损，积聚在螺纹凹处的尘垢和铁锈易清除。 用于经常和污物接触及易生锈的场合，如水管闸门的螺旋导轴等

5.1.2 螺纹的主要参数

现以圆柱普通螺纹的外螺纹为例说明螺纹的主要几何参数（图 5 - 1）。

（1）大径 d——螺纹的最大直径，即与螺纹牙顶相重合的假想圆柱面的直径，在标准中定为公称直径。

（2）小径 d_1——螺纹的最小直径，即与螺纹牙底相重合的假想圆柱面的直径，在强

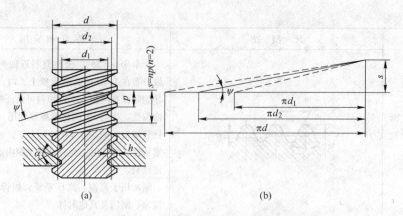

图 5-1　螺纹的主要几何参数

度计算中常作为螺杆危险截面的计算直径。

（3）中径 d_2——指一个假想圆柱体的直径，该圆柱的母线通过牙型上沟槽和凸起宽度相等的地方。中径近似地等于螺纹的平均直径，即 $d_2 \approx 1/2 (d_1 + d)$。中径是确定螺纹几何参数和配合性质的直径。

（4）螺纹线数 n——螺纹的螺旋线数目。沿一根螺旋线形成的螺纹称为单线；沿两根以上的等距螺旋线形成的螺纹称为多线螺纹。常用的连接螺纹要求自锁性，故多用单线螺纹；传动螺纹要求传动效率高，故多用双线或三线螺纹。为了便于制造，一般螺纹线数 $n \leqslant 4$。

（5）螺距 p——螺纹相邻两个牙型上对应点间的轴向距离。

（6）导程 s——取螺纹上任一点沿同一条螺旋线转一周所移动的轴向距离。单线螺纹 $s = p$；多线螺纹 $s = np$。

（7）螺纹升角 ψ——螺旋线的切线与垂直于螺纹轴线的平面间的夹角，在螺纹的不同直径处，螺纹升角各不相同，其展开形式如图 5-1（b）所示。通常按螺纹中径 d_2 处计算。

即

$$\psi = \arctan \frac{s}{\pi d_2} = \arctan \frac{np}{\pi d_2} \tag{5-1}$$

（8）牙型角 α——螺纹轴向剖面内，螺纹牙两侧边的夹角。

（9）牙侧角 β——螺纹牙型的侧边与螺纹轴线的垂直平面的夹角称为牙侧角，对称牙型的牙侧角 $\beta = \alpha/2$。

（10）接触高度 h——内、外螺纹旋合后的接触面的径向高度。

各种管螺纹的主要几何参数可查阅有关标准，其尺寸代号都不是螺纹大径，而近似等于管子的内径。

此外，根据螺旋线的旋向不同，螺纹分为右旋螺纹和左旋螺纹。

5.1.3　螺纹连接的基本类型

5.1.3.1　螺栓连接

常见的普通螺栓连接如图 5-2（a）所示。这种连接结构的特点是螺栓杆与被连接件孔壁之间留有间隙，通孔的加工精度要求低，结构简单，装拆方便，成本低，应用极广。图 5-2（b）是铰制孔用螺栓连接，孔和螺栓杆多采用基孔制过渡配合（H7/m6、H7/n6）。这种连接能精确固定被连接件的相对位置，并能承受横向载荷，但孔的加工精度要求较高。

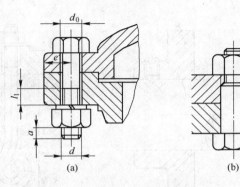

图 5 – 2 螺栓连接

螺纹余留长度 l_1，静载荷：$l_1 \geq (0.3 \sim 0.5d)$，变载荷：$l_1 \geq 0.75d$，冲击载荷或弯曲载荷：$l_1 \geq d$，铰制孔用螺栓连接：$l_1 \approx d$；螺纹伸出长度：$a \approx (0.2 \sim 0.3)d$；螺栓轴线到被连接件边缘的距离：$e = d + (3 \sim 6)\text{mm}$；通孔直径：$d_0 \approx 1.1d$

5.1.3.2 双头螺柱连接

如图 5 – 3 （a）所示，这种连接适用于结构上不能采用螺栓连接的场合，例如被连接件之一太厚不宜钻通孔，材料又比较软（例如用铝镁合金制造的壳体），且需要经常拆卸时，往往采用双头螺柱连接。

5.1.3.3 螺钉连接

如图 5 – 3 （b）所示，这种连接的特点是螺钉直接拧入被连接件的螺纹孔中，不用螺母，在结构上比双头螺柱连接简单、紧凑。其用途和双头螺柱连接相似，但经常拆卸时，易使螺纹孔磨损，可能导致被连接件报废，故多用于受力不大，或不经常拆装的场合。

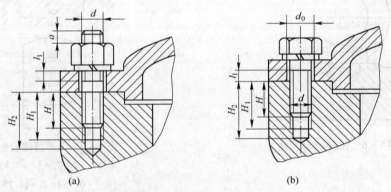

图 5 – 3 双头螺柱、螺钉连接

拧入深度 H 根据带螺纹孔件材料，钢或青铜：$H \approx d$，铸铁：$H \approx (1.25 \sim 1.5)d$，铝合金：$H \approx (1.5 \sim 2.5)d$；$H_1 \approx H + (2 \sim 2.5)d$；$H_2 \approx H_1 + (0.5 \sim 1.0)d$

5.1.3.4 紧定螺钉连接

紧定螺钉连接是利用拧入被连接件螺纹孔中的螺钉末端顶住另一零件的表面（图 5 – 4 （a））或顶入相应的凹坑中（图5 – 4 （b）），以固定两个零件的相对位置，并可传递不大的力或扭矩。

螺钉除作为连接和紧定用外，还可用于调整零件位置，如机器、仪器的调节螺钉等。

除上述四种基本螺纹连接形式外，还有一些特殊结构的连接。例如专门用于将机座或机架固定在地基上的地脚螺栓连接（图5 – 5）；装在机器或大型零、部件的顶盖或外壳上便于起吊用的吊环螺钉连接（图5 – 6）；用于工装设备中的 T 形槽螺栓连接（图5 – 7）等。

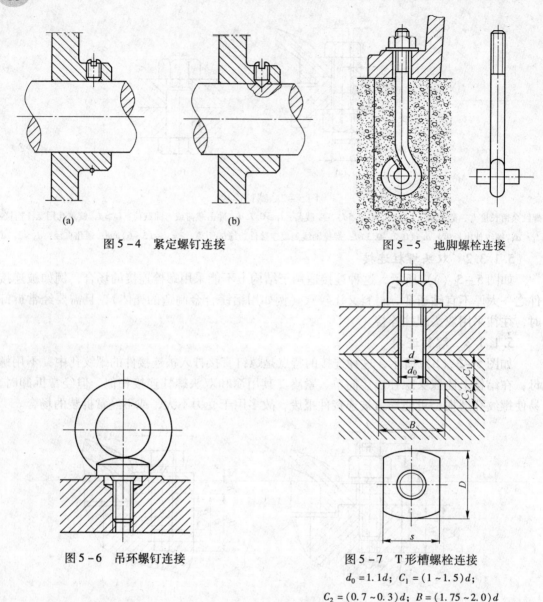

图 5-4　紧定螺钉连接

图 5-5　地脚螺栓连接

图 5-6　吊环螺钉连接

图 5-7　T 形槽螺栓连接

$d_0 = 1.1d$；$C_1 = (1 \sim 1.5)d$；
$C_2 = (0.7 \sim 0.3)d$；$B = (1.75 \sim 2.0)d$

5.1.4　标准螺纹连接件

　　螺纹连接件的类型很多，在机械制造中常见螺纹连接件有螺栓、双头螺柱、螺钉、螺母和垫圈等。这类零件的结构形式和尺寸都已标准化，设计时可根据有关标准选用。它们的结构特点和应用场合可参照机械设计手册，选用时应考虑以下几点。

　　（1）螺栓和螺钉的头部形状。螺栓和螺钉的头部有六角头、方头、圆柱头、盘头、沉头、半圆头等。为拧紧螺钉，头部上开有一字槽、十字槽、内六角槽等，其中六角头螺栓应用普遍，能够承受大的拧紧力矩。十字槽螺钉头部强度高，便于自动装配。内六角螺钉可施加较大的拧紧力矩。头部能埋入零件内，用于要求外形平滑或结构紧凑处。用一字槽或十字槽拧紧的螺钉都不便于施加较大的拧紧力矩，它的直径不宜超过 10mm。

　　（2）双头螺柱和螺钉的拧入深度。确定螺钉或螺柱的长度时，应拧入一定深度以保证连接强度。对于钢制螺钉，被连接件为钢时，拧入零件的螺纹长度，$H = d$；用于铸铁，$H = (1.25 \sim 1.5)d$；用于铝合金，$H = (1.5 \sim 2.5)d$；对于其他材料和具体尺寸可参考机械设计手册。

（3）紧定螺钉头部和尾部形状。结构特点是头部和尾部的形式较多，常用的尾部形状有锥端、平端和圆柱端，按所需拧紧力矩大小和结构要求（如是否要求头部不外露）进行选择，尾部应有一定的硬度。

（4）螺母形状。螺母形状有六角形、方形和圆形等，其中六角螺母应用最广。六角螺母精度分为 A、B、C 三级，A 级精度最高。按拧紧力矩大小和使用的拧紧方法选择。

（5）垫圈形状。垫圈是螺纹连接中常用的附件，放在螺母与被连接件支撑面之间，可以保护支撑面不因转动螺母而被刮伤，有的可起防松作用。

5.2　螺纹连接的预紧和防松

5.2.1　螺纹连接的预紧

工程实际中，绝大多数螺纹连接在装配时都必须拧紧，使连接承受工作载荷之前，预先受到力的作用，这个预加作用力称为预紧力。预紧的目的在于增加连接的可靠性和紧密性，防止受载后被连接间出现缝隙和相对滑移。经验证明：适当选取较大预紧力可提高连接件的疲劳强度，特别对于像气缸盖、管路凸缘、齿轮箱轴承盖等紧密性要求较高的螺纹连接，预紧更为重要。但过大的预紧力会导致整个连接的结构尺寸增大，也会使连接件在配合或偶然过载时被拉断。因此，为了保证连接所需的预紧力，又不使螺纹连接件过载，对重要的螺纹连接，在装配时要控制预紧力。

控制预紧力的方法很多，通常是借助测力矩扳手（图 5 – 8）或定力矩扳手（图 5 – 9）控制拧紧力矩的方法来控制预紧力的大小。

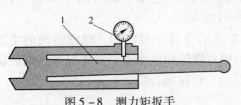

图 5 – 8　测力矩扳手
1—弹性元件；2—指示刻度

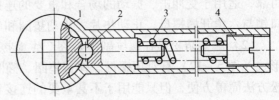

图 5 – 9　定力矩扳手
1—扳手卡盘；2—圆柱销；3—弹簧；4—调整螺钉

如上所述，装配时预紧力的大小是通过拧紧力矩来控制的，因此，应从理论上找出预紧力和拧紧力矩之间的关系。

如图 5 – 10 所示，由于拧紧力矩 T（$T = FL$）的作用，使螺栓和被连接件之间产生预紧力 Q_p。由《机械原理》可知，拧紧力矩 T 等于螺旋副间的摩擦阻力矩 T_1 和螺母环形端面和被连接件（或垫圈）支撑面间的摩擦阻力矩 T_2 之和，即

$$T = T_1 + T_2 = \frac{1}{2}Q_p\left[d_2\tan(\psi + \varphi_v) + \frac{2}{3}f_c\frac{D_0^3 - d_0^3}{D_0^2 - d_0^2}\right] \tag{5 – 2}$$

对于 M10 ~ M16 粗牙普通螺纹钢制螺栓，螺纹升角 $\psi = 1°42' \sim 3°2'$；螺纹中径 $d_2 \approx 0.9d$；

螺旋副的当量摩擦角 $\varphi_v \approx \arctan 1.155f$ (f 为摩擦系数，无润滑时 $f \approx 0.1 \sim 0.2$)；螺栓孔直径 $d_0 \approx 1.1d$；螺母环形支撑面的外径 $D_0 \approx 1.5d$；螺母与环形支撑面的摩擦系数 $f_c = 0.15$。将上述各参数代入式（5 - 2）整理后可得

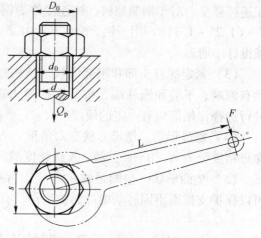

$$T \approx 0.2Q_p d \qquad (5-3)$$

采用测力矩扳手或定力矩扳手来控制预紧力，操作简便，但准确性较差，也不适用于大型的螺栓连接。对大型的螺栓连接，可采用测量螺栓预紧时的伸长量的方法控制预紧力，所需的伸长量可根据预紧力的规定值计算。

图 5 - 10　螺旋副的拧紧力矩

5.2.2　螺纹连接的防松

螺纹连接一般都满足自锁条件（$\psi < \varphi_v$）。拧紧螺母后，螺母和螺栓头部等承压面上的摩擦力也有防松作用。所以在静载荷下和工作温度变化不大时，螺纹连接不会自行松脱。但在冲击、振动或变载荷作用下，或在工作温度变化较大时，螺纹连接有可能逐渐松脱，引起连接失效，从而影响机器的正常运转，甚至导致严重的事故。因此，为了保证螺纹连接的安全可靠，防止松脱，设计时必须采取有效的防松措施。

防松就是防止螺纹连接件间的相对转动，按防松装置的工作原理不同可分为机械防松、摩擦防松和破坏螺纹副关系防松等。

（1）机械防松是利用金属元件直接约束螺纹连接件防止其相对转动，防松效果比较可靠，适用于受冲击、振动的场合和重要的连接。机械防松的主要形式（图 5 - 11）有开口销与六角开槽螺母、止动垫片、止动垫圈和串联钢丝等。

（2）摩擦防松是在螺纹副中始终产生摩擦力矩来防止其相对转动。摩擦防松的主要形式（图 5 - 12）有对顶螺母、弹簧垫圈、椭圆口锁紧螺母和尼龙圈锁紧螺母等。摩擦防松方法简单方便，但只能用于不甚重要的连接和平稳、低速场合。

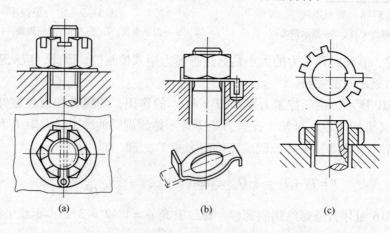

　　　　　　　（a）　　　　　　　　　　　　　（b）　　　　　　　　　　　　（c）

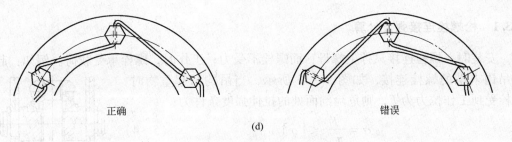

正确   错误

(d)

图 5-11 机械防松的主要形式

(a) 开口销与六角开槽螺母；(b) 止动垫片；(c) 止动垫圈；(d) 串联钢丝

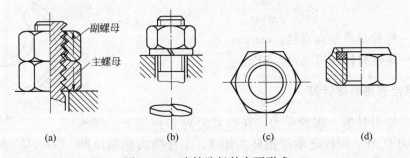

图 5-12 摩擦防松的主要形式

(a) 对顶螺母；(b) 弹簧垫圈；(c) 椭圆口锁紧螺母；(d) 尼龙圈锁紧螺母

（3）破坏螺纹副关系防松是利用焊接、冲点等将螺纹副转变成非运动副，从而排除相对转动的可能，常用于装配后不再拆卸的场合。此外还可在螺纹副间涂上金属黏结剂，硬化固着后防松效果好并有密封作用。

5.3 螺纹连接的强度计算

螺纹连接包括螺栓连接、双头螺柱连接和螺钉连接等类型。下面以螺栓连接为代表讨论螺纹连接的强度计算方法，所讨论的方法对双头螺柱连接和螺钉连接也同样适用。

当两零件用螺栓进行连接时，常常同时使用若干个螺栓，称为螺栓组。对构成整个连接的螺栓组，所受的载荷形式很多。但对其中每一个具体的螺栓而言，其受载的形式不外乎是受轴向力或受横向力。在轴向力（包括预紧力）的作用下，螺栓杆和螺纹部分可能发生塑性变形或断裂；而在横向力的作用下，当采用铰制孔用螺栓时，螺栓杆和孔壁的贴合面上可能发生压溃或螺栓杆被剪断等。根据统计分析，在静载荷下螺栓连接是很少发生破坏的，只有在严重过载的情况下才会发生。就破坏性质而言，约有90%的螺栓属于疲劳破坏。而且疲劳断裂常发生在螺纹根部，即截面面积较小并有缺口应力集中的部位（约占85%），有时也发生在螺栓头与光杆的交接处（约占15%）。

螺栓连接的强度计算，首先是根据连接的类型、连接的装配情况（预紧或不预紧）、载荷状态等条件，确定螺栓的受力；然后按相应的强度条件计算螺栓危险剖面直径（螺纹小径）或校核其强度。螺栓的其他部分（螺纹牙、螺栓头、光杆）和螺母、垫圈的结构尺寸，是根据等强度条件及使用经验规定的，通常都不需要进行强度计算，可按螺栓螺纹的公称直径由标准中选定。

5.3.1　松螺栓连接强度计算

安装时，螺栓连接只拧上螺母，而螺栓不受力；工作时，螺栓承受载荷。例如：起重机吊钩末端的螺栓连接，如图 5 - 13 所示，当吊钩吊起重物时，螺栓受到工作拉力为 F，则危险剖面处的拉伸强度条件为：

$$\sigma = \frac{F}{\frac{\pi}{4} d_1^2} \leqslant [\sigma] \tag{5 - 4}$$

$$d_1 \geqslant \sqrt{\frac{4F}{\pi [\sigma]}} \tag{5 - 5}$$

式中　d_1——螺栓危险剖面直径，mm；

$\quad\quad [\sigma]$——螺栓材料许用应力，MPa。

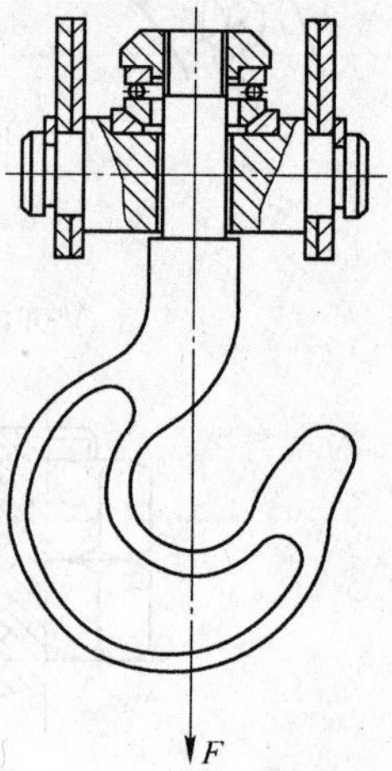

5.3.2　紧螺栓连接强度计算

安装时，螺母拧紧，螺栓受力，在拧紧力矩 T 作用下，螺栓除承受预紧力 Q_p 外，螺栓还承受扭转力矩 T，工作应力包括拉伸应力和扭转切应力。

图 5 - 13　起重吊钩的松螺栓连接

螺栓危险剖面的拉伸应力为：

$$\sigma = \frac{Q_p}{\frac{\pi}{4} d_1^2} \tag{5 - 6}$$

螺栓危险剖面的扭转切应力：

$$\tau = \frac{Q_p \tan(\psi + \varphi_v) \dfrac{d_2}{2}}{\dfrac{\pi}{16} d_1^3} \tag{5 - 7}$$

对于 M10 ~ M64 普通螺纹的钢制螺栓，可取 $\tan\varphi_v \approx 0.17$，$\dfrac{d_2}{d_1} = 1.04 \sim 1.08$，$\tan\psi \approx 0.05$，由此得

$$\tau \approx 0.5\sigma \tag{5 - 8}$$

由于螺栓材料为塑性，根据第四强度理论可求出螺栓预紧状态下的计算应力：

$$\sigma_{ca} = \sqrt{\sigma^2 + 3\tau^2} = \sqrt{\sigma^2 + 3(0.5\sigma)^2} \approx 1.3\sigma = \frac{1.3 Q_p}{\pi d_1^2 / 4} \tag{5 - 9}$$

结论：扭转的影响可用增大拉伸力的30%来考虑，不再单独考虑扭矩。

5.3.2.1　仅承受预紧力的紧螺栓连接

下面根据螺栓承受的载荷讨论；当普通螺栓连接承受横向载荷或扭矩作用时，由于预紧力的作用，将在结合面间产生摩擦力来抵抗工作载荷（图 5 - 14）。这时，螺栓仅承受的预紧力的作用，而且预紧力不受工作载荷的影响，在连接承受工作载荷后螺栓所承受力不变，预紧力 Q_p 的大小，根据结合面不产生滑移的条件确定。螺栓所需要的预紧力均为 Q_p，则其平衡条件为

$$fQ_p i \geq K_s F_\Sigma$$

或 $$Q_p \geq \frac{K_s F_\Sigma}{if} \qquad (5-10)$$

式中　F_Σ——外载荷；

　　　Q_p——预紧力；

　　　i——接合面数（图 5-14 中，$i=1$）；

　　　K_s——防滑系数，$K_s = 1.1 \sim 1.3$；

　　　f——接合面间的摩擦系数，对于干燥的钢或铸铁，

　　　　被连接件的加工表面可取 $f = 0.1 \sim 0.16$。

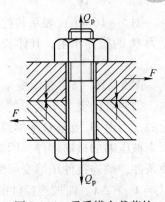

图 5-14　承受横向载荷的
普通螺栓连接

螺栓危险剖面的拉伸强度条件根据式（5-9）为

$$\sigma_{ca} = \frac{1.3 Q_p}{\pi d_1^2 / 4} \leq [\sigma] \qquad (5-11)$$

式中　Q_p——螺栓所受的预紧力，N；

　　　其余符号意义同前。

对于靠摩擦力传递外载荷的螺栓连接，要求比较大的 Q_p。例如，$f = 0.2$，$K_s = 1.2$ 时 $Q_p = 5F$，即螺栓承受 5 倍外载荷，这样设计时，d_1 过大，同时在冲击、振动及变载荷情况下由于摩擦系数 f 的变动，将使连接的可靠性降低，有可能出现松脱，工作不可靠。

为了避免上述缺陷，采用减载装置（图 5-15），利用销、键、套筒承受横向载荷。这时只对销、键、套筒进行剪切、挤压强度条件计算，而螺栓只是保证连接，不再承受工作载荷，因此预紧力不必很大。

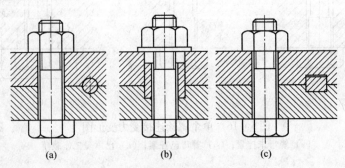

(a)　　　　　　　　(b)　　　　　　　　(c)

图 5-15　承受横向载荷的减载零件
(a) 减载销；(b) 减载套筒；(c) 减载键

5.3.2.2　承受预紧力和工作拉力的紧螺栓连接

这种情况最常见，也是最重要的一种。紧螺栓连接承受轴向拉伸工作载荷后，由于螺栓和被连接件的弹性变形，螺栓所受的总拉力并不等于预紧力和工作拉力之和。根据理论分析，螺栓的总拉力除和预紧力 Q_p、工作拉力 F 有关外，还受到螺栓刚度 C_b 及被连接件刚度 C_m 等因素的影响。因此，应从分析螺栓连接的受力和变形的关系入手，找出螺栓总拉力的大小。

图 5-16 表示单个螺栓连接在承受轴向拉伸载荷前后的受力及变形情况。

图 5-16 (a) 是螺母刚好拧到和被连接件相接触，没有预紧，此时，螺栓和被连接件均未受力，因而也不产生变形。

　　图5-16（b）表示装配后，螺母被拧紧，但尚未承受工作载荷。此时，螺栓受到拧紧力 Q_p 的拉伸作用，其伸长量为 λ_b。相反，被连接件则在 Q_p 的压缩作用下，其压缩量为 λ_m。

　　图5-16（c）是承受工作载荷状态，此时若螺栓和被连接件的材料在弹性变形范围内，则两者的受力于变形的关系符合拉（压）虎克定律。当螺栓承受工作载荷后，因所受的拉力由 Q_p 增至 Q 而继续伸长，其伸长量增加 $\Delta\lambda$，总伸长量为 $\lambda_b + \Delta\lambda$。与此同时，原来被压缩的被连接件，因螺栓伸长而被放松，其压缩量也随着减小。根据连接的变形协调条件，被连接件压缩变形的减小量应等于螺栓拉伸变形增加量 $\Delta\lambda$。因而，总压缩量为 $\lambda'_m = \lambda_m - \Delta\lambda$。而被连接件的压缩力由 Q_p 减至 Q'_p，Q'_p 称为残余预紧力。

　　显然，连接受载后，由于预紧力的变化，螺栓的总拉力 Q 并不等于预紧力 Q_p 与工作拉力 F 之和，而等于残余预紧力 Q'_p 与工作拉力 F 之和。

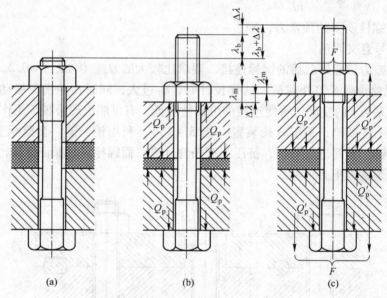

图5-16　单个螺栓连接受力变形图
（a）螺母未拧紧；（b）螺母已拧紧；（c）已承受工作载荷

　　上述的螺栓和被连接件的受力与变形关系，还可以用线图表示。如图5-17所示，图中纵坐标代表力，横坐标代表变形。螺栓拉伸变形由坐标原点 O_b 向右量起；被连接件压缩变形由坐标原点 O_m 向左量起。图5-17（a）、（b）分别表示螺栓和被连接件的受力与变形关系。由图可见，在连接尚未承受工作拉力 F 时，螺栓的拉力和被连接件的压缩力都等于预紧力 Q_p。因此，为分析上的方便，可将图5-17（a）和图5-17（b）合并成图5-17（c）。

　　如图5-17（c）所示，当连接承受工作载荷 F 时，螺栓的总拉力为 Q，相应的总伸长量为 $\lambda_b + \Delta\lambda$；而被连接件的压缩力等于残余预紧力 Q'_p，相应的总压缩量为 $\lambda'_m = \lambda_m - \Delta\lambda$。由图可见，螺栓的总拉力 Q 等于残余预紧力 Q'_p 与工作拉力 F 之和，即

$$Q = Q'_p + F \qquad\qquad (5-12)$$

　　为了保证连接的紧密性，以防止连接受载后接合面间产生缝隙，应使 $Q'_p > 0$。推荐采

用的 Q'_p 为：对于有密封性要求的连接 $Q'_p = (1.5 \sim 1.8)F$；对于一般连接，工作载荷稳定时 $Q'_p = (0.2 \sim 0.6)F$；工作载荷变化时 $Q'_p = (0.6 \sim 1.0)F$；对于地脚螺栓连接，$Q'_p \geqslant F$。

螺栓的预紧力 Q_p 与残余预紧力 Q'_p、总拉力 Q 的关系，可由图 5 – 17 中的几何关系推出。由图 5 – 17 可得：

$$\left.\begin{array}{l} \dfrac{Q_p}{\lambda_b} = \tan\theta_b = C_b \\[3mm] \dfrac{Q_p}{\lambda_m} = \tan\theta_m = C_m \end{array}\right\} \tag{5 – 13}$$

式中，C_b、C_m 分别表示螺栓和被连接件的刚度，均为定值。

由图 5 – 17（c）得 $\qquad Q_p = Q'_p + (F - \Delta F)$ $\tag{5 – 13a}$

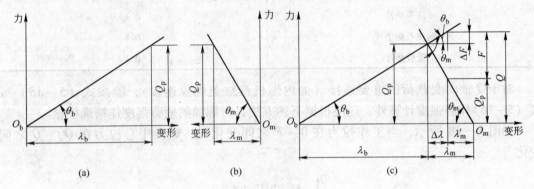

图 5 – 17 单个螺栓连接受力变形线图

按图 5 – 17 中的几何关系得 $\dfrac{\Delta F}{F - \Delta F} = \dfrac{\Delta\lambda\tan\theta_b}{\Delta\lambda\tan\theta_m} = \dfrac{C_b}{C_m}$

或

$$\Delta F = \frac{C_b}{C_b + C_m}F \tag{5 – 13b}$$

将式（5 – 13b）代入式（5 – 13a）得螺栓的总拉力为

$$Q = Q_p + \Delta F = Q_p + \frac{C_b}{C_b + C_m}F = Q'_p + F \tag{5 – 14}$$

式中，$\dfrac{C_b}{C_b + C_m}$ 称为螺栓的相对刚度，其大小与螺栓和被连接件的结构尺寸、材料以及垫片、工作载荷的作用位置等因素有关，其值在 0 ~ 1 之间变动。若被连接件的刚度很大，而螺栓的刚度很小（如细长的或中空螺栓）时，则螺栓的相对刚度趋于零，此时，工作载荷作用后，使螺栓所受的总拉力增加很少。反过来，当螺栓的相对刚度较大时，则工作载荷作用后，将使螺栓所受的总拉力有较大的增加。为了降低螺栓的受力，提高螺栓连接的承载能力，应使 $\dfrac{C_b}{C_b + C_m}$ 值尽量小些。$\dfrac{C_b}{C_b + C_m}$ 值可通过计算或实验确定，一般设计时，可参考表 5 – 2 推荐的数据选取。

设计时，可先根据连接受载情况，求出螺栓的工作拉力 F；再根据连接的工作要求选 Q'_p 值；然后按式（5 – 12）计算螺栓的总拉力 Q。求得 Q 值后即可进行螺栓强度计算。考虑到螺栓在总拉力 Q 的作用下，可能需要补充拧紧，故仿前将总拉力增加 30% 以考虑扭

转切应力的影响。于是螺栓危险截面的拉伸强度条件为

$$\sigma_{ca} = \frac{1.3Q}{\pi d_1^2/4} \leqslant [\sigma] \tag{5-15}$$

或

$$d_1 \geqslant \sqrt{\frac{4 \times 1.3Q}{\pi[\sigma]}} \tag{5-16}$$

式中各符号的意义同前。

表 5-2　螺栓的相对刚度 $\dfrac{C_b}{C_b + C_m}$

被连接钢板间所用垫片类别	$\dfrac{C_b}{C_b + C_m}$
金属垫片（或无垫片）	0.2 ~ 0.3
皮革垫片	0.7
铜皮石棉垫片	0.8
橡胶垫片	0.3

对于受轴向变载荷的重要连接（如内燃机汽缸盖螺栓连接），除按式（5-15）或式（5-16）作静强度计算外，还应根据下述方法，对螺栓的疲劳强度作精确校核。

如图 5-18 所示，当工作拉力在 $0 \sim F$ 之间变化时，螺栓中总拉力在 $Q_p \sim Q$ 之间变化。

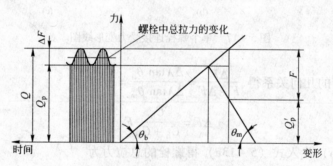

图 5-18　承受轴向变载荷的紧螺栓连接

如果不考虑螺纹摩擦力矩的扭转作用，则螺栓危险剖面的最大拉应力为

$$\sigma_{max} = \frac{Q}{\pi d_1^2/4}$$

最小拉应力（注意此时螺栓中的应力变化规律是 σ_{min} 保持不变）为

$$\sigma_{min} = \frac{Q_p}{\pi d_1^2/4}$$

应力幅为

$$\sigma_a = \frac{\sigma_{max} - \sigma_{min}}{2} = \frac{C_b}{C_b + C_m} \cdot \frac{2F}{\pi d_1^2} \tag{5-17}$$

故应力幅应满足的疲劳强度条件为

$$\sigma_a = \frac{C_b}{C_b + C_m} \cdot \frac{2F}{\pi d_1^2} \leqslant [\sigma_a] \tag{5-18}$$

式中，$[\sigma_a]$ 为螺栓的许用应力幅，MPa。

5.3.2.3 承受工作剪力的紧螺栓连接

如图 5－19 所示，这种连接是利用铰制孔用螺栓抗剪切来承受载荷 F 的。螺栓杆与孔壁之间无间隙，接触表面受挤压；在连接结合面处，螺栓杆则受剪切。因此，应分别按挤压及剪切强度条件计算。

计算时，假定螺栓杆与孔壁表面上的压力分布是均匀的；又因这种连接所受的预紧力很小，所以可以不考虑预紧力和螺纹摩擦力矩的影响。

螺栓杆与孔壁挤压强度条件为

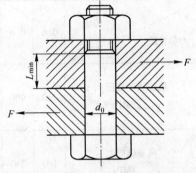

图 5－19　承受工作剪力的紧螺栓连接

$$\sigma_p = \frac{F}{d_0 L_{min}} \leqslant [\sigma]_p \tag{5-19}$$

螺栓杆的剪切强度条件为

$$\tau = \frac{F}{\pi d_0^2 / 4} \leqslant [\tau] \tag{5-20}$$

式中　F——螺栓所受的工作剪力，N；

　　　d_0——螺栓剪切面的直径（可取为螺栓孔的直径），mm；

　　　L_{min}——螺栓杆与孔壁挤压面的最小高度 mm，设计时应使 $L_{min} \geqslant 1.25 d_0$；

　　　$[\tau]$——螺栓材料的许用切应力，MPa；

　　　$[\sigma]_p$——螺栓或孔壁材料的许用挤压应力，MPa。

5.3.3 螺纹连接件的材料及许用应力

5.3.3.1 螺纹连接件的材料

螺纹连接件有螺栓、双头螺柱、螺钉、螺母和垫圈等，这类零件的结构和尺寸都已标准化，设计时可根据有关标准选用。

螺纹连接件的常用材料的力学性能见表 5－3。

表 5－3　螺纹连接件常用材料的力学性能（摘自 GB/T 38—1976）

材　料	抗拉强度 σ_b/MPa	屈服点 σ_s/MPa	疲劳极限/MPa	
			弯曲 σ_{-1}	拉压 σ_{-1T}
10	340～420	210	160～220	120～150
Q215	340～420	220	—	—
Q235	410～470	240	170～220	120～160
35	540	320	220～300	170～220
45	610	360	250～340	190～250
40Cr	750～1000	650～900	320～440	240～340

国家标准规定螺纹连接件按材料的机械性能分出等级，性能等级由数字表示。螺栓、螺钉和双头螺柱的性能等级及推荐的螺母组合见表 5－4。普通垫圈的材料常采用 Q235、15、35 钢，弹簧垫圈用 65Mn 钢制造，并经热处理和表面处理。

表 5－4　螺栓、螺钉、双头螺柱的性能等级及力学性能

力学性能 \ 等级	3.6	4.6	4.8	5.6	5.8	6.8	8.8 ≤M16	8.8 >M16	9.8 ≤M16	10.9	12.9
抗拉强度极限 $\sigma_{b\,min}$/MPa	330	400	420	500	520	600	800	830	900	1040	1220
屈服极限 $\sigma_{s\,min}$/MPa	190	240	340	300	420	480	640	660	720	940	1100
硬度 HBS_{min}	90	109	113	134	140	181	232～248		269	312	365
推荐材料	低碳钢	低碳钢或中碳钢					中碳钢淬火并回火			中碳钢,低、中碳合金钢,淬火并回火	合金钢
推荐螺母级别	4 或 5			5		6	8 或 9		9	10	12

注：1. 性能等级代号由 "." 隔开的两部分数字组成，前面的数字为 $\sigma_b/100$，后面为 $\sigma_s/\sigma_b \times 10$。
　　2. 规定性能等级的螺栓/螺母在图纸中只注出性能等级，不应标出材料牌号。

5.3.3.2　螺纹连接件的许用应力

螺纹连接件的许用应力与载荷性质（静、变载荷）、装配情况（松连接或紧连接）以及螺纹连接件的材料、结构尺寸等因素有关。螺纹连接件的许用拉应力按下式确定：

$$[\sigma] = \frac{\sigma_s}{S} \qquad (5-21)$$

螺纹连接件的许用切应力 $[\tau]$ 和许用挤压应力 $[\sigma]_p$ 分别按下式确定：

$$[\tau] = \frac{\sigma_s}{S_\tau} \qquad (5-22)$$

对于钢

$$[\sigma]_p = \frac{\sigma_s}{S_p} \qquad (5-23)$$

对于铸铁

$$[\sigma]_p = \frac{\sigma_b}{S_p} \qquad (5-24)$$

式中　σ_s，σ_b——分别为螺纹连接材料的屈服极限和强度极限，见表 5－3，常用铸铁连接件的 σ_b 可取 200～250MPa；

S，S_τ，S_p——安全系数，见表 5－6。

变载荷下螺纹连接许用应力幅见表 5－5。

例 5－1　如图 5－20 所示的汽缸盖螺栓组连接中，已知气缸内气体工作压力在 0～1.2MPa 间变化，气缸内径 $D = 300$mm，螺栓组布置在直径 $D_0 = 400$mm 的圆周上，缸盖与缸体均为钢制，采用铜皮石棉垫密封。设计此螺栓组连接。

表 5 – 5　螺纹连接的许用应力幅

许用应力幅 $[\sigma_a]$	σ_{-1T}——材料在拉压对称循环下的疲劳极限，MPa，见表 5 – 3； S_a——应力幅安全系数，控制预紧力时 $S_a = 2.5 \sim 4$； ε——尺寸系数，其值为

d/mm	12	16	20	24	28	32	36	42	48	56	64	70	80
ε	1	0.87	0.81	0.76	0.71	0.68	0.65	0.62	0.60	0.57	0.54	0.52	0.50

κ_σ——螺纹的有效应力集中系数，其值为

材料的抗拉强度 σ_b/MPa	400	600	800	1000
κ_σ	3.0	3.9	4.8	5.2

$$[\sigma_a] = \frac{\varepsilon \kappa_m}{S_a \kappa_\sigma} \sigma_{-1T}$$

κ_m——螺纹加工工艺系数，车制螺纹 $\kappa_m = 1.0$；辗压螺纹 $\kappa_m = 1.25$

表 5 – 6　螺纹连接的安全系数 S

受载类型			静载荷			变载荷		
松螺栓连接			$1.2 \sim 1.7$					
紧螺栓连接	受轴向及横向载荷的普通螺栓连接	不考虑预紧力的简化计算		M6 ~ M16	M16 ~ M30	M30 ~ M60		M6 ~ M16	M16 ~ M30	M30 ~ M60
			碳钢	5 ~ 4	4 ~ 2.5	2.5 ~ 2	碳钢	12.5 ~ 8.5	8.5	8.5 ~ 12.5
			合金钢	5.7 ~ 5	5 ~ 3.4	3.4 ~ 3	合金钢	10 ~ 6.8	6.8	6.8 ~ 10
		考虑预紧力的计算	$1.2 \sim 1.5$				$1.2 \sim 1.5$ $(S_a = 2.5 \sim 4)$		
	铰制孔用螺栓连接		钢：$S_t = 2.5$；$S_p = 1.25$ 铸铁：$S_p = 2.0 \sim 2.5$			钢：$S_t = 3.5 \sim 5$；$S_p = 1.5$ 铸铁：$S_p = 2.5 \sim 3.0$		

解：汽缸盖螺栓组连接工作时受变载荷作用，应满足静强度和疲劳强度条件。汽缸要求密封，见表 5 – 9，应有螺栓间距 $t_0 < 7d$。

1. 结构设计

初选螺栓数 $z = 12$，均匀布置在 $D_0 = 400\text{mm}$ 的圆周上，螺栓间距 $t = \dfrac{\pi D_0}{z} = \dfrac{\pi \times 400}{12} = 104.7\text{mm}$。

2. 螺栓材料、性能等级和力学性能

选择螺栓材料为 45 钢，性能等级 5.6 级，由表 5 – 4 得：$\sigma_b = 500\text{MPa}$，$\sigma_s = 300\text{MPa}$，由表 5 – 3 得 $\sigma_{-1T} = 190 \sim 250\text{MPa}$，取 $\sigma_{-1T} = 200\text{MPa}$，选配螺母用 45 钢，5 级。

3. 受力分析

（1）螺栓组受工作载荷

$$F_\Sigma = p\pi D^2/4 = (1.2 \times \pi \times 300^2)/4 = 84823\text{N}$$

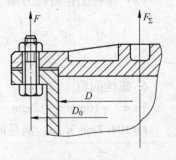

图 5 – 20　受轴向载荷的
螺栓组连接

（2）每个螺栓受工作拉力

$$F = F_\Sigma/z = 84823/12 = 7069\text{N}$$

（3）螺栓残余预紧力　连接要求密封性，取

$$Q'_\text{p} = 1.8F = 1.8 \times 7069\text{N} = 12724\text{N}$$

（4）螺栓总拉力

$$Q = F + Q'_\text{p} = (7069 + 12724) = 19793\text{N}$$

（5）螺栓预紧力　采用钢皮石棉垫，由表 5 - 2 得

螺栓相对刚度$\dfrac{C_\text{b}}{C_\text{b} + C_\text{m}} = K_\text{c} = 0.8$，所以

$$Q_\text{p} = Q - K_\text{c}F = (19793 - 0.8 \times 7069) = 14138\text{N}$$

4. 按静强度条件确定螺栓直径

（1）许用拉应力：由表 5 - 6，紧连接控制预紧力，取安全系数 $S = 1.5$，螺栓的许用拉应力

$$[\sigma] = \sigma_\text{s}/S = 300/1.5 = 200\text{MPa}$$

（2）螺栓直径：由强度条件（5 - 16）

$$d_1 \geqslant \sqrt{\frac{4 \times 1.3Q}{\pi[\sigma]}} = \sqrt{\frac{4 \times 1.3 \times 19793}{\pi \times 200}} = 12.799\text{mm}$$

由普通螺纹的国家标准 GB 196—81，选用公称直径 $d = 16\text{mm}$ 的普通螺栓，其 $d_1 = 13.835\text{mm}$，大于所需的 12.799mm，满足静强度条件。

5. 校核螺栓的疲劳强度

（1）许用应力幅　由表 5 - 5，应力幅安全系数 $S_\text{a} = 3$，尺寸系数 $\varepsilon = 0.87$，有效应力集中系数 $\kappa_\sigma = 3.45$，螺纹加工工艺系数，辗压螺纹 $\kappa_\text{m} = 1.25$，所以

$$[\sigma_\text{a}] = \frac{\varepsilon\kappa_\text{m}}{S_\text{a}\kappa_\sigma}\sigma_{-1\text{T}} = \frac{0.87 \times 1.25}{3 \times 3.45} \times 200 = 21.0\text{MPa}$$

（2）螺栓工作时应力幅

$$\sigma_\text{a} = \frac{C_\text{b}}{C_\text{b} + C_\text{m}} \cdot \frac{2F}{\pi d_1^2} = \frac{2K_\text{c}F}{\pi d_1^2} = \frac{2 \times 0.8 \times 7069}{\pi \times 13.835^2} = 18.81\text{MPa}$$

$$\sigma_\text{a} < [\sigma_\text{a}]（安全）$$

6. 螺栓间距

$7d = 7 \times 16\text{mm} = 112\text{mm}$

$t = 104.7\text{mm} < 7d$，满足间距要求。

5.4　螺旋传动

5.4.1　螺旋传动的类型和应用

螺旋传动是利用螺杆和螺母组成的螺旋副来实现传动要求的，它主要用于将回转运动转变为直线运动，同时传递运动和动力。

螺旋传动按其用途不同，可分为以下三种类型。

（1）传力螺旋。它以传递动力为主，要求以较小的转矩产生较大的轴向推力，用以克服工件阻力，如图5-21（a）为起重装置或图5-21（b）为加压装置的螺旋。这种传力螺旋主要是承受很大的轴向力，一般为间歇性工作，每次的工作时间较短，工作速度也不高，而且通常需有自锁能力。

（2）传导螺旋。它以传递运动为主，有时也承受较大的轴向载荷，如图5-21（c）机床进给机构的螺旋等。传导螺旋常需在较长的时间内连续工作，工作速度较高，因此，要求具有较高的传动精度。

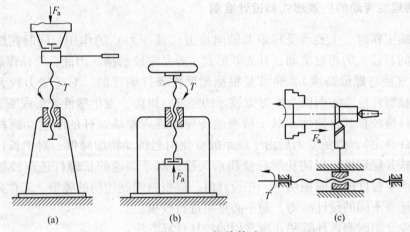

图5-21　螺旋传动

（3）调整螺旋。它用以调整、固定零件的相对位置，如机床、仪器及测试装置中的微调机构的螺旋。调整螺旋不经常转动，一般在空载下调整。

螺旋传动按其螺旋副的摩擦性质不同，又可分为滑动螺旋（滑动摩擦）、滚动螺旋（滚动摩擦）和静压螺旋（流体摩擦）。滑动螺旋结构简单，便于制造，自锁，但其主要缺点是摩擦阻力大，传动效率低（一般为30%～40%），磨损快，传动精度低等。相反，滚动螺旋和静压螺旋的摩擦阻力小，传动效率高（一般为90%以上），但结构复杂，特别是静压螺旋还需要供油系统。因此，只有在高精度、高效率的重要传动中才宜采用，如数控、精密机床，测试装置或自动控制系统中的螺旋传动等。

本节重点讨论滑动螺旋传动的设计和计算，对滚动螺旋和静压螺旋只作简单的介绍。

5.4.2　滑动螺旋传动螺杆及螺母的材料

螺杆和螺母的材料除应具有足够的强度外，还要求有较高的耐磨性和良好的工艺性。螺旋传动常用的材料见表5-7。

表5-7　螺旋传动常用的材料

螺旋副	材料牌号	应 用 范 围
螺杆	Q235、Q275、45、50	材料不经热处理，适用于经常运动，受力不大，转速较低的传动
	40Cr、65Mn、T12、40WMn 18CrMnTi	材料需经热处理，以提高其耐磨性，适用于重载、转速较高的重要传动
	9Mn2V、CrWMn、38CrMoAl	材料需经热处理，以提高其尺寸的稳定性，适用于精密传导螺旋传动

螺旋副	材料牌号	应 用 范 围
螺母	ZCu10P1、ZCu5Pb5Zn5	材料耐磨性好，适用于一般传动
	ZCuAl9Fe4Ni4Mn2 ZCuZn25Al6Fe3Mn3	材料耐磨性好，强度高，适用于重载、低速的传动。对于尺寸较大或高速传动，螺母可采用钢或铸铁制造，内孔浇注青铜或巴氏合金

5.4.3　滑动螺旋传动的失效形式和设计准则

滑动螺旋工作时，主要承受转矩及轴向拉力（或压力）的作用，同时在螺杆和螺母的旋合螺纹间有较大的相对滑动，其失效形式主要是螺纹磨损。因此，滑动螺旋的基本尺寸（即螺杆直径与螺母高度），通常是根据耐磨性条件确定的。对于受力较大的传力螺旋，还应校核螺杆危险截面以及螺母螺纹牙的强度，以防止发生塑性变形或断裂；对于要求自锁的螺杆应校核其自锁性；对于精密的传导螺旋应校核螺杆的刚度（螺杆的直径应根据刚度条件确定），以免受力后由于螺距的变化引起传动精度降低；对于长径比很大的螺杆，应校核其稳定性，以防止螺杆受压后失稳；对于高速的长螺杆还应校核其临界转速，以防止产生过度的横向振动等。在设计时，应根据螺旋传动的类型、工作条件及其失效形式等，选择不同的设计准则，而不必逐项进行校核。

下面主要介绍耐磨性计算和几项常用的校核计算方法。

5.4.3.1　耐磨性计算

滑动螺旋的磨损与螺纹工作面上的压力、滑动速度、螺纹表面粗糙度以及润滑状态等因素有关。其中最主要的是螺纹工作面上的压力，压力越大螺旋副间越容易形成过度磨损。因此，滑动螺旋的耐磨性计算，主要是限制螺纹工作面上的压力 p，使其小于材料的许用压力 $[p]$。

如图 5 - 22 所示，假设作用于螺杆的轴向力为 Q（N），螺纹的承压面积（指螺纹工作表面投影到垂直于轴向力的平面上的面积）为 A（mm^2），螺纹中径为 d_2（mm），螺纹工作高度为 h（mm），螺纹螺距为 P（mm），螺母高度为 H（mm），螺纹工作圈数为 $u = \dfrac{H}{P}$。则螺纹工作面上的耐磨性条件为

$$p = \frac{Q}{A} = \frac{Q}{hu\pi d_2} = \frac{Qp}{Hh\pi d_2} = [p] \quad \text{MPa} \quad (5-25)$$

上式可作为校核计算用。为了导出 d 的设计计算式，令 $\phi = \dfrac{H}{d_2}$，则 $H = \phi d_2$，代入式（5 - 25）整理后得

$$d_2 \geqslant \sqrt{\frac{Qp}{\pi h \phi [p]}} \quad (5-26)$$

梯形和矩形螺纹 $h = 0.5P$，则

$$d_2 \geqslant 0.8 \sqrt{\frac{Q}{\phi [p]}}$$

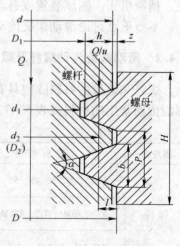

图 5 - 22　螺旋副受力

对于锯齿形螺纹 $h = 0.75P$ 则

$$d_2 \geq 0.65 \sqrt{\frac{Q}{\phi[p]}} \qquad (5-27)$$

螺母高度

$$H = \phi d_2 \qquad (5-28)$$

式中，$[p]$ 为材料的许用压强，MPa，见表 5-8；ϕ 值一般取 1.2~3.5，对于整体螺母，由于磨损后不能调整间隙，为使受力分布比较均匀，螺纹工作圈数不宜过多，故取 $\phi = 1.2~2.5$；对于剖分螺母和兼作支撑的螺母，可取 $\phi = 2.5~3.5$；只有传动精度较高，载荷较大，要求寿命较长时，才允许取 $\phi = 4.0$。

根据公式算得螺纹中径 d_2 后，应按国家标准选取相应的公称直径 d 及螺距 P。螺纹工作圈数不宜超过 10 圈。

对于有自锁要求的螺旋传动还应校核螺旋副是否满足自锁条件，即 $\psi \leq \varphi_v$。

表 5-8　滑动螺旋副材料的许用压强 $[p]$

配 对 材 料		钢－铸铁	钢－青铜	淬火钢－青铜
许用压强 $[p]$	速度 $v < 12\text{m/min}$	4~7	7~10	10~13
	低速，如人驱动等	10~18	15~25	—

注：对于精密传动或要求使用寿命长时，可取表中数值的 1/2~1/3。

5.4.3.2　螺杆的强度计算

受力较大的螺杆需进行强度计算。螺杆工作时承受轴向压力（或拉力）Q 和扭矩 T 的作用；螺杆危险截面上既有压缩（或拉伸）应力，又有切应力。因此，校核螺杆强度时，应根据第四强度理论求出危险截面的计算应力 σ_{ca}，其强度条件为

$$\sigma_{ca} = \sqrt{\sigma^2 + \tau^2} = \frac{1}{A}\sqrt{Q^2 + 3\left(\frac{4T}{d_1}\right)^2} \leq [\sigma] \qquad (5-29)$$

式中　A——螺杆螺纹段危险截面面积，$A = \dfrac{\pi}{4}d_1^2$，mm^2；

　　　d_1——螺杆螺纹小径，mm；

　　　T——螺杆所受扭矩，$T = Q\tan(\psi + \varphi_v)\dfrac{d_2}{2}$，$\text{N·mm}$；

$[\sigma]$——螺杆材料的许用应力，对于碳素钢可
　　　　取为 $0.2~0.33\sigma_s$。

5.4.3.3　螺母螺纹牙的强度计算

如图 5-23 所示，如果将一圈螺纹沿螺母的螺纹大径 D 处展开，则可看做宽度为 πD 的悬臂梁。假设螺母每圈螺纹所承受的平均压力为 $\dfrac{Q}{u}$，并作用在以螺纹中径 D_2 为直径的圆周上，则螺纹牙危险截面 $a-a$ 的剪切强度条件为

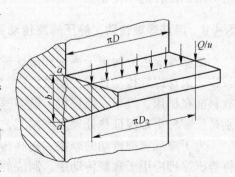

图 5-23　螺母螺纹图的受力

$$\tau = \frac{Q}{\pi Dbu} \leqslant [\tau] \tag{5-30}$$

式中　b——螺纹牙根部的厚度，mm，对于矩形螺纹，$b = 0.5P$；对于梯形螺纹，$b = 0.65P$；对于30°锯齿形螺纹，$b = 0.75P$，P 为螺纹螺距。

对于铸铁螺母取 $[\tau] = 40$MPa；对于青铜螺母取 $[\tau] = 30 \sim 40$MPa。

5.4.3.4　螺杆的稳定性计算

细长螺杆受到较大轴向压力时，可能丧失稳定，其临界载荷与材料、螺杆长细比（或称柔度）$\lambda_s = \dfrac{l\mu}{i}$ 有关。

（1）当 $\lambda_s \geqslant 100$ 时，临界载荷 Q_c 可按欧拉公式计算，即

$$Q_c = \frac{\pi^2 EI}{(\mu l)^2} \tag{5-31}$$

式中　E——螺杆材料的拉压弹性模量，$E = 2.06 \times 10^5$MPa；

　　　I——螺杆危险截面的惯性矩，$I = \dfrac{\pi d_1^4}{64}$，$mm^4$；

　　　l——螺杆的工作长度，mm；

　　　μ——长度系数，与螺杆端部结构有关，端部支撑一端固定，一端自由，取 $\mu = 2$；端部支撑一端固定，一端铰支，取 $\mu = 0.7$；端部支撑为两端铰支 $\mu = 1$；

　　　i——螺杆危险截面的惯性半径，mm，若螺杆危险截面面积 $A = \dfrac{\pi}{4}d_1^2$，$i = \sqrt{\dfrac{I}{A}}$ $= \dfrac{d_1}{4}$。

当 $40 < \lambda_s < 100$ 时，对于强度极限 $\sigma_b \geqslant 380$MPa 的普通碳素钢，如 Q235、Q275 等，取

$$Q_c = (304 - 1.12\lambda_s)\frac{\pi}{4}d_1^2 \tag{5-32}$$

对于强度极限 $\sigma_b \geqslant 480$MPa 的优质碳素钢，如 35 ~ 50 号钢等，取

$$Q_c = (461 - 2.57\lambda_s)\frac{\pi}{4}d_1^2 \tag{5-33}$$

当 $\lambda_s < 40$ 时，可以不必进行稳定性校核。若上述计算结果不满足稳定性条件时，应适当增加螺杆的小径 d_1。

5.4.4　滚动螺旋传动、静压螺旋传动简介

滚动螺旋可分为滚子螺旋和滚珠螺旋两类。由于滚子螺旋的制造工艺复杂，所以应用较少。滚珠螺旋传动具有传动效率高、启动力矩小、传动灵敏平稳、工作寿命长等优点，故目前在机床、汽车、拖拉机、航空等制造业中应用颇广。缺点是制造工艺比较复杂，特别是长螺杆更难保证热处理及磨削工艺质量，刚性和抗振性能较差。

为了降低螺旋传动的摩擦，提高传动效率，并增强螺旋传动的刚性和抗振性能，可以将静压原理应用于螺旋传动中，制成静压螺旋。

有关螺旋传动、静压螺旋传动的原理及应用可参考有关书籍。

5.5 螺纹零件的使用与维护

5.5.1 螺栓组的结构设计

螺栓组连接结构设计的主要目的，在于合理地确定连接接合面的几何形状和螺栓的布置形式，力求各螺栓与连接接合面受力均匀，并便于加工装配。为此，设计时应综合考虑以下几方面的问题。

（1）连接接合面的几何形状。通常都设计成轴对称的简单几何形状，如圆形、环形、矩形、框形、三角形等。这样不但便于加工制造，而且，便于对称布置螺栓，使螺栓组的对称中心与连接接合面的形心重合，如图5-24所示，从而保证连接接合面受力均匀。

（2）螺栓的布置应使各螺栓的受力合理。对于铰制孔用螺栓连接，不要在平行于工作载荷的方向上成排地布置八个以上的螺栓，以免载荷分布过于不均。当螺栓组承受弯矩或扭矩时，螺栓远离对称中心布置，以减小螺栓的受力（图5-25）。如果螺栓同时承受轴向载荷、横向载荷，应采用销、套筒、键等抗剪零件来承受横载荷，以减小螺栓的预紧力及其结构尺寸。

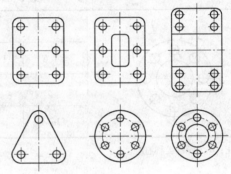

图5-24 螺栓组连接接合面常用的形状

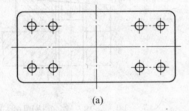 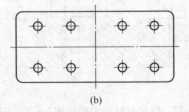

(a)　　　　　　　　　　　(b)

图5-25 接合面受弯矩或扭矩时螺栓布置

（a）合理；（b）不合理

（3）螺栓排列应有合理的间距、边距。布置螺栓时，各螺栓轴线间以及螺栓轴线和机体壁间的最小距离，应根据扳手所需活动空间的大小来决定。扳手空间的尺寸（图5-26）可查阅有关标准。对于压力容器等有紧密性要求的重要连接，螺栓的间距 t_0 不得大于表5-9所推荐的数值。

（4）分布同一圆周上的螺栓数目，应取4，6，8，10等偶数，以便在圆周上钻孔时的分度和画线。同一螺栓组中各螺栓材料、直径和长度均应一致，以便于互换。

（5）避免螺栓承受附加的弯曲载荷。除了要在结构上设法保证载荷不偏心外，还应在工艺上保证被连接件、螺母和螺栓头部的支撑面平整，并与螺栓轴线相垂直。对于在铸、锻件等的粗糙表面上安装螺栓时，应制成凸台或沉头座（图5-27）。当支撑面为倾斜表面时，应采用斜面垫圈（图5-28）。

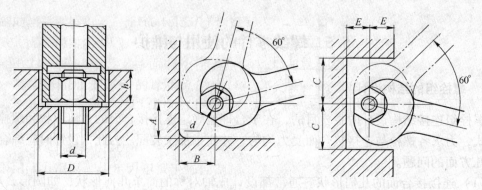

图 5 -26　扳手空间的尺寸

表 5 -9　螺栓间距 t_0

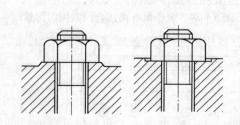

	工作压力/MPa					
	≤1.6	1.6 ~ 4	4 ~ 10	10 ~ 16	16 ~ 20	20 ~ 30
	t_0/mm					
	7d	4.5d	4.5d	4d	3.5d	3d

注：d 为螺纹公称直径。

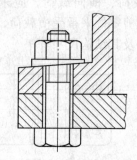

图 5 -27　凸台与沉头座的应用　　　　　图 5 -28　斜面垫圈的应用

　　螺栓组的结构设计，除综合考虑以上各点外，还包括根据连接的工作条件合理地选择螺栓组的防松装置。

5.5.2　提高螺栓连接强度的措施

　　螺栓连接的强度主要取决于螺栓的强度，影响螺栓强度的因素很多，主要涉及螺纹牙的载荷分配、应力变化幅度、应力集中、附加应力和材料的力学性能等几个方面。下面就来分析各种因素对螺栓强度的影响以及提高强度的相应措施。

5.5.2.1　降低螺栓的应力幅

　　根据理论与实践可知，受轴向变载荷的紧螺栓连接，在最小应力不变的条件下，应力幅越小，则螺栓越不容易发生疲劳破坏，连接的可靠性越高。当螺栓所受的工作拉力在 $0 \sim F$ 之间变化时，则螺栓的总拉力将在 $Q_p \sim Q$ 之间变动。由式（5 -14）可知，在保持

预紧力 Q_p 不变的条件下，若减小螺栓刚度 C_b 或增大被连接件刚度 C_m，都可以达到减小总拉力 Q 的变动范围（即减小应力幅）的目的。从式（5－14）可知，在 Q_p 给定的条件下，减小螺栓刚度 C_b 或增大被连接件的刚度 C_m，都将引起残余预紧力 Q_p' 减小，从而降低了连接的紧密性。因此，若在减小 C_b 和增大 C_m 的同时，适当增加预紧力 Q_p，就可以使 Q_p' 不致减小太多或保持不变。这对改善连接的可靠性和紧密性是有利的。但预紧力不宜增加过大，必须控制在所规定的范围内，以免过分削弱螺栓的静强度。

图 5－29（a）、（b）、（c）分别表示单独降低螺栓刚度、单独增大被连接件刚度和把这两种措施与增大预紧力同时并用时，螺栓连接的载荷变化情况。

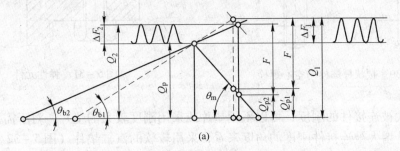

(a)

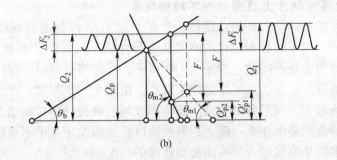

(b)

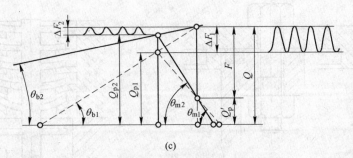

(c)

图 5－29　提高螺栓连接变应力强度的措施

（a）降低螺栓的刚度（$C_{b2} < C_{b1}$，即 $\theta_{b2} < \theta_{b1}$）；（b）增大被连接件的刚度（$C_{m2} > C_{m1}$，即 $\theta_{m2} > \theta_{m1}$）；

（c）同时采用三种措施（$Q_{p2} > Q_{p1}$，$C_{b2} < C_{b1}$，$C_{m2} > C_{m1}$）

为了减小螺栓的刚度，可适当增加螺栓的长度，或采用图 5－30 所示的腰状杆螺栓和空心螺栓。如果在螺母下面安装上弹性元件（图 5－31），其效果和采用腰状杆螺栓或空心螺栓时相似。

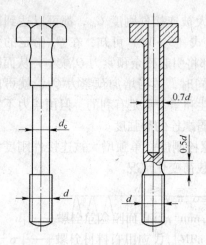

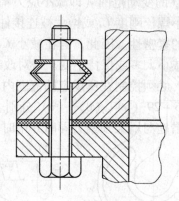

图 5 – 30　腰状杆螺栓与空心螺栓　　　　　图 5 – 31　弹性元件

为了增大被连接件的刚度，可以不用垫片或采用刚度较大的垫片。对于需要保持紧密性的连接，从增大被连接件刚度的角度来看，采用较软的汽缸垫片（图 5 – 32（a））并不合适。此时以采用刚度较大的金属垫片或密封环较好（图 5 – 32（b））。

5.5.2.2　改善螺纹牙上载荷分布不均的现象

不论螺栓连接的具体结构如何，螺栓所受的总拉力 Q 都是通过螺栓和螺母的螺纹牙面相接触来传递的。由于螺栓和螺母的刚度及变形性质不同，即使制造和装配都很精确，各圈螺纹牙上的受力也是不同的。如图 5 – 33 所示，当连接受载时，螺栓受拉伸，外螺纹的螺距增大；而螺母受压缩，内螺纹的螺距减小。由图 5 – 33 可知，螺纹螺距的变化差以旋合的第一圈处为最大，以后各圈递减。旋合螺纹间的载荷分布，如图 5 – 34 所示。实验证明，约有 1/3 的载荷集中在第一圈上，第八圈以后的螺纹牙几乎不承受载荷。因此，采用螺纹牙圈数过多的加厚螺母，并不能提高连接的强度。

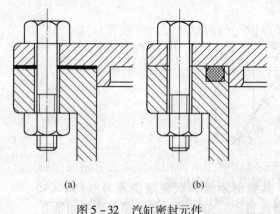

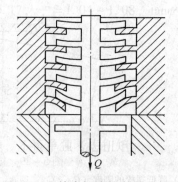

（a）　　　　　　　（b）

图 5 – 32　汽缸密封元件　　　　　　　图 5 – 33　旋合螺纹的变形示意图
（a）软垫片密封；（b）密封环密封

为了改善螺纹牙上的载荷分布不均程度，常采用悬置螺母、减小螺栓旋合段本来受力较大的几圈螺纹牙的受力面或采用钢丝螺套，现分述于后。

图 5-35（a）为悬置螺母，螺母的旋合部分全部受拉，其变形性质与螺栓相同，从而可以减小两者的螺距变化差，使螺纹牙上的载荷分布趋于均匀。图 5-35（b）为环槽螺母，这种结构可以使螺母内缘下端（螺栓旋入端）局部受拉，其作用和悬置螺母相似，但其载荷均布的效果不及悬置螺母。

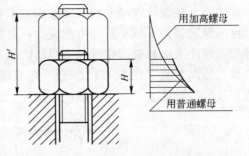

图 5-34 旋合螺纹间的载荷分布

图 5-35（c）为内斜螺母。螺母下端（螺栓旋入端）受力大的几圈螺纹处制成 $10° \sim 15°$ 的斜角，使螺栓螺纹牙的受力面由上而下逐渐外移。这样，螺栓旋合段下部的螺纹牙在载荷作用下，容易变形，而载荷将向上转移使载荷分布趋于均匀。

图 5-35（d）所示的螺母结构，兼有环槽螺母和内斜螺母的作用。这些特殊结构的螺母，由于加工比较复杂，所以只限于重要的或大型的连接上使用。

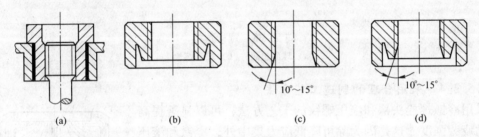

图 5-35 均载螺母结构

图 5-36 为钢丝螺套，它主要用来旋入轻合金的螺纹孔内，然后才旋上螺栓。因它具有一定的弹性，可以起到均载的作用，再加上它还有减振的作用，故能显著提高螺纹连接件的疲劳强度。

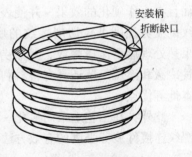

图 5-36 钢丝螺套

5.5.2.3 减小应力集中的影响

螺栓上的螺纹（特别是螺纹的收尾）、螺栓头和螺栓杆的过渡处以及螺栓横截面面积发生变化的部位等，都要产生应力集中。为了减小应力集中的程度，可以采用较大的圆角和卸载结构（图 5-37），或将螺纹收尾改为退刀槽等。但应注意，采用一些特殊

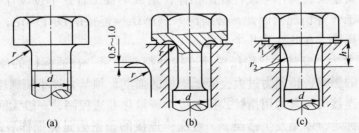

图 5-37 圆角和卸载结构
（a）加大圆角；（b）卸载槽；（c）卸载过渡结构
$r = 0.2d$；$r_1 \approx 0.15d$；$r_2 \approx 1.0d$；$h \approx 0.5d$

结构会使制造成本增高。

此外，在设计、制造和装配上应力求避免螺纹连接产生附加弯曲应力，以免严重降低螺栓的强度。为了减小附加弯曲应力，要从结构、制造和装配等方面采取措施。例如规定螺母、螺栓头部和被连接件的支撑面的加工要求，以及螺纹的精度等级、装配精度等；或者采用球面垫圈（图5-38（a））、带有腰环或细长的螺栓（图5-38（b））等来保证螺栓连接的装配精度。至于在结构上应注意的问题，可参考有关内容，这里不再赘述。

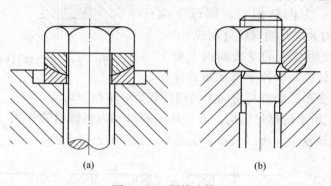

图5-38 螺栓连接

(a) 球面垫圈；(b) 腰环螺栓

5.5.2.4 采用合理的制造工艺方法

采用冷镦螺栓头部和滚压螺纹的工艺方法，可以显著提高螺栓的疲劳强度。这是因为除可降低应力集中外，冷镦和滚压工艺使材料纤维未被切断，金属流线的走向合理（图5-39），而且有冷作硬化的效果，并使表层留有残余应力。因而滚压螺纹的疲劳强度可较切削螺纹的疲劳强度提高30%～40%。如果热处理后再滚压螺纹，其疲劳强度可提高70%～100%。这种冷镦和滚压工艺还具有材料利用率高、生产效率高和制造成本低等优点。

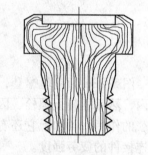

图5-39 冷镦与滚压加工螺栓中的金属流线

此外，在工艺上采用氮化、氰化、喷丸等处理，都是提高螺纹连接件疲劳强度的有效方法。

5.5.3 螺纹连接、螺旋传动安装维护常识

工程上时有发生安装操作与设计理论相悖，造成不良工程；不按设计要求维护设备，使设备不能正常工作等情况。因此，必须深入理解螺栓连接的设计理论，并用之指导制造、安装及维护操作。在此注意几个要点。

(1) 关于预紧力。安装时，除松螺栓连接外都要预紧。普通螺栓的预紧力大小对其正常工作有很大的影响，预紧力过大会降低螺栓的强度，预紧力过小使螺栓的工作能力未充分发挥。重要连接的预紧力用指针式扭力扳手等量化办法控制，一般无问题。但需要注意工具使用前的标定，以免发生错误。一般螺栓连接的预紧力是凭操作者的经验控制的。正规的工具厂生产的呆扳手，其手柄长度是按一个普通人以适中臂力对相应螺栓产生适当预紧力所需力臂选定的。用这样的扳手拧紧，用力过大、过小都不适宜。若在扳手上加套

管去拧紧，一般情况下都属不当操作。

在机器工作中，由于各种原因，连接的预紧力会减小，直到松退。因此，检查并维持螺栓的预紧力是机器维护人员经常性的工作。

（2）关于防松。对顶螺母是靠摩擦来防松的。连接的工作载荷由上螺母（见图 5 - 12（a））承受，因此，在工作原理上，下螺母可用薄螺母。若由一厚一薄两螺母组成对顶螺母，应注意位置不要颠倒。

机械防松比较可靠。头部带孔螺栓串联钢丝防松虽然装拆不方便，但很可靠，常用于大型设备。但要注意保证钢丝串过孔的方位处于阻碍连接松退的位置。

摩擦防松并不完全可靠，即使可靠的防松装置也可能因偶然原因失效。所以要定期检查防松装置状态，也是机器维护人员巡检内容之一。

（3）关于连接的拆卸。锈死常使连接拆卸变得非常困难，遇到这种情况，可试用下面办法：先清理螺栓尾螺纹，在连接处加煤油，用手槌轻轻敲震螺母。为避免锈死，对工作在易锈条件下的需较多拆卸的螺栓要采取防锈措施。

（4）关于润滑与防尘。螺旋传动的失效形式主要是磨损，因此，重要的传动都设置润滑和防尘装置，保证这些装置正常工作是设备使用和维护人员的日常工作。一般传动则要注意露外螺纹的清洁，并按规定定时加油。

（5）关于轴向间隙调整。传导螺旋常设有避免反向传动时的空行程装置，以清除内外螺纹轴向间隙和补偿磨损。这种装置类型多样，安装时要弄清装置工作原理，保证安装正常；操作维护人员则要经常检查是否有空行程并及时调整。

5.6　键连接和花键连接

5.6.1　普通平键连接

5.6.1.1　键连接的功用、分类、结构形式及应用

键是一种标准零件，通常用来实现轴与轮毂之间的周向固定以传递转矩，有的还能实现轴上零件的轴向固定或轴向滑动的导向。键连接的主要类型有：平键连接、半圆键连接、楔键连接和切向键连接。

　A　平键连接

图 5 - 40（a）为普通平键连接的结构形式，键的两侧面是工作面，工作时，靠键同键槽侧面的挤压来传递转矩。键的上表面和轮毂的键槽底面间则留有间隙。平键连接具有结构简单、装拆方便、对中性较好等优点，因而得到广泛应用。这种键连接不能承受轴向力，因而对轴上的零件不能起到轴向固定的作用。

根据用途的不同，平键分为普通平键、薄型平键、导向平键和滑键四种。其中普通平键和薄型平键用于静连接，导向平键和滑键用于动连接。

普通平键按构造分，有圆头（A 型）、平头（B 型）及单圆头（C 型）三种。圆头平键（图 5 - 40（b））宜放在轴上用键槽铣刀铣出的键槽中，键在键槽中轴向固定良好；缺点是键的头部侧面与轮毂上的键槽并不接触，因而键的圆头部分不能充分利用，而且轴上键槽端部的应力集中较大。平头平键（图 5 - 40（c））是放在用盘铣刀铣出的键槽中，因而避免了上述缺点，但对于尺寸大的键，宜用紧定螺钉固定在轴上的键槽中，以防松

动。单圆头平键（图 5 - 40(d)）则常用于轴端与毂类零件连接。

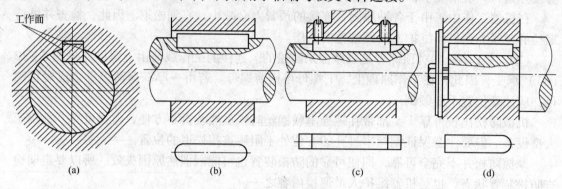

图 5 - 40 普通平键连接

（a）普通主键；（b）圆头；（c）平头；（d）单圆头

薄型平键与普通平键的主要区别是键的高度约为普通平键的 60% ~ 70%，也分圆头、平头和单圆头三种型式，但传递转矩的能力较低，常用于薄壁结构、空心轴及一些径向尺寸受限制的场合。

当被连接的毂类零件在工作过程中必须在轴上作轴向移动时（如变速箱中的滑移齿轮），则须采用导向平键或滑键。导向平键（图 5 - 41(a)）是一种较长的平键，用螺钉固定在轴上的键槽中，为了便于拆卸，键上制有起键螺孔，以便拧入螺钉使键退出键槽。轴上的传动零件则可沿键作轴向滑移。当零件滑移的距离较大时，因所需导向平键的长度过大，制造困难，故宜采用滑键（图 5 - 41(b)）。滑键固定在轮毂上，轮毂带动滑键在轴上的键槽中作轴向滑移。这样，只需在轴上铣出较长的键槽，而键可做得较短。

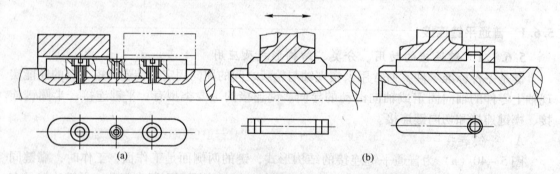

图 5 - 41 导向平键连接和滑键连接（下方为键的示意图）

（a）导向平键连接；（b）滑键连接

B 半圆键连接

半圆键连接如图 5 - 42 所示。轴上键槽用尺寸与半圆键相同的半圆键槽铣刀铣出，因而键在槽中能绕其几何中心摆动以适应轮毂中键槽的斜度。半圆键工作时，靠其侧面来传递转矩。这种键连接的优点是工艺性较好，装配方便，尤其适用于锥形轴端与轮毂的连接。缺点是轴上键槽较深，对轴的强度削弱较大，

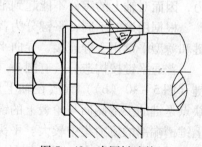

图 5 - 42 半圆键连接

故一般只用于轻载静连接中。

C 楔键连接

楔键连接如图5-43所示。键的上下两面是工作面，键的上表面和与它相配合的轮毂键槽底面均具有1:100的斜度。装配后，键即楔紧在轴和轮毂的键槽里。工作时，靠键的楔紧作用来传递转矩，同时还可以承受单向的轴向载荷，对轮毂起到单向的轴向固定作用。楔键的侧面与键槽侧面间有很小的间隙，当转矩过载而导致轴与轮毂发生相对转动时，键的侧面能像平键那样参加工作。因此，楔键连接在传递有冲击和振动的较大转矩时，仍能保证连接的可靠性。楔键连接的缺点是键楔紧后，轴和轮毂的配合产生偏心和偏斜。因此主要用于毂类零件的定心精度要求不高和低转速的场合。

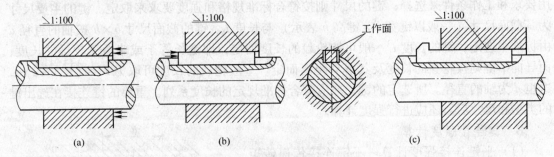

图5-43 楔键连接

（a）用圆头楔键；（b）用平头楔键；（c）用钩头楔键

楔键分为普通楔键和钩头楔键两种，普通楔键有圆头、平头和单圆头三种型式。装配时，圆头楔键要先放入轴上键槽中，然后打紧轮毂（图5-43(a)）；平头、单圆头和钩头楔键则在轮毂装好后才将键放入键槽并打紧。钩头楔键的钩头供拆卸用，如安装在轴端时，应注意加装防护罩。

D 切向键连接

切向键连接如图5-44所示。切向键是由一对斜度为1:100的楔键组成。切向键的工作面是由一对楔键沿斜面拼合后相互平行的两个窄面，被连接的轴和轮毂上都制有相应的

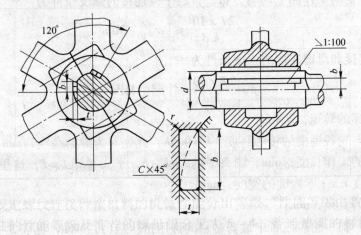

图5-44 切向键连接

键槽。装配时，把一对楔键分别从轮毂两端打入，拼合而成的切向键就沿轴的切线方向楔紧在轴与轮毂之间。工作时，靠工作面上的挤压力和轴与轮毂间的摩擦力来传递转矩。用一个切向键时，只能传递单向转矩；当要传递双向转矩时，必须用两个切向键，两者间的夹角为 120°~130°。由于切向键的键槽对轴的削弱较大，因此常用于直径大于 100mm 的轴上。例如用于大型带轮、大型飞轮、矿山用大型绞车的卷筒及齿轮等与轴的连接。

5.6.1.2　键的选择和键连接强度计算

A　键的选择

键的选择包括类型选择和尺寸选择两个方面。键的类型应根据键连接的结构特点、使用要求和工作条件来选择；键的尺寸则按符合标准规格和强度要求来取定。键的主要尺寸为其截面尺寸（一般以键宽 b × 键高 h 表示）与长度 L。键的截面尺寸 $b×h$ 按轴的直径 d 由标准中选定，键的长度 L 一般可按轮毂的长度而定，即键长等于或略短于轮毂的长度；而导向平键则按轮毂的长度及其滑动距离而定。一般轮毂的长度可取为 $L' \approx (1.5 \sim 2)d$，这里 d 为轴的直径。所选定的键长亦应符合标准规定的长度系列。重要的键连接在选出键的类型和尺寸后，还应进行强度计算。

B　键连接强度计算

（1）平键连接强度计算。平键连接传递转矩时，连接中各零件的受力情况见图 5-45。对于采用常见的材料组合和按标准选取尺寸的普通平键连接（静连接），其主要失效形式是工作面被压溃。除非有严重过载，一般不会出现键的剪断（图 5-45 中沿 $a-a$ 面剪断）。因此，通常只按工作面上的挤压应力进行强度校核计算。对于导向平键连接和滑键连接（动连接），其主要失效形式是工作面的过度磨损。因此，通常按工作面上的压力进行条件性的强度校核计算。

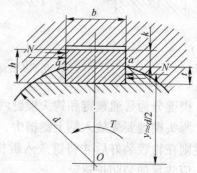

图 5-45　平键连接受力情况

假定载荷在键的工作面上均匀分布，普通平键连接的强度条件为

$$\sigma_{\mathrm{p}} = \frac{2T \times 10^3}{kld} \leqslant [\sigma]_{\mathrm{p}} \quad \text{MPa} \qquad (5-34)$$

导向平键连接和滑键连接的强度条件为

$$p = \frac{2T \times 10^3}{kld} \leqslant [p] \quad \text{MPa} \qquad (5-35)$$

式中　T——传递的转矩，N·m；

　　　　k——键与轮毂键槽的接触高度，$k = 0.5h$，此处 h 为键的高度，mm；

　　　　l——键的工作长度，mm，圆头平键 $l = L - b$，平头平键 $l = L$，这里 L 为键的公称长度 mm；b 为键的宽度，mm；

　　　　d——轴的直径，mm；

　　$[\sigma]_{\mathrm{p}}$——键、轴、轮毂三者中最弱材料的许用挤压应力，MPa，见表 5-10；

　　　$[p]$——键、轴、轮毂三者中最弱材料的许用压力，MPa，见表 5-10。

表 5 - 10 连接的许用挤压应力、许用压力 MPa

许用挤压应力、许用压力	连接工作方式	键或毂、轴的材料	载 荷 性 质		
			静载荷	轻微冲击	冲击
$[\sigma]_p$	静连接	钢	120 ~ 150	100 ~ 120	60 ~ 90
		铸铁	70 ~ 80	50 ~ 60	30 ~ 45
$[p]$	动连接	钢	50	40	30

注：如与键有相对滑动的被连接件表面经过淬火，则动连接的许用压力 $[p]$ 可提高 2 ~ 3 倍。

（2）半圆键连接强度计算。半圆键连接的受力情况如图 5 - 46 所示（轮毂未示出），因其只用于静连接，故主要失效形式是工作面被压溃。通常按工作面的挤压应力进行强度校核计算，强度条件同式（5 - 34），所应注意的是：半圆键的接触高度 k 应根据键的尺寸从标准中查取；半圆键的工作长度 l 近似地取其等于键的公称长度 L。

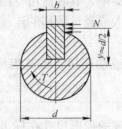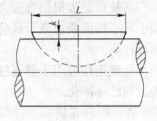

图 5 - 46 半圆键连接的受力情况

例 5 - 2 已知减速器中某直齿圆柱齿轮安装在轴的两个支撑点间，齿轮和轴的材料都是锻钢，用键构成静连接。齿轮的精度为 7 级，装齿轮处的轴径 $d = 70\text{mm}$，齿轮轮毂宽度为 100mm，需传递的转矩 $T = 2200\text{N·m}$，载荷有轻微冲击。试设计此键连接。

解 1. 选择键连接的类型和尺寸

一般 8 级以上精度的齿轮有定心精度要求，应选用平键连接。由于齿轮不在轴端，故选用圆头普通平键（A 型）。

根据 $d = 70\text{mm}$ 从标准中查得键的截面尺寸为：宽度 $b = 20\text{mm}$，高度 $h = 12\text{mm}$。由轮毂宽度并参考键的长度系列，取键长 $L = 90\text{mm}$（比轮毂宽度小些）。

2. 校核键连接的强度

键、轴和轮毂的材料都是钢，由表 5 - 10 查得许用挤压应力 $[\sigma]_p = 100 ~ 120\text{MPa}$，取其平均值，$[\sigma]_p = 110\text{MPa}$。键的工作长度 $l = L - b = 90 - 20 = 70\text{mm}$，键与轮毂键槽的接触高度 $k = 0.5h = 0.5 \times 12 = 6\text{mm}$。由式（5 - 34）可得

$$\sigma_p = \frac{2T \times 10^3}{kld} = \frac{2 \times 2200 \times 10^3}{6 \times 70 \times 70} = 149.7 > [\sigma]_p = 110\text{MPa}$$

可见连接的挤压强度不够。考虑到相差较大，因此改用双键，相隔 180° 布置。双键的工作长度 $l = 1.5 \times 70 = 105\text{mm}$。由式（5 - 34）可得

$$\sigma_p = \frac{2T \times 10^3}{kld} = \frac{2 \times 2200 \times 10^3}{6 \times 105 \times 70} = 99.8 \leqslant [\sigma]_p = 110\text{MPa} （合适）$$

键的标记为：键 20 × 90GB 1096—2003（一般 A 型键可不标出 "A"，对于 B 型或 C 型键，须将 "键" 标为 "键 B" 或 "键 C"）。

5.6.2 花键连接

5.6.2.1 花键连接的类型、特点和应用

花键连接是由外花键（图 5 - 47（a））和内花键（图 5 - 47（b））组成。由图可知，

花键连接是平键连接在数目上的发展。但是，由于结构形式和制造工艺的不同，与平键连接比较，花键连接在强度、工艺和使用方面有下述一些优点：

（1）因为在轴上与毂孔上直接而匀称地制出较多的齿与槽，故连接受力较为均匀；

（2）因槽较浅，齿根处应力集中较小，轴与毂的强度削弱较少；

（3）齿数较多，总接触面积较大，因而可承受较大的载荷；

（4）轴上零件与轴的对中性好（这对高速及精密机器很重要）；

（5）导向性较好（这对动连接很重要）；

（6）可用磨削的方法提高加工精度及连接质量。

其缺点是齿根仍有应力集中，有时需用专门设备加工，成本较高。因此，花键连接适用于定心精度要求高、载荷大或经常滑移的连接。花键连接的齿数、尺寸、配合等均应按标准选取。

花键连接可用于静连接或动连接，按其齿形不同，可分为矩形花键和渐开线花键两类，均已标准化。

A　矩形花键

按齿高的不同，矩形花键的齿形尺寸在标准中规定了两个系列，即轻系列和中系列。轻系列的承载能力较小，多用于静连接或轻载连接；中系列用于中等载荷的连接。

矩形花键的定心方式为小径定心（图 5-48），即外花键和内花键的小径为配合面，其特点是定心精度高，定心稳定性好，能用磨削的方法消除热处理引起的变形。矩形花键连接应用广泛。

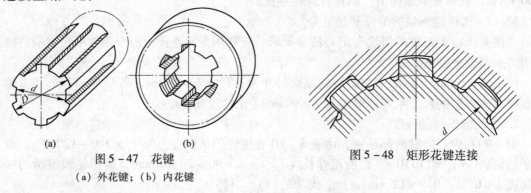

图 5-47　花键
（a）外花键；（b）内花键

图 5-48　矩形花键连接

B　渐开线花键

渐开线花键的齿廓为渐开线，分度圆压力角有 30° 和 45° 两种（图 5-49），齿顶高分别为 $0.5m$ 和 $0.4m$，此处 m 为模数。图中 d_f 为渐开线花键的分度圆直径。与渐开线齿轮相比，渐开线花键齿较短，齿根较宽，不发生根切的最小齿数较少。

渐开线花键可以用制造齿轮的方法来加工，工艺性较好，制造精度也较高，花键齿的根部强度高，应力集中小，易于定心，当传递的转矩较大且轴径也大时，宜采用渐开线花键连接。压力角为 45° 的渐开线花键，由于齿形钝而短，与压力角为 30° 的渐开线花键相比，对连接件的削弱较少，但齿的工作面高度较小，故承载能力较低，多用于载荷较轻，直径较小的静连接，特别适用于薄壁零件的轴毂连接。

渐开线花键的定心方式为齿形定心。当齿受载时，齿上的径向力能起到自动定心作用，有利于各齿均匀承载。

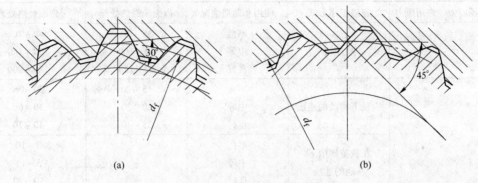

图 5-49 渐开线花键连接

(a) $\alpha = 30°$；(b) $\alpha = 45°$

5.6.2.2 花键连接强度计算

花键连接的强度计算与键连接相似，首先根据连接的结构特点、使用要求和工作条件选定花键类型和尺寸，然后进行必要的强度校核计算。花键连接的受力情况如图 5-50 所示，其主要失效形式是工作面被压溃（静连接）或工作面过度磨损（动连接）。因此，静连接通常按工作面上的挤压应力进行强度计算，动连接则按工作面上的压力进行条件性的强度计算。

计算时，假定载荷在键的工作面上均匀分布，各齿面上压力的合力 N 作用在平均直径 d_m 处（图 5-50），即传递的转矩 $T = zN \cdot d_m/2$，并引入系数 ψ 来考虑实际载荷在各花键齿上分配不均的影响，则花键连接的强度条件为

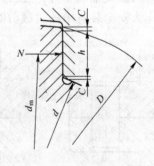

图 5-50 花键连接受力情况

静连接
$$\sigma_p = \frac{2T \times 10^3}{zhl\psi d_m} \leq [\sigma]_p \qquad (5-36)$$

动连接
$$p = \frac{2T \times 10^3}{zhl\psi d_m} \leq [p] \qquad (5-37)$$

式中 ψ——载荷分配不均系数，与齿数多少有关，一般取 $\psi = 0.7 \sim 0.8$，齿数多时取偏小值；

z——花键的齿数；

l——齿的工作长度，mm；

h——花键齿侧面的工作高度，矩形花键，$h = \frac{D-d}{2} - 2C$，此处 D 为外花键的大径，d 为内花键的小径，C 为倒角尺寸（图 5-50），单位均为 mm；渐开线花键，$\alpha = 30°$，$h = m$；$\alpha = 45°$，$h = 0.8m$，m 为模数；

d_m——花键的平均直径，矩形花键，$d_m = (D+d)/2$；渐开线花键，$d_m = d_f$，d_f 为分度圆直径，mm；

$[\sigma]_p$——许用挤压应力，MPa，见表 5-11；

$[p]$——许用压力，MPa，见表 5-11。

表 5 – 11 花键连接的许用挤压应力、许用压力　　　　　　　　　MPa

许用挤压应力、许用压力	连接工作方式	使用和制造情况	齿面未经热处理	齿面经热处理
$[\sigma]_p$	静连接	不良	35 ~ 50	40 ~ 70
		中等	60 ~ 100	100 ~ 140
		良好	80 ~ 120	120 ~ 200
$[p]$	空载下移动的连接	不良	15 ~ 20	20 ~ 35
		中等	20 ~ 30	30 ~ 60
		良好	25 ~ 40	40 ~ 70
	在载荷作用下移动的连接	不良	—	3 ~ 10
		中等	—	5 ~ 15
		良好	—	10 ~ 20

注：1. 使用和制造情况不良系指受变载荷，有双向冲击、振动频率高和振幅大、润滑不良（对动连接）、材料硬度不高或精度不高等。

　　2. 同一情况下，$[\sigma]_p$ 或 $[p]$ 的较小值用于工作时间长和较重要的场合。

　　3. 花键材料的拉伸强度极限不低于 600MPa。

5.7 销 连 接

销主要用来固定零件之间的相对位置，称为定位销（图 5 – 51），它是组合加工和装配时的重要辅助零件；也可用于连接，称为连接销（图 5 – 52），可传递不大的载荷；还可作为安全装置中的过载剪断元件，称为安全销（图 5 – 53）。

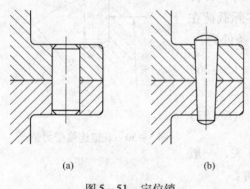

图 5 – 51　定位销
（a）圆柱销；（b）圆锥销

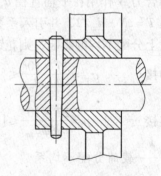

图 5 – 52　连接销

圆柱销（图 5 – 51(a)）靠过盈配合固定在销孔中，经多次装拆会降低其定位精度和可靠性。圆柱销的直径偏差有 u8、m6、h8 和 h11 四种，以满足不同的使用要求。

圆锥销（图 5 – 51(b)）具有 1:50 的锥度，在受横向力时可以自锁。它安装方便，定位精度高，可多次装拆而不影响定位精度。端部带螺纹的圆锥销（图 5 – 54）可用于盲孔或拆卸困难的场合。开尾圆锥销（图 5 – 55）适用于有冲击、振动的场合。

槽销上有辗压或模锻出的三条纵向沟槽（图 5 – 56），将槽销打入销孔后，由于材料的弹性使销挤紧在销孔中，不易松脱，因而能承受振动和变载荷。安装槽销的孔不需要铰制，加工方便，可多次装拆。

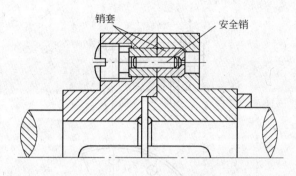

图 5 - 53　安全销

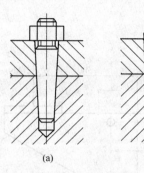

(a)　　　　　(b)

图 5 - 54　端部带螺纹的圆锥销
（a）螺尾圆锥销；（b）内螺纹圆锥销

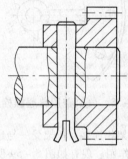

图 5 - 55　开尾圆锥销

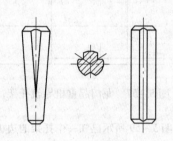

图 5 - 56　槽销

定位销通常不受载荷或只受很小的载荷，故不作强度校核计算。其直径可按结构确定，数目一般不少于两个。销装入每一被连接件内的长度，约为销直径的 1~2 倍。

连接销的类型可根据工作要求选定，其尺寸可根据连接的结构特点按经验或规范确定，必要时再按剪切和挤压强度条件进行校核计算。

安全销在机器过载时应被剪断（参看图 5 - 53），因此，销的直径应按过载时被剪断的条件确定。

销的材料为 35、45 钢，许用切应力 $[\tau] = 80\text{MPa}$，许用挤压应力 $[\sigma]_p$ 查表 5 - 10。

思考题与习题

5 - 1　分析比较普通螺纹、管螺纹、梯形螺纹和锯齿形螺纹的特点，各举一例说明它们的应用。

5 - 2　将承受轴向变载荷的连接螺栓的光杆部分做得细些有什么好处？

5 - 3　分析活塞式空气压缩机气缸盖连接螺栓在工作时的受力变化情况，它的最大应力、最小应力如何得出？当气缸内的最高压力提高时，它的最大应力、最小应力将如何变化？

5 - 4　为什么采用两个平键时，一般布置在沿周向相隔 180° 的位置；采用两个楔键时，相隔 90°~120°；而采用两个半圆键时，却布置在轴的同一母线上？

5 - 5　如图 5 - 57 所示是由两块边板和一承重板焊成的龙门起重机导轨托架。两块边板各用 4 个螺栓与立柱相连接，托架所承受的最大载荷为 20kN，载荷有较大的变动。试问：此螺栓连接采用普通螺栓连接还是铰制孔用螺栓连接为宜？试确定螺栓直径？

5 - 6　如图 5 - 58 所示气缸盖用普通螺栓连接，缸盖与缸体均为钢制，采用铜皮石棉垫密封。已知气缸内气体压力 p 在 0~1.5MPa 间变化，气缸内径 D 为 200mm，螺栓分布圆直径 D_0 为 280mm。试设计此螺栓连接。

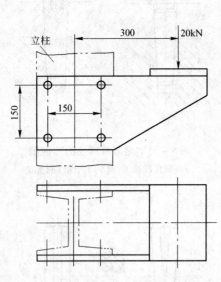

图 5-57　龙门起重机导轨托架

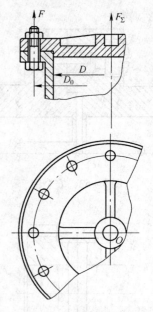

图 5-58　气缸盖用普通螺栓连接

5-7　如图 5-59 所示已知一个托架的边板用 6 个螺栓与相邻的机架相连接。托架受一与边板螺栓组的垂直对称轴线相平行、距离为 250mm、大小为 60kN 的载荷作用。现有如图 5-59 所示的两种螺栓布置形式，设采用铰制孔用螺栓连接，试问哪一种布置形式所用的螺栓直径较小？为什么？

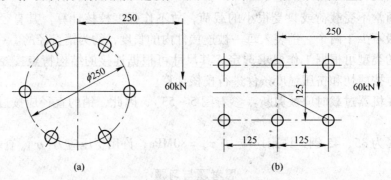

图 5-59　螺栓两种布置形式

5-8　凸缘联轴器如图 5-60 所示，采用 8 个 M16 普通螺栓连接，螺栓材料为 35 钢，力学性能等级为 5.6 级，接合面摩擦系数 $f = 0.15$，$D_1 = 195mm$。试确定连接所能传递的转矩 T。

5-9　如图 5-61 所示在一直径 $d = 80mm$ 的轴端，安装一钢制直齿圆柱齿轮，轮线宽度 $L' = 1.5d$，工作时有轻微冲击。试确定平键连接的尺寸，并计算其传递的最大转矩。

5-10　如图 5-62 所示的凸缘半联轴器及圆柱齿轮，分别用键与减速器的低速轴相连接。试选择两处键的类型及尺寸，并校核其连接强度。已知：轴的材料为 45 钢，传递的转矩 $T = 1000N \cdot m$，齿轮用锻钢制成，半联轴器用灰铸铁制成，工作时有轻微冲击。

5-11　如图 5-63 所示的灰铸铁 V 带轮，安装在直径 $d = 45mm$ 的轴端，带轮的基准直径（计算直径）$D = 250mm$，工作时的有效力 $F = 2kN$，轮毂宽度 $L' = 65mm$，工作时有轻微振动。设采用钩头楔键连接，试选择该楔键的尺寸，并校核连接的强度。

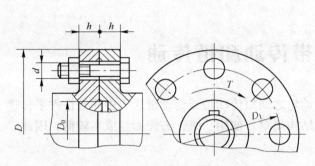

图 5 - 60 凸缘联轴器

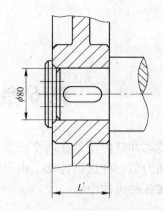

图 5 - 61 轴端键连接设计

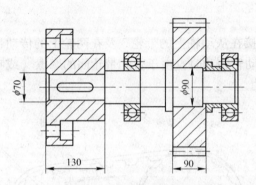

图 5 - 62 键连接设计

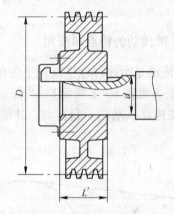

图 5 - 63 楔键连接设计

5 - 12 如图 5 - 64 所示为变速箱中的双连滑移齿轮,传递的额定功率 $P = 4\text{kW}$,转速 $n = 250\text{r/min}$。齿轮在空载下移动,工作情况良好。试选择花键类型和尺寸,并校核连接的强度。

5 - 13 如图 5 - 65 所示为套筒式联轴器,分别用平键及半圆键与两轴相连接。已知:轴径 $d = 38\text{mm}$,联轴器材料为灰铸铁,外径 $D_1 = 90\text{mm}$。试分别计算两种连接允许传递的转矩,并比较其优缺点。

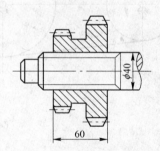

图 5 - 64 花键连接设计

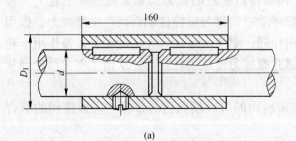

(a)

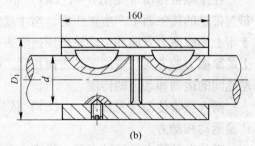

(b)

图 5 - 65 套筒式联轴器

第6章　带传动和链传动

带传动和链传动是在两个或多个传动轮之间用传动带或传动链作为中间柔性件来传递运动和动力的一种机械传动。由于它们结构简单、使用、维护方便而且成本较低，因此广泛应用在各种机械中。

6.1　带传动的特点和几何参数

6.1.1　带传动的特点和应用

带传动是由连接在主动轴上的带轮 1 和连接在从动轴上的带轮 3 及在两轮上的传动带 2 组成的（如图 6－1 所示）。当原动机驱动主动轮转动时，由于带和带轮间的摩擦（或啮合），便拖动从动轮一起转动，并传递一定动力。

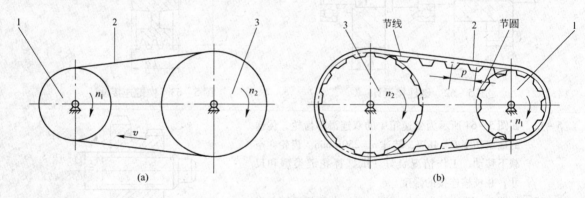

图 6－1　带传动的类型

（a）摩擦带传动；（b）啮合型带传动

根据工作原理不同，带传动可分为摩擦带传动和啮合带传动两类。

在摩擦带传动（见图 6－1（a））中，传动带以一定的张紧力紧紧地套在带轮上，使带与带轮的接触面上产生正压力，当主动轮转动时，带与带轮接触面间产生摩擦力，作用于带上的摩擦力方向和主动轮圆周速度方向相同，驱使带运动。在从动轮上，带作用于轮上的摩擦力的方向与带的运动方向相同，靠此摩擦力使从动轮转动，从而实现主动轮到从动轮间的运动和动力的传递。

啮合型带传动（见图 6－1（b））依靠带内周的等距横向齿与带轮相应齿槽间的啮合传递运动和动力。

带传动的特点是运转平稳、噪声小并有吸振、缓冲作用，过载时带与带轮之间将发生打滑而不致损坏其他零件，因此有过载保护作用。带传动的缺点是效率低（平带传动的效率一般为 0.96；V 带传动的效率一般为 0.95），外形尺寸大，带的寿命较短，不宜用于易燃易爆场合。带传动工作时由于有弹性滑动，有丢转现象，所以不能保证准确的传动比。

6.1.2 带传动的类型

在摩擦型带传动中按带的横截面形状的不同可分：平带传动（图 6 - 2（a））、V 带传动（图 6 - 2（b））、圆带传动（图 6 - 2（c））和多楔带传动（图 6 - 2（d））等。啮合型带传动目前只有同步齿形带传动（图 6 - 2（e））。

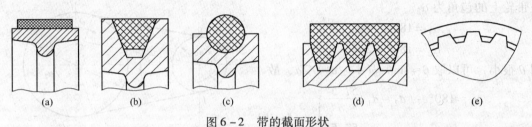

图 6 - 2　带的截面形状
（a）平带传动；（b）V 带传动；（c）圆带传动；
（d）多楔带传动；（e）同步齿形带传动

平带横截面为矩形（见图 6 - 2（a）），工作时为环形内表面与带轮轮缘接触，平带传动结构最简单，带轮也容易制造，传动效率较高，普通平带的寿命较长，适用于较大中心距的远距离传动。

在一般机械传动中，应用最广的是 V 带传动。V 带的横截面呈等腰梯形（见图 6 - 2（b）），带轮上也做出相应的轮槽，工作时 V 带两侧面与带轮轮槽的侧面接触。根据楔形摩擦原理，在相同的初拉力或相同的正压力 F_Q 作用下，V 带传动较平带传动能产生较大的摩擦力（见图 6 - 3），因此 V 带传动的工作能力较平带高，再加上 V 带传动允许的传动比较大，以及 V 带多已标准化并大量生产等优点，因而 V 带传动的应用比平带传动广泛得多。通常 V 带传动适用于较小中心距和较大传动比的场合，其结构较为紧凑。但 V 带磨损较快，价格较贵，传动效率较低。

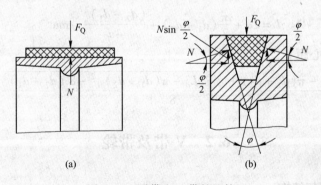

图 6 - 3　平带和 V 带的比较
（a）平带传动；（b）V 带传动

圆带（见图 6 - 2（c））结构简单，横截面为圆形，多用于小功率传动。

多楔带（见图 6 - 2（d））是以平带为基体、内表面具有等距纵向楔，相当于多个 V 带连接在一起，工作面为楔形的侧面；兼有平带和 V 带的优点：柔性好，摩擦力大，能传递的功率大，并解决了多根 V 带长短不一而使各带受力不均的问题。多楔带主要用于传递功率较大而结构要求紧凑的场合，传动比可达 10，带速可达 40m/s。

6.1.3 带传动的主要几何参数

带传动的主要几何参数有中心距 a、带长 L（V 带为 L_d）、包角 α_1 和带轮直径 d 等。

带与带轮接触弧所对应的中心角称为包角，如图 6 - 4 所示，小带轮上的包角为 α_1；大带轮上的包角为 α_2。

$$\alpha_1 = 180° - 2\theta$$
$$\alpha_2 = 180° + 2\theta$$

因 θ 很小，可以取 $\theta \approx \sin\theta = (d_2 - d_1)/2a$，故

$$\left. \begin{array}{l} \alpha_1 \approx 180° - (d_2 - d_1)\dfrac{57.5°}{a} \\[2mm] \alpha_2 \approx 180° + (d_2 - d_1)\dfrac{57.5°}{a} \end{array} \right\} \quad (6 - 1)$$

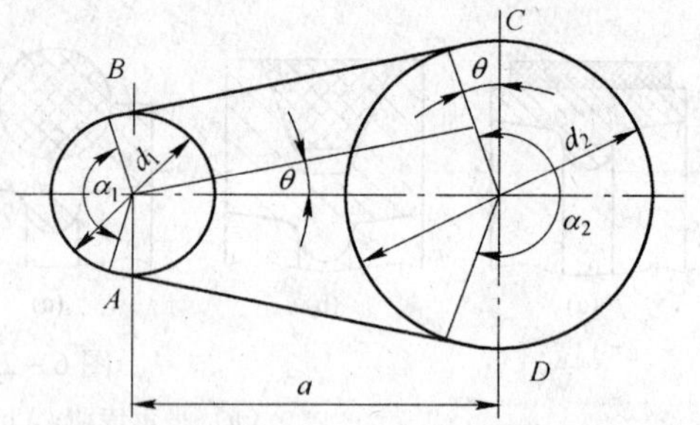

图 6 - 4 带传动的主要几何参数

式中 d_1，d_2——小带轮、大带轮直径，mm；

a——中心距，mm；

α_1，α_2——小带轮、大带轮上的包角。

带的长度（V 带的长度称为基准长度，用 L_d 表示，在下节介绍）L 为：

$$L = (\pi - 2\theta)\frac{d_1}{2} + (\pi + 2\theta)\frac{d_2}{2} + 2a\cos\theta$$

$$= \frac{\pi}{2}(d_1 + d_2) + (d_2 - d_1)\theta + 2a\sqrt{1 - \sin^2\theta}$$

取 $\theta \approx \sin\theta = \dfrac{d_2 - d_1}{2a}$，并将式中 $\sqrt{1 - \sin^2\theta}$ 按二项式定理展开，取其前两项，即 $\sqrt{1 - \sin^2\theta} \approx 1 - \dfrac{1}{2}\theta^2$ 代入上式整理后得

$$L = 2a + \frac{\pi}{2}(d_1 + d_2) + \frac{(d_2 - d_1)^2}{4a} \quad \text{mm} \qquad (6 - 2)$$

由式（6 - 2）得中心距 a

$$a \approx \frac{2L_d - \pi(d_1 + d_2) + \sqrt{[2L_d - \pi(d_1 + d_2)]^2 - 8(d_2 - d_1)^2}}{8} \quad \text{mm} \qquad (6 - 3)$$

6.2   V 带及带轮

6.2.1   V 带的类型与结构

V 带有普通 V 带、窄 V 带、联组 V 带、齿形 V 带、大楔角 V 带、宽 V 带等多种类型。V 带已标准化。按照带的截面高度 h 与其节宽 b_p 的比值不同，V 带又分为普通 V 带、

窄V带、半宽V带及宽V带等四种。其中普通V带应用最广,近年来窄V带也得到广泛的应用,本节主要介绍普通V带和窄V带。普通V带与窄V带的比较见图6-5。

普通V带的截型分为Y、Z、A、B、C、D、E七种,见《带传动——普通V带传动》(GB/T 13575.1—1992),窄V带的截型分为SPZ、SPA、SPB、SPC四种。各型号的截面尺寸见表6-1。

标准普通V带都制成无接头的环形,其结构(图6-6)由顶胶、抗拉体、底胶和包布等部分组成,抗拉体用

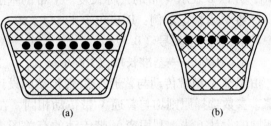

图6-5 普通V带与窄V带的比较
(a) 普通V带;(b) 窄V带

来承受基本拉力,顶胶和底胶在带弯曲时分别承受拉伸和压缩,包布主要起保护作用。按抗拉体的结构可分为帘布芯V带(见图6-6(a))和绳芯V带(见图6-6(b))两种类型。绳芯V带挠性好,抗弯强度高,适用于转速较高,载荷不大和带轮直径较小,要求结构紧凑的场合。帘布芯V带制造方便,抗拉强度较高,但易伸长、发热和脱层。

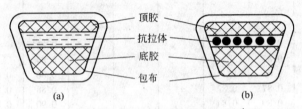

图6-6 普通V带结构
(a) 帘布芯结构;(b) 绳芯结构

普通V带和窄V带采用基准宽度制,即用基准线的位置和基准宽度来定带轮的槽型、基准直径和带在轮槽中的位置。V带受到垂直于其底面的弯曲时,顶胶伸长而变窄,底胶缩短而变宽,带中长度及宽度尺寸与自由状态时相比保持不变的那个面(类似于梁的中性层)称为带的节面,节面的宽度称为节宽 b_p(见表6-1附图)。V带轮的轮槽与配用V带节宽相等处的直径称为基准直径 d(参看表6-1附图)。

表6-1 V带截面尺寸(摘自 GB 11544—1989)   mm

带型		节宽 b_p	顶宽 b	高度 h	楔角 $\varphi/(°)$
普通V带	窄V带				
Y		5.3	6	4	
Z	SPZ	8.5	10	6 / 8	
A	SPA	11.0	13	8 / 10	
B	SPB	14.0	17	11 / 14	40
C	SPC	19.0	22	14 / 18	
D		27.0	32	19	
E		32.0	38	25	

　　V 带在规定的张紧力下，其截面上轮槽基准宽度相重合宽度处的周线长度称为基准长度 L_d，并以 L 表示 V 带的公称长度。V 带的基准长度系列见表 6-2。

　　普通 V 带标记示例：B1600GB 11544—89

　　其中：B——型号（B 型）

　　　　　1600——基准长度（1600mm）。

　　由于窄 V 型带传动与普通 V 型带传动的设计只在几何尺寸计算上不同，其设计方法、步骤、参数选择原则均与普通 V 带传动相同，在设计窄 V 带传动过程中采用普通 V 带传动相同的设计方法，利用窄 V 带传动的有关图表或数据替代普通 V 带传动的相应图表及数据即可完成。

表 6-2　V 带的基准长度系列及长度修正系数 K_L（摘自 GB 13575.1—1992）

基准长度 L_d /mm	K_L										
	普通 V 带							窄 V 带			
	Y	Z	A	B	C	D	E	SPZ	SPA	SPB	SPC
450	1.00	0.89									
500	1.02	0.91									
560		0.94									
630		0.96	0.81					0.82			
710		0.99	0.83					0.84			
800		1.00	0.85					0.86	0.81		
900		1.03	0.87	0.82				0.88	0.83		
1000		1.06	0.89	0.84				0.90	0.85		
1120		1.08	0.91	0.86				0.93	0.87		
1250		1.11	0.93	0.88				0.94	0.89	0.82	
1400		1.14	0.96	0.90				0.96	0.91	0.84	
1600		1.16	0.99	0.93	0.83			1.00	0.93	0.86	
1800		1.18	1.01	0.95	0.85			1.01	0.95	0.88	
2000			1.03	0.98	0.88			1.02	0.96	0.90	0.81
2240			1.06	1.00	0.91			1.05	0.98	0.92	0.83
2500			1.09	1.03	0.93			1.07	1.00	0.94	0.86

　　注：超出表列范围时可另查机械设计手册，下同。

6.2.2　V 带轮

6.2.2.1　V 带轮设计要求

　　对带轮的主要要求是重量轻、加工工艺性好、质量分布均匀、与普通 V 带接触的槽面应光洁，以减轻带的磨损。对于铸造和焊接带轮，内应力要小。

6.2.2.2　V 带轮结构

　　带轮由轮缘、轮辐和轮毂三部分组成，带轮的外圈环形部分称为轮缘，装在轴上的筒形部分称为轮毂，中间部分称为轮辐。轮缘部分的轮槽尺寸按 V 带型号查表 6-3。由于普通 V 带两侧面间的夹角是 40°，为了适应 V 带在带轮上弯曲时截面变形，楔角减小，故规定普通 V 带轮槽角 φ 为 32°、34°、36°、38°（按带的型号及带轮直径确定）。

　　铸铁制 V 带轮的典型结构有以下几种形式：

　　（1）S 型实心带轮（用于尺寸较小的带轮）（图 6-7（a））；

　　（2）P 型腹板带轮（用于中小尺寸的带轮）（图 6-7（b））；

（3）H 型孔板带轮（用于尺寸较大的带轮）（图 6 - 7（c））;

（4）E 型椭圆轮辐带轮（用于大尺寸的带轮）（图 6 - 7（d））。

当带轮基准直径 $d_d \leqslant 2.5d$（d 为轴的直径，单位为 mm），可采用实心带轮；$d_d \leqslant$ 300mm 时，可采用腹板带轮（当 $D_1 - d_1 \geqslant 100$mm 时，可采用孔板带轮）；$d_d > 300$mm 时，可采用椭圆轮辐带轮。

V 带轮的结构设计，主要是根据带轮的基准直径选择结构形式；根据带的截型确定带轮轮槽尺寸（表 6 - 3）；带轮的其他结构尺寸可参照图 6 - 7 所列经验公式计算。确定了带轮的各部分尺寸后，即可绘制出零件图，并按工艺要求标注相应的技术条件等。

6.2.2.3 V 带轮的常用材料

带轮的材料主要采用铸铁，如 HT150、HT200。转速较高时，可用铸钢或钢板焊接；小功率时可用铸造铝合金或工程塑料。

表 6 - 3 普通 V 带轮的轮槽尺寸（摘自 GB/T 13575.1—1992）

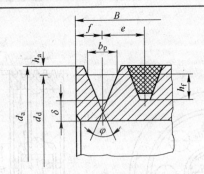

项目符号		槽 型						
		Y	Z	A	B	C	D	E
基准宽度	b_p	5.3	8.5	11.0	14.0	19.0	27.0	32.0
基准线上槽深	$h_{a\,min}$	1.6	2.0	2.75	3.5	4.8	8.1	9.6
基准线下槽深	$h_{f\,min}$	4.7	7.0	8.7	10.8	14.3	19.9	23.4
槽间距	e	8 ± 0.3	12 ± 0.3	15 ± 0.3	19 ± 0.4	25.5 ± 0.5	37 ± 0.6	44.5 ± 0.7
第一槽对称面至端面的距离	f	7 ± 1	8 ± 1	10^{+2}_{-1}	12.5^{+2}_{-1}	17^{+2}_{-1}	24^{+3}_{-1}	29^{+4}_{-1}
最小轮缘厚	δ_{min}	5	5.5	6	7.5	10	12	15
带轮宽	B	\multicolumn{7}{c	}{$B = (z-1)e + 2f, z$——轮槽数}
外径	d	\multicolumn{7}{c	}{$d_a = d + 2h_a$}
轮槽角 φ	32° 相应的基准直径 d	≤60	—	—	—	—	—	—
	34°	—	≤80	≤118	≤190	≤315	—	—
	36°	>60	—	—	—	—	≤475	≤600
	38°	—	>80	>118	>190	>315	>475	>600
	极限偏差	\multicolumn{7}{c	}{±30′}

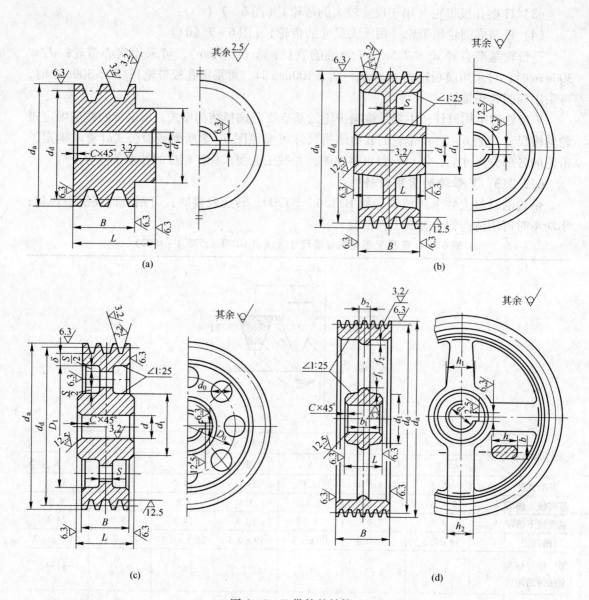

图 6-7　V 带轮的结构

$d_1 = (1.8 \sim 2)d, d$ 为轴的直径；　　　　$h_2 = 0.8h_1$；

$D_0 = 0.5(D_1 + d_1)$；　　　　　　　　　$b_1 = 0.4h_1$；

$d_0 = (0.2 \sim 0.3)(D_1 - d_1)$；　　　　　$b_2 = 0.8b_1$；

$C' = (1/7 \sim 1/4)B$；　　　　　　　　　$S = C'$；

$L = (1.5 \sim 2)d$，当 $B < 1.5d$ 时，$L = B$；　　$f_1 = 0.2h_1$；

$h_1 = 290\sqrt[3]{\dfrac{P}{nz_a}}$；　　　　　　　　　$f_2 = 0.2h_2$

式中　P——传递的功率，kW；

　　　n——带轮的转速；

　　　z_a——轮辐数

6.3 带传动的工作情况分析

6.3.1 带传动的受力分析

安装带传动时，传动带即以一定的预紧力 F_0 紧套在两个带轮上。由于 F_0 的作用，带和带轮的接触面上就产生了正压力。带传动不工作时传动带两边的拉力相等，都等于 F_0（图6-8（a））。

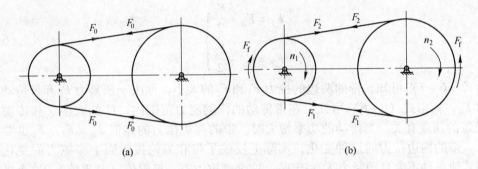

图6-8 带传动的工作原理图
(a) 不工作时；(b) 工作时

带传动工作时（图6-8（b）），设主动轮以转速 n_1 转动，带与带轮的接触面间产生摩擦力，主动轮作用在带上的摩擦力 F_f 的方向和主动轮的圆周速度方向相同，主动轮即靠此摩擦力驱使带运动；带作用在从动轮上的摩擦力的方向，显然与带的运动方向相同；带轮作用在带上的摩擦力的方向则与带的运动方向相反，带同样靠摩擦力 F_f 而驱使从动轮以转速 n_2 转动。这时传动带两边的拉力也相应地发生了变化，带绕上主动轮的一边被拉紧，叫做紧边，紧边拉力由 F_0 增加到 F_1；带绕上从动轮的一边被放松，叫做松边，松边拉力由 F_0 减少到 F_2。如果近似地认为带工作时的总长度不变，则带的紧边拉力的增加量，应等于松边拉力的减少量，即

$$\left.\begin{array}{l} F_1 - F_0 = F_0 - F_2 \\ F_1 + F_2 = 2F_0 \end{array}\right\} \qquad (6-4)$$

在图6-9中（径向箭头表示带轮作用于带上的正压力），当取主动轮一端的带为分离体时，则总摩擦力 F_f 和两边拉力对轴心的力矩的代数和 $\sum M = 0$，即

$$F_f \frac{d_1}{2} - F_1 \frac{d_1}{2} + F_2 \frac{d_1}{2} = 0$$

由上式可得：

$$F_f = F_1 - F_2$$

在带传动中，有效拉力 F_e 并不是作用于某固定点的集中力，而是带和带轮接触面上各点摩擦力的总和，故整个接触面

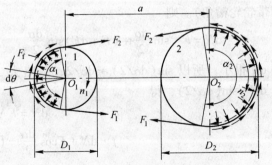

图6-9 带与带轮的受力分析

上的总摩擦力 F_f 即等于带所传递的有效拉力，则由上式关系可知

$$F_e = F_f = F_1 - F_2 \tag{6-5}$$

即带传动所能传递的功率 P（单位为 kW）为

$$P = \frac{F_e v}{1000} \tag{6-6}$$

式中　F_e——有效拉力，N；

　　　　v——带的速度，m/s。

将式（6-5）代入式（6-4），可得

$$\left.\begin{array}{l} F_1 = F_0 + \dfrac{F_e}{2} \\[3mm] F_2 = F_0 - \dfrac{F_e}{2} \end{array}\right\} \tag{6-7}$$

由式（6-7）可知，带的两边的拉力 F_1 和 F_2 的大小，取决于预紧力 F_0 和带传动的有效拉力 F_e，而由式（6-6）可知，在带传动的传动能力范围内，F_e 的大小又和传动的功率 P 及带的速度有关。当传动的功率增大时，带的两边拉力的差值 $F_e = F_1 - F_2$ 也要相应地增大。带的两边拉力的这种变化，实际上反映了带和带轮接触面上摩擦力的变化。显然，当其他条件不变且预紧力 F_0 一定时，这个摩擦力有一极限值（临界值）。这个极限值就限制着带传动的传动能力。

6.3.2　带传动的最大有效拉力及其主要影响因素

带传动在正常工作时，有效拉力 F_e 和圆周阻力 F_f 相等，在一定条件下，带和带轮接触面上所能产生的摩擦力有一极限值，如所需传递的圆周阻力超过这一极限值时，传动带将在带轮上打滑。

下面以平型带为例研究带在主动轮上即将打滑时紧边拉力和松边拉力之间的关系。

假设带在工作中无弹性伸长，并忽略弯曲、离心力及带的质量的影响。如图 6-10 所示，取一微段传动带 dl，以 dN 表示带轮对该微段传动带的正压力。微段传动带一端的拉力为 F，另一端的拉力为 $F +$ dF，摩擦力为 $f \cdot$ dN，f 为传动带与带轮间的摩擦系数（对于 V 带，用当量摩擦系数 f_v，$f_v \approx f/\sin\dfrac{\varphi}{2}$，$\varphi$ 为带轮轮槽角）。则

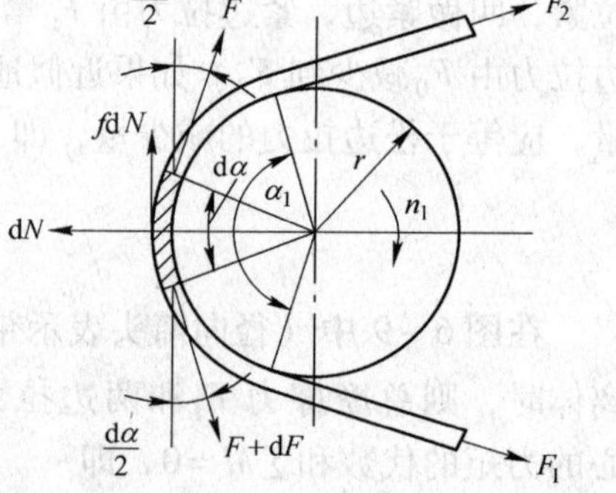

图 6-10　带的受力分析

$$dN = F \cdot \sin\frac{d\alpha}{2} + (F + dF)\sin\frac{d\alpha}{2}$$

因 dα 很小，所以 $\sin(d\alpha/2) \approx d\alpha/2$，且略去二阶微量 d$F \cdot \sin(d\alpha/2)$，得

$$dN = F \cdot d\alpha$$

又

$$f \cdot dN + F\cos\frac{d\alpha}{2} = (F + dF)\cos\frac{d\alpha}{2}$$

取 $\cos(d\alpha/2) \approx 1$，得 $f \cdot dN = dF$ 或 $dN = \dfrac{dF}{f}$，于是可得

$$F \cdot \mathrm{d}\alpha = \frac{\mathrm{d}F}{f}$$

或

$$\frac{\mathrm{d}F}{F} = f \cdot \mathrm{d}\alpha$$

两边积分

$$\int_{F_2}^{F_1} \frac{\mathrm{d}F}{F} = \int_0^\alpha f \cdot \mathrm{d}\alpha$$

得

$$\ln \frac{F_1}{F_2} = f \cdot \alpha$$

即

$$F_1 = F_2 \cdot e^{f \cdot \alpha}$$

刚要开始打滑时，紧边拉力 F_1 和松边拉力 F_2 之间存在下列关系，即

$$F_1 = F_2 \cdot e^{f \cdot \alpha} \tag{6-8}$$

式中　e——自然对数的底（$e \approx 2.718$）；

　　　f——带和轮缘间的摩擦系数（对于 V 带用当量摩擦系数 f_v 代替 f）；

　　　α——传动带在带轮上的包角，rad。

上式即为柔韧体摩擦的欧拉公式。

将式（6-8）与（6-7）、（6-5）联立求解后可得出以下关系式，其中用 F_{max}（单位为 N）表示最大（临界）有效拉力。

$$F_{max} = 2F_0 \frac{1 - \dfrac{1}{e^{f \cdot \alpha}}}{1 + \dfrac{1}{e^{f \cdot \alpha}}} \tag{6-9}$$

由式（6-9）可知，带传动最大有效拉力与下列几个因素有关：

（1）预紧力 F_0，最大有效拉力 F_{max} 与 F_0 成正比，这是因为 F_0 越大，带与带轮间的正压力越大，则传动时的摩擦力就越大，最大有效拉力 F_{max} 也就越大；但 F_0 过大时，将使带的磨损加剧，以致过快松弛，缩短带的工作寿命；如 F_0 过小，则带传动的工作能力得不到充分发挥，运转时容易发生跳动和打滑；

（2）包角 α，最大有效拉力 F_{max} 随包角 α 的增大而增大，这是因为 α 越大，带和带轮的接触面上所产生的总摩擦力就越大，传动能力也就越高；

（3）摩擦系数 f，最大有效拉力 F_{max} 随摩擦系数 f 的增大而增大，这是因为摩擦系数越大，则摩擦力就越大，传动能力也就越高，而摩擦系数 f 与带及带轮的材料和表面状况、工作环境条件等有关。

6.3.3　带传动的应力分析

传动带在工作过程中，会产生以下几种应力。

6.3.3.1　拉应力

拉应力又分紧边拉应力和松边拉应力。

（1）紧边拉应力 σ_1：

$$\sigma_1 = F_1/A \tag{6-10a}$$

（2）松边拉应力 σ_2：

$$\sigma_2 = F_2/A \tag{6-10b}$$

式中　σ_1，σ_2——紧边、松边拉应力，MPa；

　　　F_1，F_2——紧边、松边拉力，N；

　　　A——带的截面积，mm^2。

6.3.3.2　弯曲应力 σ_b

带在绕过带轮时，因弯曲而产生弯曲应力 σ_b（单位为 MPa）。以 V 带为例，可得弯曲应力为：

$$\sigma_b = \frac{M}{W}$$

而 $M = EI/(d/2)$，$W = I/h_0$，所以

$$\sigma_b = \frac{2Eh_0}{d} \tag{6-11}$$

式中　E——带材料的弹性模量，MPa；

　　　h_0——传动带截面的中性层至最外层的距离，mm；

　　　d——带轮基准直径，mm；

　　　I——惯性矩，mm^4。

由式（6-11）可知，带愈厚，带轮直径愈小，则带中的弯曲应力愈大。因此，带绕在小带轮上时的弯曲应力 σ_{b1} 大于绕在大带轮上时的弯曲应力 σ_{b2}。为了避免过大的弯曲应力，在设计 V 带传动时，应对 V 带轮的最小基准直径 d_{min} 加以限制，V 带轮的最小基准直径 d_{min} 列于表 6-4 中。

表 6-4　V 带轮的最小基准直径 d_{min}

带　型	Z	A	B	C
	SPZ	SPA	SPB	SPC
d_{min}/mm	50	75	125	200
	63	90	140	224

6.3.3.3　离心拉应力 σ_c

当带以初线速度 v 沿带轮轮缘作圆周运动时，带本身的质量将引起离心力。由于离心力的作用，带中产生的离心拉力在带的横截面上就要产生离心应力 σ_c（单位为 MPa）。如图 6-11 所示，设带的速度为 v（m/s），取微段带 dl（m），微段带上的离心力为 C，则

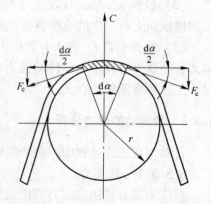

$$C = q \cdot \frac{dv^2}{r} = qv^2 d\alpha$$

式中　q——传动带每米长的质量，kg/m，见表 6-5；

　　　v——带的速度，m/s。

图 6-11　带的离心拉应力

设离心力在传动带中引起的拉力为 F_c（N），取微段带 dl 为分离体，则根据平衡条件可得：

表6-5　V传动带每米长的质量 q

带　型	Z	SPZ	A	SPA	B	SPB	C	SPC
$q/\text{kg} \cdot \text{m}^{-1}$	0.06	0.07	0.10	0.12	0.17	0.20	0.30	0.37

$$C = 2F_c \sin \frac{\mathrm{d}\alpha}{2}$$

因 $\mathrm{d}\alpha$ 很小，可取 $\sin(\mathrm{d}\alpha/2) \approx \mathrm{d}\alpha/2$，则得

$$F_c = qv^2$$

因此，带中的离心拉应力 σ_c（MPa）为：

$$\sigma_c = \frac{qv^2}{A} \tag{6-12}$$

式中　A——传动带的截面积，mm^2。

由式（6-12）可知，带的速度对离心拉应力影响很大。离心力虽然只产生在带做圆周运动的弧段上，但由此而引起的离心拉应力却作用于传动带的全长上，且各处大小相等。离心力的存在，使传动带与带轮接触面上的正压力减小，带传动的工作能力将有所降低。

由上述分析可知，带传动在传递动力时，带中产生拉应力、弯曲应力和离心拉应力，其应力分布如图6-12所示。从图中可以看出，在紧边进入主动轮处带的应力最大，其值为

$$\sigma_{\max} = \sigma_1 + \sigma_{b1} + \sigma_c \tag{6-13}$$

由图6-12可知，带运行时，作用在带上某点的应力，是随它所处位置不同而变化的，所以带是在变应力下工作的，当应力循环次数达到一定数值后，带将产生疲劳破坏。

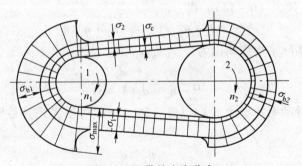

图6-12　带的应力分布

6.3.4　带传动的弹性滑动和打滑

带是弹性体，在受到拉力作用下要产生弹性伸长，弹性伸长量随拉力的增减而增减。带传动在工作过程中，由于紧边和松边的拉力不等，因而弹性变形也不同；当带在紧边绕上主动轮时，其所受的拉力为 F_1，此时带的速度 v 和主动轮的圆周速度 v_1（均指带轮的节圆圆周速度）是相等的。由于主动轮接触弧上的受拉力由 F_1 逐渐降低到 F_2，带的弹性伸长量也要相应减小。这样带在沿主动带轮的运动是一面随带轮绕进，一面向后收缩，因此带的速度便过渡到逐渐低于主动轮的圆周速度 v_1，这就说明了带在绕经主动轮的过程中，在带与主动轮之间发生相对滑动；相对滑动也发生在从动轮上，情况正好相反，即带在绕经从动轮时，拉力由 F_2 逐渐增大到 F_1，带的弹性伸长量也要相应增加，因而带在沿

主带轮的运动是一面随带轮绕进，一面向前伸长，所以带的速度便过渡到逐渐高于从动轮的圆周速度 v_2，即带与从动轮轮间发生相对滑动。这种由于带的弹性变形而引起的带与带轮之间的滑动，称为弹性滑动。

弹性滑动是带传动中无法避免的一种正常的物理现象，这是带传动正常工作时固有的特性。由于弹性滑动的存在，使得带与带轮间产生摩擦和磨损；从动轮的圆周速度 v_2 低于主动轮的圆周速度 v_1，即产生了速度损失。这种速度损失还随外载荷的变化而变化，这就使得带传动不能保证准确的传动比。

由于弹性滑动的影响，将使从动轮的圆周速度 v_2 低于主动轮的圆周速度 v_1，其降低量可用滑动率来表示。通常以滑动率 ε 表示速度损失的程度，即

$$\varepsilon = \frac{v_1 - v_2}{v_1} \times 100\% \qquad (6-14)$$

或

$$v_1 = (1 - \varepsilon)v_2 \qquad (6-14\text{a})$$

其中

$$\left. \begin{array}{l} v_1 = \dfrac{\pi d_1 n_1}{60 \times 1000} \approx \dfrac{\pi d_1 n_1}{60 \times 1000} \\[3mm] v_2 = \dfrac{\pi d_2 n_2}{60 \times 1000} \approx \dfrac{\pi d_2 n_2}{60 \times 1000} \end{array} \right\} \qquad (6-15)$$

式中　v_1，v_2——分别为主、从动轮的圆周速度，m/s；

　　　n_1，n_2——分别为主、从动轮的转速，r/min；

　　　d_1，d_2——分别为主、从动轮的基准直径，mm。

将式（6-15）代入（6-14），得

$$d_2 \cdot n_2 = (1 - \varepsilon)d_1 \cdot n_1$$

因而带传动的实际平均传动比为

$$i_{12} = \frac{n_1}{n_2} = \frac{d_2}{d_1(1 - \varepsilon)}$$

在一般传动中，因滑动率并不大（$\varepsilon = 1\% \sim 2\%$），故可不考虑弹性滑动的影响，则其传动比为：

$$i_{12} = \frac{n_1}{n_2} \approx \frac{d_2}{d_1} \qquad (6-16)$$

6.4　V 带传动的设计计算

6.4.1　失效形式和设计准则

如前所述，带传动靠摩擦力工作。当传递的圆周阻力超过带和带轮接触面上所能产生的最大摩擦力时，传动带将在带轮上产生打滑而使传动失效。另外，传动带在运行过程中由于受循环变应力的作用会产生疲劳破坏，因此，带传动的主要失效形式即为打滑和疲劳破坏。因此，带传动的设计准则是：既要在工作中充分发挥其工作能力而又不打滑，同时还要求传动带有足够的疲劳强度，以保证一定的使用寿命。

6.4.2 单根 V 带所能传递的功率

单根 V 带所能传递的功率是指在一定初拉力作用下，带传动不发生打滑且有足够疲劳寿命时所能传递的最大功率。

由式（6-5）和式（6-8）并对 V 带用当量摩擦系数 f_v 替代平面摩擦系数 f，可推导出带在有打滑趋势时的有效拉力（也是最大有效圆周力）

$$F_{\max} = F_1 \left(1 - \frac{1}{e^{f_v \alpha}}\right) = \sigma_1 \cdot A \left(1 - \frac{1}{e^{f_v \alpha}}\right) \qquad (6-17)$$

从设计要求出发，应使 $\sigma_{\max} \leq [\sigma]$，根据式（6-13）可写成

$$\sigma_{\max} = \sigma_1 + \sigma_{b1} + \sigma_c \leq [\sigma]$$

$$\sigma_1 \leq [\sigma] - \sigma_{b1} - \sigma_c \qquad (6-18)$$

这里，$[\sigma]$ 为在一定条件下，由疲劳强度决定的 V 带许用拉应力。由实验知，在 $10^8 \sim 10^9$ 次循环应力下为：

$$[\sigma] = \sqrt[11.1]{\frac{CL_d}{3600 j L_h v}}$$

式中 j——V 带上某一点绕行一周时所绕过带轮的数目；

v——V 带的速度，m/s；

L_d——V 带的基准长度，m；

L_h——V 带的使用寿命，h；

C——由 V 带的材质和结构决定的实验常数，$MPa^{11.1}$；

$[\sigma]$——V 带许用拉应力，MPa。

将式（6-18）代入式（6-17），得

$$F_{\max} = ([\sigma] - \sigma_{b1} - \sigma_c) A \left(1 - \frac{1}{e^{f_v \alpha}}\right) \qquad (6-19)$$

式中 A——V 带的截面面积，mm^2。

单根 V 带所能传递的功率为：

$$P_0 = F_{\max} \frac{v}{1000}$$

即

$$P_0 = \frac{([\sigma] - \sigma_{b1} - \sigma_c) A v \left(1 - \frac{1}{e^{f_v \alpha}}\right)}{1000} \quad kW \qquad (6-20)$$

在传动比 $i = 1$（即包角 $\alpha = 180°$）、特定带长、载荷平稳条件下，由式（6-20）计算所得的单根普通 V 带所能传递的基本额定功率 P_1 值列于表 6-6a 和表 6-6b 中。

当传动比 $i > 1$ 时，由于从动轮直径大于主动轮直径，传动带绕过从动轮时所产生的弯曲应力低于绕过主动轮时所产生的弯曲应力。因此，工作能力有所提高，即单根 V 带有一功率增量 ΔP_1，其值列于表 6-6c 和表 6-6d 中。这时单根 V 带所能传递的功率即为 $P_1 + \Delta P_1$。如实际工况下包角不等于 180°、胶带长度与特定带长不同时，则应引入包角修

正系数 K_α（表 6 - 7）和长度修正系数 K_L（表 6 - 2）。

这样，在实际工况下，单根 V 带所能传递的额定功率（表 6 - 6a）为

$$[P_1] = (P_1 + \Delta P_1) \cdot K_\alpha \cdot K_L \tag{6-21}$$

表 6 - 6a 单根普通 V 带的基本额定功率 P_1（摘自 GB/T 13575.1）   kW

带型	小带轮节圆直径 d_1/mm	小带轮转速 n_1/r·min⁻¹						
		400	730	800	980	1200	1460	2800
Z	50	0.06	0.09	0.10	0.12	0.14	0.16	0.26
	63	0.08	0.13	0.15	0.18	0.22	0.25	0.41
	71	0.09	0.17	0.20	0.23	0.27	0.31	0.50
	80	0.14	0.20	0.22	0.26	0.30	0.36	0.56
A	75	0.27	0.42	0.45	0.52	0.60	0.68	1.00
	90	0.39	0.63	0.68	0.79	0.93	1.07	1.64
	100	0.47	0.77	0.83	0.97	1.14	1.32	2.05
	112	0.56	0.93	1.00	1.18	1.39	1.62	2.51
	125	0.67	1.11	1.19	1.40	1.66	1.93	2.98
B	125	0.84	1.34	1.44	1.67	1.93	2.20	2.96
	140	1.05	1.69	1.82	2.13	2.47	2.83	3.85
	160	1.32	2.16	2.32	2.72	3.17	3.64	4.89
	180	1.59	2.61	2.81	3.30	3.85	4.41	5.76
	200	1.85	3.05	3.30	3.86	4.50	5.15	6.43
C	200	2.41	3.80	4.07	4.66	5.29	5.86	5.01
	224	2.99	4.78	5.12	5.89	6.71	7.47	6.08
	250	3.62	5.82	6.23	7.18	8.21	9.06	6.56
	280	4.32	6.99	7.52	8.65	9.81	10.74	6.13
	315	5.14	8.34	8.92	10.23	11.53	12.48	4.16
	400	7.06	11.52	12.10	13.67	15.04	15.51	—

表 6 - 6b 单根窄 V 带的基本额定功率 P_1（摘自 GB/T 13575.1）   kW

带型	小带轮节圆直径 d_{d1}/mm	小带轮转速 n_1/r·min⁻¹						
		400	730	800	980	1200	1460	2800
SPZ	63	0.35	0.56	0.60	0.70	0.81	0.93	1.45
	71	0.44	0.72	0.78	0.92	1.08	1.25	2.00
	80	0.55	0.88	0.99	1.15	1.38	1.60	2.61
	90	0.67	1.12	1.21	1.44	1.70	1.98	3.26
SPA	90	0.75	1.21	1.30	1.52	1.76	2.02	3.00
	100	0.94	1.54	1.65	1.93	2.27	2.61	3.99
	112	1.16	1.91	2.27	2.44	2.86	3.31	5.15
	125	1.40	2.33	2.52	2.98	3.50	4.06	6.34
	140	1.68	2.81	3.03	3.58	4.23	4.91	7.64
SPB	140	1.92	3.13	3.35	3.92	4.55	5.21	7.15
	160	2.47	4.06	4.37	5.13	5.98	6.89	9.52
	180	3.01	4.99	5.37	6.31	7.38	8.5	11.62
	200	3.54	5.88	6.35	7.47	8.74	10.07	13.41
	224	4.18	6.97	7.52	8.83	10.33	11.86	15.41
SPC	224	5.19	8.82	10.43	10.39	11.89	13.26	—
	250	6.31	10.27	11.02	12.76	14.61	16.26	—
	280	7.59	12.40	13.31	15.40	17.60	19.49	—
	315	9.07	14.82	15.90	18.37	20.88	22.92	—
	400	12.56	20.41	21.84	25.15	27.33	29.40	—

表 6 – 6c　单根普通 V 带的额定功率增量 ΔP_1（摘自 GB/T 13575.1）　　kW

| 带型 | 小带轮转速 n_1 /r·min^{-1} | 传动比 i | | | | | | | | | > 2.0 |
		1.00 ~ 1.01	1.02 ~ 1.04	1.06 ~ 1.08	1.09 ~ 1.12	1.13 ~ 1.18	1.19 ~ 1.24	1.25 ~ 1.34	1.35 ~ 1.51	1.52 ~ 1.99	
Z	400	0.00	0.00	0.00	0.00	0.00	0.00	0.00	0.00	0.01	0.01
	730	0.00	0.00	0.00	0.00	0.00	0.00	0.01	0.01	0.01	0.02
	800	0.00	0.00	0.00	0.00	0.01	0.01	0.01	0.01	0.02	0.02
	980	0.00	0.00	0.00	0.01	0.01	0.01	0.01	0.02	0.02	0.02
	1200	0.00	0.00	0.01	0.01	0.01	0.01	0.02	0.02	0.02	0.03
	1460	0.00	0.00	0.01	0.01	0.01	0.02	0.02	0.02	0.02	0.03
	2800	0.00	0.01	0.02	0.02	0.03	0.03	0.03	0.04	0.04	0.04
A	400	0.00	0.01	0.01	0.02	0.02	0.03	0.03	0.04	0.04	0.05
	730	0.00	0.01	0.02	0.03	0.04	0.05	0.06	0.07	0.08	0.09
	800	0.00	0.01	0.02	0.03	0.04	0.05	0.06	0.08	0.09	0.10
	980	0.00	0.01	0.03	0.04	0.05	0.06	0.07	0.08	0.10	0.11
	1200	0.00	0.02	0.03	0.05	0.07	0.08	0.10	0.11	0.13	0.15
	1460	0.00	0.02	0.04	0.06	0.08	0.09	0.11	0.13	0.15	0.17
	2800	0.00	0.04	0.08	0.11	0.15	0.19	0.23	0.26	0.30	0.34
B	400	0.00	0.01	0.03	0.04	0.06	0.07	0.08	0.10	0.11	0.13
	730	0.00	0.02	0.05	0.07	0.10	0.12	0.15	0.17	0.20	0.22
	800	0.00	0.03	0.06	0.08	0.11	0.14	0.17	0.20	0.23	0.25
	980	0.00	0.03	0.07	0.10	0.13	0.17	0.20	0.23	0.26	0.30
	1200	0.00	0.04	0.09	0.13	0.17	0.21	0.25	0.30	0.34	0.38
	1460	0.00	0.05	0.10	0.15	0.20	0.25	0.31	0.36	0.40	0.46
	2800	0.00	0.10	0.20	0.29	0.39	0.49	0.59	0.69	0.79	0.89
C	400	0.00	0.04	0.08	0.12	0.16	0.20	0.23	0.27	0.31	0.35
	730	0.00	0.07	0.14	0.21	0.27	0.34	0.41	0.48	0.55	0.62
	800	0.00	0.08	0.16	0.23	0.31	0.39	0.47	0.55	0.63	0.71
	980	0.00	0.09	0.19	0.27	0.37	0.47	0.56	0.65	0.74	0.83
	1200	0.00	0.12	0.24	0.35	0.47	0.59	0.70	0.82	0.94	1.06
	1460	0.00	0.14	0.28	0.42	0.58	0.71	0.85	0.99	1.14	1.27
	2800	0.00	0.27	0.55	0.82	1.10	1.37	1.64	1.92	2.19	2.47

表 6 – 6d　单根窄 V 带额定功率的增量 ΔP_1（摘自 GB/T 13575.1）　　kW

| 带型 | 小带轮转速 n_1 /r·min^{-1} | 传动比 i | | | | | | | | | > 3.39 |
		1.00 ~ 1.01	1.02 ~ 1.05	1.06 ~ 1.11	1.12 ~ 1.18	1.19 ~ 1.26	1.27 ~ 1.38	1.39 ~ 1.57	1.58 ~ 1.94	1.95 ~ 3.38	
SPZ	400	0.00	0.01	0.01	0.03	0.03	0.04	0.05	0.06	0.06	0.06
	730	0.00	0.01	0.03	0.05	0.06	0.08	0.09	0.10	0.11	0.12
	800	0.00	0.01	0.03	0.05	0.07	0.08	0.10	0.11	0.12	0.13
	980	0.00	0.01	0.04	0.06	0.08	0.10	0.12	0.13	0.15	0.15
	1200	0.00	0.02	0.04	0.08	0.10	0.13	0.15	0.17	0.18	0.19
	1460	0.00	0.02	0.05	0.09	0.13	0.15	0.18	0.20	0.22	0.23
	2800	0.00	0.04	0.10	0.18	0.24	0.30	0.35	0.39	0.43	0.45
SPA	400	0.00	0.01	0.04	0.07	0.09	0.11	0.13	0.14	0.16	0.16
	730	0.00	0.02	0.07	0.12	0.16	0.20	0.23	0.26	0.28	0.30
	800	0.00	0.03	0.08	0.13	0.18	0.22	0.25	0.29	0.31	0.33
	980	0.00	0.03	0.09	0.16	0.21	0.26	0.30	0.34	0.37	0.40
	1200	0.00	0.04	0.11	0.20	0.27	0.33	0.38	0.43	0.47	0.49
	1460	0.00	0.05	0.14	0.24	0.32	0.39	0.46	0.51	0.56	0.59
	2800	0.00	0.10	0.26	0.46	0.63	0.76	0.89	1.00	1.09	1.15

带型	小带轮转速 n_1 /r·min^{-1}	传 动 比 i									
		1.00 ~ 1.01	1.02 ~ 1.05	1.06 ~ 1.11	1.12 ~ 1.18	1.19 ~ 1.26	1.27 ~ 1.38	1.39 ~ 1.57	1.58 ~ 1.94	1.95 ~ 3.38	>3.39
SPB	400	0.00	0.03	0.08	0.14	0.19	0.22	0.26	0.30	0.32	0.34
	730	0.00	0.05	0.14	0.25	0.33	0.40	0.47	0.53	0.58	0.62
	800	0.00	0.06	0.16	0.27	0.37	0.45	0.53	0.59	0.65	0.68
	980	0.00	0.07	0.19	0.33	0.45	0.54	0.63	0.71	0.78	0.82
	1200	0.00	0.09	0.23	0.41	0.56	0.67	0.79	0.89	0.97	1.03
	1460	0.00	0.10	0.28	0.49	0.67	0.81	0.95	1.07	1.16	1.23
	2800	0.00	0.20	0.55	0.96	1.30	1.57	1.85	2.08	2.26	2.40
SPC	400	0.00	0.09	0.24	0.41	0.56	0.68	0.79	0.89	0.97	1.03
	730	0.00	0.16	0.42	0.74	1.00	1.22	1.43	1.60	1.75	1.85
	800	0.00	0.17	0.47	0.82	1.12	1.35	1.58	1.78	1.94	2.06
	980	0.00	0.21	0.56	0.98	1.34	1.62	1.90	2.14	2.33	2.47
	1200	0.00	0.26	0.71	1.23	1.68	2.03	2.38	2.67	2.91	3.09
	1460	0.00	0.31	0.85	1.48	2.01	2.43	2.85	3.21	3.50	3.70

表 6 - 7　包角修正系数 K_α（摘自 GB 13575.1）

小轮包角	180	175	170	165	160	155	150	145	130	120	110	100	90
K_α	1.00	0.99	0.98	0.96	0.95	0.93	0.92	0.91	0.89	0.82	0.78	0.74	0.69

6.4.3　设计计算和参数选择

（1）设计 V 带传动时一般已知的条件是：

1）传动的用途、工作情况和原动机类型；

2）传递的功率 P；

3）大、小带轮的转速 n_2 和 n_1；

4）对传动的尺寸要求等。

（2）设计计算的主要内容是确定：

1）V 带的型号、长度和根数；

2）中心距；

3）带轮基准直径及结构尺寸；

4）作用在轴上的压力等。

（3）设计计算步骤如下。

1）确定计算功率 P_{ca}：

$$P_{ca} = K_A \cdot P$$

式中　P——传递的额定功率，kW；

　　　K_A——工况系数，见表 6 - 8。

2）选择 V 带型号。根据计算功率 P_{ca} 和小带轮转速 n_1 由图 6 - 13 或图 6 - 14 选择 V 带型号。当在两种型号的交线附近时，可以对两种型号同时计算，最后选择较好的一种。

3）确定带轮基准直径 d_1 和 d_2。为了减小带的弯曲应力应采用较大的带轮直径，但这使传动的轮廓尺寸增大。一般取 $d_1 \geqslant d_{min}$，比规定的最小基准直径略大些。大带轮基准直径可按 $d_2 \approx \dfrac{n_1}{n_2} d_1$ 计算。大、小带轮直径一般均应按带轮基准直径系列圆整（表 6 - 9）。

仅当传动比要求较精确时，才考虑滑动率 ε 来计算大轮直径，即

$$d_2 = \frac{n_1}{n_2}(1-\varepsilon)d_1$$

这时 d_2 可按表 6-9 圆整。

表 6-8　工况系数 K_A

工　况		K_A					
		空载、轻载启动			重载启动		
		每天工作小时数/h					
		<10	10~16	>16	<10	10~16	>16
载荷变动最小	液体搅拌机、通风机和鼓风机（≤7.5kW）、离心式水泵和压缩机、轻负荷输送机	1.0	1.1	1.2	1.1	1.2	1.3
载荷变动小	带式输送机（不均匀负荷）、通风机（>7.5kW）、旋转式水泵和压缩机（非离心式）、发电机、金属切削机床、印刷机、旋转筛、锯木机和木工机械	1.1	1.2	1.3	1.2	1.3	1.4
载荷变动较大	制砖机、斗式提升机、往复式水泵和压缩机、起重机、磨粉机、冲剪机床、橡胶机械、振动筛、纺织机械、重载输送机	1.2	1.3	1.4	1.4	1.5	1.6
载荷变动很大	破碎机（旋转式、颚式等）、磨碎机（球磨、棒磨、管磨）	1.3	1.4	1.5	1.5	1.6	1.8

注：1. 空载、轻载启动—电动机（交流启动、三角启动、直流并励）、四缸以上的内燃机、装有离心式离合器、液力联轴器的动力机；

2. 重载启动—电动机（联机交流启动、直流复励或串励）、四缸以下的内燃机。

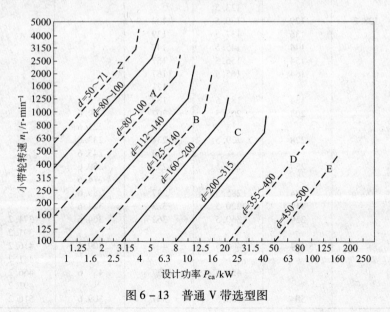

图 6-13　普通 V 带选型图

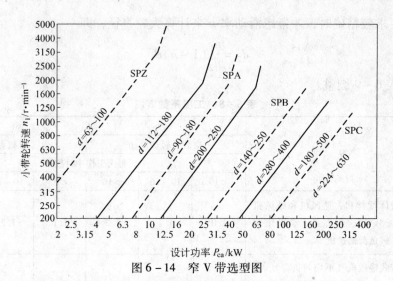

图 6 – 14　窄 V 带选型图

表 6 – 9　普通 V 带带轮基准直径系列（摘自 GB13575.1—1992）　　　mm

基准直径 d	带　型					
	Y	Z　SPZ	A　SPA	B　SPB	C　SPC	D	E
	外　径						
50	53.2	54					
63	66.2	67					
71	74.2	75					
75		79	80.5				
80	83.2	84	85.5				
85			90.5				
90	93.2	94	95.5				
95			100.5				
100	103.2	104	105.5				
106			111.5				
112	115.2	116	117.5				
118			123.5				
125	128.2	129	130.5	132			
132		136	137.5	139			
140		144	145.5	147			
150		154	155.5	157			
160		164	165.5	167			
170				177			
180		184	185.5	187			
200		204	205.5	207	209.6		
212				219	221.6		
224		228	229.5	231	233.6		
236				243	245.6		
250		254	255.5	257	259.6		
265					274.6		
280		284	285.5	287	289.6		
315		319	320.5	322	324.6		
355		359	360.5	362	364.6	371.2	
375						391.2	
400		404	405.5	407	409.6	416.2	
425						441.2	
450			455.5	457	459.6	466.2	
475						491.2	
500		504	505.5	507	509.6	516.2	519.2

4）验算带的速度 v。由 $P = \dfrac{Fv}{1000}$ 可知，当传递的功率一定时，带速愈高，则所需有效圆周力 F 愈小，因而 V 带的根数可减少。但带速过高，带的离心力显著增大，减小了带与带轮间的接触压力，从而降低了传动的工作能力。同时，带速过高，使带在单位时间内绕过带轮的次数增加，应力变化频繁，从而降低了带的疲劳寿命。当带速达到某值后，不利因素将使基本额定功率降低。所以带速一般在 $v = 5 \sim 25\text{m/s}$ 内为宜，在 $v = 20 \sim 25\text{m/s}$ 范围内最有利。如带速过高（Y、Z、A、B、C 型 $v > 25\text{m/s}$；D、E 型 $v > 30\text{m/s}$）时，应重选较小的带轮基准直径 d_{d1}。

5）确定中心距 a 和 V 带基准长度 L_d。根据结构要求初定中心距 a_0。中心距小则结构紧凑，但使小带轮上包角减小，降低带传动的工作能力，同时由于中心距小，V 带的长度短，在一定速度下，单位时间内的应力循环次数增多而导致使用寿命的降低，所以中心距不宜取得太小。但也不宜太大，太大除有相反的利弊外，速度较高时还易引起带的颤动。对于 V 带传动一般可取 a_0

$$0.7(d_1 + d_2) \leqslant a_0 \leqslant 2(d_1 + d_2)$$

初选 a_0 后，V 带初算的基准长度 L_{d0}（mm）可根据几何关系由下式计算：

$$L_{d0} = 2a_0 + \frac{\pi}{2}(d_1 + d_2) + \frac{(d_1 - d_2)^2}{4a_0} \tag{6-22}$$

根据式（6-22）算得的 L_{d0} 值，应由表 6-5 选定相近的基准长度 L_d，然后再确定实际中心距 a。

由于 V 带传动的中心距一般是可以调整的，所以可用下式近似计算 a 值：

$$a = a_0 + \frac{L_d - L_{d0}}{2}$$

考虑到为安装 V 带而必需的调整余量，因此，最小中心距为

$$a_{\min} = a - 0.015L$$

如 V 带的初拉力靠加大中心距获得，则实际中心距应能调大；又考虑到使用中的多次调整，最大中心距应为

$$a_{\max} = a + 0.03L$$

6）验算小带轮上的包角 α_1。小带轮上的包角 α_1 可按式（6-1）计算

$$\left. \begin{aligned} \alpha_1 &\approx 180° - (d_2 - d_1)\frac{57.5°}{a} \\ \alpha_2 &\approx 180° + (d_2 - d_1)\frac{57.5°}{a} \end{aligned} \right\}$$

为使带传动有一定的工作能力，一般要求 $\alpha_1 \geqslant 120°$（特殊情况允许 $\alpha_1 = 90°$）。如 α_1 小于此值，可适当加大中心距 a；若中心距不可调时，可加张紧轮。

从上式可以看出，α_1 也与传动比 i 有关，d_2 与 d_1 相差越大，即 i 越大，则 α_1 越小。通常为了在中心距不过大的条件下保证包角不致过小，所用传动比不宜过大。普通 V 带传动一般推荐 $i \leqslant 7$，必要时可到 10。

7）确定 V 带根数 z。根据计算功率 P_{ca} 由下式确定

$$z \geqslant \frac{P_{ca}}{[P_1]} = \frac{P_{ca}}{(P_1 + \Delta P_1)K_\alpha K_L} \tag{6-23}$$

为使每根 V 带受力比较均匀，所以根数不宜太多，通常应小于 10 根，否则应改选 V 带型

号，重新设计。

8）确定初拉力 F_0。适当的初拉力是保证带传动正常工作的重要因素之一。初拉力小，则摩擦力小，易出现打滑；反之，初拉力过大，会使 V 带的拉应力增加而降低寿命，并使轴和轴承的压力增大。对于非自动张紧的带传动，由于带的松弛作用，过高的初拉力也不易保持。为了保证所需的传递功率，又不出现打滑，并考虑离心力的不利影响时，单根 V 带适当的初拉力为

$$F_0 = \frac{500P_{ca}}{zv}\left(\frac{2.5}{K_\alpha} - 1\right) + qv^2 \quad \text{N} \tag{6-24}$$

由于新带容易松弛，所以对非自动张紧的带传动，安装新带时的初拉力应为上述初拉力计算值的 1.5 倍。

初拉力是否恰当，可用下述方法进行近似测试。如图 6-15 所示，在带与带轮的切点跨距的中点处垂直于带加一载荷 G，若带沿跨距每 100mm 中点处产生的挠度为 1.6mm（即挠角为 1.8°）时，则初拉力恰当。这时中点处总挠度 $y = 1.6t/100\text{mm}$。跨度长 t 可以实测，或按下式计算

$$t = \sqrt{a^2 - \frac{(d_2 - d_1)^2}{4}} \tag{6-25}$$

G 的计算如下：

新安装的 V 带：

$$G = \frac{1.5F_0 + \Delta F_0}{16} \tag{6-26}$$

运转后的 V 带：

$$G = \frac{1.3F_0 + \Delta F_0}{16} \tag{6-27}$$

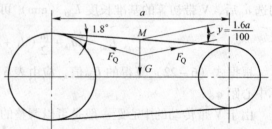

图 6-15 预紧力的控制

最小极限值

$$G_{min} = \frac{F_0 + \Delta F_0}{16} \tag{6-28}$$

式中 ΔF_0——初拉力的增量（表 6-10）。

表 6-10 初拉力的增量 ΔF_0 N

带 型	Y	Z	A	B	C	D	E
ΔF_0	6	10	15	20	29.4	58.8	108

9）确定作用在轴上的压力 F_Q。带传动的紧边拉力和松边拉力对轴产生压力，它等于紧边和松边拉力的向量和。但一般多用初拉力 F_0 由图 6-16 近似地求得：

$$F_Q = 2zF_0\sin\frac{\alpha_1}{2} \quad \text{N} \tag{6-29}$$

式中 α_1——小带轮上的包角；

　　　　z——V 带根数。

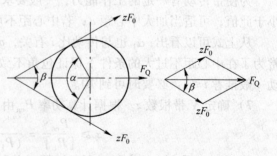

图 6-16 带传动作用在轴上的力

6.5 V带传动的张紧、使用与维护

V带传动常见的张紧装置有以下几种。

6.5.1 定期张紧装置

采用定期改变中心距的方法来调节带的预紧力，使带重新张紧。在水平或倾斜不大的传动中，可用图6-17（a）的方法，将装有带轮的电动机安装在制有滑道的基板1上。要调节带的预紧力时，松开基板上各螺栓的螺母2，旋动调节螺钉3，将电动机向左推移到所需的位置，然后拧紧螺母2；在垂直的或接近垂直的传动中，可将装有带轮的电动机安装在可调的摆架上。

6.5.2 自动张紧装置

将装有带轮的电动机安装在浮动的摆架上（图6-17（b）），利用电动机的自重，使带轮随同电动机绕固定轴摆动，以自动保持张紧力。

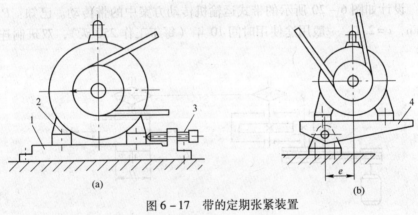

(a)   (b)

图6-17 带的定期张紧装置

（a）滑道式；（b）摆架式

1—滑轨；2—螺母；3—调节螺钉；4—浮动架

6.5.3 采用张紧轮的装置

当中心距不能调节时，可采用张紧轮将带张紧，如图6-18和图6-19所示。张紧轮一般应放在松边的内侧，使带只受单向弯曲；同时张紧轮还应尽量靠近大轮，以免过分影响带在小轮上的包角；张紧轮的轮槽尺寸与带轮的相同，且直径小于小带轮的直径。

6.5.4 V带传动的安装与维护

（1）为便于装拆无接头的环形V带，带轮宜悬臂装于轴端；在水平或接近水平的同向传动中，一般应使带的紧边在下，松边在上，以便借带的自重加大带轮包角。

（2）安装时两带轮轴线必须平行，轮槽应对正，以避免带扭曲和磨损加剧。

（3）安装时应缩小中心距，松开张紧轮，将带套入槽中后再调整到合适的张紧程度。不要将带强行撬入，以免带被损坏。

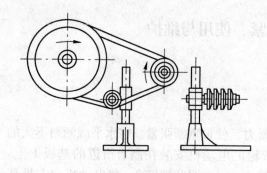

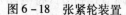

图 6 - 18　张紧轮装置

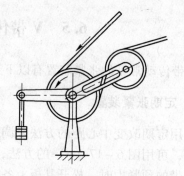

图 6 - 19　带的自动张紧装置

（4）多根 V 带传动时，为避免受载不匀，应采用配组带。若其中一根带松弛或损坏，应全部同时更换，以免加速新带破坏。可使用的旧带经测量，实际长度相同的可组合使用。

（5）带避免与酸、碱、油类等接触，也不宜在阳光下曝晒，以免老化变质。

（6）带传动应装设防护罩，并保证通风良好和运转时带不擦碰防护罩。

例 6 - 1　设计如图 6 - 20 所示的带式运输机传动方案中的带传动。已知：$P = 11\text{kW}$，$n_1 = 1460\text{r/min}$，$i = 2.1$，一般用途使用时间 10 年（每年工作 250 天），双班制连续工作，单向运转。

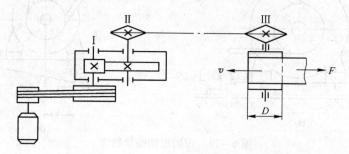

图 6 - 20　带式运输机传动方案

解：1. 确定计算功率 P_{ca}

由表 6 - 8 查得工况系数 $K_A = 1.2$，则

$$P_{ca} = K_A P = 1.2 \times 11 = 13.2\text{kW}$$

2. 选择 V 带型号

根据 $P_{ca} = 13.2\text{kW}$，$n_1 = 1460\text{r/min}$，由图 6 - 13 选取 B 型。

3. 确定带轮基准直径 d_1、d_2

由表 6 - 4，B 型 V 带带轮最小直径 $d_{min} = 125\text{mm}$，又根据图 6 - 13 中 B 型带推荐的 d_1 的范围及表 6 - 9，取 $d_{d1} = 132\text{mm}$，从动轮基准直径 $d_{d2} = id_{d1} = 2.1 \times 132 = 277.2\text{mm}$，由表 6 - 9 基准直径系列取 $d_{d2} = 280\text{mm}$。传动比

$$i = \frac{n_1}{n_2} = \frac{d_2}{d_1} = \frac{280}{132} = 2.12$$

传动比误差为 $\dfrac{2.12-2.1}{2.1}=0.95\%<5\%$

允许。

4. 验算带的速度

$$v=\frac{\pi d_1 n_1}{60\times 1000}=\frac{\pi\times 132\times 1460}{60\times 1000}=10.09\,\mathrm{m/s}<25\,\mathrm{m/s}$$

5. 确定中心距 a 和 V 带基准长度 L_{d}

由 $\qquad 0.7(d_{\mathrm{d}1}+d_{\mathrm{d}2})\leqslant a_0\leqslant 2(d_{\mathrm{d}1}+d_{\mathrm{d}2})$

即 $\qquad 288.4=0.7(132+280)\leqslant a_0\leqslant 2(132+280)=824$

则初取中心距 $a_0=560\mathrm{mm}$。

初算 V 带的基准长度 $L_{\mathrm{d}0}$

$$L_{\mathrm{d}0}=2a_0+\frac{\pi}{2}(d_1+d_2)+\frac{(d_1-d_2)^2}{4a_0}$$

$$=2\times 560+\frac{\pi}{2}(132+280)+\frac{(280-132)^2}{4\times 560}=1776.95\mathrm{mm}$$

由表 6-2 选取标准基准长度 $L_{\mathrm{d}}=1800\mathrm{mm}$

$$a=a_0+\frac{L_{\mathrm{d}}-L_{\mathrm{d}0}}{2}=560+\frac{1800-1776.95}{2}=571.525\mathrm{mm}$$

实际中心距取 $a=572\mathrm{mm}$。

6. 验算小带轮上包角 α_1

$$\alpha_1\approx 180°+(d_{\mathrm{p}2}-d_{\mathrm{p}1})\frac{57.5°}{a}=180°+(280-132)\frac{57.5°}{572}=165.17°>120°$$

合适。

7. 确定 V 带根数

由 $d_1=132\mathrm{mm}$，$n_1=1460\mathrm{r/min}$，查表 6-6a，B 型单根 V 带所能传递的基本额定功率 $P_1=2.48\mathrm{kW}$，查表 6-6c，功率增量 $\Delta P_1=0.46\mathrm{kW}$，由表 6-7 查得包角系数 $K_\alpha=0.96$，由表 6-2 查得长度修正系数 $K_{\mathrm{L}}=0.95$。所需带的根数

$$z\geqslant\frac{P_{\mathrm{G}}}{[P_1]}=\frac{P_{\mathrm{G}}}{(P_1+\Delta P_1)K_\alpha K_{\mathrm{L}}}=\frac{13.2}{(2.48+0.46)\times 0.96\times 0.95}=4.92$$

取 $z=5$ 根。

8. 确定初拉力 F_0

$$F_0=\frac{500P_{\mathrm{G}}}{zv}\left(\frac{2.5}{K_\alpha}-1\right)+qv^2$$

由表 6-4，B 型带 $q=0.17\mathrm{kg/m}$

$$F_0=\frac{500\times 13.2}{5\times 10.09}\left(\frac{2.5}{0.96}-1\right)+0.17\times 10.09^2=227.17\mathrm{N}$$

9. 确定作用在轴上的轴压力 F_{Q}

$$F_{\mathrm{Q}}=2zF_0\sin\frac{\alpha_1}{2}=2\times 5\times 227.17\times\sin\frac{165.17°}{2}=2252.7\mathrm{N}$$

10. 带轮设计（略）

6.6 其他带传动设计简介

6.6.1 同步带传动

同步带传动具有带传动、链传动和齿轮传动的优点。由前述可知,同步带传动由于带与带轮是靠啮合传递运动和动力(见图 6 – 21),故带与带轮间无相对滑动,能保证准确的传动比。同步带通常以钢丝绳或玻璃纤维绳为抗拉体,氯丁橡胶或聚氨酯为基体,这种带薄而且轻,故可用于较高速度。传动时的线速度可达 50m/s,传动比可达 10,效率可达 98%。传动噪声比带传动、链传动和齿轮传动小,耐磨性好,不需油润滑,寿命比摩擦带长。其主要缺点是制造和安装精度要求较高,中心距要求较严格。所以同步带广泛应用于要求传动比准确的中、小功率传动中,如家用电器、计算机、仪器及机床、化工、石油等机械。

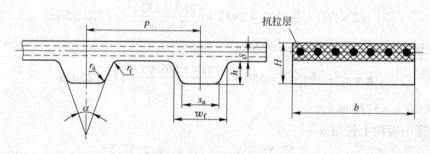

图 6 – 21 同步带

同步带有单面有齿和双面有齿两种,简称单面带和双面带。双面带又有对称齿型(DI)和交错齿型(DII)之分。同步带齿有梯形齿和弧形齿两类。

在规定张紧力下,相邻两齿中心线的直线距离称为节距,以 p 表示。节距是同步带传动最基本的参数。当同步带垂直其底边弯曲时,在带中保持原长度不变的周线,称为节线,节线长以 L_P 表示。

同步带带轮的齿形推荐采用渐开线齿形,可用范成法加工而成。也可以使用直边齿形。

同步带传动的主要失效形式是同步带疲劳断裂,带齿的剪切和压溃以及同步带两侧边、带齿的磨损。保证同步带一定的疲劳强度和使用寿命是设计同步带传动的主要依据。因此同步带传动设计时主要是限制单位齿宽的拉力,必要时才校核工作齿面的压力。同步带传动的设计计算参见机械设计手册有关内容。

6.6.2 高速带传动

高速带传动是指带速 $n > 30$m/s、高速轴转速 $n_1 = 10000 \sim 50000$r/min 的传动。这种传动主要用于增速以驱动高速机床、粉碎机、离心机及某些其他机器。高速带传动的增速比为 2~4,有时可达 8 倍。

高速带传动要求传动可靠、运转平稳,并有一定的寿命,故高速带都采用质量小、厚度薄而均匀、挠曲性好的环形平带，如麻织带、丝织带、锦纶编织带、薄型强力锦纶带、高速环形胶带等。薄型强力锦纶带采用胶合接头，故应使接头与带的挠曲性能尽量接近。

高速带轮要求质量小而且分布对称均匀、运转时空气阻力小，通常都采用钢或铝合金制造，各个面均应进行加工，轮缘工作表面的粗糙度不得大于 3.2，并要求进行动平衡。

为防止掉带，主、从动轮轮缘表面应加工出凸度，可制成鼓形面或 2″ 左右的双锥面，如图 6–22（a）所示。为了防止运转时带与轮缘表面间形成气垫，轮缘表面应开环形幅，如图 6–22（b）所示。

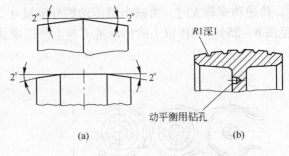

图 6–22 高速带轮轮缘

在高速带传动中，带的寿命占有很重要的地位，带的绕曲次数 $u = \dfrac{jv}{L}$

（j 为带上某一点绕行一周时所绕过的带轮数；带速 v 及带长 L 的单位分别为 m/s 及 m）是影响带的寿命的主要因素，因此应限制 $u_{max} < 45$ 次/s。高速带传动的设计计算参见机械设计手册有关内容。

6.7 链传动概述

链传动由主动链轮、从动链轮和绕在两轮上的一条闭合链条所组成（见图 6–23），它靠链条与链轮齿之间的啮合来传递运动和动力。与带传动比较，链传动有结构紧凑、作用在轴上的载荷小、承载能力较大、效率较高（一般可达 96%～97%）、能保持准确的平均传动比等优点。但链传动对安装精度要求较高、工作时有振动和冲击、瞬时速度不均匀等现象。

链传动适用于两轴相距较远，要求平均传动比不变但对瞬时传动比要求不严格、工作环境恶劣（多油、多尘、高温）等场合。它广泛应用于冶金、轻工、化工、机床、农业、起重运输和各种车辆等的机械传动中。

链有多种类型，按用途可分为传动链、起重链和牵引链三种。起重链和牵引链用于起重机械和运输机械；在一般机械

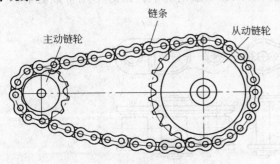

图 6–23 链传动图

中，最常用的是传动链。传动链的主要类型有短节距精密滚子链（简称滚子链）和齿形链等，其中以滚子链应用最广。本节主要讨论滚子链传动的有关设计问题。

滚子链由内链板 1、外链板 2、销轴 3、套筒 4 和滚子 5 组成（见图 6–24）。内链板与套筒间、外链板与销轴间均为过盈配合，套筒与销轴间则为间隙配合，形成动连接。工作时，内、外链节间可以相对挠曲，套筒则绕销轴自由转动。为了减少销轴与套筒间的磨损，在它们之间应进行润滑。滚子活套在套筒外面，啮合时滚子沿链轮齿廓滚动，以减小

链条与链轮轮齿间的磨损。内、外链板均制成 8 字形，以使链板各横截面的抗拉强度大致相同，并减轻链条的重量及惯性力。

相邻两销轴轴心线间的距离称为节距，用 p 表示，它是链的主要参数。节距 p 越大，链的各元件的尺寸也大，承载能力也越高，但重量也增加，冲击和振动也随之加大。因此，传递功率较大时，为减小链传动的外廓尺寸，减小冲击、振动可采用小节距的多排链（见图 6–25）。四排以上的传动链可与生产厂家协商制造。

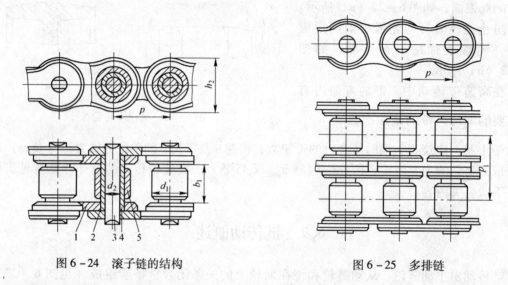

图 6–24　滚子链的结构　　　　　图 6–25　多排链

为了使链连成封闭环状，链的两端应用联接链节连接起来，联接链节通常有三种形式（见图 6–26）。当组成链的总链节为偶数时，可采用开口销或弹簧夹将接头上的活动销轴固定；当链节总数为奇数时，可采用过渡链节连接。链条受力后，过渡链节的链板除受拉力外，还受附加弯矩，其强度较一般链节低。所以在一般情况下，最好不用奇数链节。

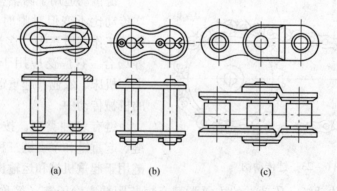

（a）　　　　　　（b）　　　　　　（c）

图 6–26　联接链节

对于在重载、冲击、正反向转动等繁重条件下工作的链传动，如果全部采用由过渡链节组成的弯板滚子链，由于它的柔性较好，因而能减轻冲击和振动。

传动用滚子链已标准化，分 A、B 两系列，我国以 A 系列为主体，表 6–11 列出了几种常用滚子链的基本参数和尺寸。

表6-11 滚子链的基本参数和尺寸 （摘自 GB1243.1—1993）

链 号	节距 p	排距 p_t	滚子外径 d_{1max}	内链节内宽 b_{1min}	销轴直径 d_{2max}	链板高度 h_{2max}	极限拉伸载荷（单排）Q_{min}	每米质量（单排）q
	mm	mm	mm	mm	mm	mm	N	kg/m
08A	12.70	14.38	7.95	7.85	3.96	12.07	13800	0.60
10A	15.875	18.11	10.16	9.40	5.08	15.09	21800	1.00
12A	19.05	22.78	11.91	12.57	5.95	18.08	31100	1.50
16A	25.40	29.29	15.88	15.75	7.94	24.13	55600	2.60
20A	31.75	35.76	19.05	18.90	9.54	30.18	86700	3.80
24A	38.10	45.44	22.23	25.22	11.10	36.20	124600	5.60
28A	44.45	48.87	25.40	25.22	12.70	42.24	169000	7.50
32A	50.80	58.55	28.53	31.55	14.29	48.26	222400	10.10
40A	63.50	71.55	39.68	37.85	19.34	60.33	347000	16.10
48A	76.20	87.83	47.63	47.35	23.30	72.39	500400	22.60

注：使用过渡链节时，其极限拉伸载荷按表列数值的80%计算。

标记示例：链号08A、单排、86个链节长的滚子链标记为

08A-1×86　　GB1243.1—1993

6.8 链传动的运动特性和受力分析

6.8.1 传动比和速度的不均匀性

链传动的运动情况和绕在多边形轮子上的带传动很相似（见图6-27）。边长相当于链节距 p，边数相当于链轮齿数 z。轮子每转一周，链绕过的长度应为 zp。当两链轮转速分别为 n_1 和 n_2 时，链速

$$v = \frac{z_1 p n_1}{60 \times 1000} = \frac{z_2 p n_2}{60 \times 1000} \quad \text{m/s} \tag{6-30}$$

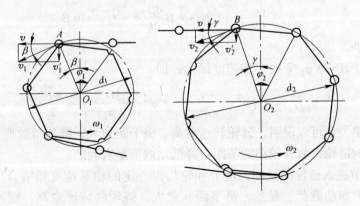

图6-27 主动链轮的运动分析

由上式可得链传动的传动比

$$i = \frac{n_1}{n_2} = \frac{z_2}{z_1} \tag{6-31}$$

从上述两式中求出的链速和传动比都是平均值。事实上,即使主动轮角速度 ω_1 = 常数,链速 v 和从动轮角速度 ω_2 都是变化的。

为了便于分析,假设主动边在传动时总是处于水平位置,当链节进入主动轮时,其销轴总是随着链轮的转动而不断改变位置。当位于 β 角的瞬间,链速 v 应为销轴圆周速度在水平方向的分速度,即 $v = v_1 \omega_1 \cos r$。由于 β 角是在 $-\varphi_1/2$ 和 $+\varphi_1/2$ 之间变化(φ_1 = $360°/z_1$),因而即使 ω_1 = 常数,v 也不可能得到常数值。当 $\beta = -\varphi_1/2$ 和 $+\varphi_1/2$ 时,得到 $v_{min} = v_1 \omega_1 \cos(\varphi_1/2)$;当 $\beta = 0$ 时,得到 $v_{max} = v_1 \omega_1$。由此可知,传动时链速将随链轮转动而不断变化,转过一齿,重复一次。由于链速做周期性变化,因而给链传动带来了速度不均匀性。链节距愈大,链轮齿数愈少,速度不均匀性也愈严重。这种由于多边形啮合传动给链传动带来的速度不均匀性,称为多边形效应。从动轮由于链速 v 不为常数和 β 角的不断变化,其角速度 $\omega_2 = v/r_2 \cos\beta$ 也是变化的。

链传动的瞬时传动比 $i = \omega_1/\omega_2 = r_2 \cos\beta / r_1 \cos\gamma$。从式中看出,链传动的瞬时传动比 i 通常总是不能得到恒定值。只有当两链轮的齿数相等,紧边的长度又恰为链节距的整数倍时,由于 β 角和 γ 角变化随时相等,因而 ω_2 和 i 才能得到恒定值。

链在水平方向上的分速度 v 做周期性变化的同时,垂直方向的分速度 v' 也在做周期性的变化(见图6-28)。链节这种忽快忽慢、忽上忽下的变化,给链传动带来了工作的不平稳性和有规律的振动。

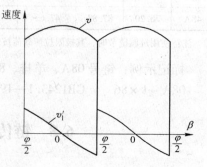

图6-28 周期性变化的链速

6.8.2 链传动的动载荷

链传动在工作时引起动载荷的主要原因有以下几点。

(1)由于链速和从动轮的角速度是变化的,从而产生了相应的加速度和角加速度,因此必然引起附加动载荷。链的加速度愈大,动载荷也将愈大。链的加速度为

$$a = \frac{dv}{dt} = -r_1 \omega_1 \sin\beta \frac{d\beta}{dt} = -r_1 \omega_1^2 \sin\beta$$

式中 t——时间。

当销轴位于 $\beta = \pm\varphi_1/2$ 时,加速度最大,即

$$a_{max} = \pm r_1 \omega_1^2 \sin\frac{\varphi_1}{2} = \pm r_1 \omega_1^2 \sin\frac{180°}{z_1} = \pm\frac{\omega_1^2 p}{2}$$

从上述简单关系可以说明,链轮转速愈高、链节距愈大、链轮齿数愈少时,动载荷愈大。采用较多的链轮齿数和较小的节距对降低动载荷是有利的。

(2)当链节进入链轮的瞬间,链节和轮齿以一定的相对速度相啮合,从而使链和轮齿啮合时产生附加动载荷。显然,链节距 p 愈大,链轮的转速愈高,则冲击愈严重,因此,应采用较小的节距并限制链轮的转速。

6.9　滚子链传动的设计计算

链是标准件，因而链传动的设计计算主要是根据传动要求选择链的类型、决定链的型号、合理地选择参数、链轮设计、确定润滑方式等。

6.9.1　链运动的主要失效形式

6.9.1.1　铰链磨损

链节在进入和退出啮合时，相邻链节发生相对转动，因而在铰链的销轴与套筒间有相对转动，引起磨损，使链的实际节距变长，啮合点沿链轮齿高方向外移。当达到一定程度后，就会破坏链与链轮的正确啮合，导致跳齿或脱链，使传动失效。

铰链磨损，过去是链传动的主要失效形式。近年来，由于链和链轮的材料、热处理工艺、防护与润滑状况都有了很大的改进，链因铰链磨损而失效的形式已经退居次要地位。只有那些不能保证所要求的润滑状态或防护装置不当的传动，磨损才会成为主要的失效原因。

6.9.1.2　疲劳破坏

由于链在运转过程中所受载荷不断改变，因而链是在变应力状态下工作的。经过一定循环次数后，链的元件将产生疲劳破坏。滚子链在中、低速时，链板首先疲劳断裂；高速时，由于套筒或滚子啮合时所受冲击载荷急剧增加，因而套筒或滚子先于链板产生冲击疲劳破坏。在润滑充分和设计、安装正确的条件下，疲劳强度是决定链传动承载能力的主要因素。

6.9.1.3　铰链胶合

铰链在进入主动轮和离开从动轮时，都要承受较大的载荷和产生相对转动，当链轮转速超过一定数值时，销轴与套筒之间的承载油膜破裂，使金属表面直接接触并产生很大的摩擦，由摩擦产生的热量足以使销轴和套筒胶合。在这种情况下，或者销轴被剪断，或者导致销轴、套筒与链板的紧配合松动，从而造成链传动迅速失效。试验表明，铰链胶合与链轮转速关系极大，因此，链轮的转速应受胶合失效的限制。

6.9.1.4　链被拉断

极限功率曲线在低速（$v < 0.6\text{m/s}$）、重载或尖峰载荷过大时，链会被拉断。链传动的承载能力受链元件静拉力强度的限制。少量的轮齿磨损或塑性变形并不产生严重问题。但当链轮轮齿的磨损和塑性变形超过一定程度后，链的寿命将显著下降。通常，链轮的寿命为链条寿命的 $2 \sim 3$ 倍以上。故链传动的承载能力是以链的强度和寿命为依据的。

6.9.2　链传动的承载能力

链传动在不同的工作情况下，其主要的失效形式也不同，如图 6 – 29 所示就是链在一定寿命下，小链轮在不同转速下由于各种失效形式限定的极限功率曲

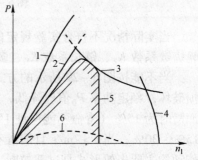

图 6 – 29　极限功率曲线

线。1 是在良好而充分润滑条件下由磨损破坏限定的极限功率曲线；2 是在变应力作用下链板疲劳破坏限定的极限功率曲线；3 是由滚子套筒冲击疲劳强度限定的极限功率曲线；4 是由销轴与套筒胶合限定的极限功率曲线；5 是良好润滑情况下的额定功率曲线，它是设计时实际使用的功率曲线；6 是润滑条件不好或工作环境恶劣情况下的极限功率曲线，在这种情况下链磨损严重，所能传递的功率比良好润滑情况下的功率低得多。

　　如图 6 – 30 所示为 A 系列滚子链的实用功率曲线图，它是在 $z_1 = 19$、$L = 100p$、单排链、载荷平稳、按照推荐的润滑方式润滑（见图 6 – 31）、工作寿命为 15000h、链因磨损而引起的伸长率不超过 3% 的情况下由实验得到的极限功率曲线（即在如图 6 – 29 所示的 2、3、4 曲线基础上做了一些修正得到的）。根据小链轮转速 n_1 由此图可查出该情况下各种型号的链在链速 $v > 0.6\text{m/s}$ 情况下允许传递的额定功率 P_0。

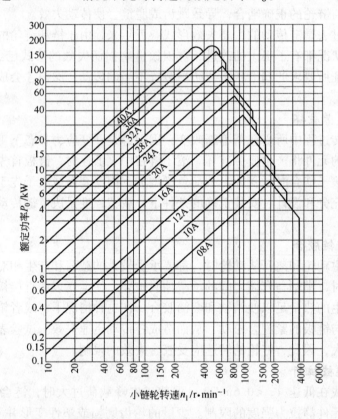

图 6 – 30　A 系列滚子链实用功率曲线

　　当实际情况不符合实验规定的条件时，查得的 P_0 值应乘以一系列修正系数，如小链轮齿数系数 K_Z、链长系数 K_L、多排链系数 K_P 和工作情况系数 K_A 等。

　· 当不能按图 6 – 29 所示的方式润滑而使润滑不良时，则磨损加剧，此时，链主要是磨损破坏，额定功率 P_0 值应降低，当 $v \leq 1.5\text{m/s}$ 且润滑不良时，为图值的 30% ~ 60%；无润滑时为 15%（寿命不能保证 15000h）；当 $1.5\text{m/s} < v \leq 7\text{m/s}$ 且润滑不良时，为图值的 15% ~ 30%；当 $v > 7\text{m/s}$ 且润滑不良时，该传动不可靠，不宜采用；当 $v < 0.6\text{m/s}$ 时，链传动的主要失效形式是过载拉断，此时应进行静强度校核。静强度安全系数 S 应满足下式要求

$$S = \frac{Q_n}{K_A F_1} \geq 4 \sim 8 \qquad (6-32)$$

链的极限拉伸载荷 $Q_n = nQ$，n 为排数，单排链的极限拉伸载荷 Q 见表 6 – 11；工况系数 K_A 见表 6 – 12；F_1 为链的总拉力。

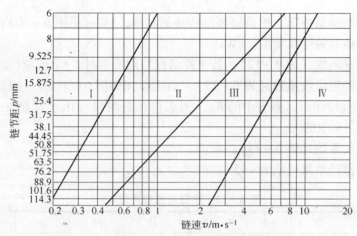

图 6 – 31　推荐的润滑方式

Ⅰ—人工定期润滑；Ⅱ—滴油润滑；Ⅲ—油浴或飞溅润滑；Ⅳ—压力喷油润滑

表 6 – 12　工况系数 K_A

工　况		输入动力种类		
		内燃机 – 液力传动	电动机或汽轮机	内燃机 – 机械传动
平稳载荷	液体搅拌机、通风机和鼓风机（不大于7.5kW）、离心式水泵和压缩机、轻负荷输送机	1.0	1.0	1.2
中等冲击载荷	制砖机、斗式提升机、往复式水泵和压缩机、起重机、磨粉机、冲剪机床、橡胶机械、振动筛、纺织机械、重载输送机	1.2	1.3	1.4
较大冲击载荷	破碎机（旋转式、颚式等）、磨碎机（球磨、棒磨、管磨）	1.4	1.5	1.7

当实际工作寿命低于 15000h 时，则按有限寿命进行设计，其允许传递的功率可高些。设计时可参考有关资料。

6.9.3　链传动主要参数的选择

链传动设计需要确定的主要参数有：链节距、排数及链轮齿数、传动比、中心距、链节数等，下面就这些参数的选择进行分析。

6.9.3.1　链的节距和排数

链的节距大小反映了链节和链轮齿的各部分尺寸的大小，在一定条件下，链的节距越大，承载能力越高，但传动不平稳性、动载荷和噪声越严重，传动尺寸也增大。因此设计时，在承载能力足够的条件下，尽量选取较小节距的单排链，高速重载时可采用小节距的多排链。一般载荷大、中心距小、传动比大时，选小节距多排链；中心距大、传动比小，而速度不太高时，选大节距单排链。链条所能传递的功率 P_0 可由下式确定

$$P_0 \geqslant \frac{P_{ca}}{K_Z K_L K_P} \tag{6-33}$$

$$P_{ca} = K_A P \tag{6-34}$$

式中　P_0——在特定条件下，单排链所能传递的功率，kW（见图 6-30）；

　　　　P_{ca}——链传动的计算功率，kW；

　　　　K_A——工况系数（表 6-12），若工作情况特别恶劣时，K_A 值应比表值大得多；

　　　　K_Z——小链轮齿数系数（表 6-13），当工作在如图 6-31 所示的曲线顶点左侧时（链板疲劳），查表中的 K_Z，当工作在右侧时（滚子套筒冲击疲劳），查表 6-13 中的 $K_{¢Z}$；

　　　　K_L——链长系数（表 6-14）；

　　　　K_P——多排链系数（表 6-15）。

表 6-13　小链轮齿数系数 K_Z

Z_1	9	10	11	12	13	14	15	16	17
K_Z	0.446	0.500	0.554	0.609	0.664	0.719	0.775	0.831	0.887
$K_{¢Z}$	0.326	0.382	0.441	0.502	0.566	0.633	0.701	0.773	0.846
Z_1	19	21	23	25	27	29	31	33	35
K_Z	1.00	1.11	1.23	1.34	1.46	1.58	1.70	1.82	1.93
$K_{¢Z}$	1.00	1.16	1.33	1.51	1.69	1.89	2.08	2.29	2.50

表 6-14　链长系数 K_L

链传动工作在图 6-31 中的位置	位于功率曲线顶点左侧时（链板疲劳）	位于功率曲线顶点右侧时（滚子、套筒疲劳）
链长系数 K_L	$\left(\dfrac{L_p}{100}\right)^{0.26}$	$\left(\dfrac{L_p}{100}\right)^{0.5}$

表 6-15　多排链系数 K_P

排　数	1	2	3	4	5	6
K_P	1	1.7	2.5	3.3	4.0	4.6

6.9.3.2　传动比 i

链传动的传动比一般应小于 6，在低速和外廓尺寸不受限制的地方允许到 10，推荐 $i = 2 \sim 3.5$。传动比过大将使链在小链轮上的包角过小，因而使同时啮合的齿数少，这将加速链条和轮齿的磨损，并使传动外廓尺寸增大。

6.9.3.3　链轮齿数 z

链轮齿数不宜过多或过少。齿数太少时：

（1）增加传动的不均匀性和动载荷；

（2）增加链节间的相对转角，从而增大功率消耗；

（3）增加链的工作拉力（当小链轮转速 n_1、转矩 T_1 和节距 p 一定时，齿数少时链轮直径小，链的工作拉力增加），从而加速链和链轮的损坏。

但链轮的齿数太多，除增大传动尺寸和重量外，还会因磨损而实际节距增长后发生跳齿或脱链现象概率增加，从而缩短链的使用寿命。通常限定最大齿数 $z_{max} \leqslant 120$。

从提高传动均匀性和减少动载荷考虑，建议在动力传动中，滚子链的小链轮齿数按表 6-16 选取。

表 6-16   滚子链小链轮齿数 z_1

链速 $v/m \cdot s^{-1}$	0.6 ~ 3	3 ~ 8	> 8
z_1	$\geqslant 17$	$\geqslant 21$	$\geqslant 25$

从限制大链轮齿数和减小传动尺寸考虑，传动比大、链速较低的链传动建议选取较少的链轮齿数。滚子链最少齿数为 $z_{min} = 9$。

6.9.3.4   链节数 L_p 和链轮中心距 a

在传动比 $i = 1$ 时，链轮中心距过小，则链在小链轮上的包角小，与小链轮啮合的链节数少。同时，因总的链节数减少，链速一定时，单位时间链节的应力变化次数增加，使链的寿命降低。但中心距太大时，除结构不紧凑外，还会使链的松边颤动。

在不受机器结构的限制时，一般情况可初选中心距 $a_0 = (30 \sim 50)p$，最大可取 $a_{max} = 80p$，当有张紧装置或托板时，a_0 可大于 $80p$。

最小中心距 a_{min} 可先按 i 初步确定。

当 $i \leqslant 3$ 时 $a_{min} = \dfrac{d_{a1} + d_{a2}}{2} + (30 \sim 50)$ mm

当 $i > 3$ 时 $a_{min} = \dfrac{d_{a1} + d_{a2}}{2} \cdot \dfrac{9 + i}{10}$ mm

式中 d_{a1}，d_{a2}——两链轮齿顶圆直径。

链的长度常用链节数 L_p 表示，$L_p = L/p$，L 为链长。链节数的计算公式为

$$L_p = \frac{2a_0}{p} + \frac{z_1 + z_2}{2} + \frac{p}{a_0}\left(\frac{z_2 - z_1}{2\pi}\right)^2 \tag{6-35}$$

计算出的 L_p 值应圆整为相近的整数，而且最好为偶数，以免使用过渡链节。

根据链长就能计算最后中心距

$$a = \frac{p}{4}\left[\left(L_p - \frac{z_1 + z_2}{2}\right) + \sqrt{\left(L_p - \frac{z_1 + z_2}{2}\right)^2 - 8\left(\frac{z_2 - z_1}{2\pi}\right)^2}\right] \tag{6-36}$$

为了便于链的安装以及使松边有合理的垂度，安装中心距应较计算中心距略小。当链条磨损后，链节增长，垂度过大时，将引起啮合不良和链的振动。为了在工作过程中能适当调整垂度，一般将中心距设计成可调，调整范围 $\Delta a \geqslant 2p$，松边垂度 $f = (0.01 \sim 0.02)a$。

6.10   链传动的使用与维护

6.10.1   链传动的合理布置

链传动的合理布置如图 6-32 所示，原则简要说明如下：

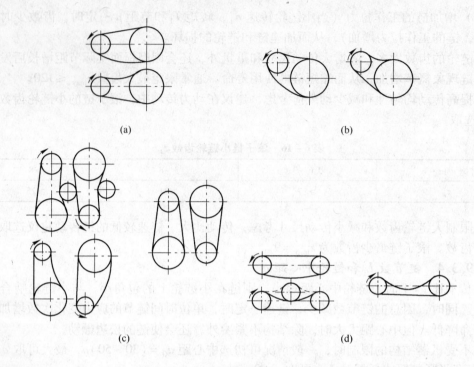

(a)   (b)

(c)   (d)

图 6 – 32   链传动的布置和张紧

（1）两链轮的回转平面必须布置在同一垂直平面内，不能布置在水平或倾斜平面内；

（2）两链轮中心连线最好是水平的，也可以与水平面成 45°以下的倾斜角，尽量避免垂直传动，以免链的垂度增大时，链与下链轮啮合不良或脱离啮合；

（3）一般应使链的紧边在上、松边在下。

链传动的张紧并不决定链的工作能力，只是调整垂度的大小。当中心距不可调时，可采用张紧轮，张紧轮应装在靠近主动链轮的松边上。不论是带齿还是不带齿的张紧轮，其节圆直径最好与小链轮的节圆直径相近。不带齿的张紧轮可用夹布胶木制造，宽度应比链宽一些。中心距可调时，可通过调整中心距来控制张紧程度。

6.10.2   链传动的安装与维护

（1）链传动安装时，两链轮旋转平面间夹角误差 $\Delta\theta \leqslant 0.006\text{rad}$；两链轮轮宽的中心平面轴向位移误差 $\Delta e \leqslant 0.002a$（$a$ 为两链轮中心距）。

（2）安装接头链节时，如用弹簧夹作为锁紧件，应使弹簧夹开口端背向链的运动方向，以免链运动时受到撞击而脱离。

（3）应定期清洗滚子链，及时更换已损坏链节。若更换次数太多，应更换整根链条，以免新旧链节并用时加速链条跳动并损坏。

（4）通常，链传动应装设防护罩封闭，既防尘又减轻噪声，并起安全防护作用。

（5）链传动工作时如噪声过大，导致的原因可能是链轮不共面、松边垂度不合适、润滑不良、链罩或支承松动、链条或链轮磨损、链条振动等，应及时检查修理。

例 6 – 2   设计如图 6 – 33 所示的带式运输机传动方案中的滚子链传动，已知小链轮

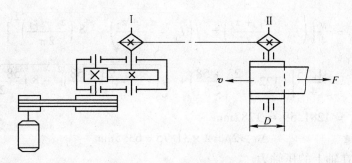

图 6-33　带式运输机传动方案

转速 $n_1 = 173.8 \mathrm{r/min}$，传动比 $i = 2.5$，传递功率 $P = 10.04 \mathrm{kW}$，两班制工作，中心距可调节，工作中有中等冲击。

解：

1. 选定链轮齿数 z_1、z_2

初步假设链速 $v < 0.6 \sim 3 \mathrm{m/s}$，由表 6-16 查得小链轮齿数 $z_1 \geq 17$，取 $z_1 = 23$，$z_2 = iz_1 = 2.5 \times 23 = 57.5$，取 $z_2 = 58$（< 120 合适）。

2. 根据实用功率曲线，选链条型号

初定中心距 $a_0 = 40p$，链节数 L_p 为

$$L_p = \frac{2a_0}{p} + \frac{z_1 + z_2}{2} + \frac{p}{a_0}\left(\frac{z_2 - z_1}{2\pi}\right)^2$$

$$= \frac{2 \times 40p}{p} + \frac{23 + 58}{2} + \frac{p}{40p}\left(\frac{58 - 23}{2 \times 3.14}\right)^2 = 121.3$$

取 $L_p = 122$ 节。由于中心距可调，可不算实际中心距。

估计，链条链板可能产生疲劳破坏。由表 6-13 查得 $K_Z = 1.23$，由表 6-15 查得 $K_P = 1.0$（初取单排链），由表 6-14 查得 $K_L = 1.07$，由表 6-12 查得 $K_A = 1.3$。

该链条在实验条件下所需传递的功率

$$P_0 = \frac{P_G}{K_Z K_L K_P} = \frac{P \cdot K_A}{K_Z K_L K_P}$$

$$= \frac{10.04 \times 1.3}{1.23 \times 1.07 \times 1} = 9.92 \mathrm{kW}$$

由图 6-33，按 $P_0 = 9.92 \mathrm{kW}$，$n_1 = 173.8 \mathrm{r/min}$，选取链条型号为 20A，$p = 31.75 \mathrm{mm}$，且 P_0 与 n_1 交点在曲线顶点左侧，确系链板疲劳破坏，估计正确。

3. 校核链速

$$v = \frac{z_1 p n_1}{60 \times 1000} = \frac{23 \times 31.75 \times 173.8}{60 \times 1000} = 2.12 \mathrm{m/s}$$

与原假设 $v = 0.6 \sim 3 \mathrm{m/s}$ 范围符合。

4. 计算链长和中心距

链长　　　　　　　$L = L_p \cdot \dfrac{p}{1000} = \dfrac{122 \times 31.75}{1000} = 3.874 \mathrm{m}$

中心距

$$a = \frac{p}{4}\left[\left(L_{\mathrm{p}} - \frac{z_1 + z_2}{2}\right) + \sqrt{\left(L_{\mathrm{p}} - \frac{z_1 + z_2}{2}\right)^2 - 8\left(\frac{z_2 - z_1}{2\pi}\right)^2}\right]$$

$$= \frac{31.75}{4}\left[\left(122 - \frac{23 + 58}{2}\right) + \sqrt{\left(122 - \frac{23 + 58}{2}\right)^2 - 8\left(\frac{58 - 23}{2\pi}\right)^2}\right]$$

$$= 1281.59 \approx 1282\mathrm{mm}$$

中心距调整量　　　　　　　$\Delta a \geqslant 2p = 2 \times 31.75 = 63.5\mathrm{mm}$

　　5. 计算作用在轴上的压轴力

工作拉力

$$F = \frac{1000P}{v} = \frac{1000 \times 10.04}{2.12} = 4736\mathrm{N}$$

作用在轴上的压轴力

$$F_{\mathrm{Q}} \approx 1.25F = 1.25 \times 4484.30 = 5605.38\mathrm{N}$$

计算结果：链条型号 20A – 1 × 122　　　GB1243.1—1993

　　6. 链轮结构设计从略

思考题与习题

6 – 1　摩擦带传动有哪些特点，它的工作原理是什么？

6 – 2　为什么 V 带传动比平型带传动应用更广泛？

6 – 3　什么叫弹性滑动，它是怎样产生的，能否避免，它对传动有何影响？

6 – 4　带传动工作时，带中会产生哪些应力，其应力分布如何，它对带传动有何影响，带中最大应力发生在何处，并写出最大应力的数学表达式。

6 – 5　在设计 V 带传动时，为什么应对 V 带轮的最小基准直径 $d_{\min}$ 加以限制？

6 – 6　V 带的楔角是 40°，为何带轮轮槽角分别是 34°、36°、38°，若主、从动带轮直径不同，两轮轮槽角是否相同，为什么？

6 – 7　带传动的失效形式有哪些，设计准则是什么？

6 – 8　带轮基准直径 d、带速 v、中心距 a、带长 L_{d}、包角 α_1、初拉力 F_0 和摩擦系数 f 的大小对传动有何影响？

6 – 9　链传动产生运动不均匀性的原因是什么，能否避免，影响运动不均匀性的因素有哪些，怎样才能减少运动不均匀性？

6 – 10　与带传动比较，链传动有哪些特点？

6 – 11　与带传动比较，链传动适用于哪些场合？

6 – 12　滚子链的结构有哪些特点，各元件间的连接和相对运动关系如何？

6 – 13　小链轮的齿数不宜过少，大链轮的齿数不宜过多，这是为什么，其齿数应如何选择比较恰当。

6 – 14　链节数为什么常取偶数？

6 – 15　一带式运输机的传动装置如图 6 – 34 所示。已知小带轮直径 $d_1 = 140\mathrm{mm}$，大带轮直径 $d_2 = 400\mathrm{mm}$，运输带速度 $v = 0.3\mathrm{m/s}$，为了提高生产率，拟在运输机载荷（即拉力）F 不变及电动机和减速器传动能力都满足要求的条件下，欲将运输带的速度提高到 $0.42\mathrm{m/s}$。有人建议把大带轮的直径减少到 $280\mathrm{mm}$，其余参数不变以实现这一要求，此方案是否可行？若不行应如何修改？

6 – 16　由双速电机与 V 带传动组成传动装置，靠改变电机输出轴转速可以得到两种转速 $300\mathrm{r/min}$ 和 $600\mathrm{r/min}$，若电动机输出轴功率不变，带传动应按哪一种转速设计？为什么？

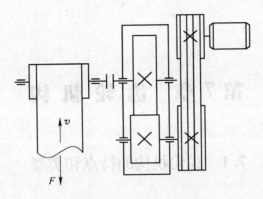

图 6-34　题 6-15 图

6-17　V 带传动传递的功率为 $P=5.5\text{kW}$，小带轮的转速 $n_1=1450\text{r/min}$，$d_1=d_2=150\text{mm}$，已知带与轮间的当量摩擦系数 $f_v=0.45$。求有效拉力 F，松边拉力 F_2，紧边拉力 F_1？

6-18　带传动为何要有张紧装置，V 带传动常用的张紧装置有哪些，张紧轮应放在什么位置，为什么？

6-19　设计某带式运输机传动系统中的普通 V 带传动。已知电动机型号为 Y112M-4，额定功率 $P=4\text{kW}$，转速 $n_1=1440\text{r/min}$，传动比 $i=3.8$，一天运转时间 10h。

6-20　有一普通 V 带传动，已知小带轮转速 $n_1=1440\text{r/min}$，小带轮基准直径 $d_1=180\text{mm}$，大带轮基准直径 $d_2=650\text{mm}$，中心距 $a=916\text{mm}$，B 型带 3 根，工作载荷平稳，Y 系列电动机驱动，一天工作 16h，试求该 V 带传动所能传递的功率。

6-21　如图 6-35 所示为二级减速传动装置方案图。是否合理，为什么？

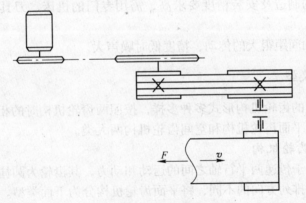

图 6-35　题 6-21 图

6-22　一滚子链传动，已知：链节距 $p=25.4\text{mm}$，小链轮齿数 $z_1=21$，传动比 $i=3$，中心距 $a \gg 1000\text{mm}$，$n_1=580\text{r/min}$，载荷有轻度冲击，试计算：

（1）链节数；

（2）链所能传递的最大功率；

（3）链的工作拉力；

（4）判断正常运转时链传动的失效形式。

第7章 齿轮机构

7.1 齿轮机构的特点和类型

7.1.1 齿轮机构的特点

齿轮机构是应用最广泛的一种机械传动方式。齿轮机构的主要优点是：
(1) 传动功率和速度的范围广；
(2) 传动比稳定；
(3) 传动效率较高；
(4) 工作可靠；
(5) 寿命长；
(6) 结构紧凑。
缺点是：
(1) 齿轮机构的制造及安装精度要求高，需用专门的机床、刀具和测量仪器等，制造成本较高。
(2) 不宜用于轴间距很大的传动，精度低时噪声大。

7.1.2 齿轮机构的类型

在工程中所使用的齿轮机构形式多种多样，按照两齿轮机构时的相对运动是平面运动还是空间运动可分为平面齿轮机构和空间齿轮机构两大类。

7.1.2.1 平面齿轮机构

平面齿轮机构用于传递两平行轴之间的运动和动力，其齿轮为圆柱形，故又称圆柱齿轮机构。由于其轮齿排列方向的不同，将平面齿轮机构分为下面类型。

A 直齿圆柱齿轮机构

直齿圆柱齿轮简称直齿轮，其轮齿排列与其轴线平行。根据啮合情况的不同，直齿圆柱齿轮机构分为：
(1) 外啮合直齿圆柱齿轮机构（图7-1），在该啮合形式下两齿轮的转向相反；
(2) 内啮合直齿圆柱齿轮机构（图7-2），在该啮合形式下两齿轮的转向相同；
(3) 齿轮齿条传动（图7-3），传动时齿轮转动，齿条为直线平动。

B 斜齿圆柱齿轮机构

斜齿圆柱齿轮的轮齿与其轴线倾斜一个角度（图7-4），其齿向是以齿轮轴线为轴线的螺旋线方向。斜齿轮机构也可以分成外啮合、内啮合及齿轮齿条啮合三种。

C 人字齿轮机构

人字齿轮（图7-5）相当于两个全等但螺旋方向相反的斜齿轮拼接而成。

图7-1 外啮合直齿圆柱齿轮机构　图7-2 内啮合直齿圆柱齿轮机构　图7-3 齿轮齿条传动

7.1.2.2　空间齿轮机构

空间齿轮机构中两齿轮之间的相对运动为空间运动，两齿轮的轴线不平行。按照两轴线的相对位置，空间齿轮机构又可分为三类。

A　圆锥齿轮机构

圆锥齿轮机构用于两相交轴之间的传动，这种齿轮的轮齿排列在圆锥体的表面上，故称圆锥齿轮或伞齿轮。根据齿的形状，圆锥齿轮又有直齿（图7-6）、斜齿（图7-7）和曲齿（图7-8）之分。

图7-4 斜齿圆柱齿轮机构　　　图7-5 人字齿轮机构　　　图7-6 直齿圆锥齿轮机构

B　螺旋齿轮机构

螺旋齿轮机构（图7-9）用于交错轴之间的一种斜齿圆柱齿轮机构的传动，它是由两个互相啮合的螺旋齿轮（斜齿圆柱）组成的。

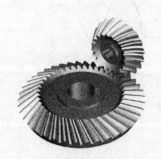

图7-7 斜齿圆锥齿轮机构　　　图7-8 曲齿圆锥齿轮机构　　　图7-9 螺旋齿轮机构

C　蜗杆蜗轮机构

蜗杆蜗轮机构（图 7 - 10）也是用于交错轴之间传动的一种齿轮机构，两轴间的交错角通常为 90°。

图 7 - 10　蜗杆蜗轮机构

7.2　渐开线齿廓及其啮合特性

7.2.1　渐开线的形成

如图 7 - 11 所示，当一直线 NK 沿一圆周作纯滚动时，直线上任一点 K 的轨迹 AK，即为该圆的渐开线。这个圆称为渐开线的基圆，其半径用 r_b 表示。直线 NK 称为渐开线的发生线。角 $\theta_K = \angle AOK$ 称为渐开线 AK 段的展角。在图 7 - 11 中，发生线 NK 从位置 n_0—n_0 按逆时针方向在基圆上做纯滚动转到位置 n—n 时，发生线上任一点 A 的轨迹 AK 即为一条渐开线。渐开线齿轮的轮齿就是由两条渐开线作为齿廓而组成的，如图 7 - 12 所示。

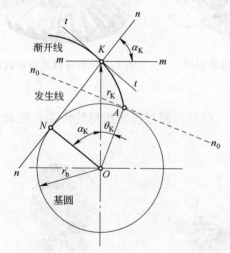

图 7 - 11　渐开线的形成

图 7 - 12　渐开线齿轮的轮齿

7.2.2　渐开线的特性

由上述渐开线的形成过程可知，渐开线具有如下几个特性。

（1）因发生线在基圆做纯滚动，故发生线沿基圆滚过的长度等于该基圆上被滚过圆弧的长度，即 $\overline{NK} = \overset{\frown}{NA}$。

（2）由图 7-11 可知，发生线 NK 是渐开线在任意一点 K 的法线，且线段 NK 为其曲率半径，N 点为曲率中心。又因发生线始终切于基圆，故渐开线上任意一点的法线必与基圆相切。同时渐开线齿廓上某点的法线（压力方向线），与齿廓上该点速度方向线所夹的锐角 α_k 称为该点的压力角。今以 r_b 表示基圆半径，由图 7-11 可知

$$\cos\alpha_k = \frac{ON}{OK} = \frac{r_b}{r_k} \tag{7-1}$$

式（7-1）表示渐开线齿廓上各点压力角不等，向径 r_k 越大，其压力角越大。

（3）同一基圆上所生成的任意两条反向渐开线间的公法线长度处处相等。如图 7-13 所示。

（4）发生线与基圆的切点 N 是渐开线在 K 点的曲率中心，而线段 $\overline{KN}$ 为其曲率半径。由此可知，渐开线离基圆越远的部分，其曲率半径越大而曲率越小，即渐开线越平直，渐开线离基圆越近的部分，其曲率半径越小而曲率越大。

（5）渐开线的形状只取决于基圆的大小，如图 7-14 所示，基圆半径相等则渐开线形状完全相同，基圆半径越小，渐开线越弯曲；基圆半径越大，渐开线越平直；当基圆半径为无穷大时，则渐开线变为一条直线 N_3K。

（6）基圆以内无渐开线。

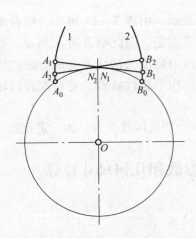

图 7-13 同一基圆上的两条反向渐开线

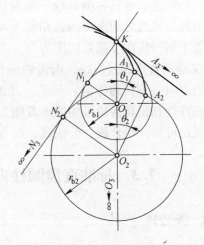

图 7-14 渐开线形状与基圆大小的关系

7.2.3 渐开线齿廓啮合特性

渐开线作为齿轮的齿廓曲线在啮合传动中，具有以下特点。

（1）能保证定传动比传动更具有可分性。如图 7-15 所示为一对互相啮合的渐开线齿轮，设 C_1、C_2 为两轮上相互啮合的一对齿廓。它们的基圆半径分别为 r_{b1}、r_{b2}。当 C_1、C_2 在任意点 K 啮合时，过 K 点所做这对齿廓的公法线为 N_1N_2。根据渐开线的特性可知，此公法线必同时与两轮基圆相切。

由图 7-15 可知，直角三角形 $\triangle O_1N_1P$ 与直角三角形 $\triangle O_2N_2P$ 相似，因而两轮的传

动比可写成：

$$i_{12} = \frac{\omega_1}{\omega_2} = \frac{O_2 P}{O_1 P} = \frac{r_{b2}}{r_{b1}} \qquad (7-2)$$

对于每一具体齿轮来说，其基圆半径为常数，两轮基圆半径的比值为定值，故渐开线齿轮能保证定传动比传动。

又因渐开线齿轮的基圆半径不会因齿轮位置的移动而改变，而当两轮实际安装中心距与设计中心距略有变动时，图 7-15 和式（7-2）仍成立，故不会影响两轮的传动比。渐开线齿廓传动的这一特性称为传动的可分性。这一特性对于渐开线齿轮的装配和使用都是十分有利的。

（2）啮合角和传力方向恒定。由上述可知，一对渐开线齿廓在任何位置啮合时，过啮合点的齿廓公法线都是同一条直线 $N_1 N_2$，这说明一对渐开线齿廓从开始啮合到脱离啮合，所有的啮合点均在 $N_1 N_2$ 线上。因此，$N_1 N_2$ 线是两齿廓啮合点的轨迹，称其为啮合线。啮合线 $N_1 N_2$ 与

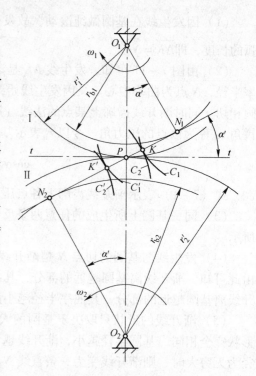

图 7-15　一对渐开线齿廓的啮合

两轮节圆公切线之间所夹的锐角称为啮合角，用 α' 表示。由图 7-15 可知，啮合角在数值上等于渐开线在节圆处的压力角。由于 N_1、N_2 位置固定，因此啮合角 α' 恒定。啮合线 $N_1 N_2$ 又是啮合点的公法线，而齿轮啮合传动时其正压力是沿公法线方向的，故齿廓间的正压力方向（即传力方向）恒定，此即渐开线齿轮机构平稳性特性，它对改善齿轮机构的动态特性和提高齿轮机构的承载能力都非常有利。

至此可知，啮合线、公法线、压力线和基圆的内公切线四线重合，为一定直线。

7.3　标准直齿圆柱齿轮的主要参数和几何尺寸计算

7.3.1　外齿轮

图 7-16 所示为标准直齿圆柱外齿轮的一部分，其各部分的名称和符号如下：

齿数：齿轮上轮齿的个数称为齿数，用 z 来表示；

齿槽：齿轮上相邻两齿间的空间称为齿槽或齿间；

齿槽宽：在任意半径 r_k 的圆周上，相邻两齿间齿槽的弧长称为该圆周上的齿槽宽或齿间宽，用 e_K 来表示；

齿厚：在任意半径 r_K 的圆周上，轮齿两侧齿廓间的弧长称为该圆周上的齿厚，用 s_K 来表示；

齿距：在任意半径 r_K 的圆周上，相邻两齿同侧齿廓间的弧长称为该圆周上的齿距，用 p_K 表示，显然

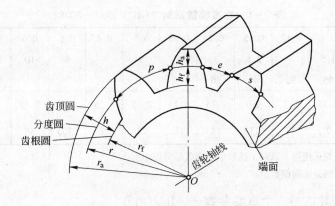

图 7-16 标准直齿圆柱外齿轮

$$p_K = s_K + e_K \tag{7-3}$$

齿顶圆：过所有齿顶端所做的圆称为齿顶圆，其半径用 r_a 来表示，直径用 d_a 来表示；

齿根圆：过所有齿槽底部所做的圆称为齿根圆，其半径用 r_f 来表示，直径用 d_f 来表示；

基圆：产生渐开线的圆称为基圆，其半径用 r_b 来表示，直径用 d_b 来表示。

在齿顶圆与齿根圆之间，规定一个直径为 d（半径为 r）的圆，作为计算齿轮各部分尺寸的标准，并将此圆称为分度圆。在分度圆上的齿厚、齿间宽和齿距即为通常所说的齿厚、齿间宽和齿距，分别用 e、s 和 p 来表示。而齿距等于齿厚和齿间宽之和，即 $p = e + s$，对标准齿轮来说齿厚和齿间宽相等，即 $e = s$。

分度圆的大小，显然是由齿距 p 和齿数 z 决定的，因为分度圆的周长 $\pi d = zp$，于是得

$$d = z \cdot \frac{p}{\pi} \tag{7-4}$$

由式（7-4）可见，当一个齿轮的 z 和 p 确定之后，就可以计算出分度圆直径 d。但是式中的 π 是个无理数，这样将给计算带来不便，同时也不利于齿轮的制造和检验。为此，将比值 $\frac{p}{\pi}$ 规定为一些简单的数值，并将此比值称为模数，以 m 表示。即

$$m = \frac{p}{\pi} \tag{7-5}$$

于是得

$$d = mz \tag{7-6}$$

模数是齿轮尺寸计算中的一个基本参数，其单位为 mm。齿数相同的齿轮，模数大，则轮齿的尺寸也大，轮齿所能承受的载荷也大。图7-17 所示为不同模数的齿轮，从中可以看出模数大小与轮齿尺寸的关系。齿轮的模数已经标准化，表7-1 为标准模数系列。

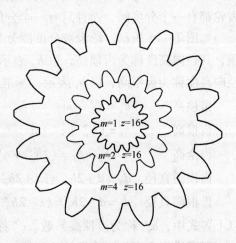

图 7-17　模数大小与轮齿尺寸的关系

表 7 – 1　标准模数系列（GB/T 1357—2008）　　　　　　　　　　mm

第一系列	0.1	0.12	0.15	0.2	0.25	0.3	0.4	0.5	0.6	0.8	1	1.25
	1.5	2	2.5	3	4	5	6	8	10	12	16	20
	25	32	40	50								
第二系列	0.35	0.7	0.9	1.75	2.25	2.75	(3.25)	3.5	(3.75)	4.5	5.5	(6.5)
	7	9	(11)	14	18	22	28	(30)	36	45		

注：1. 选取时，优先采用第一系列，括号中的模数尽可能不用；
　　2. 对斜齿轮指的是法向模数。

下面再介绍齿轮的另一个重要参数——压力角 α。

前面曾介绍过渐开线的压力角，由图 7 – 18 可见，同一渐开线齿廓上各点的压力角是不同的，在渐开线接近基圆的 K_1 处，压力角 α_1 较小，离基圆较远的 K_i 处，压力角 α_i 较大，基圆周上 A 点的压力角等于零。渐开线齿廓上任意点 K_i 的压力角 α_i 可由下列公式表示：

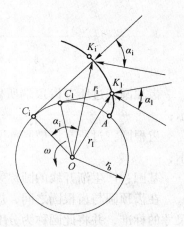

图 7 – 18　渐开线的压力角

$$\cos\alpha_i = \frac{r_b}{r_i} \qquad (7 – 7)$$

由式（7 – 7）可见，对同一渐开线齿廓，r_i 不同，α_i 也不同，即渐开线齿廓在不同的圆周上有不同的压力角。通常所说的齿轮压力角是指分度圆上的压力角，以 α 表示，国家标准（GB 1356—2001）中规定分度圆压力角为标准值，一般情况下为 $\alpha = 20°$，个别情况也用 $\alpha = 14.5°$、$15°$、$22.5°$、$25°$ 等。

根据式（7 – 7）有

$$\cos\alpha = \frac{r_b}{r} \qquad (7 – 8)$$

至此，可以给分度圆下一个完整的定义：分度圆是齿轮上具有标准模数和标准压力角的圆。由式 $d = mz$ 可知，当齿轮的模数 m 和齿数 z 一定时，其分度圆即为一定。所以任何齿轮都有一个分度圆，而且只有一个分度圆。

如图 7 – 16 所示，轮齿被分度圆分为两部分，介于齿顶圆与分度圆之间的部分称为齿顶，其径向高度称为齿顶高，以 h_a 表示；介于分度圆与齿根圆之间的部分称为齿根，其径向高度称为齿根高，以 h_f 表示。标准外齿轮的尺寸与模数 m 成正比，如：

齿顶高　　　　$h_a = h_a^* \cdot m$

齿根高　　　　$h_f = (h_a^* + c^*)m$

齿全高　　　　$h = h_a + h_f = (2h_a^* + c^*)m$

齿顶圆直径　　$d_a = d + 2h_a = (z + 2h_a^*)m$

齿根圆直径　　$d_f = d - 2h_f = (z - 2h_a^* - 2c^*)m$

以上各式中，h_a^* 称为齿顶高系数，c^* 称为顶隙系数，其标准值见表 7 – 2。

渐开线标准直齿圆柱齿轮几何尺寸的计算公式归纳于表 7 – 3 中。

表7-2　圆柱齿轮标准齿顶高系数及顶隙系数

正常齿	$h_a^* = 1.0$	$c^* = 0.25$
短　齿	$h_a^* = 0.8$	$c^* = 0.30$

表7-3　渐开线标准直齿圆柱齿轮几何尺寸的计算公式

名　称	符　号	计　算　公　式	
		小 齿 轮	大 齿 轮
模　数	m	根据齿轮强度条件和结构需要确定,按表7-1选取标准值	
压力角	α	选取标准值	
分度圆直径	d	$d = mz_1$	$d = mz_2$
齿顶高	h_a	$h_a = h_a^* \cdot m$	
齿根高	h_f	$h_f = (h_a^* + c^*)m$	
齿全高	h	$h = h_a + h_f$	
齿顶圆直径	d_a	$d_{a1} = d_1 + 2h_a = m(z_1 + 2h_a^*)$	$d_{a2} = d_2 + 2h_a = m(z_2 + 2h_a^*)$
齿根圆直径	d_f	$d_{f1} = d_1 - 2h_f = m(z_1 - 2h_a^* - 2c^*)$	$d_{f2} = d_2 - 2h_f = m(z_2 - 2h_a^* - 2c^*)$
基圆直径	d_b	$d_{b1} = d_1 \cos\alpha$	$d_{b2} = d_2 \cos\alpha$
分度圆齿距	p	$p = \pi m$	
顶　隙	c	$c = c^* \cdot m$	
分度圆齿厚	s	$s = p/2 = \pi m/2$	
分度圆齿槽宽	e	$e = p/2 = \pi m/2$	
基圆齿距	p_b	$p_b = p\cos\alpha = m\pi\cos\alpha$	
中心距	a	$a = \dfrac{d_1 + d_2}{2} = \dfrac{m(z_1 + z_2)}{2}$	
传动比	i_{12}	$i_{12} = \dfrac{\omega_1}{\omega_2} = \dfrac{z_2}{z_1} = \dfrac{d_2'}{d_1'} = \dfrac{d_{b2}}{d_{b1}} = \dfrac{d_2}{d_1}$	

7.3.2　齿条

　　图7-19所示为一齿条,齿条是齿轮的一种特殊形式。当齿轮的齿数为无穷多时,其圆心将位于无穷远处,此时齿轮的各个圆周都变成直线,渐开线齿廓也变为直线齿廓。与齿轮相比,齿条具有以下两个特点:

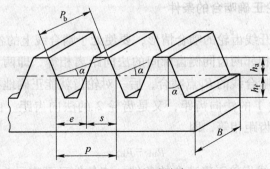

图7-19　标准齿条

（1）齿条的齿廓是直线，所以齿廓上各点的法线是平行的，又由于齿条做直线移动，故其齿廓上各点的压力角相同，并等于齿廓直线的齿形角 α；

（2）齿条上各同侧齿廓是平行的，所以在与分度线平行的各直线上其齿距相等（即 $p_i = p = \pi m$）。但只有在分度线上 $s = e$，在其他直线上，齿厚与齿间宽并不相等。

齿条各部分的尺寸，可参考外齿轮的计算公式进行计算。

7.3.3　内齿轮

图 7 – 20 所示为一标准直齿圆柱内齿轮，它的轮齿分布在空心圆柱体的内表面上。内齿轮与外齿轮相比有以下三点不同：

（1）内齿轮的齿厚相当于外齿轮的齿间宽，内齿轮的齿间宽相当于外齿轮的齿厚，内齿轮的齿廓虽然也是渐开线，但外齿轮的齿廓是外凸的，而内齿轮的齿廓却是内凹的；

（2）内齿轮的齿根圆大于齿顶圆；

（3）当内齿轮的齿顶齿廓全部为渐开线时，其齿顶圆必大于它的基圆。

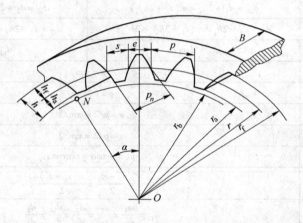

图 7 – 20　标准直齿圆柱内齿轮

7.4　渐开线直齿圆柱齿轮的啮合传动

以上讨论的是单个渐开线齿轮，下面将讨论一对渐开线齿轮的啮合传动。

7.4.1　一对渐开线齿轮正确啮合的条件

图 7 – 21 为一对渐开线齿轮的啮合情形，要使处于啮合线上的各对轮齿都能正确进入啮合，就要使两齿轮的相邻两齿同侧齿廓间的法向距离相等，即两齿轮的法向齿距相等，这样，当前一对轮齿在啮合线的 B_1 点啮合，后一对轮齿就能正确地在啮合线上 B_2 点接触。由此可见 B_1B_2 既是齿轮 1 的法向齿距，又是齿轮 2 的法向齿距。由渐开线的特性可知，齿轮的法向齿距和基圆齿距相等，即

$$p_{b1} = p_{b2} \qquad\qquad (7 – 9)$$

式（7 – 9）是渐开线齿轮正确啮合的条件，该条件又可表示为另一种形式。设 α_1 和

α_2 及 r_1 和 r_2 分别为两轮的分度圆压力角和分度圆半径，m_1 和 m_2 及在 z_1 和 z_2 分别为两轮的模数和齿数，那么

$$p_{b1} = \frac{\pi d_{b1}}{z_1} = \frac{\pi}{z_1} d_1 \cos\alpha_1 = p_1 \cos\alpha_1 = \pi m_1 \cos\alpha_1$$

同理得
$$p_{b2} = \pi m_2 \cos\alpha_2$$

将 p_{b1} 和 p_{b2} 代入式（7-9）得

$$\pi m_1 \cos\alpha_1 = \pi m_2 \cos\alpha_2$$

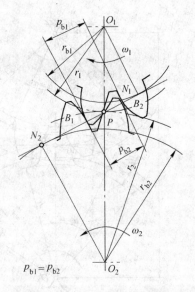

如果两轮的模数和压力角能满足上式的关系，则不论两轮的模数和压力角是否分别相等，它们均能正确地啮合。但是由于模数和压力角都已标准化了，所以很难拼凑而满足上式的关系，因而必须使

$$\left.\begin{array}{c} m_1 = m_2 = m \\ \alpha_1 = \alpha_2 = \alpha \end{array}\right\} \qquad (7-10)$$

上式表明，渐开线齿轮正确啮合的条件为：两轮在分度圆上的模数和压力角，必须分别相等。

图 7-21　齿轮机构的正确啮合条件

7.4.2　齿轮机构中心距及啮合角

7.4.2.1　中心距

中心距 a 是齿轮机构的一个重要参数，它直接影响两齿轮机构是否为标准顶隙和无侧隙啮合。图 7-22（a）所示为一对标准外啮合齿轮机构的情况，当保证标准顶隙 $c = c^* m$ 时，两轮的中心距应为：

$$a = r_{a1} + c + r_{f2} = r_1 + h_a^* m + c^* m + r_2 - h_a^* m - c^* m$$

即：

$$a = r_1 + r_2 = \frac{m}{2}(z_1 + z_2) \qquad (7-11)$$

就是说：两轮的中心距 a 应等于两轮分度圆半径之和。这个中心距称为标准中心距，按照标准中心距进行安装称标准安装。

我们知道：一对齿轮啮合时两轮的节圆总是相切的，即两轮的中心距总是等于两轮节圆半径之和。当两轮按标准中心距安装时，由上式可知两轮的分度圆也是相切的，故两轮的节圆与分度圆相重合。由此可知，节圆与分度圆上的齿厚和齿槽宽分别相等，满足无侧隙啮合条件。可以得到结论：一对渐开线标准齿轮按照标准中心距安装能同时满足标准顶隙和无侧隙啮合条件。

在这里需要注意：不论齿轮是否参加啮合传动，分度圆是单个齿轮所固有的圆，其大小是确定的，与传动的中心距变化无关；而节圆是两齿轮啮合传动时才有的，其大小与中心距的变化有关，单个齿轮没有节圆。

7.4.2.2　啮合角

啮合角是两轮节点 P 的圆周速度方向与啮合线 $N_1 N_2$ 之间所夹的锐角，用 α' 表示，如图 7-22（a）所示。当标准齿轮按照标准中心距安装时，节圆与分度圆重合，故 $\alpha = \alpha'$。

由于齿轮制造和安装的误差，运转时径向力引起轴的变形以及轴承磨损等原因，两轮

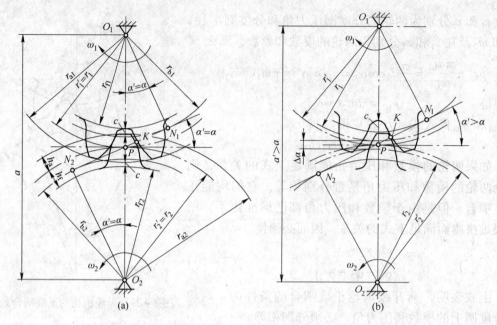

图 7 – 22　标准齿轮的安装

的实际中心距 a' 往往与标准中心距 a 不一致，而是略有变动，当两轮实际中心距 a' 与标准中心距 a 不相同时，如将中心距 a' 增大（图 7 – 22 （b））。这时两轮的节圆虽相切，但两轮的分度圆却分离或相割，出现分度圆与节圆不重合情况。两轮的节圆半径将大于分度圆半径，其传动啮合角 a' 也将大于分度圆压力角 α。因 $r_b = r\cos\alpha = r'\cos a'$，故有 $r_{b1} + r_{b2} = (r_1 + r_2)\cos\alpha = (r'_1 + r'_2)\cos a'$，可得齿轮中心距与啮合角的关系式为：

$$a'\cos a' = a\cos\alpha \tag{7 – 12}$$

式（7 – 12）表明了啮合角随中心距改变的关系。

如图 7 – 23 所示的齿轮与齿条的啮合传动。其啮合线为垂直齿条齿廓并与齿轮基圆相切的直线 N_1N_2，N_2 点在无穷远处。过齿轮轴心并垂直于齿条分度线的直线与啮合线的交点即为节点 P。当齿轮分度圆与齿条分度线相切时称为标准安装，标准安装时（图 7 – 23 （a）），保证了标准顶隙和无侧隙啮合，同时齿轮的节圆与分度圆重合，齿条节线与分度线重合。故传动啮合角 α' 等于齿轮分度圆压力角 α，也等于齿条的齿形角。当非标准安装时（图 7 – 23 （b）），由于齿条的齿廓是直线，齿条位置改变后其齿廓总是与原始位置平行。故啮合线 N_1N_2 的位置总是不变的，而节点 P 的位置也不变，因此齿轮节圆大小也不变，并且恒与分度圆重合，其啮合角 α' 也恒等于齿轮分度圆压力角 α，但齿条的节线与其分度线不再重合。

7.4.3　渐开线直齿轮传动的啮合过程

图 7 – 24 所示为一对渐开线齿轮啮合。设轮 1 为主动轮，顺时针转动，轮 2 为从动轮，直线 N_1N_2 为啮合线。现分析其轮齿的啮合过程。

轮齿进入啮合的起始点为从动轮的齿顶圆与啮合线的交点 B_2。随着啮合传动的进行，轮齿的啮合点沿着 N_1N_2 移动，主动轮轮齿上的啮合点逐渐向齿顶部移动，而从动轮轮

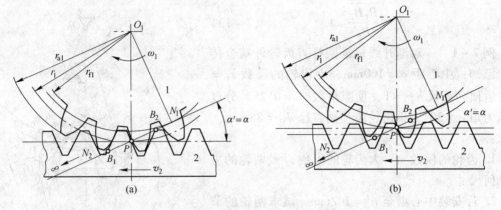

图 7 – 23　齿轮与齿条的啮合传动

齿上的啮合点逐渐向齿根部分移动。当啮合传动进行到主动轮的齿顶圆与啮合线 N_1N_2 的交点 B_1 时，两轮齿即将脱离接触，故 B_1 为轮齿接触的终止点。分析一对轮齿的啮合过程可见，啮合点实际走过的轨迹只是啮合线 N_1N_2 上的一段 $\overline{B_1B_2}$，因此我们将 $\overline{N_1N_2}$ 称为理论啮合线，而将 $\overline{B_1B_2}$ 称为实际啮合线。若将两轮的齿顶圆直径增大，则 B_1、B_2 就更接近于啮合线与两基圆的切点 N_1、N_2，即实际啮合线加长。由于基圆以内无渐开线，所以两轮的齿顶圆不得超过 N_1 及 N_2 点，也就是说，理论啮合线是实际啮合线的极限长度。

上述分析的结论是：在两轮齿啮合的过程中，轮齿的齿廓上并非全部齿廓都参与工作。只有从齿顶到齿根的一段参与啮合，该段参与啮合的齿廓称为齿廓的工作段。如图 7 –24 中所示的齿廓上阴影部分。

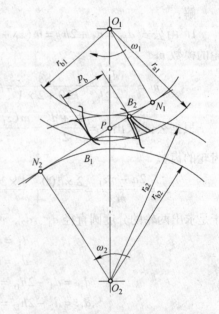

图 7 – 24　齿轮机构的啮合过程

7.4.4　渐开线齿轮连续传动的条件

由上述齿轮啮合的过程可以看出，一对齿轮的啮合只能推动从动轮转过一定的角度，而要使齿轮连续地进行转动，就必须在前一对轮齿尚未脱离啮合时，后一对轮齿能及时地进入啮合。显然，必须使 $\overline{B_1B_2} \geqslant p_b$，即要求实际的啮合线段 $\overline{B_1B_2}$ 大于或等于齿轮的法节 p_b，如图 7 –25 所示。

如果 $\overline{B_1B_2} = p_b$，则表明始终只有一对轮齿处于啮合状态；如果 $\overline{B_1B_2} > p_b$，则表明有时为一对轮齿啮合，有时为多于一对轮齿啮合；如果 $\overline{B_1B_2} < p_b$，则前一对轮齿在 B_1 脱离啮合时，后一对轮齿还未进入啮合，结果将使传动中断，从而引起轮齿间的冲击，影响传动的平稳性。

我们用符号 ε_α 表示 $\overline{B_1B_2}$ 与 p_b 的比值，称为重合度（也称作端面重叠系数），这样，渐开线齿轮连续传动的条件为：

$$\varepsilon_\alpha = \frac{\overline{B_1 B_2}}{P_b} \geqslant 1 \qquad (7-13)$$

例 7 – 1　一对渐开线标准圆柱直齿轮外啮合传动。已知：中心距 $a = 100\text{mm}$，小齿轮的齿数 $z_1 = 20$、齿顶高系数 $h_a^* = 1$、顶隙系数 $c^* = 0.25$、分度圆压力角 $\alpha = 20°$、小齿轮齿顶圆直径 $d_{a1} = 88\text{mm}$。试求：

1. 齿轮的模数 m、大齿轮的齿数 z_2 及两轮的主要几何尺寸；

2. 若安装中心增至 $a' = 102\text{mm}$，试求两轮的节圆半径 r_1'、r_2' 和啮合角 α' 为多少？

解：

1. 由公式 $d_{a1} = d_1 + 2h_a = m(z_1 + 2h_a^*)$，求出齿轮的模数 m

$$m = \frac{d_{a1}}{z_1 + 2h_a^*} = \frac{88}{20 + 2 \times 1} = 4\text{mm}$$

根据公式求出 $a = \dfrac{d_1 + d_2}{2} = \dfrac{m(z_1 + z_2)}{2}$，求出大齿轮的齿数 z_2

$$z_2 = \frac{2a - mz_1}{m} = \frac{2 \times 100 - 4 \times 20}{4} = 30$$

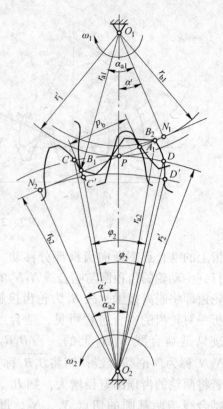

图 7 – 25　齿轮连续传动的条件

于是求出两轮的分度圆直径 d_1、d_2，两轮的齿根圆直径 d_{f1}、d_{f2}，两轮的基圆直径 d_{b1}、d_{b2}。

$$d_1 = mz_1 = 4 \times 20 = 80\text{mm}$$
$$d_2 = mz_2 = 4 \times 30 = 120\text{mm}$$
$$d_{f1} = d_1 - 2h_{f1} = 80 - 2 \times 4(1 + 0.25) = 70\text{mm}$$
$$d_{f2} = d_2 - 2h_{f2} = 120 - 2 \times 4(1 + 0.25) = 110\text{mm}$$
$$d_{b1} = d_1 \cos\alpha = 80 \times \cos 20° = 75.175\text{mm}$$
$$d_{b2} = d_2 \cos\alpha = 120 \times \cos 20° = 112.763\text{mm}$$

2. 由公式 $a'\cos\alpha' = a\cos\alpha$，求出啮合角 α'

$$\alpha' = \arccos(a\cos\alpha/a') = \arccos(100 \times \cos 20°/102) = 22.89°$$

$$r_1' = r_{b1}/\cos\alpha' = \frac{75.175}{2}\cos 22.89° = 40.8\text{mm}$$

$$r_2' = r_{b2}/\cos\alpha' = \frac{112.763}{2}\cos 22.89° = 61.2\text{mm}$$

7.5　渐开线齿轮的切制原理

7.5.1　齿轮加工的基本原理

加工齿轮的方法很多，如铸造法，冲压法，热轧法及切削法等，但最常用的是切削法。本节着重介绍两种切削齿廓的方法。

7.5.1.1 仿形法

用轴剖面刀刃形状和被切齿槽形状相同的刀具切制齿轮的方法称为仿形法，它又分为铣削法和拉削法等，其中铣削法应用较广泛。铣削法所用的铣刀有盘状铣刀和指状铣刀等，如图 7-26 所示。

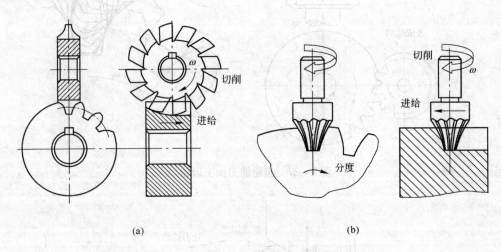

图 7-26 仿形法加工齿轮

加工时，铣刀绕本身轴线旋转，同时轮坯沿齿轮轴线方向直线移动。铣出一个齿槽后，将轮坯转过 $2\pi/z$，再铣第二个齿槽。其余依次类推。

这种切齿方法简单，不需要专用机床，但生产率低，精度差，仅适用于单件生产及精度要求不高的齿轮加工。

7.5.1.2 范成法

范成法是利用一对齿轮互相啮合传动时其两轮齿廓互为包络线的原理加工齿轮的，因而也称包络法。采用这种方法加工齿轮时，刀具与轮坯之间的相对滚动与一对互相啮合的齿轮的运动完全相同。范成法所采用的刀具有三种：齿轮插刀、齿条插刀、齿轮滚刀。

A   齿轮插刀

图 7-27 所示为用齿轮插刀进行轮齿加工的情形，齿轮插刀的外形就像一个具有刀刃的外齿轮，当我们用一把齿数为 z_0 的齿轮插刀去加工一个模数 m，压力角 α 与该插刀相同，而齿数为 z 的齿轮时，将插刀和轮坯装在专用的插齿机床上，通过机车的传动系统使插刀与轮坯按恒定的传动比 $i = \dfrac{\omega_0}{\omega} = \dfrac{z}{z_0}$ 回转，并使插刀沿轮坯的齿宽方向作往复切削运动。这样，刀具的渐开线齿廓就在轮坯上包络出与刀具渐开线齿廓相共轭的渐开线齿廓。

B   齿条插刀

当齿轮插刀的齿数增加到无穷多时，齿轮插刀便成为齿条插刀。图 7-28 为用齿条插刀加工齿轮的情形。切削时，插刀与轮坯的范成运动相当于齿轮与齿条的啮合运动，齿条插刀的移动速度为 $v = r\omega = \dfrac{mz}{2}\omega$。其中 m、z 和 ω 分别为被加工齿轮的模数、齿数和角速度。用齿条插刀加工出的齿廓也是齿条插刀在各个位置上的包络线。

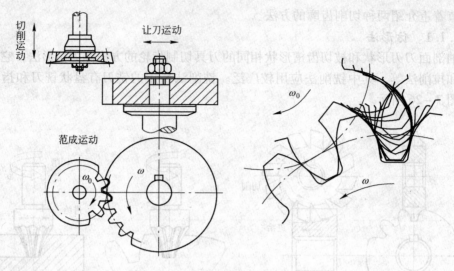

图 7-27 齿轮插刀加工齿轮

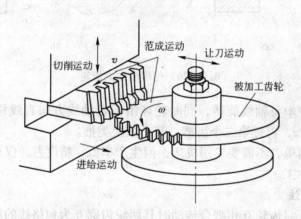

图 7-28 齿条插刀加工齿轮

C 齿轮滚刀

用上述两种方法加工齿轮时,其共同的缺点是加工不连续。而采用齿轮滚刀加工齿轮时,其切削运动却是连续进行的,这样便大大提高了生产效率,因而得到了广泛的应用。

如图 7-29 所示,齿轮滚刀是一个螺旋状刀具,安装滚刀时,刀具轴线与轮坯端面的夹角应等于刀具的升角 γ,从而使滚刀的螺旋切线方向与被切轮齿方向一致。生产上常用的滚刀为阿基米德螺线滚刀。这种滚刀在轴面内的形状为精确的直线齿条,因此,当滚刀转动时,在轮坯回转平面内相当于有一个无限长的齿条插刀连续地移动,转动的轮坯便相当于一个与其啮合的齿轮。基于此点,齿轮滚刀加工齿轮的切制原理与齿条插刀基本相同。为了在轮坯的整个宽度上切出轮齿,滚刀在旋转的同时,还要做平行于轮坯轴线的缓慢移动。当滚刀从轮坯的一端移动到另一端时,整个齿轮就完成了加工过程。

采用范成法加工齿轮时,只要刀具与被加工齿轮的模数和压力角相同,不论被加工齿轮的齿数是多少,都可以用同一把刀具。

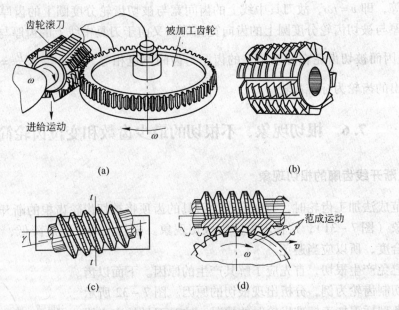

图 7-29　齿轮滚刀加工齿轮

7.5.2　用标准齿条型刀具加工标准齿轮

图 7-30 为一标准齿条型刀具的齿廓。与标准齿条相比，它的齿顶要高出 $c^* m$ 段，其作用是切出齿轮的齿顶间隙。若在其齿高的中点引一条平行于齿顶线的直线（相当于标准齿条的分度线），那么在这条直线上，刀具的齿厚等于齿间宽，均为 $\dfrac{m\pi}{2}$，齿顶高等于齿根高，均为 $(h_a^* + c^*) m$，所以将这条直线称为中线。刀具齿顶加高的 $c^* m$ 一段为圆弧，用来加工齿轮齿根的过渡曲线，即渐开线与齿根圆之间的一段曲线。刀具齿根上的 $c^* m$ 一段也是圆弧，该段高度是轮坯齿顶圆与刀具之间的顶隙部分。

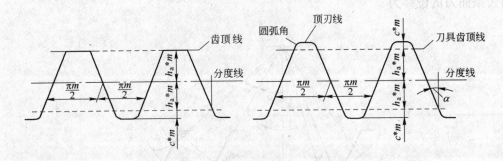

图 7-30　标准齿条型刀具的齿廓

加工齿轮时，首先将刀具和轮坯固定于齿轮机床上，当采用轮坯外圆对刀时，取总的径向进刀量等于标准齿全高 $(2h_a^* + c^*) m$，这样轮坯与刀具之间的顶隙 $c^* m$，刀具的中线正好与轮坯的分度圆相切，这样切制的齿轮，其齿顶高为 $h_a = h_a^* m$，齿根高为 $h_f = (h_a^* + c^*) m$，在切齿时的范成运动作用下，刀具中线的移动速度与轮坯分度圆上的圆周速度相等，即 $v = r\omega$，故刀具中线上的齿间宽与被切齿轮分度圆上的齿厚相等；刀具中线上的齿厚与被切齿轮分度圆上的齿向宽相等。又由于刀具中线上的齿厚与齿间宽相等，均为 $\dfrac{m\pi}{2}$，因而被切齿轮在分度圆上的齿厚与齿间宽也相等，即 $s = e = \dfrac{p}{2} = \dfrac{m\pi}{2}$。由此可知，这样切出的齿轮为标准齿轮。

7.6　根切现象、不根切的最少齿数和变位齿轮简介

7.6.1　渐开线齿廓的根切现象

　　用范成法加工齿轮时，有时会产生刀具的齿顶将被切齿轮齿根的渐开线齿廓切掉一部分的现象（图 7 – 31），这种现象称为根切现象。根切使齿根强度降低，根切严重时还会减小重合度，所以应当避免。

　　要避免产生根切，首先应了解其产生的原因。下面以齿条插刀切制齿轮为例，分析出现根切的原因。图 7 – 32 所示为用齿条型插刀加工标准齿轮时的情况。这时刀具的中心线与轮坯的分度圆相切，B_1 为轮坯齿顶圆与啮合线的交点，N_1 为轮坯基圆与啮合线的切点。由范成法加工齿轮的原理可知：刀具从位置 1 开始切削齿廓的渐开线部分，当刀具行至位置 2 时，齿廓的渐开线已完全切出。假如这时刀具的顶

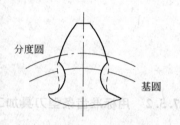

图 7 – 31　齿廓根切现象

线恰好通过 N_1 点，则当加工过程继续进行时。刀刃将与切好的渐开线齿廓脱离。因而不会发生根切现象。但在图示情况下，由于刀具的顶线超过了 N_1 点，所以当范成加工继续进行时，刀具还将切削轮坯。设轮坯由位置 2 再转过一个角度 φ 时，刀具相应地由位置 2 移动到位置 3，刀刃与啮合线交于 K 点。当轮坯转过角 φ 时，其基圆转过的弧长为

$$\widehat{N_1 N_1'} = r_b \cdot \varphi = r\varphi\cos\alpha$$

同时齿条插刀的位移为

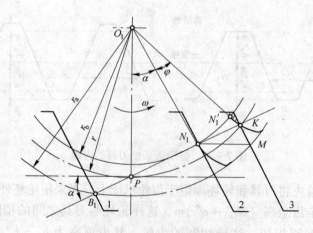

图 7 – 32　根切产生原因示意图

$$\overline{N_1M} = r\varphi$$

刀具沿啮合线移动的距离为

$$\overline{N_1K} = \overline{N_1M}\cos\alpha = r\varphi\cos\alpha$$

由此得

$$\widehat{N_1N_1'} = \overline{N_1K} > \overline{N_1N_1'}$$

上述分析表明，由于 $\overline{N_1K}$ 是刀刃两位置 2 与 3 之间的法向距离，而 $\overline{N_1N_1'}$ 又小于 $\overline{N_1K}$（因为 $\widehat{N_1N_1'} = \overline{N_1K} > \overline{N_1N_1'}$），所以齿廓曲线上的 N_1' 点必落在刀刃的左下方而被切掉（图中的阴影部分），由此造成了根切现象。

由此可知，用齿条插刀加工标准直齿轮时，不发生根切的条件是刀具的齿顶线不高于轮坯上的极限啮合点 N_1。

7.6.2　渐开线标准直齿圆柱齿轮的最少齿数

为避免产生根切现象，必须使刀具的齿顶线不高于轮坯的极限啮合点 N_1。当用标准齿条插刀加工标准齿轮时，刀具的中线与轮坯的分度圆相切，如图 7 – 33 所示。由于采用的是标准齿条插刀，在模数已定的条件下，其齿顶高为定值，即刀具的顶线为一定。由图 7 – 34 可以看出，N_1 点的位置与轮坯的基圆半径 r_b 有关，r_b 越小，则 N_1 点越接近节点 P，产生根切的可能性越大。因

$$r_b = r\cos\alpha = \frac{m\pi}{2}\cos\alpha$$

而被加工齿轮的模数 m 及压力角 α 均与刀具相同，所以切制时是否产生根切，取决于被切齿轮的齿数 z，齿数 z 越少，越容易产生根切。为了不产生根切，被切齿轮的齿数 z 不能少于某一值：这就是最少齿数。用标准齿条插刀切制标准齿轮不产生根切时的最少齿数可用如下方法求出。如图 7 – 34 所示，为不产生根切，应使

$$PN_1 \geqslant PB$$

而由 $\triangle PN_1O_1$ 可知

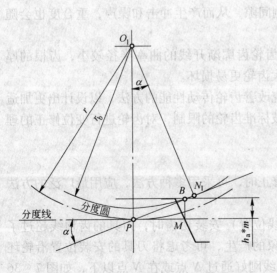

图 7 – 33　齿轮不发生根切的最少齿数

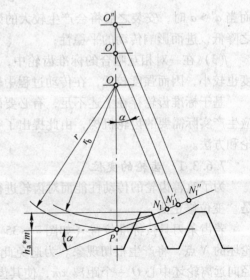

图 7 – 34　基圆半径大小与产生根切的关系

$$\overline{PN_1} = r\sin\alpha = \frac{mz\sin\alpha}{2}$$

由 $\triangle PMB$ 可知

$$\overline{PB} = \frac{h_a^* m}{\sin\alpha}$$

整理以上三式后得

$$\frac{mz\sin\alpha}{2} \geqslant \frac{h_a^* m}{\sin\alpha}$$

即

$$z \geqslant \frac{2h_a^*}{\sin^2\alpha}$$

用标准齿条插刀切制标准齿轮时，不产生根切的最少齿数为

$$z_{min} = \frac{2h_a^*}{\sin^2\alpha} \tag{7-14}$$

对于 $\alpha = 20°$，$h_a^* = 1.0$ 的标准齿轮 $z_{min} = 17$；对于 $\alpha = 20°$，$h_a^* = 0.8$ 的标准齿轮 $z_{min} = 14$。由式（7-14）可以看出，增大 α 或减小 h_a^* 都可以减少最小根切齿数。

7.6.3　变位齿轮

标准齿轮具有很多优点，因此得到了广泛的应用。但是随着应用领域的不断扩大，对齿轮机构性能的要求也越来越高，标准齿轮已不能满足应用的要求，例如标准齿轮存在下面不足之处：

（1）一般来讲，不能使用 $z < z_{min}$ 的齿轮，因为当采用范成法切制齿轮时，将产生根切现象；

（2）不适用于中心距 $a' \neq a = \dfrac{m(z_1 + z_2)}{2}$ 的场合，这是因为当 $a' < a$ 时将无法安装，而当 $a' > a$ 时，安装之后将会产生较大的齿侧间隙，从而产生冲击和噪声，重合度也会随之降低，进而影响传动的平稳性；

（3）在一对相互啮合的标准齿轮中，小齿轮齿廓渐开线的曲率半径较小，齿根的厚度也较小，因而强度较低，在传动过程中较大齿轮更易损坏。

基于标准齿轮存在上述不足，有必要研究改善齿轮传动性能的方法，以设计出更加适应生产实际需要的齿轮机构，由此提出了突破标准齿轮的限制，对齿轮进行变位修正的理论和方法。

7.6.3.1　齿轮的变位

为了改善齿轮的传动性能而对齿轮进行修正时，可采用多种方法，应用最广泛的方法是"变位修正法"。

若齿条刀具按标准位置（如图 7-35 虚线位置）安装切齿时，刀具的齿顶线超过了轮坯的 N 点，将产生根切现象。为避免此现象的产生，可考虑将刀具的安装位置沿轮坯径向远离轮坯中心 O 一个距离 xm，使其齿顶线刚好通过 N 点或在 N 点以下，如图 7-36 所示，这样切制出的齿轮便不会产生根切。当然，为保证切出完整的轮齿，这时轮坯的外

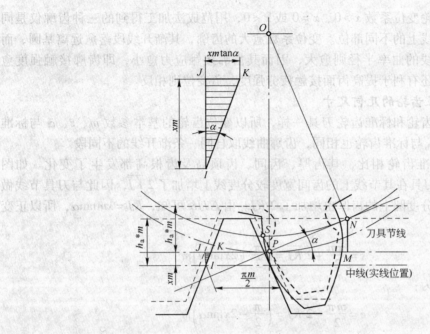

图 7 – 35　齿轮的变位

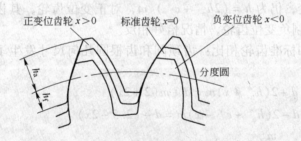

图 7 – 36　标准齿形与变位齿形的比较

圆也应相应大些。这种改变刀具与轮坯的相对位置切制齿轮的方法，即所谓变位修正法。用这种方法切制的齿轮称为变位齿轮。以切制标准齿轮时刀具的位置为基准，刀具所移动的距离 xm 称为变位或移距，其中 x 称为变位系数或移位系数，而 m 为被切齿轮的模数。

切制齿轮时，刀具由标准位置远离轮坯中心，称为正变位，变位系数 $x>0$，切出的齿轮为正变位齿轮。刀具向轮坯中心移近的变位称为负变位，变位系数 $x<0$，切出的齿轮为负变位齿轮。

由图 7 – 35 知，正变位时，因刀具远离轮坯中心，轮坯分度圆将与齿条刀具上分度线至齿顶线之间的某一刀具节线相切，刀具节线上齿槽宽增大而齿厚减小。因此，如图 7 – 36 所示，切出的齿轮其分度圆上齿厚增大而齿槽宽减小。此外齿顶圆、齿根圆均增大，齿根高则减小。

负变位时，因刀具向轮坯中心移近，故其齿形及尺寸变化情况与正变位时恰相反。

由图 7 – 36 还可看出：正变位齿轮齿根厚度增大，抗弯强度提高，但其齿顶厚度减小。负变位齿轮的情形则恰好相反，抗弯强度有所削弱，故尽量不采用。

此外，不论齿轮变位系数 $x > 0$、$x = 0$ 或 $x < 0$，用范成法加工得到的三种齿廓仅是同一基圆同一条渐开线上的不同部位。变位系数愈大的齿廓，其渐开线段落愈远离基圆，而离基圆愈远的渐开线的曲率半径则愈大，因而其齿廓接触应力愈小，即齿廓接触强度愈高。所以，正变位还有利于提高齿面接触疲劳强度，负变位则相反。

7.6.3.2　变位齿轮的几何尺寸

由于加工变位齿轮和标准齿轮刀具一样，所以变位齿轮的基本参数 m、z、α 与标准齿轮相同，故 d、d_b 与标准齿轮也相同，齿廓曲线取自同一条渐开线的不同段。

变位齿轮与标准齿轮相比，其齿厚、齿间、齿顶高及齿根高都发生了变化。如图 7-35 所示，由于刀具在其节线上的齿间宽度较分度线上增加了 $2\overline{KJ}$，因此与刀具节线做纯滚动的被切齿轮分度圆上的齿厚也增加了 $2\overline{KJ}$。由 $\triangle IJK$ 可知，$\overline{KJ} = xm\tan\alpha$，所以正变位齿轮的齿厚 s 为：

$$s = \frac{\pi m}{2} + 2\overline{KJ} = \left(\frac{\pi}{2} + 2x\tan\alpha\right)m$$

变位齿轮的齿间宽为：

$$e = \frac{m\pi}{2} - 2\overline{KJ} = \left(\frac{\pi}{2} - 2x\tan\alpha\right)m$$

图中可见，正变位的齿轮，其齿顶高较标准齿轮增加了 xm，而齿根高则减少了 xm。为了保证齿全高不变，仍为 $h = (2h_a^* + c^*)m$，对正变位齿轮，其齿顶圆半径应较标准齿轮增大 xm。如切制负变位齿轮，情况恰好相反。

所以变位齿轮和标准齿轮相比：齿顶圆和齿根圆几何尺寸发生了变化。其计算公式为：

齿顶圆 $d_a = d + 2(h_a^* + x)m = d + m(2 + 2x)$

齿根圆 $d_f = d - 2(h_a^* + c^* - x)m = d - (2.5 - 2x)$

中心距 $a' = a = \dfrac{m}{2}(z_1 + z_2)$

节圆直径 $d' = d = mz$

7.7　斜齿圆柱齿轮机构

7.7.1　斜齿圆柱齿轮齿面的形成

在直齿圆柱齿轮上，由于其轮齿的方向与齿轮轴线相平行，所有与轴线垂直的平面内情形完全相同，因而只需考虑其端面就可以代表整个齿轮了。但实际上齿轮是有一定宽度的，因此，如图 7-37（a）所示，直齿圆柱齿轮的齿廓曲面是发生面 S 在基圆柱上作纯滚动时，其上与基圆柱母线 NN 平行的某一条直线 KK 所展成的渐开线曲面。这个渐开线曲面与基圆柱的交线 AA 是一条与轴线平行的直线。由此可知，渐开线直齿圆柱齿轮啮合时，齿廓曲面的接触线是与轴线平行的直线。这种齿轮在传动中是沿着整个齿宽同时进入和脱离啮合的，因此轮齿会受突然加载和卸载的影响而产生冲击和噪声，传动的平稳性较差。不适合高速传动，为了消除或减少这些缺点，在许多场合会采用斜齿圆柱齿轮机构。

斜齿圆柱齿轮齿廓曲面的形成原理与直齿圆柱齿轮相同，只是发生面上的直线 KK 不

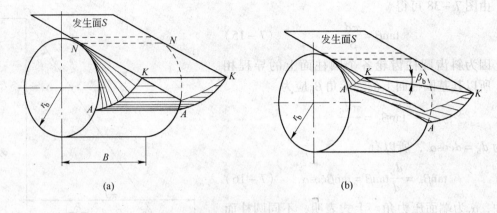

图 7 - 37　直齿和斜齿齿廓曲面的形成

平行于齿轮的轴线，而是与其成一个角度 β_b，如图 7 - 37（b）所示。当发生面 S 沿基圆柱作纯滚动时，KK 线上的每一点都依次从它与基圆柱面的接触点起画出一条渐开线，这样就构成了斜齿轮的渐开线曲面。由此可知，斜齿轮上与轴线垂直的平面上的齿廓曲线仍是渐开线。由于这些渐开线都是在同一基圆柱上展成的，所以它们的形状都相同，只是展成的起始点不同而已。因为发生面绕基圆柱面作纯滚动时，线上的各点依次与基圆柱面相接触，并在基圆柱面上形成了一条由各条渐开线起始点组成的起始点螺旋线 AA，即基圆柱面上的齿线。KK 线在空间所形成的曲面也称为渐开线螺旋面。起始点螺旋线的螺旋角就是 KK 直线与轴线所成的角度 β_b，β_b 的角度越大，轮齿相对于轴线倾斜的越严重。当 $\beta_b = 0$ 时，齿轮变成了直齿轮。所以，直齿圆柱齿轮是斜齿圆柱齿轮的一个特例。

斜齿圆柱齿轮传动时，齿面上的接触线 KK 是斜线。两齿轮首先在前端面从动轮的齿顶一点开始接触，随着传动过程的进行，接触线由短变长，再由长变短，最后在后端面从动轮齿根部某一点分离。这样一种啮合过程使得轮齿上所受的啮合力也是由小到大，再由大到小。因此，斜齿圆柱齿轮的传动更为平稳，所产生的冲击和噪声也很小，所以在高速大功率的传动中，斜齿圆柱齿轮机构得到了广泛的应用。但是，正是由于轮齿螺旋角的存在，使得斜齿圆柱齿轮在传动中较直齿圆柱齿轮机构要多一个轴向分力，这将使齿轮轴的支撑较为复杂，这是斜齿圆柱齿轮机构的一个缺点。

7.7.2　标准斜齿圆柱齿轮传动的几何尺寸计算

斜齿圆柱齿轮的几何参数有端面（垂直于齿轮轴线方向）和法面（垂直于轮齿方向）之分，分别用角标 n 和 t 来表示。

斜齿圆柱齿轮是用铣刀和滚刀加工的，这时刀具沿分度圆柱螺旋线方向运动，故刀具的齿形与齿轮法面的齿形相同，因此，国标规定斜齿轮的法面参数（mn、αn 为法向齿顶高系数和法向顶隙系数）取为标准值，而端面参数为非标准值。

7.7.2.1　螺旋角

如图 7 - 38 所示，把斜齿圆柱齿轮分度圆柱展开，其中阴影线部分表示轮齿截面，空白部分表示齿槽，B 为斜齿轮轴向宽度，πd 为分度圆周长，β 为斜齿轮分度圆柱上的螺旋角（简称为斜齿轮的螺旋角），S 为螺旋线的导程。

由图 7 - 38 可得

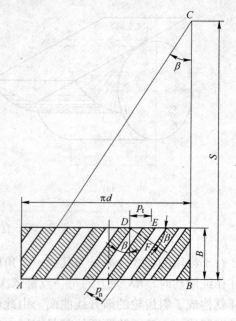

$$\tan\beta = \frac{\pi d}{S} \qquad (7-15)$$

因为斜齿圆柱齿轮各个圆柱面上的导程相同，所以其基圆柱面上的螺旋角 β_b 应为

$$\tan\beta_b = \frac{\pi d_b}{S}$$

因为 $d_b = d\cos\alpha_t$，所以有

$$\tan\beta_b = \frac{d_b}{d}\tan\beta = \tan\beta\cos\alpha_t \qquad (7-16)$$

式中，α_t 为端面压力角。上式表明，不同圆柱面的螺旋角不等。

7.7.2.2　模数

图 7 - 38 中，直角三角形 $\triangle DFE$ 两条边 p_n 与 p_t 的夹角为 β，由此可得

$$p_n = p_t\cos\beta \qquad (7-17)$$

图 7 - 38　斜齿轮的展开

式中，p_n 为法面齿距；p_t 为端面齿距。因 $p_n = \pi m_n$ 及 $p_t = \pi m_t$，所以

$$m_n = m_t\cos\beta \qquad (7-18)$$

式中，m_n 为法面模数；m_t 为端面模数。

7.7.2.3　压力角

为了便于分析，首先考察斜齿圆柱齿轮与斜齿条啮合时的情况。因斜齿圆柱齿轮与斜齿条啮合时，它们的法面压力角和端面压力角应分别相等，所以，斜齿圆柱齿轮的法面压力角 α_n 和端面压力角 α_t 的关系可由斜齿条来求得。在图 7 - 39 所示的斜齿条中，平面 abd 为端面平面 ace 为法面，$\angle abc = 90°$。

在直角三角形 $\triangle abd$、$\triangle ace$ 及 $\triangle abc$ 中

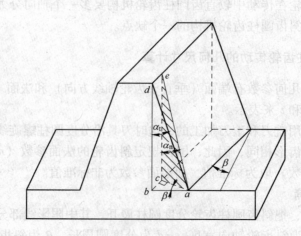

图 7 - 39　法面压力角和端面压力角的关系

$$\tan\alpha_t = \frac{\overline{ab}}{\overline{bd}}, \quad \tan\alpha_n = \frac{\overline{ac}}{\overline{ce}} \quad \text{及} \quad \overline{ac} = \overline{ab}\cos\beta$$

又因 $\overline{bd} = \overline{ce}$ 故

$$\tan\alpha_n = \frac{\overline{ac}}{\overline{ce}} = \frac{\overline{ab}\cos\beta}{\overline{bd}} = \tan\alpha_t\cos\beta \tag{7-19}$$

7.7.2.4 齿顶高系数及顶隙系数

不论从法面还是从端面来看，轮齿的齿顶高应该是相同的，径向间隙也是相同的，即

$$h_{an}^* \cdot m_n = h_{at}^* \cdot m_t \quad \text{及} \quad c_n^* m_n = c_t^* m_t$$

式中，h_{an}^* 和 c_n^* 分别为法面齿顶高系数和顶隙系数；h_{at}^* 和 c_t^* 分别为端面齿顶高系数和顶隙系数。

将式（7-18）代入以上两式得

$$\left. \begin{array}{l} h_{at}^* = h_{an}^* \cos\beta \\ c_t^* = c_n^* \cos\beta \end{array} \right\} \tag{7-20}$$

7.7.2.5 标准斜齿圆柱齿轮的几何尺寸

齿顶高和齿根高

$$h_a = h_{an}^* \cdot m_n = h_{at}^* \cdot m_t$$

$$h_f = (h_{an}^* + c_n^*)m_n = (h_{at}^* + c_t^*)m_t$$

分度圆直径

$$d = zm_t = \frac{zm_n}{\cos\beta}$$

标准中心距

$$a = \frac{d_1 + d_2}{2} = \frac{m_n(z_1 + z_2)}{2\cos\beta} \tag{7-21}$$

由该式可以看出，设计斜齿轮机构时，可用螺旋角 β 改变来调整中心距的大小，以满足对中心距的要求，而不一定对齿轮进行变位修正。

标准斜齿圆柱齿轮机构的几何参数和尺寸计算公式列于表 7-4。

表 7-4　标准斜齿圆柱齿轮几何尺寸计算公式

名　称	符　号	计算公式
螺旋角	β	$\beta_1 = \pm\beta_2$
端面模数	m_t	$m_t = \dfrac{m_n}{\cos\beta}$, m_n 为标准值
端面分度圆压力角	α_t	$\tan\alpha_t = \dfrac{\tan\alpha_n}{\cos\beta}$, $\alpha_n = 20°$
端面齿顶高系数	h_{at}^*	$h_{at}^* = h_{an}^* \cos\beta$, $h_{an}^* = 1$
端面顶隙系数	c_t^*	$c_t^* = c_n^* \cos\beta$, $c_n^* = 0.25$
齿顶高	h_a	$h_a = h_{an}^* \cdot m_n$
齿根高	h_f	$h_f = (h_{an}^* + c_n^*)m_n = (h_{at}^* + c_t^*)m_t$
齿全高	h	$h = h_a + h_f$
分度圆直径	d	$d = zm_t = \dfrac{zm_n}{\cos\beta}$
齿顶圆直径	d_a	$d_a = d + 2h_a$

名　称	符　号	计 算 公 式
齿根圆直径	d_f	$d_f = d - 2h_f$
基圆直径	d_b	$d_b = d\cos\alpha$
中心距	a	$a = \dfrac{d_1 + d_2}{2} = \dfrac{m_n(z_1 + z_2)}{2\cos\beta}$

7.7.3　斜齿圆柱齿轮的当量齿数

　　上面我们对斜齿轮的有关几何尺寸进行了简单的说明。但是对于斜齿轮而言，还有一个十分重要的参数——当量齿轮。

　　用仿形法切制斜齿轮时，刀刃位于轮齿的法面内，并沿分度圆柱螺旋线方向切齿，故斜齿轮法面上的模数、压力角和法面齿型应与刀具参数和齿型分别相同。因此，选择齿轮铣刀时，刀具的模数和压力角应等于斜齿轮法面模数和压力角。但铣刀的刀号需由齿数来确定，因此应找出一个与斜齿轮法面齿型相当的直齿轮，该虚拟的直齿轮称为斜齿轮的当量齿轮，当量齿轮的齿数称为当量齿数，用 z_v 表示。铣刀刀号应按照 z_v 选取。如图 7 – 40 所示，过斜齿轮分度圆上 C 点，作斜齿轮法面剖面，得到一椭圆。该剖面上 C 点附近的齿型可以视为斜齿轮的法面齿型。以椭圆上点 C 的曲率半径 ρ 作为虚拟直齿轮的分度圆半径，并设该虚拟直齿轮的模数和压力角分别等于斜齿轮的法面模数和压力角，该虚拟直齿轮即为当量齿轮，其齿数即为当量齿数。

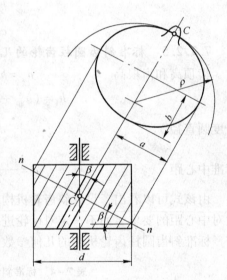

图 7 – 40　斜齿轮的当量齿轮

　　根据几何学，由图 7 – 40 可知：椭圆长半轴为：$a = \dfrac{d}{2\cos\beta}$　短半轴为：$b = \dfrac{d}{2}$

而

$$\rho = \frac{a^2}{b} = \frac{d}{2\cos^2\beta}$$

所以得到：

$$z_v = \frac{2\rho}{m_n} = \frac{d}{m_n\cos^2\beta} = \frac{z}{\cos^3\beta}$$

　　当量齿数的作用有：

　　（1）用来选取齿轮铣刀的刀号；

　　（2）用来计算斜齿轮的强度；

　　（3）用来确定斜齿轮不根切的最少齿数：$z_{min} = z_{vmin}\cos^3\beta$，令 $z_{min} = 17$，显然，斜齿圆柱齿轮不产生根切的最少齿数要小于 17。

7.7.4　斜齿圆柱齿轮机构的正确啮合条件

　　首先，斜齿圆柱齿轮应满足直齿圆柱齿轮的正确啮合条件，即两齿轮的模数和压力角应分别相等。另外，相互啮合的两齿轮在啮合点处轮齿的倾斜方向应当一致，倾斜角度应当相等。因此，对外啮合齿轮，两轮的分度圆柱螺旋角应大小相等、方向相反，即 $\beta_1 = -\beta_2$；而对内啮合齿轮，两轮分度圆柱上的螺旋角应大小相等、方向相同，即 $\beta_1 = \beta_2$。

由于相互啮合的两齿轮螺旋角 β 大小相等，所以法面模数 m_n 和法面压力角 α_n，也应该分别相等。

综上所述，一对斜齿圆柱齿轮的正确啮合条件是

$$\left.\begin{array}{c} \beta_1 = \pm\beta_2 \\ m_{n1} = m_{n2} = m_n \\ \alpha_{n1} = \alpha_{n2} = \alpha_n \end{array}\right\} \tag{7-22}$$

β 前的 "+" 号用于内啮合，"-" 号用于外啮合。

7.8 圆锥齿轮机构

7.8.1 圆锥齿轮机构概述

圆锥齿轮机构主要用来传递两相交轴之间的运动和动力，其轮齿分布在一个截锥体上，如图7-41所示，这是圆锥齿轮区别于圆柱齿轮的特点之一。正是由于这一特点，使得相应于圆柱齿轮中的各有关 "圆柱"，在此都变为 "圆锥" 了。例如齿顶圆锥、齿根圆锥以及分度圆锥等。为了计算和测量方便，通常规定圆锥大端的参数为标准参数值，即大端模数选取，其压力角一般为 $20°$，齿顶高系数 $h_a^* = 1$，顶隙系数 $c^* = 0.2$。

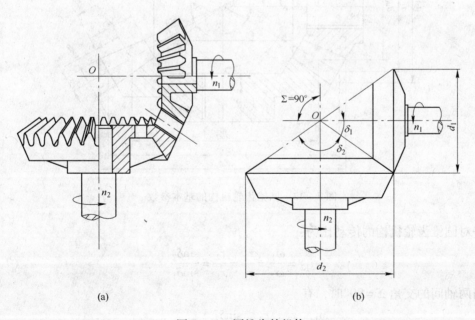

(a)   (b)

图7-41 圆锥齿轮机构

一对圆锥齿轮两轴之间的交角 Σ 可根据传动的需要来决定。一般的机械传动中，多采用 $\Sigma = 90°$ 的传动形式，在特殊场合下，也可采用 $\Sigma \neq 90°$ 的圆锥齿轮机构。

圆锥齿轮的轮齿有直齿、斜齿及曲齿等多种形式。由于直齿圆锥齿轮的设计、制造和安装均较简便，因而应用最为广泛。曲齿圆锥齿轮的承载能力较强，传动平稳，故常用于高速重载的传动中，如汽车、拖拉机中的差速器齿轮等。

7.8.2 直齿圆锥齿轮传动的基本参数和几何尺寸计算

7.8.2.1 基本参数

锥齿轮的基本参数有模数 m，压力角 α，大小锥齿轮齿数 z_1 和 z_2，齿顶高系数 h_a^*，顶隙系数 c^*。模数 m 可按标准选用，压力角 $\alpha = 20°$。齿顶高系数和顶隙系数分别为：正常齿制：$h_a^* = 1$，$c^* = 0.2$；短齿制：$h_a^* = 0.8$，$c^* = 0.3$。

7.8.2.2 几何尺寸计算

圆锥齿轮以大端的参数为标准值，故在计算其几何尺寸时，也应以大端为准，如图 7-42 所示，两圆锥齿轮的分度圆直径分别为

$$d_1 = 2R\sin\delta_1, \quad d_2 = 2R\sin\delta_2 \tag{7-23}$$

式中　R——分度圆锥锥顶到大端的距离，称为锥距；

δ_1，δ_2——分别为两齿轮的分度圆锥角（简称为分锥角）。

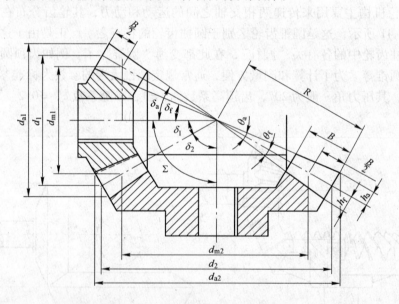

图 7-42　圆锥齿轮机构的基本参数

一对圆锥齿轮机构的传动比为：

$$i_{12} = \frac{\omega_1}{\omega_2} = \frac{z_2}{z_1} = \frac{r_2}{r_1} = \frac{\sin\delta_2}{\sin\delta_1} \tag{7-24}$$

当两轴间的交角 $\Sigma = 90°$ 时，有

$$i_{12} = \frac{\omega_1}{\omega_2} = \frac{z_2}{z_1} = \frac{r_2}{r_1} = \frac{\sin\delta_2}{\sin\delta_1} = \cot\delta_1 = \tan\delta_2 \tag{7-25}$$

此外，由式（7-45）得，两圆锥齿轮的当量齿轮分度圆半径分别为：

$$r_{v1} = R\tan\delta_1$$

$$r_{v2} = R\tan\delta_2$$

及
$$R = \sqrt{r_1^2 + r_2^2} = \frac{m}{2}\sqrt{z_1^2 + z_2^2}$$

直齿圆锥齿轮机构的主要几何参数和尺寸计算公式见表 7 - 5。

表 7 - 5　直齿圆锥齿轮尺寸的计算公式（$\Sigma = 90°$）

名　称	符　号	计　算　公　式	
		小圆锥齿轮	大圆锥齿轮
分度圆直径	d	$d_1 = mz_1$	$d_2 = mz_2$
齿顶高	h_a	$h_a = h_a^* \cdot m$	
齿根高	h_f	$h_f = (h_a^* + c^*)m$	
顶　隙	c	$c = c^*m$（一般取 $c^* = 0.2$）	
齿顶圆直径	d_a	$d_{a1} = d_1 + 2h_a\cos\delta_1$	$d_{a2} = d_2 + 2h_a\cos\delta_2$
齿根基圆直径	d_f	$d_{f1} = d_1 - 2h_f\cos\delta_1$	$d_{f2} = d_2 - 2h_f\cos\delta_2$
齿顶角	θ_a	$\theta_a = \arctan\dfrac{h_a}{R}$	
齿根角	θ_f	$\theta_f = \arctan\dfrac{h_f}{R}$	
锥　距	R	$R = \dfrac{m}{2}\sqrt{z_1^2 + z_2^2}$	
当量齿数	z_v	$z_{v1} = \dfrac{z_1}{\cos\delta_1}$	$z_{v2} = \dfrac{z_2}{\cos\delta_2}$
分锥角	δ	$\delta_1 = \arctan\dfrac{z_2}{z_1}$	$\delta_2 = 90° - \delta_1$
顶锥角	δ_a	$\delta_{a1} = \delta_1 + \theta_{a1}$	$\delta_{a2} = \delta_2 + \theta_{a2}$
根锥角	δ_f	$\delta_{f1} = \delta_1 - \theta_{f1}$	$\delta_{f2} = \delta_2 - \theta_{f2}$
分度圆齿厚	s	$s = \pi m/2$	

注：当 $m \leqslant 1\text{mm}$ 时，$c^* = 0.25$，$h_f = 1.25m$。

思考题与习题

7 - 1　要使齿轮机构匀速、连续、平稳的运行，必须满足哪些条件？

7 - 2　使一对齿廓在其啮合过程中保持传动比不变，该对齿廓应符合什么条件？

7 - 3　当一对互相啮合的渐开线齿廓绕各自的基圆圆心转动时，其传动比不变。为什么？

7 - 4　何谓齿轮机构的啮合线，为什么渐开线齿轮的啮合线为直线？

7 - 5　何谓标准齿轮，何谓标准中心距，一对标准齿轮的实际中心距略大于标准中心距时，其传动比有无变化，仍能继续正确啮合吗，其顶隙、齿侧间隙和重合度有何变化？

7 - 6　何谓齿轮的模数，为什么要规定模数的标准值？

7 - 7　渐开线齿轮的基本参数有哪些，其中哪些是有标准的，为什么说这些参数是基本参数？

7 - 8　何谓齿廓的根切现象，是否齿轮的齿根被切去一块的现象就叫根切，在什么情况下会产生根切现象？是否基圆半径愈小就愈容易产生根切，齿廓的根切有什么危害，根切与被切齿轮的齿数有什么关系，如何避免根切？

7 - 9　一齿轮的齿数 $z = 12（< 17）$ 欲采用正变位来避免根切，问其最小变位系数应为多少才能避免根切？

7-10 一对渐开线标准直齿轮的正确啮合条件是什么?

7-11 一对渐开线标准外啮合直齿轮非标准安装时,安装中心距 a' 与标准中心距 a 中哪个大?啮合角 α' 与压力 α 中哪个大,为什么?

7-12 用齿条型刀具范成加工齿轮时,如何加工出渐开线标准直齿轮?

7-13 渐开线变位直齿轮与渐开线标准直齿轮相比,哪些参数不变,哪些参数发生变化?

7-14 平行轴斜齿圆柱齿轮机构的正确啮合条件是什么?

7-15 什么是斜齿轮的当量齿轮,为什么要提出当量齿轮的概念?

7-16 已知一对渐开线标准外啮合圆柱齿轮机构,其模数 $m=10\text{mm}$,压力角 $\alpha=20°$,中心距 $a=350\text{mm}$,传动比 $i_{12}=9/5$,试计算这对齿轮机构的几何尺寸。

7-17 一对渐开线标准圆柱直齿轮外啮合传动。已知 $z_1=40$、传动比 $i_{12}=2.5$、$h_a^*=1$、$c^*=0.25$、$\alpha=20°$、$m=10\text{mm}$。

(1)在标准安装时,试求小齿轮的尺寸(r_a、r_f、r_b、r、r'、p、s、e、p'、s'、e'、p_b)以及啮合的中心距 a 与啮合角 α'。

(2)若安装的中心距 a' 比标准中心距 a 加大 1mm,试求小齿轮的尺寸(r_a、r_f、r_b、r、r'、p、s、e、p'、p_b)以及啮合角 α'。

7-18 两个相同的渐开线标准直齿圆柱齿轮,其压力角 $\alpha=20°$,齿顶高系数 $h_a^*=1$,在标准安装下传动。若两轮齿顶圆正好通过对方的啮合极限点 N,试求两轮理论上的齿数。

7-19 一标准直齿轮的齿数 $z=26$,模数 $m=3\text{mm}$,齿顶高系数 $h_a^*=1$,$c^*=0.25$,压力角 $\alpha=20°$,试求齿廓曲线在分度圆及齿顶圆上的曲率半径和齿顶圆压力角 α_a。

7-20 如图7-43所示,用卡尺跨三个齿测量渐开线直齿圆柱齿轮的公法线长度。试证明:只要保证卡脚与渐开线相切,无论切于何处,测量结果均相同,其值为 $W_3=2p_b+s_b$(p_b 和 s_b 分别表示基圆齿距和基圆齿厚)

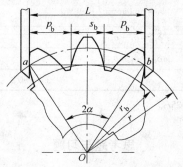

图7-43 题7-20图

7-21 设有一对外啮合圆柱齿轮,已知:模数 $m_n=2\text{mm}$,齿数 $z_1=21$,$z_2=22$,中心距 $a=45\text{mm}$,现不用变位而拟用斜齿圆柱齿轮来配凑中心距,问这对斜齿轮的螺旋角应为多少?

7-22 有一对斜齿轮机构。已知 $m_n=1.5\text{mm}$,$z_1=z_2=18$,$\beta=15°$,$\alpha_n=20°$,$h_{an}^*=1$,$c_n^*=0.25$,$B=14\text{mm}$。试求:

(1)齿距 p_n 和 p_t;

(2)分度圆半径 r_1 和 r_2 及中心距 a;

(3)重合度 ε;

(4)当量齿数 z_{v1} 和 z_{v2}。

7-23 有一对标准直齿圆锥齿轮。已知 $m=3\text{mm}$,$z_1=24$,$z_2=32$,$\alpha=20°$,$h_a^*=1$,$c^*=0.2$ 及 $\Sigma=90°$。试计算该对圆锥齿轮的几何尺寸。

第8章 齿轮传动

齿轮传动是应用最广泛的一种机械传动方式。形式很多，传递的功率可达数十万千瓦，圆周速度可达 200m/s。传递动力的齿轮目前广泛应用的是渐开线齿轮，对于大功率传动，少量采用圆弧齿轮。有关齿轮机构的啮合原理、几何计算和切齿方法已在第 7 章论述。本章主要着重论述齿轮传动的强度计算。

8.1 齿轮传动的失效形式和齿轮材料

8.1.1 失效形式

齿轮传动是由轮齿来传递运动和动力的。因此，齿轮传动的失效主要是轮齿的失效，而轮齿的失效形式又是多种多样的，这里只就较为常见的轮齿折断和工作齿面磨损、点蚀、胶合及塑性变形等略作介绍。

8.1.1.1 轮齿折断

轮齿折断有多种形式，在正常工况下，主要是齿根弯曲疲劳折断，因为在轮齿受载时，齿根处产生的弯曲应力最大，再加上齿根过渡部分的截面突变及加工刀痕等引起的应力集中作用，当轮齿重复受载后，齿根处就会产生疲劳裂纹，并逐步扩展，致使轮齿疲劳折断（图 8-1）。

在斜齿圆柱齿轮（简称斜齿轮）传动中，轮齿工作面上的接触线为一斜线，轮齿受载后，如有载荷集中时，就会发生局部折断（图 8-2）。若制造及安装不良或轴的弯曲变形过大，轮齿局部受载过大时，即使是直齿圆柱齿轮（简称直齿轮），也会发生局部折断。

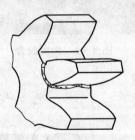

图 8-1 轮齿疲劳折断

图 8-2 局部折断

为了提高轮齿的抗折断能力，可采取下列措施：
(1) 用增大齿根过渡圆角半径及消除加工刀痕的方法来减小齿根应力集中；
(2) 增大轴及支承的刚性，使轮齿接触线上受载较为均匀；
(3) 采用合适的热处理方法使齿芯材料具有足够的韧性；

（4）采用喷丸、滚压等工艺措施对齿根表层进行强化处理。

8.1.1.2　齿面磨损

在齿轮传动中，齿面随着工作条件的不同会出现多种不同的磨损形式。例如当啮合齿面间落入磨料性物质（如砂粒、铁屑等）时，齿面即被逐渐磨损而致报废。这种磨损称为磨粒磨损，它是开式齿轮传动的主要失效形式之一。改用闭式齿轮传动是避免齿面磨粒磨损最有效的办法。

8.1.1.3　齿面点蚀

点蚀是齿面疲劳损伤的现象之一。在润滑良好的闭式齿轮传动中，常见的齿面失效形式多为点蚀。所谓点蚀就是齿面材料在变化着的接触应力作用下，由于疲劳而产生的麻点状损伤现象（图 8－3）。齿面上最初出现的点蚀仅为针尖大小的麻点，如工作条件未加改善，麻点就会逐渐扩大，甚至数点连成一片，最后形成了明显的齿面损伤。实践表明，点蚀首先出现在靠近节线的齿根面上，然后再向其他部位扩展。从相对意义上说，也就是靠近节线处的齿根面抵抗点蚀的能力最差（即接触疲劳强度最低）。

提高齿轮材料的硬度，可以增强轮齿抗点蚀的能力。在啮合的轮齿间加注润滑油可以减小摩擦，减缓点蚀，延长齿轮的工作寿命。

开式齿轮传动，由于齿面磨损较快，很少出现点蚀。

8.1.1.4　齿面胶合

对于高速重载的齿轮传动（如航空发动机减速器的主传动齿轮），齿面间的压力大，瞬时温度高，润滑效果差，当瞬时温度过高时，相啮合的两齿面就会发生粘在一起的现象，由于此时两齿面又在作相对滑动，相黏结的部位即被撕破，于是在齿面上沿相对滑动的方向形成伤痕，称为胶合，如图 8－4 中的轮齿左部所示。

图 8－3　齿面点蚀

图 8－4　齿面胶合

加强润滑措施，采用抗胶合能力强的润滑油（如硫化油），在润滑油中加入极压添加剂等；均可防止或减轻齿面的胶合。

8.1.1.5　塑性变形

塑性变形一般发生在硬度低的齿轮上，当载荷和摩擦力都很大时，在齿轮啮合过程中，齿面的金属就容易沿着摩擦力的方向产生塑性流动，在主动轮上形成凹沟，从动轮上形成凸棱，如图 8－5 所示。但在重载作用下，硬度高的齿轮上也会出现。

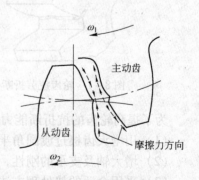

图 8－5　轮齿塑性变形

前已说明，轮齿的失效形式很多。除上述五种主要形式外，还可能出现过热、侵蚀、电蚀和由于不同原因产生的多种腐蚀与裂纹等，可参看有关资料。

8.1.2 设计准则

由上述分析可知，所设计的齿轮传动在具体的工作情况下，必须具有足够的、相应的工作能力，以保证在整个工作寿命期间不致失效。因此，针对上述各种工作情况及失效形式，都应分别确立相应的设计准则。但是对于齿面磨损、塑性变形等，由于尚未建立起广为工程实际使用而且行之有效的计算方法及设计数据，所以目前设计一般使用的齿轮传动时，通常只按保证齿根弯曲疲劳强度及保证齿面接触疲劳强度两准则进行计算；对于高速大功率的齿轮传动（如航空发动机主传动、汽轮发电机组传动等），还要按保证齿面抗胶合能力的准则进行计算（参阅 GB/Z 6413—2003）。至于抵抗其他失效的能力，目前虽然一般不进行计算，但应采取相应的措施，以增强轮齿抵抗这些失效的能力。

由实践得知，在闭式齿轮传动中，通常以保证齿面接触疲劳强度为主。但对于齿面硬度很高、齿芯强度又低的齿轮（如用 20、20Cr 钢经渗碳后淬火的齿轮）或材质较脆的齿轮，通常则以保证齿根弯曲疲劳强度为主。如果两齿轮均为硬齿面且齿面硬度一样高时，则视具体情况而定。

功率较大的传动，例如输入功率超过 75kW 的闭式齿轮传动，发热量大，易于导致润滑不良及轮齿胶合损伤等，为了控制温升，还应作散热能力计算（计算准则及办法参看下一章蜗杆传动）。

开式（半开式）齿轮传动，按理应根据保证齿面抗磨损及齿根抗折断能力两准则进行计算，但如前所述，对齿面抗磨损能力的计算方法迄今尚不够完善，故对开式（半开式）齿轮传动，目前仅以保证齿根弯曲疲劳强度作为设计准则。为了延长开式（半开式）齿轮传动的寿命，可视具体需要而将所求得的模数适当增大。

对于齿轮的轮圈、轮辐、轮毂等部位的尺寸，通常仅作结构设计，不进行强度计算。

8.1.3 齿轮的材料及热处理

由轮齿的失效形式可知，设计齿轮传动时，应使齿面具有较高的抗磨损、抗点蚀、抗胶合及抗塑性变形的能力，而齿根要有较高的抗折断的能力。因此，对轮齿材料性能的基本要求为：齿面要硬，齿芯要韧。此外，还应考虑机械加工和热处理的工艺性，以及经济性要求。

常用的齿轮材料及其力学性能列于表 8 – 1。

表 8 – 1　常用齿轮材料及其力学特性

材料牌号	热处理方法	硬　度	接触疲劳极限 σ_{Hlim}/MPa	弯曲疲劳极限 σ_{FE}/MPa
HT300	时效	187 ~ 255HBS	330 ~ 390	100 ~ 150
QT500 – 7	正火	170 ~ 230HBS	450 ~ 540	260 ~ 300
QT600 – 3	正火	190 ~ 270HBS	490 ~ 580	280 ~ 310
ZG310 – 570	正火	163 ~ 197HBS	280 ~ 330	210 ~ 250

材料牌号	热处理方法	硬　度	接触疲劳极限 σ_{Hlim}/MPa	弯曲疲劳极限 σ_{FE}/MPa
ZG340 - 640	正火	179 ~ 207HBS	310 ~ 340	240 ~ 270
ZG35SiMn	调 质	241 ~ 269HBS	590 ~ 640	500 ~ 520
	表面淬火	45 ~ 53HRC	1130 ~ 1190	690 ~ 720
45	正 火	156 ~ 217HBS	350 ~ 400	280 ~ 340
	调 质	197 ~ 286HBS	550 ~ 620	410 ~ 480
	表面淬火	40 ~ 50HRC	1120 ~ 1150	680 ~ 700
40Cr	调 质	241 ~ 286HBS	650 ~ 750	560 ~ 620
	表面淬火	48 ~ 55HRC	1150 ~ 1210	700 ~ 740
40CrMnMo	调 质	229 ~ 363HBS	680 ~ 710	580 ~ 690
	表面淬火	45 ~ 50HRC	1130 ~ 1150	690 ~ 700
35SiMn	调 质	207 ~ 286HBS	650 ~ 760	550 ~ 610
	表面淬火	45 ~ 50HRC	1130 ~ 1150	690 ~ 700
40MnB	调 质	241 ~ 286HBS	680 ~ 760	580 ~ 610
	表面淬火	45 ~ 55HRC	1130 ~ 1210	690 ~ 720
38SiMnMo	调 质	241 ~ 286HBS	680 ~ 760	580 ~ 610
	表面淬火	45 ~ 55HRC	1130 ~ 1210	690 ~ 720
	碳氮共渗	57 ~ 63HRC	880 ~ 950	790
38CrMoAlA	调 质	255 ~ 321HBS	710 ~ 790	600 ~ 640
	表面淬火	45 ~ 55HRC	1130 ~ 1210	690 ~ 720
20Cr	渗碳淬火回火	56 ~ 62HRC	1500	850
20CrMnTi	渗 氮	>850HV	1000	715
	渗碳淬火回火	56 ~ 62HRC	1500	850

8.1.3.1　钢

　　钢材的韧性好，耐冲击，还可通过热处理或化学热处理改善其力学性能及提高齿面的硬度，故最适于用来制造齿轮。

　　除尺寸过大或者是结构形状复杂只宜铸造者外，一般都用锻钢制造齿轮，常用的是含碳量在 0.15% ~ 0.6% 的碳钢或合金钢。合金钢材根据所含金属的成分及性能，可分别使材料的韧性、耐冲击、耐磨及抗胶合的性能等获得提高，也可通过热处理或化学热处理改善材料的机械性及提高齿面的硬度。所以对于既是高速、重载，又要求尺寸小、质量小的航空用齿轮，就都用性能优良的合金钢（如 20CrMnTi、20Cr2Ni4A 等）来制造。

　　制造齿轮的锻钢可分为以下几种。

　　（1）经热处理后切齿的齿轮所用的锻钢。对于强度、速度及精度都要求不高的齿轮，应采用软齿面（硬度≤350HBS）以便于切齿，并使刀具不致迅速磨损变钝。因此，应将齿轮毛坯经过常化（正火）或调质处理后切齿，切制后即为成品。其精度一般为 8 级，精切时可达 7 级。这类齿轮制造简便、经济、生产率高。

（2）需进行精加工的齿轮所用的锻钢。即硬齿面齿轮（齿面硬度 > 350HBS 的齿轮）。对于高速、重载、要求尺寸紧凑的机械传动装置（如精密机床、航空发动机），齿面应有高硬度（可达 58 ~ 65HRC），这类齿轮的强度和精度一般也较高。齿轮毛坯经正火或调质以后切齿，再经表面硬化处理以提高硬度，硬化处理以后一般要经过磨齿等精加工，精度可达 5 级或 4 级。这类齿轮精度高，价格较贵。常采用的硬化处理方法有以下几种。

1）整体淬火。齿轮整体淬火后再低温回火，由于整体淬火引起轮齿的变形比较大，所以往往需经过磨齿等精加工。常用材料有 40Cr。这种热处理方法心部韧性不足，不适用于承受冲击载荷的齿轮。

2）表面淬火。用于受中等冲击载荷的齿轮，中、小尺寸的齿轮采用高频或中频感应电流加热淬火，大尺寸齿轮可采用火焰淬火，火焰淬火比较简便，但齿面硬度不太均匀。表面淬火只对轮齿表层加热，淬火后轮齿变形不大，因而不需磨齿。这类齿轮常用中碳钢如 45、40Cr、40CrNi 等。

3）渗碳淬火。受冲击很大的齿轮常需进行渗碳淬火，渗碳层一般为 0.3 倍的模数，渗碳速度约为 1mm/5h，渗碳温度约为 900°C。渗碳淬火齿轮的材料用低碳钢或低碳合金钢，如 20、20Cr、20CrMnTi 等。渗碳淬火后轮齿变形大，要求精度高时，应进行磨齿。

4）渗氮。齿面经渗氮（氮化）处理后，可以得到很高的齿面硬度，渗氮轮齿变形小（渗氮温度低 400 ~ 580℃），不需磨齿，但渗氮层很薄（0.1 ~ 0.6mm，0.5mm/50h），且容易压碎，所以不适用于受冲击载荷和有严重磨损的场合。常用的氮化钢有 38CrMoAlA 等。

5）碳氮共渗，又称为氰化。处理时间短，变形较小，但硬化层薄，氰化物有剧毒，应用受到限制。

铸钢的耐磨性及强度均较好，但应经退火及常化处理，必要时也可进行调质。铸钢常用于尺寸较大的齿轮。

8.1.3.2 铸铁

灰铸铁性质较脆，抗冲击及耐磨性都较差，但抗胶合及抗点蚀的能力较好。灰铸铁齿轮常用于工作平稳，速度较低，功率不大的场合。

8.1.3.3 非金属材料

对高速、轻载及精度不高的齿轮传动，为了降低噪声。常用非金属材料（如夹布塑胶、尼龙等）做小齿轮，大齿轮仍用钢或铸铁制造。为使大齿轮具有足够的抗磨损及抗点蚀的能力，齿面的硬度应为 250 ~ 350HBS。

8.1.4 齿轮精度的选择

渐开线圆柱齿轮精度标准（GB/T 10095—2001）和渐开线锥齿轮精度标准（GB/T 11365—1989）规定了 12 个精度等级，其中 1 级最高，12 级最低。按齿轮传动的性能，精度要求分为三个组：第 I 公差组、第 II 公差组、第 III 公差组，各公差组分别主要反映运动精度、运动平稳性和承载能力方面的要求。标准还规定了齿坯公差、齿轮侧隙等数据。一般动力传动的公差等级，要根据传动用途、平稳性要求、节圆圆周速度、载荷、运动精度要求等确定。各类机器所用齿轮传动的精度等级范围列于表 8 - 2 中，按速度推荐的齿轮传动精度等级如表 8 - 3 所示。

表 8 – 2　各类机器所用齿轮传动的精度等级范围

机器名称	精度等级	机器名称	精度等级
汽轮机	3 ~ 6	拖拉机	6 ~ 8
金属切削机床	3 ~ 8	通用减速机	6 ~ 8
航空发动机	4 ~ 8	锻压机床	6 ~ 9
轻型汽车	5 ~ 8	起重机	7 ~ 10
载重汽车	7 ~ 9	农业机器	8 ~ 11

注: 主传动齿轮或重要的齿轮传动, 精度等级偏上限选择; 辅助传动的齿轮或一般齿轮传动, 精度等级居中或偏下限选择。

表 8 – 3　齿轮传动精度等级的选择及应用

精度等级	圆周速度			应　用
	直齿圆柱齿轮	斜齿圆柱齿轮	直齿锥齿轮	
6 级	≤15	≤30	≤12	高速重载的齿轮传动, 如飞机、汽车和机床中的重要齿轮, 分度机构的齿轮传动
7 级	≤10	≤15	≤8	高速中载或中速重载的齿轮传动, 如标准系列减速器中的齿轮, 汽车和机床中的齿轮
8 级	≤6	≤10	≤4	机械制造中对精度无特殊要求的齿轮
9 级	≤2	≤4	≤1.5	低速及对精度要求低的传动

8.2　标准直齿圆柱齿轮传动的强度计算

8.2.1　受力分析与计算载荷

进行齿轮传动的强度计算时, 首先要知道轮齿上所受的力, 这就需要对齿轮传动作受力分析。当然, 对齿轮传动进行力分析也是计算安装齿轮的轴及轴承时所必需的。

齿轮传动一般均加以润滑, 啮合轮齿间的摩擦力通常很小, 计算轮齿受力时, 可不予考虑。

沿啮合线作用在齿面上的法向载荷 F_n 垂直于齿面, 为了计算方便, 将法向载荷 F_n 在节点 P 处分解为两个相互垂直的分力, 即圆周力 F_t 与径向力 F_r, 如图 8 – 6 所示。由此得

$$\left.\begin{array}{l} F_t = 2T_1/d_1 \\ F_r = F_t \tan\alpha \\ F_n = F_t/\cos\alpha \end{array}\right\} \tag{8-1}$$

式中　T_1——小齿轮传递的转矩, N·mm;

　　　d_1——小齿轮的节圆直径, 对标准齿轮即为分度圆直径, mm;

　　　α——啮合角, 对标准齿轮, $\alpha = 20°$。

以上分析的是主动轮轮齿上的力, 从动轮轮齿上的各力分别与其大小相等、方向

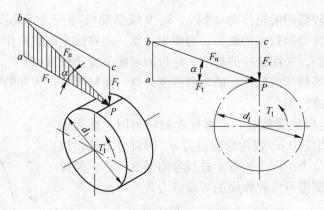

图 8-6 直齿圆柱齿轮轮齿的受力分析

相反。

上述受力分析是在载荷沿齿宽均匀分布及作用在齿轮上的外载荷能精确计算的理想条件下进行的。但实际运转时，由于轴和轴承变形、传动装置的制造、安装误差等原因，导致载荷沿齿宽不能均匀分布而引起载荷集中。此外，由于原动机和工作机的工作特性不同，齿轮制造误差以及轮齿变形等原因还会引起附加动载荷，从而使实际载荷大于理想条件下的载荷。因此，计算齿轮强度时，需引用载荷系数来考虑上述各种因素的影响，使之尽可能符合作用在轮齿上的实际载荷，通常按计算载荷 F_{nc} 进行计算。

$$F_{nc} = K \cdot F_n \tag{8-2}$$

式中，K 为载荷系数，其值可由表 8-4 查取。

表 8-4 载荷系数 K

工作机械	载荷特性	原 动 机		
		电动机	多缸内燃机	单缸内燃机
均匀加料的运输机和加料机、轻型卷扬机、发电机、机床辅助传动	均匀、轻微冲击	1~1.2	1.2~1.6	1.6~1.8
不均匀加料的运输机和加料机、重型卷扬机、球磨机、机床主传动	中等冲击	1.2~1.6	1.6~1.8	1.8~2.0
冲床、钻床、轧机、破碎机、挖掘机	较大冲击	1.6~1.8	1.9~2.1	2.2~2.4

注：斜齿、圆周速度低、精度高、齿宽系数小、齿轮在两轴承间对称布置时取小值；直齿、圆周速度高、精度低、齿宽系数大、齿轮在两轴承间不对称布置时取大值。

8.2.2 齿根弯曲疲劳强度计算

轮齿在受载时，齿根所受的弯矩最大，因此齿根处的弯曲疲劳强度最弱。当轮齿在齿顶处啮合时，处于双对齿啮合区，此时弯矩的力臂虽然最大，但力并不是最大，因此弯矩并不是最大。根据分析，齿根所受的最大弯矩发生在轮齿啮合点位于单对齿啮合区最高点时；因此，齿根弯曲强度也应按载荷作用于单对齿啮合区最高点来计算；由于这种算法比较复杂，通常只用于高精度的齿轮传动（如 6 级精度以上的齿轮传动）。

对于制造精度较低的齿轮传动（如 7、8、9 级精度），由于制造误差大，实际上多由在齿顶处啮合的轮齿分担较多的载荷，为便于计算，通常按全部载荷作用于齿顶来计算齿根的弯曲强度。当然，采用这样的算法，轮齿的弯曲强度比较富裕。

下面仅介绍中等精度齿轮传动的弯曲强度计算。高精度齿轮传动的弯曲强度计算办法可参阅齿轮国家标准汇编。

图 8-7 所示为齿顶受载时，轮齿根部的应力图。在齿根危险截面 AB 处的压应力 σ_c 仅为弯曲应力 σ_F 的百分之几；故可忽略，仅按水平分力所产生的弯矩进行弯曲强度计算。假设轮齿为一悬臂梁，则齿根危险截面的弯曲应力为

$$\sigma_{F0} = \frac{M}{W} = \frac{F_n \cos\alpha_F \cdot h_F}{\dfrac{b S_F^2}{6}} = \frac{F_t}{bm} \cdot \frac{6 \dfrac{h_F}{m}\cos\alpha_F}{\left(\dfrac{S_F}{m}\right)^2 \cos\alpha}$$

令

$$Y_{Fa} = \frac{6 \dfrac{h_F}{m}\cos\alpha_F}{\left(\dfrac{S_F}{m}\right)^2 \cos\alpha}$$

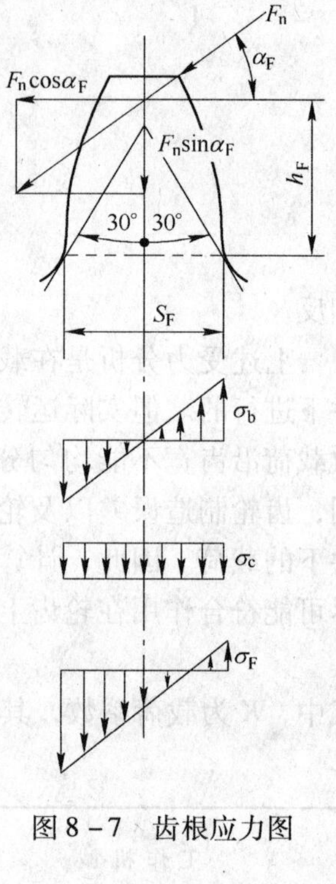

Y_{Fa} 是一个无量纲系数，只与轮齿的齿廓形状有关，而与齿的大小（模数 m）无关。因此，称为齿形系数。载荷作用于齿顶时的齿形系数 Y_{Fa} 可查表 8-5。

考虑影响齿轮载荷的各种因数，引入载荷系数，齿轮齿根危险截面的弯曲应力为

$$\sigma_{F0} = \frac{K F_t Y_{Fa}}{bm}$$

图 8-7　齿根应力图

上式中的 σ_{F0} 仅为齿根危险截面处的理论弯曲应力，实际计算时，还应计入齿根危险截面处的过渡圆角所引起的应力集中作用以及弯曲应力以外的其他应力对齿根应力的影响，因而得齿根危险截面的弯曲强度条件式为

$$\sigma_F = \sigma_{F0} Y_{Sa} = \frac{K F_t Y_{Fa} Y_{Sa}}{bm} \leqslant [\sigma_F] \tag{8-3}$$

式中，Y_{Sa} 为载荷作用于齿顶时的应力校正系数（数值列于表 8-5）。

表 8-5　齿形系数 Y_{Fa} 及应力校正系数 Y_{Sa}

z (z_v)	17	18	19	20	21	22	23	24	25	26	27	28	29
Y_{Fa}	2.97	2.91	2.85	2.80	2.76	2.72	2.69	2.65	2.62	2.60	2.57	2.55	2.53
Y_{Sa}	1.52	1.53	1.54	1.55	1.56	1.57	1.575	1.58	1.59	1.595	1.60	1.61	1.62
z (z_v)	30	35	40	45	50	60	70	80	90	100	150	200	∞
Y_{Fa}	2.52	2.45	2.40	2.35	2.32	2.28	2.24	2.22	2.20	2.18	2.14	2.12	2.06
Y_{Sa}	1.625	1.65	1.67	1.68	1.70	1.73	1.75	1.77	1.78	1.79	1.83	1.865	1.97

注：1. 基准齿形的参数为 $\alpha = 20°$、$h_a^* = 1$、$c^* = 0.25$、$\rho = 0.38m$（m 为齿轮模数）；

　　2. 对内齿轮：当 $\alpha = 20°$、$h_a^* = 1$、$c^* = 0.25$、$\rho = 0.15m$ 时，齿形系数 $Y_{Fa} = 2.053$；应力校正系数 $Y_{Sa} = 2.65$。

令 $\varphi_d = b/d_1$，其中，φ_d 称为齿宽系数（数值参看表 8-8），并将 $F_t = 2T_1/d_1$ 及 $m = d_1/z_1$ 代入式（8-3），得

$$\sigma_F = \frac{2KT_1 Y_{Fa} Y_{Sa}}{\varphi_d m^3 z_1^2} \leqslant [\sigma_F] \tag{8-3a}$$

于是得

$$m \geqslant \sqrt[3]{\frac{2KT_1}{\varphi_d z_1^2} \cdot \frac{Y_{Fa} Y_{Sa}}{[\sigma_F]}} \tag{8-4}$$

式（8-4）为设计计算公式，式（8-3）为校核计算公式。

式中，许用弯曲应力

$$[\sigma_F] = \frac{\sigma_{FE}}{S_F}$$

式中　σ_{FE}——试验轮齿失效概率为 1/100 时的齿根弯曲疲劳极限值，见表 8-1。若轮齿两面工作时，应将表中的数值×0.7。

　　　S_F——安全系数，见表 8-6。

表 8-6　最小安全系数 S_F、S_H 的参考值

使 用 要 求	S_{Fmin}	S_{Hmin}
高可靠度（失效概率≤1/10000）	2.0	1.5
较高可靠度（失效概率≤1/1000）	1.6	1.25
一般可靠度（失效概率≤1/100）	1.25	1.0

注：对于一般工业用齿轮传动，可用一般可靠度。

8.2.3　齿面接触疲劳强度计算

齿面接触疲劳强度计算的基本公式，根据弹性力学的赫兹公式并以计算载荷 F_{nc} 代 F_n，接触线长度 L 代 B，可得

$$\sigma_H = \sqrt{\frac{F_{nc}\left(\dfrac{1}{\rho_1} \pm \dfrac{1}{\rho_2}\right)}{\pi\left[\left(\dfrac{1-\mu_1^2}{E_1}\right) + \left(\dfrac{1-\mu_2^2}{E_2}\right)\right]L}} \leqslant [\sigma_H]$$

为计算方便，取接触线单位长度上的计算载荷

$$p_{ca} = \frac{F_{nc}}{L} \tag{8-5}$$

$$\frac{1}{\rho_\Sigma} = \frac{1}{\rho_1} \pm \frac{1}{\rho_2} \tag{8-6}$$

$$Z_E = \sqrt{\frac{1}{\pi\left[\left(\dfrac{1-\mu_1^2}{E_1}\right) + \left(\dfrac{1-\mu_2^2}{E_2}\right)\right]}}$$

式中　ρ_Σ——啮合齿面上啮合点的综合曲率半径。

　　Z_E 为弹性影响系数，数值列于表 8-7，则上式为

$$\sigma_H = \sqrt{p_{ca}/\rho_{\Sigma}} \cdot Z_E \leqslant [\sigma_H] \qquad (8-7)$$

表 8 − 7 弹性影响系数 Z_E

弹性影响系数 $Z_E/\sqrt{MPa}$	配对齿轮材料及弹性模量	灰铸铁	球墨铸铁	铸 钢	锻 钢	夹布塑胶
		11.8×10^4 MPa	17.3×10^4 MPa	20.2×10^4 MPa	20.6×10^4 MPa	0.785×10^4 MPa
齿轮材料						
	锻 钢	162.0	181.4	188.9	189.8	56.4
	铸 钢	161.4	180.5	188.0		
	球墨铸铁	156.6	173.0	—		
	灰铸铁	143.7	—			

注：表中所列夹布塑胶的泊松比 μ 为 0.5，其余材料的 μ 均为 0.3。

　　渐开线齿廓上各点的曲率（$1/\rho$）并不相同，沿工作齿廓各点所受的载荷也不一样。因此按式（8-7）计算齿面的接触强度时，就应同时考虑啮合点所受的载荷及综合曲率（$1/\rho_{\Sigma}$）的大小。对端面重合度 $\varepsilon_{\alpha} \leqslant 2$ 的直齿轮传动，为了计算方便，通常即以节点啮合为代表进行齿面的接触强度计算。

　　下面即介绍按节点啮合进行接触强度计算的方法。至于按大、小齿轮单对齿啮合的最低点计算齿面接触强度的办法可参阅齿轮国家标准汇编。

　　节点啮合的综合曲率为

$$\frac{1}{\rho_{\Sigma}} = \frac{1}{\rho_1} \pm \frac{1}{\rho_2} = \frac{\rho_2 \pm \rho_1}{\rho_1 \rho_2} = \frac{\dfrac{\rho_2}{\rho_1} \pm 1}{\rho_1 \left(\dfrac{\rho_2}{\rho_1} \right)}$$

　　轮齿在节点啮合时，两轮齿廓曲率半径之比与两轮的直径或齿数成正比，即

$$\rho_2/\rho_1 = d_2/d_1 = z_2/z_1 = u,$$

故得

$$\frac{1}{\rho_{\Sigma}} = \frac{1}{\rho_1} \cdot \frac{u \pm 1}{u}$$

对于标准齿轮，节圆就是分度圆，故得 $\rho_1 = d_1 \sin\alpha/2$

代入式得

$$\frac{1}{\rho_{\Sigma}} = \frac{2}{d_1 \sin\alpha} \cdot \frac{u \pm 1}{u}$$

　　将得到的结果以及式（8-2）、式（8-5）、$L = b$（b 为齿轮的设计工作宽度，最后取定的齿宽 B 可能因结构、安装上的需要而略大于 b，下同）代入式（8-7）得到

$$\sigma_H = \sqrt{\frac{KF_t}{b\cos\alpha} \cdot \frac{2}{d_1 \sin\alpha} \cdot \frac{u \pm 1}{u}} \cdot Z_E = \sqrt{\frac{KF_t}{bd_1} \cdot \frac{u \pm 1}{u}} \cdot \sqrt{\frac{2}{\sin\alpha\cos\alpha}} \cdot Z_E \leqslant [\sigma_H]$$

令

$$Z_H = \sqrt{2/\sin\alpha\cos\alpha}$$

Z_H 称为区域系数（标准直齿轮 $\alpha = 20°$ 时，$Z_H = 2.5$），则可写为

$$\sigma_H = \sqrt{\frac{KF_t}{bd_1} \cdot \frac{u \pm 1}{u}} \cdot Z_H Z_E \leqslant [\sigma_H] \qquad \text{MPa} \qquad (8-8)$$

　　将 $F_t = 2T_1/d_1$、$\varphi_d = b/d_1$ 代入上式得

$$\sqrt{\frac{2KT_1}{\varphi_d d_1^3} \cdot \frac{u \pm 1}{u}} Z_H Z_E \leq [\sigma_H]$$

于是得

$$d_1 \geq \sqrt[3]{\frac{2KT_1}{\varphi_d} \cdot \frac{u \pm 1}{u} \left(\frac{Z_H Z_E}{[\sigma_H]}\right)^2} \text{ mm} \tag{8-9}$$

式中，许用接触应力

$$[\sigma_H] = \frac{\sigma_{H \text{ lim}}}{S_H}$$

式中　$\sigma_{H \text{ lim}}$——试验轮齿失效概率为 1/100 时的接触疲劳极限值，见表 8-1；

　　　S_H——安全系数，见表 8-6。

式（8-9）为标准直齿圆柱齿轮的设计计算公式；式（8-8）为校核计算公式。

8.2.4　齿轮传动的强度计算说明

（1）由式（8-3）可得 $\sigma_F/(Y_{Fa}Y_{Sa}) = KF_t/bm \leq [\sigma_F]/(Y_{Fa}Y_{Sa})$，即配对齿轮的 $\sigma_F/(Y_{Fa}Y_{Sa})$ 值皆一样，而 $[\sigma_F]/(Y_{Fa}Y_{Sa})$ 的值却可能不同。因此按齿根弯曲疲劳强度设计齿轮传动时，应将 $[\sigma_F]_1/(Y_{Fa1}Y_{Sa1})$ 或 $[\sigma_F]_2/(Y_{Fa2}Y_{Sa2})$ 中较小的数值代入设计公式进行计算。

（2）因配对齿轮的接触应力皆一样，即 $\sigma_{H1} = \sigma_{H2}$。同上理，若按齿面接触疲劳强度设计直齿轮传动时，应将 $[\sigma_H]_1$ 或 $[\sigma_H]_2$ 中较小的数值代入设计公式进行计算。

（3）当配对两齿轮的齿面均属硬齿面时（由于硬齿面齿轮传动的尺寸较软齿面齿轮传动的可显著减小，故在生产技术条件等不受限制时应广为采用，目前已逐渐推广），两轮的材料、热处理方法及硬度均可取成一样的。设计这种齿轮传动时，可分别按齿根弯曲疲劳强度及齿面接触疲劳强度的设计公式进行计算，并取其中较大者作为设计结果。

8.2.5　齿轮传动设计参数的选择

8.2.5.1　压力角 α 的选择

增大压力角 α，轮齿的齿厚及节点处的齿廓曲率半径亦随之增加，有利于提高齿轮传动的弯曲强度及接触强度。我国对一般用途的齿轮传动规定的标准压力角为 $\alpha = 20°$。为增强航空用齿轮传动的弯曲强度及接触强度，我国航空齿轮传动标准还规定了 $\alpha = 25°$ 的标准压力角。但增大压力角并不一定都对传动有利。对重合度接近 2 的高速齿轮传动，推荐采用齿顶高系数为 1~1.2，压力角为 16°~18° 的齿轮，这样做可增加轮齿的柔性，降低噪声和动载荷。

8.2.5.2　小齿轮齿数 z_1 的选择

若保持齿轮传动的中心距 a 不变，增加齿数，除能增大重合度、改善传动的平稳性外，还可减小模数，降低齿高，因而减少金属切削量，节省制造费用。另外，降低齿高还能减小滑动速度，减少磨损及减小胶合的可能性。但模数小了，齿厚随之减薄，则要降低轮齿的弯曲强度。不过在一定的齿数范围内，尤其是当承载能力主要取决于齿面接触强度时，以齿数多一些为好。

闭式齿轮传动一般转速较高，为了提高传动的平稳性，减小冲击振动，以齿数多一些为好，小齿轮的齿数可取为 $z_1 = 20 \sim 40$。开式（半开式）齿轮传动，由于轮齿主要为磨损失效，为使轮齿不致过小，故小齿轮不宜选用过多的齿数，一般可取 $z_1 = 17 \sim 20$。

为使轮齿免于根切，对于 $\alpha = 20°$ 的标准直齿圆柱齿轮，应取 $z_1 \geqslant 17$。

8.2.5.3　齿宽系数 φ_d 的选择

由齿轮的强度计算公式可知，轮齿愈宽，承载能力也愈高，因而轮齿不宜过窄；但增大齿宽又会使齿面上的载荷分布更趋不均匀，故齿宽系数应取得适当。圆柱齿轮齿宽系数 φ_d 的荐用值列于表 8-8。对于标准圆柱齿轮减速器，齿宽系数取为

$$\varphi_a = \frac{b}{a} = \frac{b}{0.5 d_1 (1 + u)}$$

所以对于外啮合齿轮传动

$$\varphi_d = \frac{b}{d_1} = 0.5 (1 + u) \varphi_a \qquad (8-10)$$

表 8-8　圆柱齿轮的齿宽系数 φ_d

装置状况	两支承相对小齿轮作对称布置	两支承相对小齿轮作不对称布置	小齿轮作悬臂布置
φ_d	0.9 ~ 1.4 (1.2 ~ 1.9)	0.7 ~ 1.15 (1.1 ~ 1.65)	0.4 ~ 0.6

注：1. 大、小齿轮皆为硬齿面时 φ_d 应取表中偏下限的数值；若皆为软齿面或仅大齿轮为软齿面时，φ_d 可取表中偏上限的数值；

    2. 括号内的数值用于人字齿轮，此时 b 为人字齿轮的总宽度；

    3. 金属切削机床的齿轮传动，若传递的功率不大时，φ_d 可小到 0.2；

    4. 非金属齿轮可取 $\varphi_d \approx 0.5 \sim 1.2$。

φ_d 的值规定为 0.2，0.25，0.30，0.40，0.50，0.60，0.80，1.0，1.2。运用设计计算公式时，对于标准减速器，可先选定 φ_a 后再用式 (8-10) 计算出相应的 φ_d 值。

圆柱齿轮的计算齿宽 $b = \varphi_d d_1$，并加以圆整。为了防止两齿轮因装配后轴向稍有错位而导致啮合齿宽减小，常把小齿轮的齿宽在计算齿宽 b 的基础上人为地加宽约 $5 \sim 10$ mm。

例 8-1　某两级直齿圆柱齿轮减速器用电动机驱动，单向运转，载荷有中等冲击。高速级传动比 $i = 3.7$，高速级转速 $n_1 = 745$ r/min，传动功率 $P = 17$ kW，采用软齿面，试计算此高速级传动。

解：1. 选择材料及确定许用应力

小齿轮用 40MnB 调质，齿面硬度 241 ~ 286HBS，$\sigma_{H \lim 1} = 730$ MPa，$\sigma_{FE} = 600$ MPa（表 8-1），大齿轮用 ZG35SiMn 调质，齿面硬度 241 ~ 269HBS，$\sigma_{H \lim 2} = 620$ MPa，$\sigma_{FE} = 510$ MPa（表 8-1）。由表 8-6，取 $S_H = 1.1$，$S_F = 1.25$。

$$[\sigma_{H1}] = \frac{\sigma_{H \lim 1}}{S_H} = \frac{730}{1.1} = 664 \text{MPa}$$

$$[\sigma_{H2}] = \frac{\sigma_{H \lim 2}}{S_H} = \frac{620}{1.1} = 564 \text{MPa}$$

$$[\sigma_{F1}] = \frac{\sigma_{FE1}}{S_F} = \frac{600}{1.25} = 480 \text{MPa}$$

$$[\sigma_{F2}] = \frac{\sigma_{FE2}}{S_F} = \frac{510}{1.25} = 408 \text{MPa}$$

2. 按齿面接触强度设计

设齿轮按 8 级精度制造。取载荷系数 $K = 1.5$（表 8-4），齿宽系数 $\varphi_d = 0.8$（表 8-8），小齿轮上的转矩

$$T_1 = 9.55 \times 10^6 \times \frac{P}{n} = 9.55 \times 10^6 \times \frac{17}{745} = 2.18 \times 10^5 \text{N} \cdot \text{mm}$$

取 $Z_E = 188$（表 8-7）

$$\begin{aligned} d_1 &\geqslant \sqrt[3]{\frac{2KT_1}{\varphi_d} \cdot \frac{u \pm 1}{u} \left(\frac{Z_H Z_E}{[\sigma_H]} \right)^2} \\ &= \sqrt[3]{\frac{2 \times 1.5 \times 2.18 \times 10^5}{0.8} \times \frac{3.7 + 1}{3.7} \left(\frac{188 \times 2.5}{564} \right)^2} \\ &= 89.7 \text{mm} \end{aligned}$$

齿数取 $z_1 = 32$，则 $z_2 = 3.7 \times 32 \approx 118$。故实际传动比 $i = 118/32 = 3.69$

模数 $m = \dfrac{d_1}{z_1} = \dfrac{89.7}{32} = 2.8 \text{mm}$

齿宽 $b = \varphi_d d_1 = 0.8 \times 89.7 = 71.8 \text{mm}$，取 $b_2 = 75 \text{mm}$，$b_1 = 80 \text{mm}$

按表 7-1 取 $m = 3 \text{mm}$，实际的 $d_1 = z_1 \times m = 32 \times 3 = 96 \text{mm}$，$d_2 = z_2 \times m = 118 \times 3 = 354 \text{mm}$

中心距 $a = \dfrac{d_1 + d_2}{2} = \dfrac{96 + 354}{2} = 225 \text{mm}$

3. 验算轮齿弯曲强度

齿形系数及应力修正系数 $Y_{Fa1} = 2.5$，$Y_{Sa1} = 1.63$（表 8-5），$Y_{Fa2} = 2.17$，$Y_{Sa2} = 1.81$（表 8-5）

由式（8-3a）

$$\sigma_{F1} = \frac{2KT_1 Y_{Fa1} Y_{Sa1}}{\varphi_d m^3 z_1^2} = \frac{2 \times 1.5 \times 2.18 \times 10^5 \times 2.5 \times 1.63}{0.8 \times 3^3 \times 32^2} = 121 \text{MPa} \leqslant [\sigma_F] = 480 \text{MPa}$$

$$\sigma_{F2} = \frac{2KT_1 Y_{Fa2} Y_{Sa2}}{\varphi_d m^3 z_1^2} = \frac{2 \times 1.5 \times 2.18 \times 10^5 \times 2.17 \times 1.81}{0.8 \times 3^3 \times 32^2} = 116 \text{MPa} \leqslant [\sigma_F] = 408 \text{MPa}$$

安全。

4. 齿轮的圆周速度

$$v = \frac{\pi d_1 n_1}{60 \times 1000} = \frac{3.14 \times 96 \times 745}{60000} = 3.74 \text{m/s}$$

对照表 8-3 可知选用 8 级精度是合宜的。

其他计算从略。

8.3 标准斜齿圆柱齿轮传动的强度计算

8.3.1 轮齿的受力分析

在斜齿轮传动中，作用于齿面上的法向载荷 F_n 仍垂直于齿面。如图 8-8 所示，F_n 位于法面 $Pabc$ 内，与节圆柱的切面 $Pa'ae$ 倾斜一法向啮合角 α_n。力 F_n 可沿齿轮的周向、

径向及轴向分解成三个相互垂直的分力。

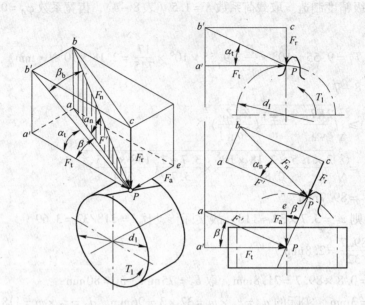

图 8 - 8　斜齿轮的轮齿受力分析

首先，将力 F_n 在法面内分解成沿径向的分力（径向力）F_r 和在 $Pa'ae$ 面内的分力 F'，然后再将力 F' 在 $Pa'ae$ 面内分解成沿周向的分力（圆周力）F_t 及沿轴向的分力（轴向力）F_a。各力的方向如图所示；各力的大小为：

$$\left.\begin{array}{l} F_t = 2T_1/d_1 \\ F' = F_t/\cos\beta \\ F_r = F'\tan\alpha_n = F_t \tan\alpha_n/\cos\beta \\ F_a = F_t\tan\beta \\ F_n = F'/\cos\alpha_n = F_t/(\cos\alpha_n\cos\beta) = F_t/(\cos\alpha_t\cos\beta_b) \end{array}\right\} \qquad (8-11)$$

式中　β——节圆螺旋角，对标准斜齿轮即分度圆螺旋角；

　　　β_b——啮合平面的螺旋角，亦即基圆螺旋角；

　　　α_n——法面压力角，对标准斜齿轮，$\alpha_n = 20°$；

　　　α_t——端面压力角。

从动轮轮齿上的各力分别与主动轮上的各力大小相等、方向相反。

由式（8-11）可知，轴向力 F_a 与 $\tan\beta$ 成正比。为了不使轴承承受过大的轴向力，斜齿圆柱齿轮传动的螺旋角 β 不宜选得过大，常在 8°～20° 之间选择。在人字齿轮传动中，同一个人字齿上按力学分析所得的两个轴向分力大小相等，方向相反，轴向分力的合力为零。因而人字齿轮的螺旋角 β 可取较大的数值（15°～40°），传递的功率也较大。人字齿轮传动的受力分析及强度计算都可沿用斜齿轮传动的公式。

8.3.2　强度计算

斜齿圆柱齿轮传动的强度计算是按轮齿的法面进行分析的，其基本原理与直齿圆柱齿轮传动相似。但是斜齿圆柱齿轮传动的重合度较大，同时相啮合的轮齿较多，轮齿的接触线是倾斜的，而且在法面内斜齿轮的当量齿轮的分度圆半径也较大，因此斜齿接触应力和弯曲应力均比直齿轮有所降低。关于斜齿轮强度问题的详细讨论，可参阅机械设计教材。下面直接写出经简化处理的斜齿轮强度计算公式。

一对钢制标准斜齿轮传动的齿面接触应力及强度条件为

$$\sigma_H = Z_H Z_E Z_\beta \sqrt{\frac{2KT_1}{bd_1} \cdot \frac{u \pm 1}{u}} \leqslant [\sigma_H] \tag{8-12}$$

$$d_1 \geqslant \sqrt[3]{\frac{2KT_1}{\varphi_d} \cdot \frac{u \pm 1}{u} \left(\frac{Z_H Z_E Z_\beta}{[\sigma_H]}\right)^2} \quad \text{mm} \tag{8-13}$$

式中　Z_E——材料弹性系数，由表 8-7 查取；

　　　Z_H——节点区域系数，标准齿轮的 $Z_H = 2.5$；

　　　Z_β——螺旋角系数，$Z_\beta = \sqrt{\cos\beta}$。

齿根弯曲疲劳强度条件为

$$\sigma_F = \frac{2KT_1}{bd_1 m_n} Y_{Fa} Y_{Sa} \leqslant [\sigma_F] \tag{8-14}$$

于是得

$$m_n \geqslant \sqrt[3]{\frac{2KT_1}{\varphi_d z_1^2} \cdot \frac{Y_{Fa} Y_{Sa}}{[\sigma_F]} \cos_\beta^2} \quad \text{mm} \tag{8-15}$$

式中　Y_{Fa}——齿形系数，按当量齿数 $z_v = \dfrac{z}{\cos_\beta^3}$ 由表 8-5 查取。

　　　Y_{Sa}——齿根应力修正系数，按当量齿数 $z_v = \dfrac{z}{\cos_\beta^3}$ 由表 8-5 查取。

例 8-2 某一斜齿圆柱齿轮减速器传递的功率 $P = 40\text{kW}$，传动比 $i = 3.3$，主动轴转速 $n_1 = 1470\text{r/min}$，用电动机驱动，长期工作，双向传动，载荷有中等冲击，要求结构紧凑，试计算此齿轮传动。

解：1. 选择材料及确定许用应力

因要求结构紧凑故采用硬齿面的组合。

小齿轮用 20CrMnTi 渗碳淬火，齿面硬度为 56～62HRC，$\sigma_{H\,lim1} = 1500\text{MPa}$，$\sigma_{FE1} = 850\text{MPa}$；大齿轮用 20Cr 渗碳淬火，齿面硬度为 56～62HRC，$\sigma_{H\,lim12} = 1500\text{MPa}$，$\sigma_{FE2} = 850\text{MPa}$（表 8-1）。

取 $S_F = 1.25$，$S_H = 1$（表 8-6）；

取 $Z_H = 2.5$，$Z_E = 189.8$（表 8-7）；

$$[\sigma_{F1}] = [\sigma_{F2}] = \frac{\sigma_{FE1}}{S_F} = \frac{0.7 \times 850}{1.25} = 476\text{MPa}$$

$$[\sigma_{H1}] = [\sigma_{H2}] = \frac{\sigma_{H\,lim1}}{S_H} = \frac{1500}{1} = 1500\text{MPa}$$

2. 按轮齿弯曲强度设计计算

齿轮按 8 级精度制造。取载荷系数 $K = 1.3$（表 8-4），齿宽系数 $\varphi_d = 0.8$（表 8-8）。

小齿轮上的转矩　$T_1 = 9.55 \times 10^6 \dfrac{P}{n} = 9.55 \times 10^6 \dfrac{40}{1470} = 2.6 \times 10^5 \text{N} \cdot \text{mm}$

初选螺旋角　$\beta = 15°$

齿数　取　$z_1 = 19$，$z_2 = 3.3 \times 19 \approx 63$。实际传动比为 $i = 63/19 = 3.32$。

齿形系数　$z_{v1} = \dfrac{z_1}{\cos^3 15°} = 21.08$，$z_{v2} = \dfrac{z_2}{\cos^3 15°} = 69.9$

查表 8 - 5 得 $Y_{Fa1} = 2.76$，$Y_{Sa1} = 1.56$，$Y_{Fa2} = 2.24$，$Y_{Sa2} = 1.75$

因　$\dfrac{Y_{Fa1} Y_{Sa1}}{\sigma_{F1}} = \dfrac{2.76 \times 1.56}{476} = 0.009045 > \dfrac{Y_{Fa2} Y_{Sa2}}{\sigma_{F2}} = \dfrac{2.24 \times 1.75}{476} = 0.008235$

故应对小齿轮进行弯曲强度计算。

法向模数

$$m_n \geqslant \sqrt[3]{\dfrac{2KT_1}{\varphi_d z_1^2} \cdot \dfrac{Y_{Fa1} Y_{Sa1}}{[\sigma_{F1}]} \cos^2 \beta} = \sqrt[3]{\dfrac{2 \times 1.3 \times 2.6 \times 10^5}{0.8 \times 19^2} \times 0.009045 \times \cos^2 15°} = 2.7 \text{mm}$$

由表 7 - 1 取 $m_n = 3 \text{mm}$。

中心距　$a = \dfrac{m_n(z_1 + z_2)}{2\cos\beta} = \dfrac{3 \times (19 + 63)}{2\cos 15°} = 127.34 \text{mm}$

取 $a = 130 \text{mm}$。

确定螺旋角　$\beta = \arccos \dfrac{m_n(z_1 + z_2)}{2a} = \arccos \dfrac{3 \times (19 + 63)}{2 \times 130} = 18°53'16''$

齿轮分度圆直径　$d_1 = m_n z_1 / \cos\beta = 3 \times 19 / \cos 18°53'16'' = 60.249 \text{mm}$

齿宽　$b = \varphi_d d_1 = 0.8 \times 60.249 = 48.2 \text{mm}$

取　$b_2 = 50 \text{mm}$，$b_1 = 55 \text{mm}$

3. 验算齿面接触强度

将各参数代入式（8 - 12）得

$$\sigma_H = Z_H Z_E Z_\beta \sqrt{\dfrac{2KT_1}{bd_1} \cdot \dfrac{u \pm 1}{u}} = 189.8 \times 2.5 \sqrt{\cos 18°53'16''} \sqrt{\dfrac{2 \times 1.3 \times 2.6 \times 10^5}{50 \times 60.249^2} \times \dfrac{4.32}{3.32}}$$

$= 917 \text{MPa} < [\sigma_{H1}] = 1500 \text{MPa}$　安全。

4. 齿轮的圆周速度

$$v = \dfrac{\pi d_1 n_1}{60 \times 1000} = \dfrac{3.14 \times 60.249 \times 1470}{60000} = 4.6 \text{m/s}$$

对照表 8 - 3，选 8 级制造精度是合适的。

8.4　标准圆锥齿轮传动的强度计算

由于工作要求的不同，圆锥齿轮传动可设计成不同的形式。下面着重介绍最常用的、轴交角 $\Sigma = 90°$ 的标准直齿圆锥齿轮传动的强度计算。

8.4.1　轮齿的受力分析

直齿圆锥齿轮齿面上所受的法向载荷 F_n 通常都视为集中作用在平均分度圆上，即在齿宽中点的法向截面 $N-N$（$Pabc$ 平面）内（图8-9）。与圆柱齿轮一样，将法向载荷 F_n 分解为切于分度圆锥面的周向分力（圆周力）F_t 及垂直于分度圆锥母线的分力 F'，再将力 F' 分解为径向分力 F_{r1} 及轴向分力 F_{a1}。小圆锥齿轮轮齿上所受各力的方向如图所示，各力的大小分别为

$$\left.\begin{aligned} F_t &= \frac{2T_1}{d_{m1}} \\ F' &= F_t \tan\alpha \\ F_{r1} &= F'\cos\delta_1 = F_t\tan\alpha\cos\delta_1 = F_{a2} \\ F_{a1} &= F'\sin\delta_1 = F_t\tan\alpha\sin\delta_1 = F_{r2} \\ F_n &= \frac{F_t}{\cos\alpha} \end{aligned}\right\} \tag{8-16}$$

式中 F_{r1} 与 F_{a2} 及 F_{a1} 与 F_{r2} 大小相等，方向相反。

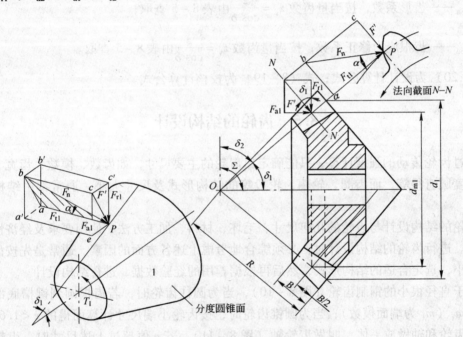

图8-9 直齿圆锥齿轮的轮齿受力分析

8.4.2 强度计算

8.4.2.1 齿面接触疲劳强度计算

可以近似的认为，一对直齿锥齿轮传动和位于齿宽中点的一对当量圆柱齿轮传动的强度相等。由此可得轴交角为90°的一对钢制直齿锥齿轮的齿面接触强度验算公式

$$\sigma_H = Z_E Z_H \sqrt{\frac{KF_{t1}}{bd_1(1-0.5\varphi_R)}\frac{\sqrt{u^2+1}}{u}} \leq [\sigma_H] \tag{8-17}$$

式中，齿宽系数 $\varphi_R = \dfrac{b}{R_e}$，$b$ 为齿宽，R_e 为锥距，一般取 $\varphi_R = 0.25 \sim 0.3$；

$u = \dfrac{z_2}{z_1}$，对于一级直齿锥齿轮传动，取 $u \leqslant 5$。

由上式可得锥齿轮接触疲劳强度设计公式

$$d_1 \geqslant \sqrt[3]{\frac{4KT_1}{\varphi_R u (1-0.5\varphi_R)^2}\left(\frac{Z_E Z_H}{[\sigma_H]}\right)^2} \quad \text{mm} \tag{8-18}$$

8.4.2.2 齿根弯曲疲劳强度计算

$$\sigma_F = \frac{KF_t Y_{Fa} Y_{Sa}}{bm(1-0.5)\varphi_R} \leqslant [\sigma_F] \quad \text{MPa} \tag{8-19}$$

$$m \geqslant \sqrt[3]{\frac{4KT_1}{\varphi_R(1-0.5\varphi_R)^2 z_1^2 \sqrt{u^2+1}} \cdot \frac{Y_{Fa} Y_{Sa}}{[\sigma_F]}} \quad \text{mm} \tag{8-20}$$

式中　m——大端模数；

　　Y_{Fa}——齿形系数，按当量齿数 $z_v = \dfrac{z}{\cos\delta}$ 由表 8-5 查取；

　　Y_{Sa}——齿根应力修正系数，按当量齿数 $z_v = \dfrac{z}{\cos\delta}$ 由表 8-5 查取。

式 (8-20) 为设计计算公式；式 (8-19) 为校核计算公式。

8.5　齿轮的结构设计

　　通过齿轮传动的强度计算，只能确定出齿轮的主要尺寸，如齿数、模数、齿宽、螺旋角、分度圆直径等，而齿圈、轮辐、轮毂等的结构形式及尺寸大小，通常都由结构设计确定。

　　齿轮的结构设计与齿轮的几何尺寸、毛坯、材料、加工方法、使用要求及经济性等因素有关。进行齿轮的结构设计时，必须综合地考虑上述各方面的因素。通常是先按齿轮的直径大小，选定合适的结构形式，然后再根据荐用的经验数据，进行结构设计。

　　对于直径很小的钢制齿轮（图 8-10），当为圆柱齿轮时，若齿根圆到键槽底部的距离 $e < 2m_t$（m_t 为端面模数）；当为圆锥齿轮时，按齿轮小端尺寸计算而得的 $e < 1.6m$ 时，均应将齿轮和轴做成一体，叫做齿轮轴（图 8-11）。若 e 值超过上述尺寸时，齿轮与轴以分开制造为合理。

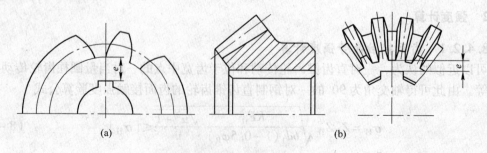

(a)　　　　　　　　　　(b)

图 8-10　齿轮结构尺寸

(a) 圆柱齿轮；(b) 圆锥齿轮

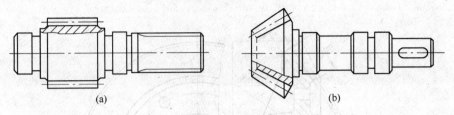

图 8-11 齿轮轴

（a）圆柱齿轮轴；（b）圆锥齿轮轴

当齿顶圆直径 $d_a \leqslant 160$mm 时，可以做成实心结构的
齿轮（图 8-10 及图 8-12）。但航空产品中的齿轮，虽
然 $d_a \leqslant 160$mm，也有做成腹板式的（图 8-13），腹板上
开孔的数目按结构尺寸大小及需要而定。

当齿顶圆直径 $d_a > 300$mm 的铸造圆锥齿轮，可做成
带加强肋的腹板式结构（图 8-14），加强肋的厚度 $C_1 \approx$
$0.8C$，其他结构尺寸与腹板式相同。

当齿顶圆直径 $400 < d_a < 1000$mm 时，可做成轮辐截
面为"十"字形的轮辐式结构的齿轮（图 8-15）。

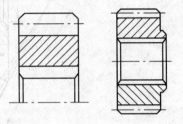

图 8-12 实心结构的齿轮

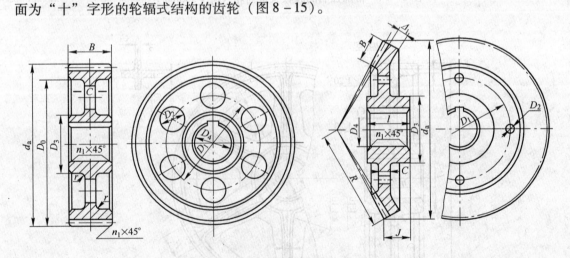

图 8-13 腹板式结构的齿轮（$d_a < 500$mm）

$D_1 \approx (D_0 + D_3)/2$；$D_2 \approx (0.25 \sim 0.35)(D_0 - D_3)$；$D_3 \approx 1.6D_4$（钢材）；

$D_3 \approx 1.7D_4$（铸铁）；$n_1 \approx 0.5m_n$；$r \approx 5$mm；

圆柱齿轮：$D_0 \approx d_a - (10 \sim 14)m_n$；$C \approx (0.2 \sim 0.3)B$；

锥齿轮：$l \approx (1 \sim 1.2)D_4$；$C = (3 \sim 4)m$；尺寸 J 由结构设计而定；$\Delta_1 = (0.1 \sim 0.2)B$

常用齿轮的 C 值不应小于 10mm，航空用齿轮可取 $C \approx 3 \sim 6$mm

为了节约贵重金属，对于尺寸较大的圆柱齿轮，可做成组装齿圈式的结构（图 8-
16）。齿圈用钢制，而轮芯则用铸铁或铸钢。

用尼龙等工程塑料模压出来的齿轮，也可参照图 8-12 或图 8-13 所示的结构及尺寸
进行结构设计。

进行齿轮结构设计时，还要进行齿轮和轴的连接设计。通常采用单键连接。但当齿轮

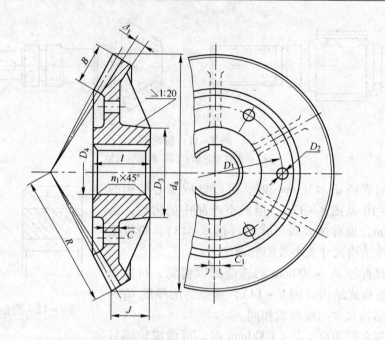

图 8 - 14　带加强肋的腹板式锥齿轮（$d_a > 300\text{mm}$）

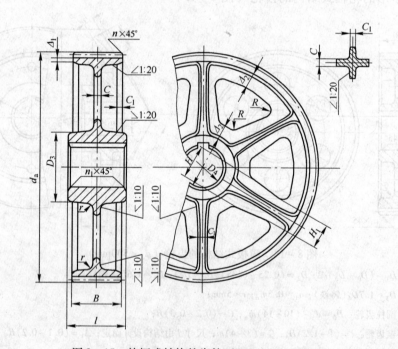

图 8 - 15　轮辐式结构的齿轮（$400 < d_a < 1000\text{m}$）

$B < 240\text{mm}$；$D_3 \approx 1.6D_4$（铸钢）；$D_3 \approx 1.7D_4$（铸铁）；$\Delta_1 \approx$（$3 \sim 4$）$m_n > 8\text{mm}$；

$\Delta_2 \approx$（$1 \sim 1.2$）Δ_1；$H \approx 0.8D_4$（铸钢）；$H \approx 0.9D_4$（铸铁）；$H_1 \approx 0.8H$；$C \approx H/5$；

$C_1 \approx H/6$；$R \approx 0.5H$；$1.5D_4 > l \geqslant B$；轮辐数常取为 6

转速较高时，要考虑轮芯的平衡及对中性，这时齿轮和轴的连接应采用花键或双键连接。对于沿轴滑移的齿轮，为了操作灵活，也应采用花键或双导键连接。

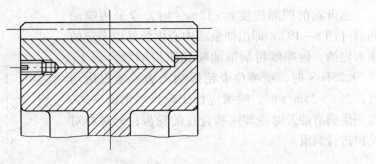

图 8-16 组装齿圈的结构

8.6 齿轮传动的维护与润滑

为了保证齿轮传动的正常工作，首先必须正确地安装齿轮。在安装齿轮传动时，要保证两轴线的平行度和中心距安装正确，并保证规定的齿侧间隙。

齿轮传动正确安装后，其使用寿命的长短，将取决于日常的维护工作。在日常维护工作中，保证良好的润滑条件，是一项非常重要的工作，齿轮传动往往因润滑不充分或润滑油选得不合适，以及润滑油不清洁等因素，都会造成齿轮提前损坏。因此，对齿轮传动进行适当地润滑，可以大为改善轮齿的工作状况，确保运转正常及预期的寿命。

8.6.1 齿轮传动的润滑方式

开式及半开式齿轮传动，或速度较低的闭式齿轮传动，通常用人工作周期性加油润滑，所用润滑剂为润滑油或润滑脂。

通用的闭式齿轮传动，其润滑方法根据齿轮的圆周速度大小而定。当齿轮的圆周速度 $v < 12\text{m/s}$ 时，常将大齿轮的轮齿浸入油池中进行浸油润滑（图 8-17）。这样，齿轮在传动时，就把润滑油带到啮合的齿面上，同时也将油甩到箱壁上，借以散热。齿轮浸入油中的深度可视齿轮的圆周速度大小而定，对圆柱齿轮通常不宜超过一个齿高，但一般亦不应小于 10mm；对圆锥齿轮应浸入全齿宽，至少应浸入齿宽的一半。在多级齿轮传动中，可借带油轮将油带到未浸入油池内的齿轮的齿面上（图 8-18）。

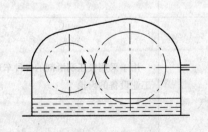

图 8-17 浸油润滑

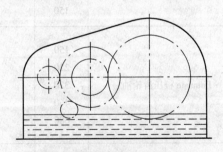

图 8-18 用带油轮带油

油池中的油量多少，取决于齿轮传递功率的大小。对单级传动，每传递 1kW 的功率，需油量约为 0.35 ~ 0.7L。对于多级传动，需油量按级数成倍地增加。

当齿轮的圆周速度 $v>12\mathrm{m/s}$ 时，应采用喷油润滑（图 8 – 19），即由油泵或中心供油站以一定的压力供油，借喷嘴将润滑油喷到轮齿的啮合面上。当 $v\leqslant 25\mathrm{m/s}$ 时，喷嘴位于轮齿啮入边或啮出边均可；当 $v>25\mathrm{m/s}$ 时，喷嘴应位于轮齿啮出的一边，以便借润滑油及时冷却刚啮合过的轮齿；同时亦对轮齿进行润滑。

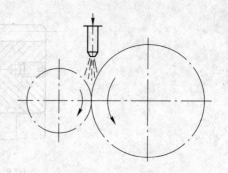

图 8 – 19　喷油润滑

8.6.2　润滑剂的选择

齿轮传动常用的润滑剂为润滑油或润滑脂。所用的润滑油或润滑脂的牌号按表 8 – 9 选取；润滑油的黏度按表 8 – 10 选取。

表 8 – 9　齿轮传动常用的润滑剂

名　称	牌　号	运动黏度（40℃）ν/cSt	应　用
重负荷工业齿轮油	100	90 ~ 110	适用于工业设备齿轮的润滑
	150	135 ~ 165	
	220	198 ~ 242	
	320	288 ~ 352	
中负荷工业齿轮油（GB5903 – 1995）	68	61. 2 ~ 74. 8	适用于煤炭、水泥和冶金等工业部门的大型闭式齿轮传动装置的润滑
	100	90 ~ 110	
	150	135 ~ 165	
	220	198 ~ 242	
	320	288 ~ 352	
	460	414 ~ 506	
		100℃	
普通开式齿轮油（SH/T0363 – 1992）	68	69 ~ 75	主要适用于开式齿轮、链条和钢丝绳的润滑
	100	90 ~ 110	
	150	135 ~ 165	
Pinnacle 极压齿轮油	150	150	用于采用极压润滑剂的各种车用及工业设备的齿轮
	220	216	
	320	316	
	460	451	
	680	652	
钙钠基滑滑脂（SH/T0368 – 1992）	1 号		适用于 80 ~ 100℃，有水分或较潮湿的环境中工作的齿轮传动，但不适于低温工作情况
	2 号		

注：表中所列仅为齿轮油的一部分，必要时可参阅有关资料。

表 8-10　齿轮传动润滑油黏度荐用值

齿轮材料	强度极限 σ_B /MPa	圆周速度 $v/\text{m} \cdot \text{s}^{-1}$						
		<0.5	0.5~1	1~2.5	2.5~5	5~12.5	12.5~25	>25
		运动黏度（50℃）ν/cSt						
塑料、铸铁、青铜		177	118	81.5	59	44	32.4	—
钢	450~1000	266	177	118	81.5	59	44	32.4
	1000~1250	266	266	177	118	81.5	59	44
渗碳或表面淬火的钢	1250~1580	444	266	266	177	118	81.5	59

注：1. 多级齿轮传动，采用各级传动圆周速度的平均值来选取润滑油黏度；
　　2. 对于 $\sigma_B > 800\text{MPa}$ 的镍铬钢制齿轮（不渗碳）的润滑油黏度应取高一档的数值。

思考题与习题

8-1　简述齿轮传动的失效形式和设计准则。

8-2　齿面接触疲劳强度计算和齿根弯曲疲劳强度计算各针对何种失效形式，要提高轮齿的抗弯疲劳强度和齿面抗点蚀能力有哪些可能的措施？

8-3　齿轮的精度等级与齿轮的选材及热处理方法有什么关系？

8-4　闭式软齿面齿轮传动中，为什么要求小齿轮的齿面硬度比大齿轮的齿面硬度高 30~50HBS？

8-5　齿轮传动强度计算中为什么要引入载荷系数 K，它由哪几部分组成？

8-6　对于作双向传动的齿轮来说，它的齿面接触应力和齿根弯曲应力各属于什么循环特性，在做强度计算时应怎样考虑，图中，当轮 A 为主动轮时，轮 B 轮齿的弯曲应力和接触应力分别为按什么循环变化的应力？

8-7　如图 8-20 所示的齿轮传动，齿轮 A、B 和 C 的材料都是中碳钢调质，其硬度：齿轮 A 为 240HBS，齿轮 B 为 260HBS，齿轮 C 为 220HBS，试确定齿轮 B 的许用接触应力 $[\sigma_H]$ 和许用弯曲应力 $[\sigma_F]$。假定：

　（1）齿轮 B 为"惰轮"（中间轮），齿轮 A 为主动轮，齿轮 C 为从动轮，设 $K_{FN} = K_{HN} = 1$；

　（2）齿轮 B 为主动，齿轮 A 和齿轮 C 均为从动，$K_{FN} = K_{HN} = 1$。

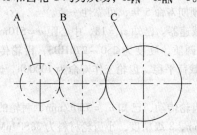

图 8-20　题 8-7 图

8-8　一对齿轮的啮合传动中，下列应力是否相等，为什么？

　（1）两齿面的接触应力 σ_{H1} 和 σ_{H2}；

　（2）两齿轮的许用接触疲劳应力 $[\sigma_H]_1$ 和 $[\sigma_H]_2$；

　（3）两轮齿根的弯曲应力 σ_{F1} 和 σ_{F2}；

（4）两轮齿根的许用弯曲疲劳应力$[\sigma_F]_1$和$[\sigma_F]_2$。

8 – 9 试述齿轮齿数z_1、模数m、齿宽系数φ_d对齿轮传动性能和承载能力的影响。

8 – 10 轮齿弯曲强度计算中为什么要引入齿形系数Y_{Fa}和应力修正系数Y_{Sa}？

8 – 11 试分析图示 8 – 21 的齿轮传动各齿轮所受的力（用受力图表示出各力的作用位置及方向）。

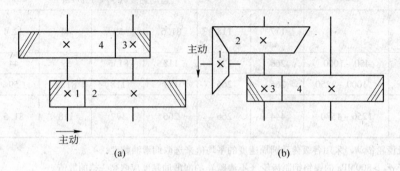

(a)　　　　　　　　　(b)

图 8 – 21 题 8 – 11 图

8 – 12 两级斜齿圆柱齿轮减速器如图 8 – 22 所示，已知高速级齿轮的$\beta = 15°$，$z_1 = 21$，$m_{n1} = 3mm$，$m_{n3} = 5mm$，$z_3 = 17$，其他条件同例 8 – 2。试问：低速级齿轮的螺旋角β应为多大，才能使中间轴上的轴向力相互抵消？

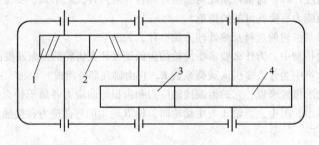

图 8 – 22 题 8 – 12 图

8 – 13 设计闭式两级圆柱齿轮减速器（题 8 – 22 图）中高速级斜齿圆柱齿轮传动。已知传递功率$P_1 = 20kW$，转速$n_1 = 1430r/min$，齿数比$u = 4.3$，单向传动，齿轮不对称布置，轴的刚性较小，载荷有轻微冲击。大、小齿轮的材料均用 40Cr，表面淬火，齿面硬度为 48 ~ 55HRC；齿轮传动精度为 7 级，两班制工作，预期寿命 5 年，可靠性一般。

8 – 14 有一台单级直齿圆柱齿轮减速器。已知$z_1 = 18$，中心距$a = 510mm$，齿宽$b = 75mm$，大、小齿轮的材料均为 45 钢，小齿轮调质，硬度为 250 ~ 270HBS，齿轮传动精度为 8 级。输入转速$n_1 = 1460r/min$。电动机驱动，载荷平稳，齿轮工作寿命为 10000h。试求该齿轮传动所允许传递的最大功率。

8 – 15 某齿轮减速器的斜齿圆柱齿轮传动，已知$n_1 = 750r/min$，两轮的齿数为$z_1 = 24$，$z_2 = 108$，$m_n = 6mm$，$\beta = 15°22'$，$b = 160mm$，8 级精度，小齿轮材料为 38SiMnMo（调质），大齿轮材料为 45 钢（调质），寿命为 20 年（设每年 300 工作日），每日两班制，小齿轮相对其轴的支承为对称布置，试计算该齿轮传动所能传递的功率。

8 – 16 设计小型航空发动机中的一对斜齿圆柱齿轮传动，已知$P_1 = 130kW$，$n_1 = 11640r/min$，$z_1 = 23$，$z_2 = 73$，寿命为 100h，小齿轮作悬臂布置，使用系数$K_A = 1.25$。

第9章 轮系及其设计

在实际的机械工程中，为了满足各种不同的工作需要，仅仅使用一对齿轮是不够的。例如，在各种机床中，为了将电动机的一种转速变为主轴的多级转速；在机械式钟表中，为了使时针、分针、秒针之间的转速具有确定的比例关系；在汽车的传动系中等，都是依靠一系列的彼此相互啮合的齿轮所组成的齿轮机构来实现的。这种由一系列的齿轮所组成的传动系统称为齿轮系，简称轮系。

9.1 轮系的分类

根据轮系运转时齿轮的轴线位置是否固定，可以把轮系分为定轴轮系和周转轮系两种基本类型。如图9-1和图9-2所示，轮系可以由各种类型的齿轮所组成——圆柱齿轮、圆锥齿轮、蜗轮蜗杆等组成。

9.1.1 定轴轮系

在轮系运转时，如果各个齿轮的几何轴线相对于机架的位置都是固定的，则这种轮系称为定轴轮系或普通轮系，如图9-1所示的轮系就是定轴轮系。

9.1.2 周转轮系

在轮系运转时，如果轮系中至少有一个或若干个齿轮的轴线相对于机架的位置不是固定不变的，而是绕着另一定轴齿轮的轴线

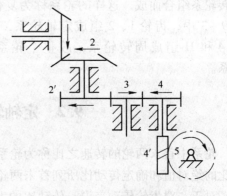

图9-1 定轴轮系

作周转，则这种作周转运动的齿轮，连同它所绕之转动的齿轮所组成的轮系，称为周转轮系。例如在图9-2中，齿轮2的转轴装在杆件H的端部，由杆件H带动，使它绕定轴齿轮1和3的轴线作周转，则齿轮1、2和3连同杆件H组成一个周转轮系；其中齿轮2绕杆件H的端部作自转，又绕定轴齿轮1和3的固定轴线 OO 作公转，作一种复杂的运动，有如行星绕太阳的运动，因此称为行星齿轮，行星齿轮所绕之公转的定轴齿轮1和3则称为中心轮（或太阳轮），而带动行星齿轮作公转的杆件H则称为行星架（或系杆）。

如果中心轮3不被固定，如图9-2（a），则活动构件数 $n=4$，$P_L=4$，$P_H=2$，因此自由度为：

$$F = 3n - 2P_L - P_H = 3 \times 4 - 2 \times 4 - 2 = 2$$

这时需要有两个独立运动的主动件。我们把自由度为2的周转轮系称为差动轮系。

当轮系中某一中心轮（例如中心轮3）为固定件时，如图9-2（b），$n=3$，$P_L=3$，

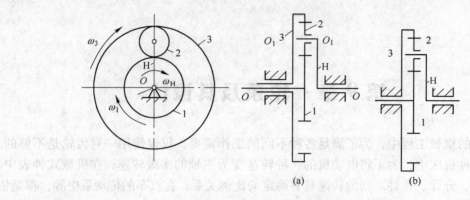

图 9-2　周转轮系

$P_H = 2$，则轮系的自由度为：

$$F = 3n - 2P_L - P_H = 3 \times 3 - 2 \times 3 - 2 = 1$$

把自由度为 1 的周转轮系称为行星轮系。

9.1.3　复合轮系

在轮系中，兼有定轴轮系和周转轮系或由几个周转轮系组合而成，这样的轮系称为复合轮系。如图 9-3 中，齿轮 1、2 组成定轴轮系，而齿轮 2′、3、4 和 H 组成周转轮系，故整个轮系称为复合轮系。

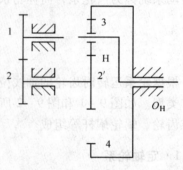

图 9-3　复合轮系

9.2　定轴轮系的传动比计算

轮系中首末两轮的转速之比称为轮系的传动比。确定一个轮系的传动比应包括计算传动比的绝对值和确定传动比所列首末两轮的相对转向两项内容。

对于一对齿轮传动来说，传动比的大小等于两轮齿数之反比，传动比以符号 i 表示。而轮系的传动比是指所研究轮系中的首末两轮的角速度（或转速）之比，用 $i_{首末}$ 表示。例如图 9-6 所示的轮系，如设齿轮 1 为主动轮，齿轮 5 为从动轮，则此轮系的主动轮 1 和从动轮 5 之间的总传动比 i_{15}，为该轮系的传动比。

由一对齿轮组成的传动可视为最简单的传动系统，如图 9-4 所示，主动轮齿数为 z_1，角速度为 ω_1（或转速为 n_1），从动轮齿数为 z_2，角速度为 ω_2（或转速为 n_2），其传动比为 i_{12}。

$$i_{12} = \frac{\omega_1}{\omega_2} = \frac{n_1}{n_2} = \mp \frac{z_2}{z_1} \qquad (9-1)$$

外啮合传动，两轮轴线平行转向相反，传动比绝对值 z_2/z_1 前取 "−" 号；内啮合传动，两轮转向相同，传动比绝对值 z_2/z_1 前取 "+" 号。

轴线不平行的两个齿轮的转向没有相同或相反的意义，这时可在运动简图上画箭头，用箭头表示齿轮的转向，如图 9-5 所示。

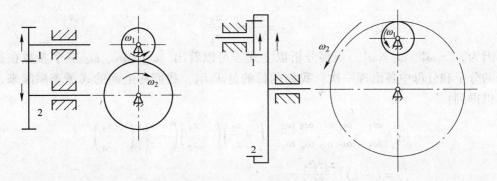

图 9-4 平面齿轮传动

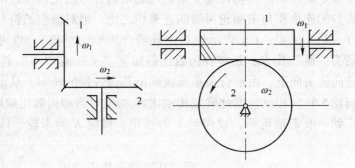

图 9-5 空间齿轮传动

计算传动比时不仅要确定两构件的角速度比的大小，而且要确定它们的转向关系。亦即传动比内容包含大小及其方向。传动比的方向，用正号或负号分别表示二者转向相同或相反。

图 9-6 所示定轴轮系中，设轴 I 为输入轴，轴 V 为输出轴，各轮的齿数分别为 z_1，z_2，z_2'，z_3，z_3'，z_4，z_5；各轮的对应角速度为 ω_1，ω_2，ω_2'（$\omega_2' = \omega_2$），ω_3，ω_3'（$\omega_3' = \omega_3$），ω_4，ω_5。求该轮系的传动比 i_{15}。

轮系的传动比由各对齿轮的传动比求出，推导如下：

外啮合齿轮 1 和 2：

$$i_{12} = \frac{\omega_1}{\omega_2} = -\frac{z_2}{z_1}$$

内啮合齿轮 2′和 3：

$$i_{2'3} = \frac{\omega_2'}{\omega_3} = +\frac{z_3}{z_2'}$$

外啮合齿轮 3′和 4：

$$i_{3'4} = \frac{\omega_3'}{\omega_4} = -\frac{z_4}{z_3'}$$

外啮合齿轮 4 和 5：

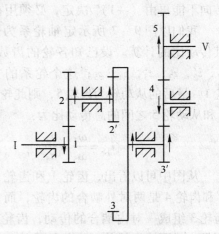

图 9-6 平面定轴轮系

$$i_{45} = \frac{\omega_4}{\omega_5} = -\frac{z_5}{z_4}$$

因为 $\omega_2 = \omega_2'$、$\omega_3 = \omega_3'$，观察分析以上式子可以看出，ω_2、ω_3、ω_4 三个参数在这些式子的分子和分母中各出现一次。我们的目的是求 i_{15}，我们将上面的式子连乘起来，于是可以得到：

$$i_{15} = \frac{\omega_1}{\omega_5} = \frac{\omega_1}{\omega_2}\frac{\omega_2}{\omega_3}\frac{\omega_3}{\omega_4}\frac{\omega_4}{\omega_5} = \left(-\frac{z_2}{z_1}\right)\left(+\frac{z_3}{z_2'}\right)\left(-\frac{z_4}{z_3'}\right)\left(-\frac{z_5}{z_4}\right)$$

$$= (-1)^3 \frac{z_2 z_3 z_5}{z_1 z_2' z_3'}$$

上式表明，平面定轴轮系的传动比等于组成该轮系的各对齿轮传动比的连乘积，其绝对值等于从动轮齿数的连乘积与主动轮齿数的连乘积之比。绝对值前的符号即首末两轮的转向关系，可由 $(-1)^m$ 决定，（m 表示轮系中外啮合齿轮的对数）；也可在图中，即根据啮合关系，用箭头"画"出来，最终在齿数比前加上"+"或"-"符号。如图 9 – 6 中，设主动轮 1 转向箭头向下，由啮合关系依次画出其余各轮的转向，从动轮 5 转向箭头向上，表明轮 1 与轮 5 转向相反，据此确定传动比 i_{15} 的绝对值即齿数比前取"-"号。

如上所述推广到一般定轴轮系，设齿轮 1 为首轮，齿轮 K 为末轮，该轮系的传动比为 i_{1K}

$$i_{1K} = \frac{\omega_1}{\omega_K} = (-1)^m \frac{\text{所有从动轮齿数连乘积}}{\text{所有主动轮齿数连乘积}} \tag{9-2}$$

图 9 – 6 中齿轮 4 称为介轮或惰轮，它同时与两个齿轮啮合，故其齿数不影响传动比的大小，只起改变转向的作用。

对于一般含有空间齿轮的定轴轮系，其传动比的数值仍可用式（9 – 2）计算，而其转向不能再由 $(-1)^m$ 决定，必须用在运动简图中画箭头的方法确定。

我们以图 9 – 7 所示定轴轮系为例，来讨论其传动比的计算。设已知各轮的齿数分别为 z_1，z_2，z_2'，z_3，z_3'，z_4，z_5；这个轮系的主动轮为齿轮 1，最后的从动轮为齿轮 5，则此系的主动轮 1 和从动轮 5 之间的总传动比为：

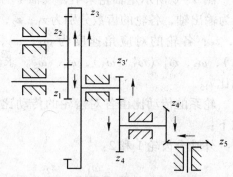

图 9 – 7　首末两轴线不平行的定轴轮系

$$i_{15} = \frac{\omega_1}{\omega_5} = \frac{n_1}{n_5}$$

从图中可以看出，齿轮 1 和齿轮 2 以及齿轮 3' 和齿轮 4 是两对外啮合的齿轮，而齿轮 2 和内齿轮 3 组成一对内啮合的传动，齿轮 4' 和齿轮 5 则是一对圆锥齿轮传动。此轮系轮 1 和 5 的总传动比大小为：

$$i_{15} = \frac{\omega_1}{\omega_5} = i_{12} i_{23} i_{3'4} i_{4'5} = \frac{\omega_1}{\omega_2}\frac{\omega_2}{\omega_3}\frac{\omega_3}{\omega_4}\frac{\omega_4}{\omega_5} = \frac{z_2}{z_1}\frac{z_3}{z_2}\frac{z_4}{z_3'}\frac{z_5}{z_4'}$$

$$= \frac{z_3 z_4 z_5}{z_1 z_3' z_4'}$$

由于在该定轴轮系中，含有圆锥齿轮传动，而圆锥齿轮的两轴线互不平行，所以用正负号表示两轮的转向关系是毫无意义的，即这种轮系中各轮的转向关系是绝对不能用 $(-1)^m$ 来表示的，可在轮系的运动简图上，用标注箭头法来确定从动轮的转向，如图 9-7 所示。

9.3　周转轮系的传动比

如前所述，周转轮系是由轴线作周转的行星轮、约束行星轮的行星架及与行星轮相啮合的中心轮所组成。因此从运动的角度来看，中心轮、行星架和行星轮是基本的运动构件。

9.3.1　周转轮系传动比的计算

周转轮系由于具有活动轴线的行星轮，它的传动比的计算，要比定轴轮系更为复杂。

通过对周转轮系和定轴轮系的观察分析发现，它们之间的根本区别就在于周转轮系中有着转动的行星架，使得行星轮既有自转又有公转，那么各轮之间的传动比计算就不再是与齿数成反比的简单关系了。由于这个差别，周转轮系的传动比就不能直接利用定轴轮系的方法进行计算。根据相对运动原理，假如我们给整个周转轮系加上一个公共的角速度 "$-\omega_H$"，则各齿轮、构件之间的相对运动关系仍将不变，但这时行星架的绝对运动角速度为 $\omega_H - \omega_H = 0$，即行星架相对变为 "静止不动"，于是周转轮系便转化为定轴轮系了。我们称这种经过一定条件转化得到的假想定轴轮系，为原周转轮系的转化机构或转化轮系。利用这种方法求解轮系的方法称为转化轮系法。

如图 9-8（a）所示的一基本轮系。按照上述方法转化后得到定轴轮系如图 9-8（b）所示，在转化轮系中，各构件的角速度变化情况如表 9-1 所示。

表 9-1　周转轮系中构件转化角速度

构件	周转轮系中的角速度	转化轮系中的角速度
齿轮 1	ω_1	$\omega_1^H = \omega_1 - \omega_H$
齿轮 2	ω_2	$\omega_2^H = \omega_2 - \omega_H$
齿轮 3	ω_3	$\omega_3^H = \omega_3 - \omega_H$
行星架 H	ω_H	$\omega_H^H = \omega_H - \omega_H = 0$
机架 4	$\omega_4 = 0$	$\omega_4^H = -\omega_H$

既然周转轮系的转化机构是定轴转系，就可以用定轴轮系传动比的计算方法，求出转化机构的传动比公式，计算周转轮系中各构件的角速度。如图 9-8（a）所示的周转轮系，齿轮 1、齿轮 3 在转化机构的传动比：

$$i_{13}^H = \frac{\omega_1^H}{\omega_3^H} = \frac{\omega_1 - \omega_H}{\omega_3 - \omega_H} = -\frac{z_2 z_3}{z_1 z_2} = -\frac{z_3}{z_1}$$

式中，齿数比前的 "$-$" 号，表示在转化机构中轮 1 与 3 的转向相反（即 ω_1^H 与 ω_3^H 转向相反）。

从上可以看出，转化轮系中构件之间传动比的求解通式为：

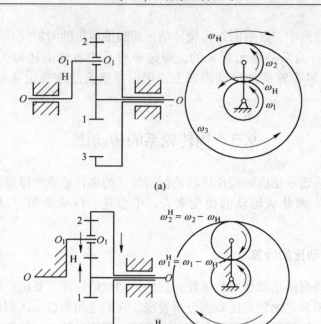

(a)

(b)

图 9 – 8   周转轮系及转化轮系

$$i_{13}^H = \frac{\omega_1 - \omega_H}{\omega_3 - \omega_H}$$

若上述轮系中的太阳轮 1 和 3 之中的一个固定，如令 $\omega_3 = 0$，则轮系此时的传动比为：

$$i_{13}^H = \frac{\omega_1^H}{\omega_3^H} = \frac{\omega_1 - \omega_H}{0 - \omega_H} = -\frac{z_3}{z_1}$$

即：

$$i_{1H} = \frac{\omega_1}{\omega_H} = 1 - i_{13}^H$$

综上所述，我们可以得到周转轮系传动比的通用表达式。设周转轮系中太阳轮分别为 a、b，行星架为 H，则转化轮系的传动比为：

$$i_{ab}^H = \frac{\omega_a^H}{\omega_b^H} = \pm \frac{\text{转化轮系中 a 到 b 各从动轮齿数连乘积}}{\text{转化轮系中 a 到 b 各主动轮齿数连乘积}} \qquad (9-3)$$

应用上式要注意：

（1）上式只适用于太阳轮 a、b 和行星架 H 三个构件的轴线互相平行的情况，由于三个构件的角速度向量 ω_a、ω_b 和 ω_H 都是平行的，所以可以叠加，式中它们为代数量，可为正或负值；

（2）齿数比前一定有 "+" 或 "–" 号，它表示太阳轮 a、b 相对行星架 H 的角速度 ω_a^H、ω_b^H 为同向或异向，可先将行星架 H 视为静止，然后按定轴轮系判别首轮、末轮转向关系的方法，来判别出太阳轮 a、b 的角速度方向，是同向或异向，以便确定其符号。

（3）在上式中 ω_a、ω_b、ω_H 三个未知量，只要给定任意两个量的大小，就能确定出第 3 个量的大小。

9.3.2 应用举例

例 9 - 1 在图 9 - 9 所示的行星轮系中，各轮齿数 $z_1 = 27$，$z_2 = 17$，$z_3 = 61$，$n_1 = 6000\text{r/min}$，求传动比 i_{1H} 和转臂的转速 n_H。

解：齿轮 1、2、3 和 H 组成行星轮系，应用公式（9 - 3），写出齿轮 1、3 在转化机构中的传动比得：

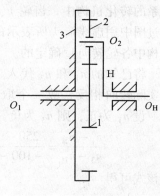

$$i_{13}^H = \frac{n_1 - n_H}{n_3 - n_H} = -\frac{z_2 z_3}{z_1 z_2} = -\frac{z_3}{z_1} = -\frac{61}{27}$$

由于齿轮 1、3 和转臂 H 的轴线互相平行，故上式成立。

又，因轮 3 是固定的 $n_3 = 0$，代入上式得

$$\frac{n_1 - n_H}{0 - n_H} = -\frac{61}{27}$$

则 $$i_{1H} = \frac{n_1}{n_H} = 1 + \frac{61}{27} \approx 3.36$$

图 9 - 9　行星轮系

设 n_1 转向为正，则

$$n_H = \frac{n_1}{i_{1H}} = \frac{6000}{3.26} \approx 1840\text{r/min}$$

所以 n_H 和 n_1 转向相同。

例 9 - 2 图 9 - 10 所示的周转轮系，已知各轮齿数 $z_1 = 100$，$z_2 = 101$，$z_2' = 100$，$z_3 = 99$，$n_3 = 0$。求 i_{H1}。

解：$i_{1H} = 1 - i_{13}^H = 1 - \frac{z_2 z_3}{z_1 z_2'} = 1 - \frac{101 \times 99}{100 \times 100} = \frac{1}{10000}$

$i_{H1} = 1/i_{1H} = 10000$

即当行星架 H 转 10000 转时，轮 1 才转 1 转，其转向与行星架 H 的转向相同，可见行星轮系可获得的传动比极大。但这种轮系的效率很低，且当轮 1 主动时将发生自锁，因此，这种轮系只适用于轻载下的运动传递或作为微调机构。

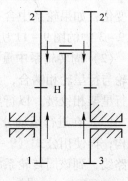

图 9 - 10　周转轮系

如果将本例中的 z_3 由 99 改为 100，则

$$i_{1H} = 1 - i_{13}^H = 1 - \frac{z_2 z_3}{z_1 z_2'} = 1 - \frac{101 \times 100}{100 \times 100} = -\frac{1}{100}$$

$$i_{H1} = 1/i_{1H} = -100$$

即当行星架 H 转 100 转时，轮 1 反转 1 转，可见行星轮系中齿数的改变不仅会影响传功比的大小，而且还会改变从动轮的转向。这就是行星轮系与定轴轮系的不同之处。

例 9 - 3 图 9 - 11 所示是由圆锥齿轮所组成的空间周转轮系，已知 $z_1 = 48$，$z_2 = 48$，$z_2' = 18$，$z_3 = 24$，$n_1 = 250\text{r/min}$，$n_3 = 100\text{r/min}$，其转向如图所示。试求行星架 H 的转速 n_H 的大小及方向。

解：这个周转轮系是空间轮系，由圆锥齿轮 1、2、2'、3 和行星架 H 组成。双联圆锥齿轮 2 - 2' 的轴线是随行星架运动的，所以圆锥齿轮 2 - 2' 是行星轮，与其啮合的两个活动太阳轮 1、3 的几何轴线重合，这是一个差动轮系，可以使用轮系基本公式进行计算。

$$i_{13}^{H} = \frac{n_1 - n_H}{n_3 - n_H} = -\frac{z_2 z_3}{z_1 z_2'} = -\frac{48 \times 24}{48 \times 18} = -\frac{4}{3}$$

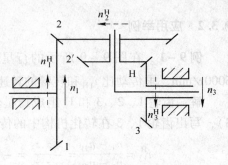

图 9 - 11 空间周转轮系

式中，齿数比之前的符号取"－"号，表示在该轮系的转化机构中，齿轮 1、3 的转向相反，它是通过图中用虚线箭头所表示的 n_1^H，n_2^H，n_3^H（转化机构中各轮转向）确定的。

将已知的 n_1 和 n_3 代入上式中，由于 n_1 和 n_3 的实际转向相反，故一个取正值，则另一个取负值。设 n_1 为正，则 n_3 为负，则

$$\frac{n_1 - n_H}{n_3 - n_H} = \frac{250 - n_H}{-100 - n_H} = -\frac{4}{3}$$

解该式可得

$$n_H = \frac{350}{7} = 50 \text{r/min}$$

计算结果 n_H 为正值，表明行星架 H 转向与齿轮 1 相同，与齿轮 3 相反。

9.3.3 周转轮系的传动比计算和小结

（1）必须注意轮系中转化机构传动比的正负号，尤其要注意由于外啮合而引起的方向变化；如果轮系中含有空间齿轮，则必须用画箭头方法，来逐个表示其转动方向（如例 9 - 3 中的图 9 - 11 所示）。

（2）周转轮系中重要标志是行星轮和带动行星轮作周转的行星架，通常情况下，中心轮与行星轮相啮合，并与行星架共轴线（主轴线），亦即行星轮既与中心轮相啮合，又与行星架相铰接。以行星轮为核心组成一个完整的周转轮系，作为运动分析的单元。

（3）在进行运动分析时，可以先设想行星架相对固定，得到相当于定轴轮系的转化机构；再使用公式（9 - 3）。通常情况下，由任意一个中心轮 a 开始，沿着齿轮啮合的传动路线，到该周转轮系的最后一个齿轮 b（最后的齿轮常常也是中心轮），写出该传动路线的传动比 $i_{ab}^{H} = \dfrac{n_a^H}{n_b^H}$，应该了解 $i_{ab} = \dfrac{n_a}{n_b} \neq \dfrac{n_a^H}{n_b^H}$ 的基本关系式，由该传动比 i_{ab}^{H} 关系即可解出所需的传动比 i 或转速（如例 9 - 1 的图 9 - 9 所示）。

（4）周转轮系可以通过少数几个齿轮获得很大的传动比（如例 9 - 2 的图 9 - 10 所示），但这时的机构效率往往很低，甚至自锁；另外周转轮系还可以将一个运动（转动）分解为两个运动（转动）；也可以将两个转动合成为一个转动。

9.4 复合轮系的传动比

在实际机械中，常用到由几个基本周转轮系或定轴轮系和周转轮系组成的复合轮系。由于整个复合轮系不可能转化成一个定轴轮系，所以不能只用一个公式来求解。计算复合轮系时，首先将复合轮系中，所包含的定轴轮系和每个周转轮系一一划分出来，然后分别列出方程式，最后联立解出所要求的传动比。

正确划分各个轮系的关键在于找出各个基本周转轮系。找基本周转轮系的一般方法是：首先需要找出既有自转、又有公转的行星轮（有时行星轮有多个）；然后找出支持行星轮作公转的构件——行星架；最后找出与行星轮相啮合的两个太阳轮（有时只有一个太阳轮），这些构件便构成一个基本周转轮系，而且每一个基本周转轮系只含有一个行星架。划分出各个基本周转轮系以后，剩下的就是定轴轮系。

例 9 - 4 图 9 - 12 所示的轮系，已知各轮齿数 $z_1 = 20$，$z_1' = 26$，$z_2 = 34$，$z_2' = 18$，$z_3 = 36$，$z_3' = 78$，$z_4 = 26$，求 ω_1/ω_H。

解：

1. 轮系分析

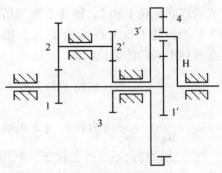

图 9 - 12 复合轮系

显然，齿轮 1、2 - 2'、3，它们的轴线均固定，故组成定轴轮系。而齿轮 4 的几何轴线是转动的，故齿轮 4 为行星轮。支持行星轮 4 的为行星架 H。轮 4 与齿轮 1' 及内齿轮 3' 啮合，且齿轮 1'、3' 轴线与行星架 H 轴线重合，所以是中心轮。因此齿轮 1'、4、3' 和 H 组成周转轮系（这里，齿轮 3 和 3' 是一体的双联齿轮，齿轮 3' 属周转轮系。那么齿轮 3 为什么不算作周转轮系呢？这就要看与它相啮合的齿轮是属哪一基本轮系而定。因齿轮 3 与轮 2' 啮合，所以是定轴轮系。同理，双联齿轮 1 - 1' 也是同样情况）。所以该轮系是由定轴轮系 1、2 - 2'、3 和周转轮系 1'、3'、4、H 组成。

2. 传动比计算

由周转轮系 1'、4、3' 和 H，有：

$$i_{1'3'}^{H} = \frac{\omega_1' - \omega_H}{\omega_3' - \omega_H} = -\frac{z_4 z_3'}{z_1' z_4} = -\frac{z_3'}{z_1'} = -\frac{78}{26} = -3$$

上式共有三个未知数，求不出比值 $i_{1H} = \omega_1/\omega_H$

再由定轴轮系 1、2 - 2'、3'，有：

$$i_{13} = \frac{\omega_1}{\omega_3} = +\frac{z_2 z_3}{z_1 z_2'} = +\frac{34 \times 36}{20 \times 18} = +\frac{17}{5}$$

联解两式，得

$$i_{1H} = \frac{\omega_1}{\omega_H} = +2.125$$

"+" 号说明 ω_1 与 ω_H 同向。前面说过，差动轮系的自由度为 2，即需要给出两个主动件，才能使该轮系具有确定的运动，从而求得它们的传动比。在具体应用时，可以使其中某一中心轮固定，则该轮系成为自由度为 1 的行星轮系。在构件 1 和 H 中，只需再给出一个主动件，就可求得另一构件的运动。也可以直接给出两个主动件。

9.5 轮系的功用

由于轮系具有传动准确等其他机构无法替代的特点，轮系在工程中应用的十分广泛，下面我们就对轮系的功用进行介绍。

9.5.1　实现变速和换向传动

在主动轴转速不变的条件下，利用轮系可使从动轴得到若干种不同的工作转速，这种传动称为变速传动，汽车、机床等都采用了变速传动。图 9 – 13 所示的轮系中，轴 I 通过滑键装有整体式的双联齿轮 1 和 2，轴 II 上则固结有齿轮 1′ 和齿轮 2′。当齿轮 1 与 1′ 或齿轮 2′ 与 2 相啮合时，可以得到两种不同的传动比，即

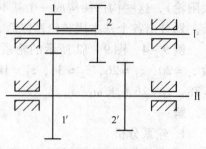

图 9 – 13　实现变速和换向的轮系

$$i_{11'} = \frac{n_{\mathrm{I}}}{n_{\mathrm{II}}} = -\frac{z_1'}{z_1}（齿轮 1 和齿轮 1' 相啮合）$$

$$i_{22'} = \frac{n_{\mathrm{I}}}{n_{\mathrm{II}}} = -\frac{z_2'}{z_2}（齿轮 2' 与 2 相啮合）$$

在主动轴转向不变的条件下，利用轮系中的惰轮可以改变从动轴的转向，图 9 – 14 所示的是车床走刀丝杠的三星轮换向机构。它通过手柄 K 改变惰轮 2、3 与齿轮 1、4 的啮合位置，使其改变转向。齿轮 2 和 3 浮套在手柄 K 的两个轴上，手柄 K 可绕齿轮 4 的轴回转。在图 9 – 14（a）所示的位置上，主动轮 1 的转动经中间齿轮 2 和 3，再传给从动轮 4，故从动轮 4 与主动轮 1 的转向相反；在图 9 – 14（b）所示的位置时，齿轮 2 处于空转位置，不参与传动，这时主动轮 1 与从动轮 4 之间少了一对外啮合传动，从动轮 4 与主动轮 1 的转向将相同。

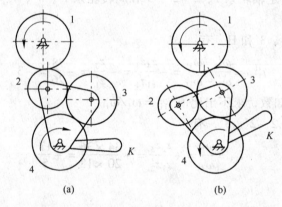

（a）　　　　　　　　　　　（b）

图 9 – 14　车床走刀丝杠的三星轮换向机构

9.5.2　传递相距较远的两轴之间的转动

当两轴之间的中心距 a 较大时，如果仅用一对齿轮直接把主动轴的转动传给从动轴，如图 9 – 15 中虚圆所示，则齿轮机构的总体尺寸必然很大。如果改用轮系（如图 9 – 15 中点划线所示），便可克服上述缺点。

9.5.3　获得大的传动比

当两轴之间需要较大传动比时，仅用一对齿轮传动，必然会使两轮的尺寸相差过大，同时小齿轮就易于损坏，这时利用轮系就可以避免这个缺陷。利用周转轮系可以由很少几

个齿轮获得较大的传动比，而且机构十分紧凑。如例 9 - 2 中的图 9 - 10 所示的行星轮系，只用了四个齿轮，其传动比可达 $i_{H1} =$ 10000。这就是说，行星轮系可以用少数齿轮得到很大的传动比，比定轴轮系紧凑、简单得多。但这种类型的行星齿轮传动用于减速时，减速比越大，其机械效率越低，如用于增速传动，有可能发生自锁。因此，这种传动一般只用于辅助装置的传动机构，不宜传递大功率。

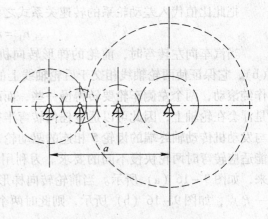

图 9 - 15　相距较远的两轴传动

用于动力传动的周转轮系中，采用多个均布的行星轮来传动，由多个行星轮共同承受载荷，既可减小齿轮尺寸，又可使各啮合点处的径向外力和行星轮公转所产生的离心惯性力得以平衡，减少了主轴承内的作用力，因此传递功率大，同时效率也较高。

9.5.4　用作运动的合成及分解

对于差动轮系来说，它的三个基本构件都是运动的，必须给定其中任意两个基本构件的运动，第三个构件才有确定的运动。这就是说，第三个构件的运动是另两个构件运动的合成。

差动轮系不但可以将两个独立的运动合成一个运动，而且还可以将一个主动的基本构件的转动按所需的比例分解为另两个基本构件的转动，例如汽车、拖拉机等车辆上常用的差速装置。

图 9 - 16 所示为汽车后桥差动轮系（差速器）简图。其中汽车发动机的运动从变速箱经传动轴给轮 5 的运动分解为轮 1 和轮 3 的运动。图中轮 4、5 组成定轴轮系，轮 4 上固连着行星架 H，H 上装有行星轮 2，所以轮 1，2，3，4（H）组成差动轮系。由于轮 1、3 同轴线，所以 $z_1 = z_3$。

可以看出，圆锥齿轮 4 起着行星架的作用，而圆锥齿轮 2 则是行星齿轮，因此，由中心轮 1 经过行星轮 2 到中心轮 3，组成一个圆锥齿轮的周转轮系。为此列出该轮系的基本关系式：

$$i_{13}^4 = \frac{n_1^4}{n_3^4} = \frac{n_1 - n_4}{n_3 - n_4} = -\frac{z_3}{z_1} = -1 \qquad (9-4)$$

这里，该机构传动比的符号需用画箭头方法来确定，如图 9 - 16（a）所示。由此可得

$$n_1 + n_3 = 2n_4$$

因为该轮系是差动轮系，所以当只有齿轮 4 是主动齿轮时，圆锥齿轮 1 和 3 的转速不能确定，但是它们的转速之和（$n_1 + n_3$）却总是常数 $2n_4$。

当汽车直线前进时，两个"转向前轮"保持平行，这时要求两个后轮的转速相等，即要求：

$$\frac{n_1}{n_3} = i_{13} = 1$$

把此比值代入差动轮系的转速关系式之后，可得：

$$n_1 = n_3 = n_4$$

当汽车向左转弯时，前轮的梯形转向机构 $ABCD$ 使两个前轮向左偏转，见图9-16(b)，它保证使两轮轴线相交于后轮轴线上的某一点 P。这时，要求四个车轮都能绕 P 点作纯滚动，两个左侧车轮要转得慢一些，而两个右侧车轮则要转得快一些。两个前轮由于是浮套在轮轴上，因此可以适应任何转弯半径而与地面保持纯滚动；至于两个后轮，则是与发动机传动轴终端的齿轮5相连的驱动轮，它们的轴显然不能做成一根整轴，否则将不能适应转弯时两轮快慢不同的要求。为利用差速器把左右两根轮轴（称为半轴）联系起来，如图9-16(a)所示。当前轮转向梯形机构使两个前轮和轴线相交于后轴线上的某一 P 点，如图9-16(b)所示，则此时两个后轮的转速之比为：

$$i_{13} = \frac{n_1}{n_3} = \frac{(r-L)\omega}{(r+L)\omega} = \frac{r-L}{r+L} \tag{9-5}$$

式中，ω 为整个汽车绕 P 点作转动时的角速度，如图9-16(b)所示，把式(9-5)代入式(9-4)，可得：

$$\left. \begin{aligned} n_1 &= \frac{r-L}{r}n_4 \\ n_3 &= \frac{r+L}{r}n_4 \end{aligned} \right\}$$

由此可见：该差动轮系可以适应前轮转向机构所确定的任何转弯半径条件的要求。

本例所讨论的差动轮系，是把主动齿轮5的输入转速 n_5，根据外部条件（这里是指前轮梯形转向机构）分解为两个适应需要的转速 n_1 和 n_3。

反之，差动轮系也可以实现把两个输入转速合成一个输出转速。例如中心轮1和3均为主动轮，分别输入 n_1 和 n_3，则起行星架作用的齿轮4的转速将为：

$$n_4 = \frac{n_1 + n_{31}}{2}$$

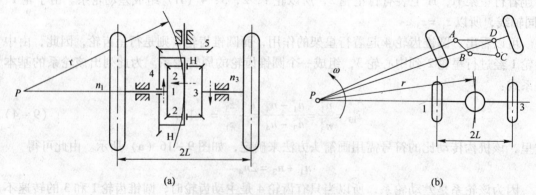

图9-16 汽车后桥差速器

差动轮系的这一合成功能，可以用于机械式的计算装置中，进行加法（当 n_1 和 n_3 同向时）或减法（当 n_1 和 n_3 反向时）的运算。这种机械式的解算装置的可靠性比电子式的高。某种跟踪装置中就采用了这差动轮系来进行解算。

9.5.5 实现结构紧凑的大功率传动

利用周转轮系，可以实现小尺寸、大功率的传动。在行星减速器中，由于有多个行星轮同时啮合，而且常采用内啮合，利用了内齿轮中间的空间部分，故与普通定轴轮系减速器相比，在同样的体积和重量条件下，可以传递较大的功率，工作也更为可靠。因而在大功率的传动中，为了减小传动机构的尺寸和重量，广泛采用行星轮系。同时，由于行星轮

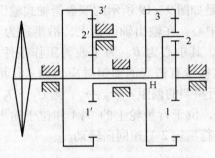

图 9 – 17 某发动机主减速器

系减速器的输入/输出轴在同一轴线上，行星轮在其周围均匀对称布置，尺寸十分紧凑，这一点对于飞行器十分重要，因而在航空用主减速器中这种轮系得到普遍采用。

如图 9 – 17 所示的某发动机主减速器传动简图。这个轮系的右部是一个由中心轮 1、3，行星轮 2 和行星架 H 组成的差动轮系，左部是一定轴轮系。定轴轮系将差动轮系的内齿轮 3 与行星架 H 的运动联系起来，整个轮系的自由度为 1。动力自小齿轮 1

输入后，分两路从行星架 H 和内齿轮 3 输往左边，最后在和内齿轮 3′处汇合。由于采用多个行星轮，加上功率分流传递，所以在较小尺寸情况下（约 430mm），传递的功率达 2850kW。整个轮系的传动比为 $i_{1H} = 11.45$。

9.6 几种特殊的行星传动简介

除前面介绍的一般行星轮系之外，在实际工程中还常用下面几种特殊行星传动。

9.6.1 渐开线少齿差行星传动

渐开线少齿差行星传动的基本原理如图 9 – 18 所示，其中轮 1 为固定中心轮，轮 2 为行星轮，行星架 H 为输入轴，V 为输出轴。轴 V 与行星轮 2 用等角速比机构 3 相连接，所以 V 轴的转速就是行星轮 2 的绝对运动。它与前述的行星轮系的不同之处在于，它输出的是行星轮的绝对转动，而不是中心轮或行星架的绝对运动。由于中心轮与行星轮的齿廓均为渐开线，且齿数差很少（一般为 1～4），故称为渐开线少齿差行星传动。又因其只有 1 个中心轮、1 个行星架

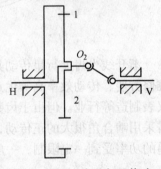

图 9 – 18 少齿差行星传动

和 1 个带输出机构的输出轴 V，故又称为 K – H – V 行星轮系。其转化机构的传动比为：

$$i_{21}^H = \frac{n_2^H}{n_1^H} = \frac{n_2 - n_H}{n_1 - n_H} = \frac{n_2 - n_H}{-n_H} = 1 - \frac{n_2}{n_H} = +\frac{z_1}{z_2}$$

由此可得

$$i_{HV} = i_{H2} = \frac{n_H}{n_2} = -\frac{z_2}{z_1 - z_2}$$

故行星架主动、行星轮从动时的传动比为

$$\frac{n_2}{n_H} = 1 - \frac{z_1}{z_2} = -\frac{z_1 - z_2}{z_2}$$

该式表明，当齿数差（$z_1 - z_2$）很小时，传动比 i_{HV} 可以很大；当 $z_1 - z_2 = 1$ 时，称为一齿差行星传动，其传动比 $i_{HV} = -z_2$，"$-$"号表示其输出与输入转向相反。

由于行星轮 2 除自转外还有随行星架 H 的公转运动，故其中 O_2 不可能固定在一点。为了将行星轮的运动不变地传递给具有固定回转轴线的输出轴 V，需要在二者间安装一能实现等角速比传动的输出机构。目前最为广泛采用的是如图 9-19 所示的双盘销轴式输出机构。图中 O_2，O_3 分别为行星轮 2 和输出轴圆盘的中心。在输出轴圆盘上，沿半径为 r 的圆周上均匀分布有若干个轴销（一般为 6~12 个），其中心为 B。为了改善工作条件，在这些圆柱销的外边套有半径为 r_T 的滚动销套。将这些带有销套的轴销对应地插入行星轮轮辐上中心为 A、半径为 r_P 的销孔内。若设计时取行星架的偏距 $e = r_P - r_T$，则 O_2，O_3，A，B 将构成平行四边形 O_2ABO_3，由于在运动过程中，位于行星轮上的 O_2A 和位于输出轴圆盘上的 O_3B 始终保持平行，故输出轴 V 将始终与行星轮 2 等速同向转动。

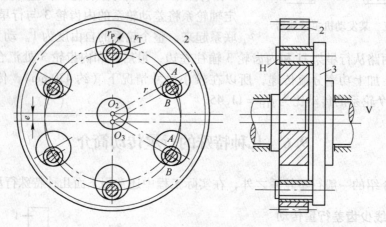

图 9-19　双盘销轴式输出机构

渐开线少齿差行星传动具有传动比大、结构简单紧凑、体积小、重量轻、加工装配及维修方便、传动效率高等优点，被广泛用于冶金机械、食品工业、石油化工、起重运输及仪表制造等行业。但由于齿数差很少，又是内啮合传动，为避免产生齿廓重叠干涉，一般需采用啮合角很大的正传动，从而导致轴承压力增大。加之还需要两个输出机构，故使传递的功率受到一定限制，一般用于中、小功率传动。

9.6.2　摆线针轮行星传动

摆线针轮行星传动的工作原理和结构与渐开线少齿差行星传动的基本相同。如图 9-20 所示，其中 1 为针轮，2 为摆线行星轮，H 为行星架，3 为输出机构。运动由行星架 H 输入，通过输出机构 3 由轴 V 输出。同渐开线一齿差行星传动一样，摆线针轮行星传动也是一种 K-H-V 型一齿差行星传动。两者的区别仅在于：在摆线针轮传动中，行星轮的齿廓曲线不是渐开线，而是变态外摆线；中心内齿轮采用了针齿，又称为针轮。摆线针轮行星传动即因此而得名。

同渐开线少齿差行星传动一样，其传动比

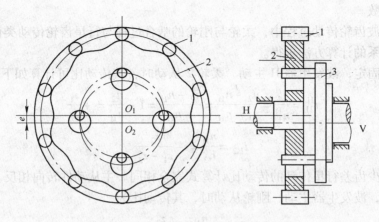

图 9 - 20 摆线针轮行星减速器示意图

$$i_{HV} = i_{H2} = \frac{n_H}{n_2} = -\frac{z_2}{z_1 - z_2}$$

由于 $z_1 - z_2 = 1$，故 $i_{HV} = -z_2$，即利用摆线针轮行星传动可获得大传动比。

摆线针轮行星传动具有减速比大、结构紧凑、传动效率高、传动平稳、承载能力高（理论上有近半数的齿同时处于啮合状态）、使用寿命长等优点。此外，与渐开线少齿差行星传动相比，无齿顶相碰和齿廓重叠干涉等问题。因此，日益受到世界各国的重视，在军工、矿山、冶金、造船、化工等工业部门得到广泛应用，以其多方面的优点取代了一些笨重的传动装置。其主要缺点是加工工艺复杂，制造成本较高。

9.6.3 谐波齿轮传动

谐波传动是建立在弹性变形理论基础上的一种新型传动，如图 9 - 21 所示它由 3 个主要构件组成，即具有内齿的刚轮 1、具有外齿的柔轮 2 和波发生器 H。这 3 个构件和前述的少齿差行星传动中的中心内齿轮 1、行星轮 2 和行星架 H 相当。通常波发生器为主动件，而刚轮和柔轮之一为从动件，另一个为固定件。

当波发生器装入柔轮内孔时，由于前者的总长度略大于后者的内孔直径，故柔轮变为椭圆形，于是在椭圆的长轴两端产生了柔轮与刚轮轮齿的两个局部啮合区；同时在椭圆短轴两端，两轮轮齿则完全脱开。至于其余各处，则视柔轮回转方向的不同，或处于啮入状态，或处于啮出状态。当波发生器连续转动时，柔轮长短轴的位置不断变化，从而使轮齿的啮合处和脱开处也随之不断变化，于是在柔轮与刚轮之间就产生了相对位移，从而传递运动。

图 9 - 21 谐波传动示意图

在波发生器转动 1 周期间，柔轮上一点变形的循环次数与波发生器上的凸起部位数是一致的，称为波数。常用的有两波和三波两种。为了有利于柔轮的力平衡和防止轮齿干涉，刚轮和柔轮的齿数差应等于波发生器波数（即波发生器上的滚轮数）的整倍数，通常取为等于波数。

由于在谐波齿轮传动过程中，柔轮与刚轮的啮合过程与行星齿轮传动类似，故其传动比可按周转轮系的计算方法求得。

当刚轮 1 固定，波发生器 H 主动、柔轮 2 从动时，其传动比可计算如下：

$$i_{21}^H = \frac{n_2^H}{n_1^H} = \frac{n_2 - n_H}{n_1 - n_H} = \frac{n_2 - n_H}{-n_H} = 1 - \frac{n_2}{n_H} = + \frac{z_1}{z_2}$$

$$i_{H2} = \frac{n_H}{n_2} = -\frac{z_2}{z_1 - z_2}$$

上式与渐开线少齿差行星传动的传动比计算式完全相同。主从动件转向相反。

当柔轮 2 固定，波发生器主动、刚轮从动时，其传动比为

$$ii_{H1} = \frac{n_H}{n_2} = \frac{z_2}{z_1 - z_2}$$

此时，主从动件转向相同。

谐波齿轮传动具有以下明显优点：传动比大且变化范围宽；在传动比很大的情况下，仍具有较高的效率；结构简单、体积小、重量轻；由于同时啮合的轮齿对数多，齿面相对滑动速度低，加之多齿啮合的平均效应，使其承载能力强、传动平稳，运动精度高。其缺点是柔轮易发生疲劳损坏；启动力矩大。

近年来谐波齿轮传动技术发展十分迅速，应用日益广泛。在机械制造、冶金、发电设备、矿山、造船及国防工业中都得到了广泛应用。

思考题与习题

9-1 在给定轮系主动轮的转向后，可用什么方法来确定定轴轮系从动件的转向，周转轮系中主、从动件的转向关系又用什么方法来确定？

9-2 在计算行星轮系的传动比时，式 $i_{mH} = 1 - i_{mn}^H$ 只有在什么情况下才是正确的？

9-3 在计算周转轮系的传动比时，计算式 $i_{mn}^H = (n_m - n_H) / (n_n - n_H)$ 中的 i_{mn}^H 是什么传动比，如何确定其大小和"±"号？

9-4 在图 9-22 所示的轮系中，各轮齿数为 $z_1 = 20$，$z_2 = 40$，$z_2' = 20$，$z_3 = 30$，$z_3' = 20$，$z_4 = 40$。试求传动比 i_{14}。

9-5 如图 9-23 所示为一手摇提升装置，其中各轮齿数均为已知，试求传动比 i_{15}，并指出当提升重物时手柄的转向。

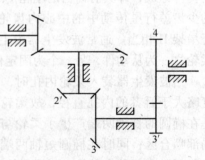

图 9-22 题 9-4 图

9-6 在图 9-24 所示轮系中已知 $z_1 = 20$，$z_2 = 30$，$z_2' = 15$，$z_3 = 65$，$n_1 = 150 \text{r/min}$，求 n_H 的大小及方向。

9-7 在图 9-24 所示的周转轮系中，已知各齿轮的齿数为 $z_1 = 15$，$z_2 = 25$，$z_2' = 20$，$z_3 = 60$，齿轮 1 的转速 $n_1 = 200 \text{r/min}$，若齿轮 3 不固定，转速 $n_4 = 50 \text{r/min}$，其转向相反，求转臂 H 的转速 n_H 的大小和方向？

9-8 在图 9-25 所示的轮系中，已知各轮齿数为：$z_1 = 20$，$z_2 = 30$，$z_3 = 80$，$z_4 = 40$，$z_5 = 20$。试求此轮系的传动比 i_{15}。

9-9 在图 9-26 所示的输送带的减速器中，已知 $z_1 = 10$，$z_2 = 32$，$z_3 = 74$，$z_4 = 72$，$z_2' = 30$ 及电动机的转速为 1450 r/min，求输出轴的转速 n_4。

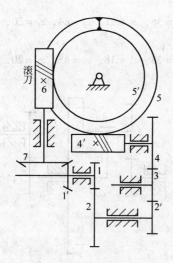

图 9 – 23　题 9 – 5 图

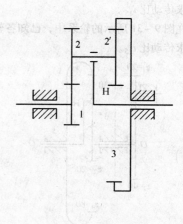

图 9 – 24　题 9 – 6 图

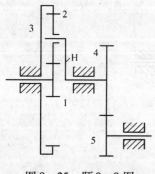

图 9 – 25　题 9 – 8 图

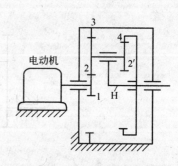

图 9 – 26　题 9 – 9 图

9 – 10　求如图 9 – 27 所示轮系的传动比 i_{1H}。已知：$z_1 = 20$，$z_2 = 40$，$z_2' = 30$，$z_3 = 90$，$z_4 = z_6 = 20$，求：i_{1H}。

9 – 11　求图 9 – 28 所示的电动卷扬机减速器的传动比 i_{15}，若各轮的齿数为 $z_1 = 24$，$z_2 = 48$，$z_2' = 30$，$z_3 = 60$，$z_3' = 20$，$z_4 = 40$，$z_5 = 100$。

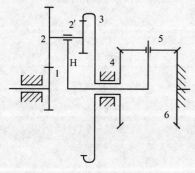

图 9 – 27　题 9 – 10 图

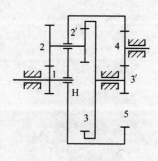

图 9 – 28　题 9 – 11 图

9 – 12　在图 9 – 29 所示的轮系中，已知各齿轮的齿数如图所示，求传动比 i_{1H}。

9－13　在图9－30所示的轮系中，已知各轮齿数，$z_1 = 18$，$z_2 = 36$，$z_2' = 21$，$z_3 = 84$，$z_4 = 20$，$z_5 = 40$，求传动比 i_{15}。

9－14　在图9－31所示的轮系中，已知各轮齿数，$z_1 = 19$，$z_2 = 38$，$z_2' = 18$，$z_3 = 45$，$z_4 = 20$，$z_5 = 40$，求传动比 i_{15}。

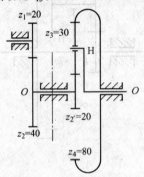

图9－29　题9－12图

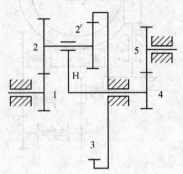

图9－30　题9－13图

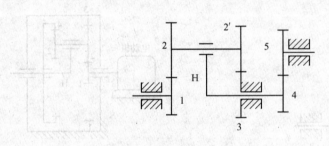

图9－31　题9－14图

第10章 蜗杆传动

10.1 蜗杆传动的特点与类型

蜗杆传动是在空间交错的两轴间传递运动和动力的一种传动机构（图 10 - 1），两轴线交错的夹角可为任意值，常用的为 90°。蜗杆传动广泛应用于各种机器和仪器中。

蜗杆传动的主要优点是能实现大的传动比、结构紧凑、传动平稳和噪声低等。在动力传动中，一般传动比 $i = 5 \sim 80$；在分度机构或手动机构的传动中，传动比可达 300；若只传递运动，传动比可达 1000。蜗杆传动的主要缺点是效率低；为了减摩耐磨，蜗轮轮圈常需用青铜制造，成本较高。

蜗杆传动通常用于减速装置，但也有个别机器用作增速装置。

根据蜗杆形状的不同，蜗杆传动可以分为圆柱蜗杆传动（图 10 - 1），环面蜗杆传动（图 10 - 2）和锥蜗杆传动（图 10 - 3）等。

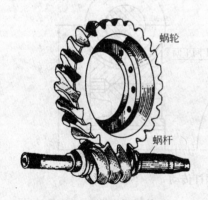

图 10 - 1 圆柱蜗杆传动

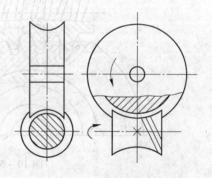

图 10 - 2 环面蜗杆传动

普通圆柱蜗杆的齿面一般是在车床上用直线刀刃的车刀车制的。根据车刀安装位置的不同，所加工出的蜗杆齿面在不同截面中的齿廓曲线也不同。根据不同的齿廓曲线，普通圆柱蜗杆可分为阿基米德蜗杆（ZA 蜗杆）、渐开线蜗杆（ZI 蜗杆）等。阿基米德蜗杆（ZA 蜗杆），在垂直于蜗杆轴线的平面（即端面）上，齿廓为阿基米德螺旋线（图 10 - 4），在包含轴线的平面上的齿廓（即轴向齿廓）为直线，其齿形角 $\alpha_0 = 20°$。它可在车床上用直线刀刃的单刀（当导程角 $\gamma \leqslant 3°$ 时）或双刀（当 $\gamma > 3°$ 时）车削加工。安装刀具时，切削刃的顶面必须通过蜗杆的轴线，如图 10 - 4 所示。这种蜗杆磨削困难，当导程角 γ 较大时加工不便。

渐开线蜗杆（ZI 蜗杆）的端面齿廓为渐开线，所以它相当于一个少齿数（齿数等于蜗杆头数）、大螺旋角的渐开线圆柱斜齿轮。这种蜗杆可以在专用机床上磨削。

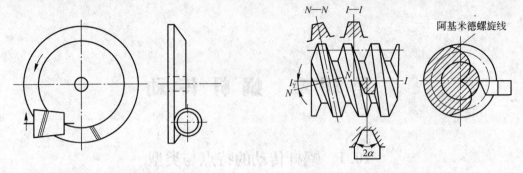

图 10 - 3　锥蜗杆传动　　　　　图 10 - 4　阿基米德蜗杆（ZA 蜗杆）

10.2　普通圆柱蜗杆传动的主要参数及几何尺寸计算

如图 10 - 5 所示，在中间平面上，普通圆柱蜗杆传动就相当于齿条与齿轮的啮合传动。故在设计蜗杆传动时，均取中间平面上的参数（如模数、压力角等）和尺寸（如齿顶圆、分度圆等）为基准，并沿用齿轮传动的计算关系。

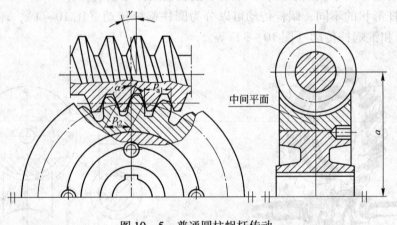

图 10 - 5　普通圆柱蜗杆传动

10.2.1　普通圆柱蜗杆传动的主要参数及其选择

普通圆柱蜗杆传动的主要参数有模数 m、压力角 α、蜗杆头数 z_1、蜗轮齿数 z_2 及蜗杆的直径 d_1 等。进行蜗杆传动的设计时，首先要正确地选择参数。

10.2.1.1　模数 m 和压力角 α

和齿轮传动一样，蜗杆传动的几何尺寸也以模数为主要计算参数。蜗杆和蜗轮啮合时，在中间平面上，蜗杆的轴面模数、压力角应与蜗轮的端面模数、压力角相等，即

$$m_{a1} = m_{t2} = m$$

$$\alpha_{a1} = \alpha_{t2}$$

ZA 蜗杆的轴向压力角 α_a 为标准值（20°），其余三种（ZN、ZI、ZK）蜗杆的法向压力角 α_n 为标准值（20°），蜗杆轴向压力角与法向压力角的关系为

$$\tan\alpha_a = \frac{\tan\alpha_n}{\cos\gamma}$$

式中 γ——导程角。

10.2.1.2 蜗杆的分度圆直径 d_1

在蜗杆传动中，为了保证蜗杆与配对蜗轮的正确啮合，常用与蜗杆具有同样尺寸的蜗轮滚刀（蜗轮滚刀的齿顶高与蜗轮相配的蜗杆的齿顶高大 c，c 为蜗杆传动的顶隙）来加工与其配对的蜗轮。这样，只要有一种尺寸的蜗杆，就得有一种对应的蜗轮滚刀。对于同一模数，可以有很多不同直径的蜗杆，因而对每一模数就要配备很多蜗轮滚刀。显然，这样很不经济。为了限制蜗轮滚刀的数目及便于滚刀的标准化，就对每一标准模数规定了一定数量的蜗杆分度圆直径 d_1，而把比值

$$q = \frac{d_1}{m} \tag{10-1}$$

称为蜗杆的直径系数。d_1 与 q 已有标准值，常用的标准模数 m 和蜗杆分度圆直径 d_1 及直径系数 q 见表 10-2。如果采用非标准滚刀或飞刀切制蜗轮，d_1 与 q 值可不受标准的限制。

10.2.1.3 蜗杆头数 z_1

蜗杆头数 z_1 可根据要求的传动比和效率来选定。单头蜗杆传动的传动比可以较大，但效率较低。如要提高效率，应增加蜗杆的头数。但蜗杆头数过多，又会给加工带来困难。所以，通常蜗杆头数取为 1、2、4、6。

10.2.1.4 导程角 γ

蜗杆的直径系数 q 和蜗杆头数 z_1 选定之后，蜗杆分度圆柱上的导程角 γ 也就确定了。由图 10-6 可知，

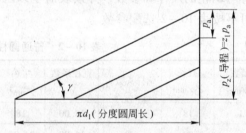

图 10-6 导程角与导程的关系

$$\tan\gamma = \frac{p_z}{\pi d_1} = \frac{z_1 p_a}{\pi d_1} = \frac{z_1 m}{d_1} = \frac{z_1}{q} \tag{10-2}$$

式中 p_a——蜗杆轴向齿距。

10.2.1.5 传动比 i 和齿数比 u

传动比

$$i = \frac{n_1}{n_2}$$

式中 n_1，n_2——分别为蜗杆和蜗轮的转速，r/min。

齿数比

$$u = \frac{z_2}{z_1}$$

式中 z_2——蜗轮的齿数。

当蜗杆为主动时，

$$i = \frac{n_1}{n_2} = \frac{z_2}{z_1} = u \tag{10-3}$$

10.2.1.6 蜗轮齿数 z_2

蜗轮齿数 z_2 主要根据传动比来确定。应注意：为了避免用蜗轮滚刀切制蜗轮时产生根切与干涉，理论上应使 $z_{2min} \geqslant 17$。但当 $z_2 < 26$ 时，啮合区要显著减小，将影响传动的

平稳性，而在 $z_2 \geqslant 30$ 时，则可始终保持有两对以上的齿啮合，所以通常规定 z_2 大于 28。对于动力传动，z_1 一般不大于 80。z_1、z_2 的荐用值见表 10-1（具体选择时可考虑表 10-2 中的匹配关系）。当设计非标准或分度传动时，z_2 的选择可不受限制。

表 10-1　蜗杆头数 z_1 与蜗轮齿数 z_2 的荐用值

$i = z_2/z_1$	z_1	z_2
≈5	6	29~31
7~15	4	29~61
14~30	2	29~61
29~82	1	29~82

10.2.1.7　蜗杆传动的标准中心距 a

蜗杆传动的标准中心距为

$$a = \frac{1}{2}(d_1 + d_2) = \frac{1}{2}(q + z_2)m \qquad (10-4)$$

标准普通圆柱蜗杆传动的基本尺寸和参数列于表 10-2。设计普通圆柱蜗杆减速装置时，在按接触强度或弯曲强度确定了中心距 a 或 $m^2 d_1$ 后，一般应按表 10-2 的数据确定蜗杆与蜗轮的尺寸和参数，并按表值予以匹配。如可自行加工蜗轮滚刀或减速器箱体时，也可不按表 10-2 选配参数。

表 10-2　普通圆柱蜗杆基本尺寸和参数

模数 m/mm	直径 d_1/mm	蜗杆头数 z_1	直径系数 q	$m^2 d_1$ /mm³	模数 m/mm	直径 d_1/mm	蜗杆头数 z_1	直径系数 q	$m^2 d_1$ /mm³
1	18	1	18.00	18	6.3	63	1, 2, 4, 6	10.00	2500
1.25	20	1	16.00	31.25		112	1	17.778	4445
	22.4	1	17.92	35	8	80	1, 2, 4, 6	10.00	5120
1.6	20	1, 2, 4	12.50	51.2		140	1	17.50	8960
	28	1	17.50	71.68	10	90	1, 2, 4, 6	9.00	9000
2	22.4	1, 2, 4, 6	11.20	89.6		160	1	16.00	16000
	35.5	1	17.75	142	12.5	112	1, 2, 4, 6	8.96	17500
2.5	28	1, 2, 4, 6	11.20	175		200	1	16.00	31250
	45	1	18.00	281	16	140	1, 2, 4	8.75	35840
3.15	35.5	1, 2, 4, 6	11.27	352		250	1	15.625	64000
	56	1	7.778	556	20	160	1, 2, 4	8.00	64000
4	40	1, 2, 4, 6	10.00	640		315	1	15.75	126000
	71	1	17.75	1136	25	200	1, 2, 4	8.00	125000
5	50	1, 2, 4, 6	10.00	1250		400	1	16.00	250000
	90	1	18.00	2250					

注：1. 本表摘自 GB/T 10085—1988。

　　2. 本表中同一模数有两个 d_1 值，当选取其中较大的 d_1 值时，导程角 γ 小于 3°30′有较好的自锁性。

10.2.2 蜗杆传动的几何尺寸计算

蜗杆传动的几何尺寸及其计算公式见图 10 – 7 及表 10 – 3。

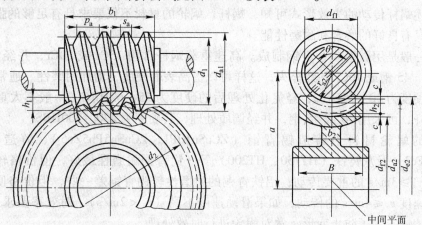

图 10 – 7　普通圆柱蜗杆传动基本几何尺寸

表 10 – 3　圆柱蜗杆传动几何尺寸计算

名　称	计　算　公　式	
	蜗　杆	蜗　轮
蜗杆分度圆直径，蜗轮分度圆直径	$d_1 = mq$	$d_2 = mz_2$
齿顶高	$h_a = m$	$h_a = m$
齿根高	$h_f = 1.2m$	$h_f = 1.2m$
蜗杆齿顶圆直径	$d_{a1} = m(q+2)$	$d_{a2} = m(z_2+2)$
齿根圆直径，蜗轮喉圆直径	$d_{f1} = m(q-2.4)$	$d_{f2} = m(z_2-2.4)$
蜗杆轴向齿距，蜗轮端面齿距	$p_{a1} = p_{t2} = p_x = \pi m$	
径向间隙	$C = 0.2m$	
中心距	$a = 0.5(d_1 + d_2) = 0.5(q + z_2)$	

10.3　蜗杆传动的失效形式及常用材料和结构

10.3.1　蜗杆传动的失效形式，设计准则及常用材料

和齿轮传动一样，蜗杆传动的失效形式也有点蚀（齿面接触疲劳破坏）、齿根折断、齿面胶合及过度磨损等。由于材料和结构上的原因，蜗杆螺旋齿部分的强度总是高于蜗轮轮齿的强度，所以失效经常发生在蜗轮轮齿上。因此，一般只对蜗轮轮齿进行承载能力计算。由于蜗杆与蜗轮齿面间有较大的相对滑动，从而增加了产生胶合和磨损失效的可能性，尤其在某些条件下（如润滑不良），蜗杆传动因齿面胶合而失效的可能性更大。因此，蜗杆传动的承载能力往往受到抗胶合能力的限制。

在开式传动中多发生齿面磨损和轮齿折断，因此应以保证齿根弯曲疲劳强度作为开式传动的主要设计准则。

在闭式传动中，蜗杆副多因齿面胶合或点蚀而失效。因此，通常是按齿面接触疲劳强度进行设计，而按齿根弯曲疲劳强度进行校核。此外，闭式蜗杆传动，由于散热较为困难，还应作热平衡核算。

由上述蜗杆传动的失效形式可知，蜗杆、蜗轮的材料不仅要求具有足够的强度，更重要的是要具有良好的磨合和耐磨性能。

蜗杆一般是用碳钢或合金钢制成。高速重载蜗杆常用 15Cr 或 20Cr，并经渗碳淬火；也可用 40、45 钢或 40Cr 并经淬火，这样可以提高表面硬度，增加耐磨性。通常要求蜗杆淬火后的硬度为 40 ~ 55HRC，经氮化处理后的硬度为 55 ~ 62HRC。一般不太重要的低速中载的蜗杆，可采用 40 或 45 钢，并经调质处理，其硬度为 220 ~ 300HBS。

常用的蜗轮材料为铸造锡青铜（ZCuSn10P1，ZCuSn5Pb5Zn5）、铸造铝铁青铜（ZCuAl10Fe3）及灰铸铁（HT150、HT200）等。锡青铜耐磨性最好，但价格较高，用于滑动速度 $v_s \geq 3m/s$ 的重要传动；铝铁青铜的耐磨性较锡青铜差一些，但价格便宜，一般用于滑动速度 $v_s \leq 4m/s$ 的传动；如果滑动速度不高（$v_s < 2m/s$），对效率要求也不高时，可采用灰铸铁。为了防止变形，常对蜗轮进行时效处理。

10.3.2 蜗杆传动的受力分析

蜗杆传动的受力分析和斜齿圆柱齿轮传动相似。在进行蜗杆传动的受力分析时，通常不考虑摩擦力的影响。

图 10 - 8 所示是以右旋蜗杆为主动件，并沿图示的方向旋转时，蜗杆螺旋面上的受力情况。设 F_n 为集中作用于节点 P 处的法向载荷，它作用于法向截面 $Pabc$ 内（图 10 - 8（a））。F_n 可分解为三个互相垂直的分力，即圆周力 F_t、径向力 F_r 和轴向力 F_a。显然，在蜗杆与蜗轮间，相互作用着 F_{t1} 与 F_{a2}、F_{r1} 与 F_{t2} 和 F_{a1} 与 F_{t2} 这三对大小相等、方向相反的力（图 10 - 8（c））。

在确定各力的方向时，尤其需注意蜗杆所受轴向力方向的确定。因为轴向力的方向是由螺旋线的旋向和蜗杆的转向来决定的。如图 10 - 8（a）所示，该蜗杆为右旋蜗杆，当其为主动件沿图示方向，（由左端视之为逆时针方向）回转时，如图 10 - 8（b）所示，蜗杆齿的右侧为工作面（推动

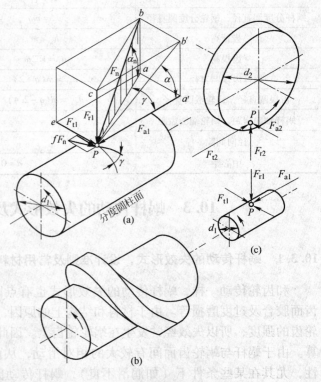

图 10 - 8 蜗杆传动的受力分析

蜗轮沿图 10 - 8（c）所示方向转动），故蜗杆所受的轴向力 F_{a1}（即蜗轮齿给它的阻力的轴向分力）必然指向左端（见图 10 - 8（c）下部）。如果该蜗杆的转向相反，则蜗杆齿

的左侧为工作面（推动蜗轮沿图 10 – 8（c）所示方向的反向转动），故此时蜗杆所受的轴向力必指向右端。右（左）旋蜗杆所受轴向力的方向也可用右（左）手法则确定。所谓右（左）手法则，是指用右（左）手握拳时，以四指所示的方向表示蜗杆的回转方向，则拇指伸直时所指的方向就表示蜗杆所受轴向力 F_{a1} 的方向。至于蜗杆所受圆周力 F_{t1} 的方向，总是与它的转向相反的；径向力的方向则总是指向轴心的。关于蜗轮上各力的方向，可由图 10 – 8（c）所示的关系定出。

当不计摩擦力的影响时，各力的大小可按下列各式计算，各力的单位均为 N：

$$\left.\begin{aligned} F_{t1} &= F_{a2} = \frac{2T_1}{d_1} \\ F_{a1} &= F_{t2} = \frac{2T_2}{d_2} \\ F_{r1} &= F_{r2} = F_{t2}\tan\alpha \\ F_n &= \frac{F_{a1}}{\cos\alpha_n\cos\gamma} = \frac{F_{t2}}{\cos\alpha_n\cos\gamma} = \frac{2T_2}{d_2\cos\alpha_n\cos\gamma} \end{aligned}\right\} \qquad (10-5)$$

式中 T_1，T_2——分别为蜗杆及蜗轮上的公称转矩，N·mm；

　　　　d_1，d_2——分别为蜗杆及蜗轮的分度圆直径，mm。

10.3.3 圆柱蜗杆和蜗轮的结构设计

蜗杆螺旋部分的直径不大，所以常和轴做成一个整体，结构形式见图 10 – 9，其中图 10 – 9（a）所示的结构无退刀槽，加工螺旋部分时只能用铣制的办法；图 10 – 9（b）所示的结构则有退刀槽，螺旋部分可以车制，也可以铣制，但这种结构的刚度比前一种差。当蜗杆螺旋部分的直径较大时，可以将蜗杆与轴分开制作。

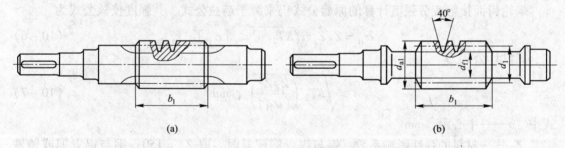

(a)　　　　　　　　　　　　　　　　　(b)

图 10 – 9　蜗杆的结构形式

常用的蜗轮结构形式有以下几种：

（1）齿圈式（图 10 – 10（a））。这种结构由青铜齿圈及铸铁轮芯所组成，齿圈与轮芯多用 H7/r6 配合，并加装 4～6 个紧定螺钉（或用螺钉拧紧后将头部锯掉），以增强连接的可靠性。螺钉直径取作（1.2～1.5）m，m 为蜗轮的模数。螺钉拧入深度为（0.3～0.4）B，B 为蜗轮宽度。为了便于钻孔，应将螺孔中心线由配合缝向材料较硬的轮芯部分偏移 2～3mm。这种结构多用于尺寸不太大或工作温度变化较小的地方，以免热胀冷缩影响配合的质量。

（2）螺栓连接式（图 10 – 10（b））。可用普通螺栓连接，或用铰制孔用螺栓连接，

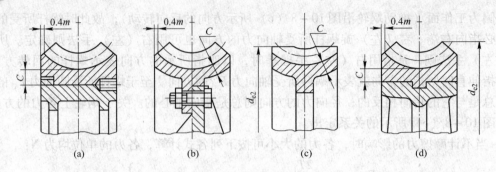

图 10 - 10　常用的蜗轮结构形式

(a) $C \approx 1.6m + 1.5\mathrm{mm}$；(b) $C \approx 1.5m$；(c) $C \approx 1.5m$；(d) $C \approx 1.6m + 1.5\mathrm{mm}$

螺栓的尺寸和数目可参考蜗轮的结构尺寸取定，然后作适当的校核。这种结构装拆比较方便，多用于尺寸较大或容易磨损的蜗轮。

（3）整体浇铸式（图 10 - 10（c））。主要用于铸铁蜗轮或尺寸很小的青铜蜗轮。

（4）拼铸式（图 10 - 10（d））。这是在铸铁轮芯上加铸青铜齿圈，然后切齿。只用于成批制造的蜗轮。

蜗轮的几何尺寸可按表 10 - 3 中的计算公式及图 10 - 7、图 10 - 10 所示的结构尺寸来确定；轮芯部分的结构尺寸可参考齿轮的结构尺寸。

10.4　普通圆柱蜗杆传动的强度计算

10.4.1　蜗轮齿面接触疲劳强度计算

10.4.1.1　计算公式

蜗轮齿面接触疲劳强度计算的原始公式仍来源于赫兹公式，其强度校核公式为

$$\sigma_\mathrm{H} = Z_\mathrm{E} Z_\rho \sqrt{KT_2/a^3} \leqslant [\sigma_\mathrm{H}] \qquad (10 - 6)$$

其设计公式为

$$a \geqslant \sqrt[3]{KT_2 \left(\frac{Z_\mathrm{E} Z_\rho}{[\sigma_\mathrm{H}]} \right)^2} \ \mathrm{mm} \qquad (10 - 7)$$

式中　a——中心距，mm。

Z_E——材料的弹性影响系数，钢与锡青铜配对时，取 $Z_\mathrm{E} = 150$；钢与铝青铜或铸铁配对时，取 $Z_\mathrm{E} = 160$。

Z_ρ——接触系数，考虑蜗杆传动的接触线长度和曲率半径对接触强度的影响系数，可从图 10 - 11 中查得。

K——使用系数，$K = 1.1 \sim 1.4$，有冲击载荷、环境温度高（$t > 35℃$）、速度较高时，取大值。

由上式算出中心距 a 后，可由下列公式粗

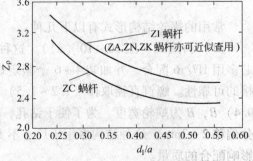

图 10 - 11　圆柱蜗杆传动的接触系数 Z_ρ

算出蜗杆分度圆直径 d_1 和模数 m

$$d_1 \approx 0.68^{0.875}$$

$$m = \frac{2a - d_1}{z_2}$$

再由表 10-2 选定标准模数值。

10.4.1.2　许用接触应力 $[\sigma_H]$

对于锡青铜，可由表 10-4 查取；对于铸铝青铜及灰铸铁，其主要失效形式是胶合而不是接触强度，而胶合与相对速度有关，其值应查表 10-5，上述接触强度计算可限制胶合的产生。

表 10-4　锡青铜蜗轮的许用接触应力 $[\sigma_H]$　　　　MPa

蜗轮材料	铸造方法	适用的滑动速度 $v_s / \mathrm{m \cdot s^{-1}}$	蜗杆齿面硬度	
			HBS≤350	>45
铸锡青铜 ZCuSn10P1	砂模铸造	≤12	180	200
	金属模铸造	≤25	200	220
铸锡锌铅青铜 ZCuSn5Pb5Zn5	砂模铸造	≤10	110	125
	金属模铸造	≤12	135	150

表 10-5　铝青铜及灰铸铁蜗轮的许用接触应力 $[\sigma_H]$　　　　MPa

蜗轮材料	蜗轮材料	适用的滑动速度 $v_s / \mathrm{m \cdot s^{-1}}$						
		0.5	1	2	3	4	6	8
ZCuAl10Fe3	淬火钢	250	230	210	180	160	120	90
HT150、HT200	渗碳钢[①]	130	115	90	—	—	—	—
HT150	调质钢	110	90	70	—	—	—	—

①蜗杆未经淬火时，需将表中 $[\sigma_H]$ 值降低 20%。

10.4.2　蜗轮齿根弯曲疲劳强度计算

蜗轮轮齿因弯曲强度不足而失效的情况，多发生在蜗轮齿数较多（如 $z_2 > 90$ 时）或开式传动中。由于蜗轮轮齿的齿形比较复杂，要精确计算齿根的弯曲应力是比较困难的，所以常用的齿根弯曲疲劳强度计算方法就带有很大的条件性。通常是把蜗轮近似地当作斜齿圆柱齿轮来考虑，则蜗轮齿根的弯曲应力为：

$$\sigma_F = \frac{1.53 K T_2}{d_1 d_2 m \cos\gamma} Y_{Fa2} \leqslant [\sigma_F] \qquad (10-8)$$

其设计公式为

$$m^2 d_1 \geqslant \frac{1.53 K T_2}{z_2 [\sigma_F]} Y_{Fa2} \cdot Y_\beta \qquad (10-9)$$

式中　γ——蜗杆导程角，$\gamma = \arctan \dfrac{z_1}{q}$；

　　　$[\sigma_F]$——蜗轮的许用弯曲应力，MPa。查表 10-6；

　　　Y_{Fa2}——蜗轮齿形系数，可由蜗轮的当量齿数 $z_{v2} = z_2 / \cos^3\gamma$ 从表 8-5 中查得。

由求得的 $m^2 d_1$ 值查表 10 - 2 可决定主要尺寸。

表 10 - 6 蜗轮的许用弯曲应力 $[\sigma_F]$

蜗轮材料	ZCuSn10P1		ZCuSn5Pb5Zn5		ZCuAl10Fe3		HT150	HT200
铸造方法	砂模铸造	金属模铸造	砂模铸造	金属模铸造	砂模铸造	金属模铸造	砂模铸造	
单侧工作	50	70	32	40	80	90	40	47
双侧工作	30	40	24	28	63	80	25	30

10.4.3 蜗杆的刚度计算

蜗杆受力后如产生过大的变形，就会造成轮齿上的载荷集中，影响蜗杆与蜗轮的正确啮合，所以蜗杆还须进行刚度校核。校核蜗杆的刚度时，通常是把蜗杆螺旋部分看作以蜗杆齿根圆直径为直径的轴段，主要是校核蜗杆的弯曲刚度，其最大挠度 y（单位为 mm）可按下式作近似计算，并得其刚度条件为

$$y = \frac{\sqrt{F_{t1}^2 + F_{r1}^2}}{48EI}L'^3 \leqslant [y] \qquad (10-10)$$

式中 F_{t1}——蜗杆所受的圆周力，N；

F_{r1}——蜗杆所受的径向力，N；

E——蜗杆材料的弹性模量，MPa；

I——蜗杆危险截面的惯性矩，$I = \pi d_{f1}^4/64$，mm^4，其中 d_{f1} 为蜗杆齿根圆直径，mm；

L'——蜗杆两端支承间的跨距，mm，视具体结构要求而定，初步计算时可取 $L' \approx 0.9d_2$，d_2 为蜗轮分度圆直径；

$[y]$——许用最大挠度，$[y] = d_1/1000$，此处 d_1 为蜗杆分度圆直径，mm。

10.5 普通圆柱蜗杆传动的效率、润滑及热平衡计算

10.5.1 蜗杆传动的效率

闭式蜗杆传动的功率损耗一般包括三部分，即啮合摩擦损耗、轴承摩擦损耗及浸入油池中的零件搅油时的溅油损耗。因此总效率为

$$\eta = \eta_1 \cdot \eta_2 \cdot \eta_3 \qquad (10-11)$$

式中 η_1、η_2、η_3 分别为单独考虑啮合摩擦损耗、轴承摩擦损耗及溅油损耗时的效率。

而蜗杆传动的总效率，主要取决于计入啮合摩擦损耗时的效率 η_1。当蜗杆主动时，则

$$\eta_1 = \frac{\tan\gamma}{\tan(\gamma + \varphi_v)} \qquad (10-12)$$

式中 γ——普通圆柱蜗杆分度圆柱上的导程角；

φ_v——当量摩擦角，$\varphi_v = \arctan f_v$，其值可根据滑动速度 v_s 由表 10 - 7 中选取。

滑动速度 v_s（单位为 m/s）由图 10 - 12 得

$$v_s = \frac{v_1}{\cos\gamma} = \frac{\pi d_1 n_1}{60 \times 1000\cos\gamma} \qquad (10-13)$$

式中 v_1——蜗杆分度圆的圆周速度，m/s；

$\quad\quad d_1$——蜗杆分度圆直径，mm；

$\quad\quad n_1$——蜗杆的转速，r/min。

表 10-7 普通圆柱蜗杆传动的 v_s、f_v、φ_v 值

蜗轮齿圈材料	锡青铜				无锡青铜		灰铸铁			
蜗杆齿面硬度	≥45HRC		其他		≥45HRC		≥45HRC		其他	
滑动速度①/m·s⁻¹	f_v②	φ_v②	f_v	φ_v	f_v②	φ_v②	f_v②	φ_v②	f_v	φ_v
0.01	0.110	6°17′	0.12	6°51′	0.180	10°12′	0.180	10°12′	0.190	10°45′
0.10	0.080	4°34′	0.090	5°09′	0.130	7°24′	0.130	7°24′	0.140	7°58′
0.50	0.055	3°09′	0.065	3°43′	0.090	5°09′	0.090	5°09′	0.100	5°43′
1.0	0.050	2°35′	0.055	3°09′	0.070	4°00′	0.070	4°00′	0.090	5°09′
2.0	0.035	2°00′	0.045	2°35′	0.055	3°09′	0.055	3°09′	0.070	4°00′
3.0	0.028	1°36′	0.035	2°00′	0.045	2°35′				
4.0	0.024	1°22′	0.031	1°47′	0.040	2°17′				
5.0	0.022	1°16′	0.029	1°40′	0.035	2°00′				
8.0	0.018	1°02′	0.026	1°29′	0.030	1°43′				
10.0	0.016	0°55′	0.024	1°22′						
15.0	0.014	0°48′	0.020	1°09′						
24.0	0.013	0°45′								

①如滑动速度与表中数值不一致时，可用插入法求得 f_v 和 φ_v 值。

②蜗杆齿面经磨削或抛光并仔细磨合、正确安装以及采用黏度合适的润滑油进行充分润滑时。

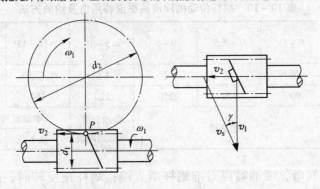

图 10-12 蜗杆传动的滑动速度

由于轴承摩擦及溅油这两项功率损耗不大，一般取 $\eta_2\eta_3 = 0.95 \sim 0.96$，则总效率 η 为

$$\eta = \eta_1 \cdot \eta_2 \cdot \eta_3 = (0.95 \sim 0.96)\frac{\tan\gamma}{\tan(\gamma + \varphi_v)}$$

在设计之初，为了近似地求出蜗轮轴上的扭矩 T_2，η 值可按表 10-8 估取。

表 10-8 η 的取值

蜗杆头数	z_1	1	2	4	6
总效率	η	0.7	0.8	0.9	0.95

10.5.2　蜗杆传动的润滑

润滑对蜗杆传动来说，具有特别重要的意义。因为当润滑不良时，传动效率将显著降低，并且会带来剧烈的磨损和产生胶合破坏的危险，所以往往采用黏度大的矿物油进行良好的润滑，在润滑油中还常加入添加剂，使其提高抗胶合能力。

蜗杆传动所采用的润滑油、润滑方法及润滑装置与齿轮传动的基本相同。

10.5.2.1　润滑油

润滑油的种类很多，需根据蜗杆、蜗轮配对材料和运转条件合理选用。在钢蜗杆配青铜蜗轮时，常用的润滑油见表 10 - 9。

表 10 - 9　蜗杆传动常用的润滑油

CKE 轻负荷蜗轮蜗杆油	220	320	460	680
运动黏度 ν_{40}/cSt	192 ~ 242	288 ~ 352	414 ~ 506	612 ~ 748
黏度指数	≥90			
闪点（开口）/℃	≥180			
倾点/℃	≤ - 6			

注：其余指标可参看 SH0094—1991。

10.5.2.2　润滑油黏度及给油方法

润滑油黏度及给油方法，一般根据相对滑动速度及载荷类型进行选择。对于闭式传动，常用的润滑油黏度及给油方法见表 10 - 10；对于开式传动，则采用黏度较高的齿轮油或润滑脂。

表 10 - 10　蜗杆传动的润滑油黏度荐用值及给油方法

相对滑动速度 v_s/m·s^{-1}	0 ~ 1	0 ~ 2.5	0 ~ 5	>5 ~ 10	>10 ~ 15	>15 ~ 25	>25
载荷类型	重	重	中	（不限）	（不限）	（不限）	（不限）
运动黏度 ν_{40}/cSt	900	500	350	220	150	100	80
给油方法	油池润滑			喷油润滑或油池润滑	喷油润滑时的喷油压力/MPa		
					0.7	2	3

如果采用喷油润滑，喷油嘴要对准蜗杆啮入端；蜗杆正反转时，两边都要装有喷油嘴，而且要控制一定的油压。

10.5.2.3　润滑油量

对闭式蜗杆传动采用油池润滑时，在搅油损耗不致过大的情况下，应有适当的油量。这样不仅有利于动压油膜的形成，而且有助于散热。对于蜗杆下置式或蜗杆侧置式的传动，浸油深度应为蜗杆的一个齿高；当为蜗杆上置式时，浸油深度约为蜗轮外径的1/3。

10.5.3　蜗杆传动的热平衡计算

蜗杆传动由于效率低，所以工作时发热量大。在闭式传动中，如果产生的热量不能及时散逸，将因油温不断升高而使润滑油稀释，从而增大摩擦损失，甚至发生胶合。所以，必须根据单位时间内的发热量 Φ_1，等于同时间内的散热量 Φ_2 的条件进行热平衡计算，以保证油温稳定地处于规定的范围内。

由于摩擦损耗的功率 $P_f = P(1 - \eta)$，则产生的热流量（单位为 $1W = 1J/s$）为

$$\Phi_1 = 1000P(1 - \eta)$$

式中　P——蜗杆传递的功率，kW。

以自然冷却方式，从箱体外壁散发到周围空气中去的热流量 Φ_2（单位为 W）为

$$\Phi_2 = \alpha_d S(t_0 - t_a)$$

式中　α_d——箱体的表面传热系数，可取：$\alpha_d = (8.15 \sim 17.45)W/(m^2 \cdot ℃)$，当周围空气流通良好时，取偏大值；

　　　S——内表面能被润滑油所飞溅到，而外表面又可为周围空气所冷却的箱体表面面积，m^2；

　　　t_0——油的工作温度，一般限制在 $60 \sim 70℃$，最高不应超过 $80℃$；

　　　t_a——周围空气的温度，常温情况可取为 $20℃$。

按热平衡条件 $\Phi_1 = \Phi_2$，可求得在既定工作条件下的油温 t_0（单位为℃）为

$$t_0 = t_a + \frac{1000P(1 - \eta)}{\alpha_d S} \qquad (10 - 14)$$

或在既定条件下，保持正常工作温度所需要的散热面积 S（单位为 m^2）为

$$S = \frac{1000P(1 - \eta)}{\alpha_d(t_0 - t_a)} \qquad (10 - 15)$$

两式中各符号的意义和单位同前。

（1）加散热片以增大散热面积，见图 10 - 13。

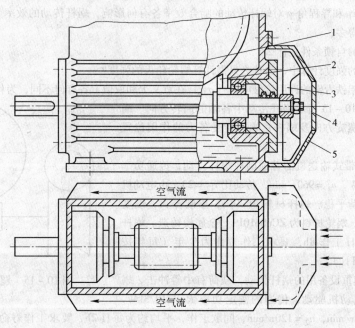

图 10 - 13　加散热片和风扇的蜗杆传动
1—散热片；2—溅油轮；3—风扇；4—过滤网；5—集气罩

（2）在蜗杆轴端加装风扇（图10-13）以加速空气的流通。

（3）在传动箱内装循环冷却管路，见图10-14。

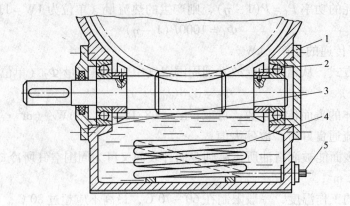

图10-14　装有循环冷却管路的蜗杆传动

1—闷盖；2—溅油轮；3—透盖；4—蛇形管；5—冷却水出、入接口

思考题与习题

10-1　与齿轮传动相比，蜗杆传动的失效形式有何特点，为什么，蜗杆传动的设计准则是什么？

10-2　指出下列公式的错误并加以改正。

（1）$i = n_1/n_2 = z_2/z_1 = d_2/d_1$

（2）$a = m(z_2 + z_1)/2$

（3）$F_{t2} = 2T_2/d_2 = 2iT_1/d_2 = 2T_1/d_1 = F_{t1}$

10-3　何谓蜗杆传动的中间平面，何谓蜗杆传动的相对滑动速度？

10-4　蜗杆头数 z_1 和导程角 γ 对蜗杆传动的啮合效率各有何影响，蜗杆传动的效率为什么比齿轮传动的效率低得多？

10-5　蜗杆传动的自锁条件是什么？

10-6　蜗杆传动的强度计算中，为什么只需计算蜗轮轮齿的强度？

10-7　锡青铜和铝铁青铜的许用接触应力 $[\sigma_H]$ 在意义上和取值上各有何不同，为什么？

10-8　试分析图10-15所示蜗杆传动中各轴的回转方向、蜗轮轮齿的螺旋方向及蜗杆、蜗轮所受各力的作用位置及方向。

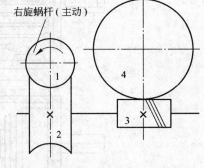

右旋蜗杆（主动）

图10-15　题10-8图

10-9　设计用于带式输送机的普通圆柱蜗杆传动，传递功率 $P_1 = 5.0$kW，$n_1 = 960$r/min，传动比 $i_{12} = 23$，由电动机驱动，载荷平稳。蜗杆材料为20Cr，渗碳淬火，硬度≥58HRC。蜗轮材料为ZCuSn10P1，金属模铸造。蜗杆减速器每日工作8h，要求工作寿命为7年（每年按300工作日计）。

10-10　设计一起重设备用的蜗杆传动，载荷有中等冲击，蜗杆轴由电动机驱动，传递的额定功率 $P_1 = 10.3$kW，$n_1 = 1460$r/min，$n_2 = 120$r/min，间歇工作，平均约为每日2h，要求工作寿命为10年（每年按300工作日计）。

第11章 轴的设计

11.1 轴的功用和类型

轴是组成机器的重要零件之一，各种作回转（或摆动）运动的零件（如齿轮、带轮等）都必须安装在轴上才能进行运动及动力的传递。因此，轴的主要功用是支撑回转零件及传递运动和动力。

轴有不同的分类方法，也有不同类型的轴。常用的分类方法有以下两种。

11.1.1 根据承受载荷类型分类

按照承受载荷的不同，轴可分为转轴、心轴和传动轴三类。

工作时既承受弯矩又承受扭矩的轴称为转轴，例如齿轮减速器中的轴（图11－1），这类轴在机器中最为常见。工作时只承受弯矩而不承受扭矩的轴称为心轴，例如铁路车辆的轴、自行车的前轴等。工作时按轴是否转动又分为转动心轴（图11－2（a））和固定心轴（图11－2（b））两种。工作时只承受扭矩而不承受弯矩（或弯矩很小）的轴称为传动轴（图11－3）。

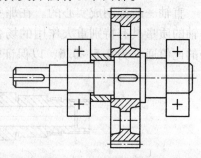

图11－1　支撑齿轮的转轴

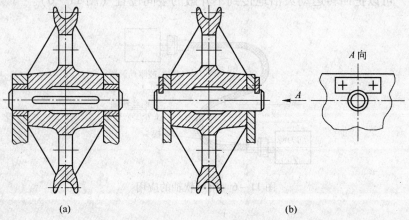

(a)　　　　　　　　　　　　(b)

图11－2　支撑滑轮的心轴
（a）转动心轴；（b）固定心轴

11.1.2 根据轴线的形状分类

轴还可按照轴线形状的不同，分为曲轴（图11－4）和直轴两大类。曲轴各轴段轴线

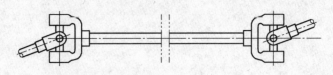

图 11 - 3　传动轴

不在同一直线上，通过连杆可以将旋转运动改变为往复直线运动，或作相反的运动变换，主要用于内燃机中。直轴根据外形的不同，可分为光轴（图 11 - 2 中的轴）和阶梯轴（图 11 - 1 中的轴）两种。光轴形状简单，加工容易，应力集中源少，但轴上的零件不易装配及定位；阶梯轴则正好与光轴相反。因此光轴主要用于心轴和传动轴；阶梯轴则常用于转轴。

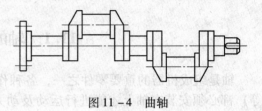

图 11 - 4　曲轴

直轴一般都制成实心的。在那些由于机器结构的要求而需在轴中装设其他零件或者减小轴的质量具有特别重大作用的场合，则将轴制成空心的（图 11 -5）。空心轴内径与外径的比值通常为 0.5 ~ 0.6，以保证轴的刚度及扭转稳定性。

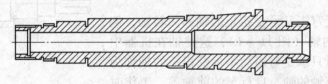

图 11 - 5　空心轴

此外，还有一种钢丝软轴，又称钢丝挠性轴。它是由多组钢丝分层卷绕而成的，具有良好的挠性，可以把回转运动灵活地传到不开敞的空间位置（图 11 -6）。

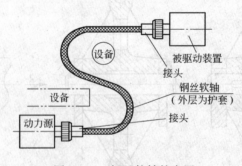

图 11 - 6　钢丝软轴的应用

11.2　轴 的 材 料

　　轴的材料主要是碳钢和合金钢。钢轴的毛坯多数用轧制圆钢和锻件，有的则直接用圆钢。

　　由于碳钢比合金钢价廉，对应力集中的敏感性较低，同时也可以用热处理或化学热处理的办法提高其耐磨性和抗疲劳强度，故采用碳钢制造尤为广泛，其中最常用的是45号钢。

　　合金钢比碳钢具有更高的力学性能和更好的淬火性能，因此，在传递大动力，并要求减小尺寸与质量，提高轴颈的耐磨性，以及处于高温或低温条件下工作的轴，常采用合金钢。

　　必须指出：在一般工作温度下（低于200℃），各种碳钢和合金钢的弹性模量均相差不多，因此在选择钢的种类和决定钢的热处理方法时，所根据的是强度与耐磨性，而不是轴的弯曲或扭转刚度。但也应当注意，在既定条件下，有时也可以选择强度较低的钢材，而用适当增大轴的截面面积的办法来提高轴的刚度。

　　各种热处理（如高频淬火、渗碳、氮化、氰化等）以及表面强化处理（如喷丸、滚压等），对提高轴的抗疲劳强度都有着显著的效果。

　　高强度铸铁和球墨铸铁容易作成复杂的形状，且具有价廉，良好的吸振性和耐磨性，以及对应力集中的敏感性较低等优点，可用于制造外形复杂的轴。

　　轴的常用材料及其主要力学性能见表11-1。

表 11-1　轴的常用材料及其主要力学性能

材料牌号	热处理	毛坯直径 /mm	硬度 (HBS)	抗拉强度极限 σ_b	屈服强度极限 σ_s	弯曲疲劳极限 σ_{-1}	剪切疲劳极限 τ_{-1}	许用弯曲应力 $[\sigma_{-1}]$	备 注
				MPa					
Q235-A	热轧或锻后空冷	≤100		400~420	225	170	105	40	用于不重要及受载荷不大的轴
		>100~250		375~390	215				
45	正火回火	≤100	170~217	590	295	255	140	55	应用最广泛
		>100~300	162~217	570	285	245	135		
	调质	≤200	217~255	640	355	275	155	60	
40Cr	调质	≤100	241~286	735	540	355	200	70	用于载荷较大，而无很大冲击的重要轴
		>100~300		685	490	335	185		
40CrNi	调质	≤100	270~300	900	735	430	260	75	用于很重要的轴
		>100~300	240~270	785	570	370	210		
38SiMnMo	调质	≤100	229~286	735	590	365	210	70	用于重要的轴，性能近于40CrNi
		>100~300	217~269	685	540	345	195		
38CrMnMo	调质	≤60	293~321	930	785	440	280	75	用于要求高耐磨性，高强度且热处理（氮化）变形很小的轴
		>60~100	277~302	835	685	410	270		
		>100~160	241~277	785	590	375	220		
20Cr	渗碳淬火回火	≤60	渗碳 56~62 HRC	640	390	305	160	60	用于要求强度及韧性均较高的轴
3Cr13	调质	≤100	≥241	835	635	395	230	75	用于腐蚀条件下的轴

材料牌号	热处理	毛坯直径 /mm	硬度（HBS）	抗拉强度极限 σ_b	屈服强度极限 σ_s	弯曲疲劳极限 σ_{-1}	剪切疲劳极限 τ_{-1}	许用弯曲应力 $[\sigma_{-1}]$	备 注
				MPa					
1Cr18Ni9Ti	淬火	≤100	≤192	530	195	190	115	45	用于高、低温及腐蚀条件下的轴
		>100~200		490		180	110		
QT600 - 3			190~270	600	370	215	185		用于制造复杂外形的轴
QT800 - 2			245~335	800	480	290	250		

注: 1. 表中所列疲劳极限 σ_{-1} 值是按下列关系式计算的，供设计时参考。碳钢：$\sigma_{-1} \approx 0.43\sigma_b$；合金钢：$\sigma_{-1} \approx$ 0.2$(\sigma_b + \sigma_s) + 100$；不锈钢 $\sigma_{-1} \approx 0.27(\sigma_b + \sigma_s)$；$\tau_{-1} \approx 0.156(\sigma_b + \sigma_s)$；球墨铸铁：$\sigma_{-1} \approx 0.36\sigma_b$，$\tau_{-1} \approx 0.31\sigma_b$。

2. 1Cr18Ni9Ti（GB1221—2007）可选用，但不推荐。

11.3 轴的结构设计

轴的结构设计包括定出轴的合理外形和全部结构尺寸。

轴的结构主要取决于以下因素：轴在机器中的安装位置及形式；轴上安装的零件的类型、尺寸、数量以及与轴连接的方法；载荷的性质、大小、方向及分布情况；轴的加工工艺等。轴的结构应满足：轴和装在轴上的零件要有准确的工作位置、轴上的零件应便于装拆和调整、轴应具有良好的制造工艺性等。

下面来讨论轴的结构设计中要解决的几个主要问题。

11.3.1 拟定轴上零件的装配方案

拟定轴上零件的装配方案是进行轴的结构设计的前提，它决定着轴的基本形式。所谓装配方案，就是预定出轴上主要零件的装配方向、顺序和相互关系。例如图 11 - 7 中的装配方案是：齿轮、套筒、右端轴承、轴承端盖、半联轴器依次从轴的右端向左安装，左端只装轴承及其端盖。这样就对各轴段的粗细顺序作了初步安排。拟定装配方案时，一般应考虑几个方案，进行分析比较与选择。

11.3.2 轴上零件的定位

为了防止轴上零件受力时发生沿轴向或周向的相对运动，轴上零件除了有游动或空转的要求外，都必须进行轴向和周向定位，以保证其准确的工作位置。

11.3.2.1 零件的轴向定位

轴上零件的轴向定位是以轴肩、套筒、圆螺母、轴端挡圈和轴承端盖等来保证的。

轴肩分为定位轴肩（如图 11 - 7 中的轴肩①、②、⑤）和非定位轴肩（轴肩③、④）两类。利用轴肩定位是最方便可靠的方法，但采用轴肩就必然会使轴的直径加大，而且轴肩处将因截面突变而引起应力集中；另外，轴肩过多也不利于加工。因此，轴肩定位多用于轴向力较大的场合。定位轴肩的高度 h 一般取为 $h = (0.07 \sim 0.1)d$，d 为与零件相配处

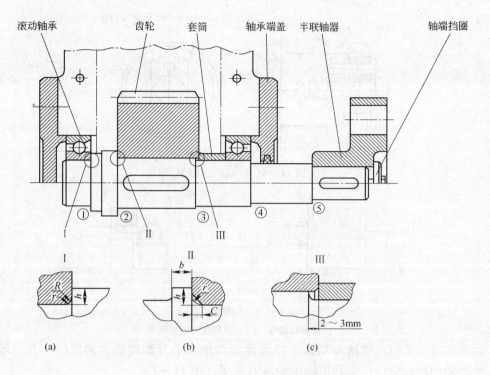

图 11-7 轴上零件装配与轴的结构示图

的轴径尺寸。滚动轴承的定位轴肩（如图 11-7 中的轴肩①）高度必须低于轴承内圈端面的高度，以便拆卸轴承，轴肩的高度可查手册中轴承的安装尺寸。为了使零件能靠紧轴肩而得到准确可靠的定位，轴肩处的过渡圆角半径 r 必须小于与之相配的零件毂孔端部的圆角半径 R 或倒角尺寸 C（图 11-7（a），（b））。轴和零件上的倒角和圆角尺寸的常用范围见表 11-2。非定位轴肩是为了加工和装配方便而设置的，其高度没有严格的规定，一般取为 1~2mm。

表 11-2 零件倒角 C 与圆角半径 R 的推荐值　　　　　　　　　　　　　mm

直径 d	>6~10		>10~18	>18~30	>30~50		>50~80	>80~120	>120~180
C 或 R	0.5	0.6	0.8	1.0	1.2	1.6	2.0	2.5	3.0

套筒定位（图 11-7）结构简单，定位可靠，轴上不需开槽、钻孔和切制螺纹，因而不影响轴的疲劳强度，一般用于轴上两个零件之间的定位。如两零件的间距较大时，不宜采用套筒定位，以免增大套筒的质量及材料用量。因套筒与轴的配合较松，如轴的转速很高时，也不宜采用套筒定位。

轴端挡圈（图 11-8）适用于固定轴端零件，工作可靠，能够承受较大的轴向力，应用广泛。

圆螺母定位（图 11-9）可承受大的轴向力，但轴上螺纹处有较大的应力集中，会降低轴的疲劳强度，故一般用于固定轴端的零件，有双圆螺母（图 11-9（a））和圆螺母与止动垫片（图 11-9（b））两种形式。当轴上两零件间距离较大不宜使用套筒定位时，也常采用圆螺母定位。

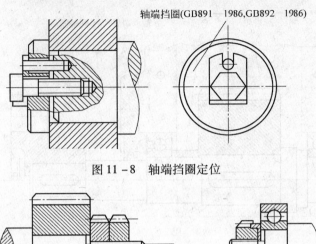

图 11 - 8　轴端挡圈定位

图 11 - 9　圆螺母定位

（a）双圆螺母；（b）圆螺母与止动垫片

　　轴承端盖用螺钉或榫槽与箱体连接而使滚动轴承的外圈得到轴向定位。在一般情况下，整个轴的轴向定位也常利用轴承端盖来实现（图 11 - 7）。

　　利用弹性挡圈（图 11 - 10）、紧定螺钉（图 11 - 11）及锁紧挡圈（图 11 - 12）等进行轴向定位，只适用于零件上的轴向力不大之处。紧定螺钉和锁紧挡圈常用于光轴上零件的定位。此外，对于承受冲击载荷和同心度要求较高的轴端零件，也可采用圆锥面定位（图 11 - 13）。

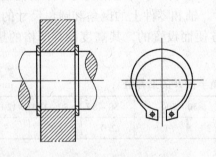

图 11 - 10　弹性挡圈定位

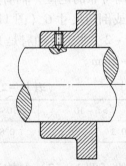

图 11 - 11　紧定螺钉定位

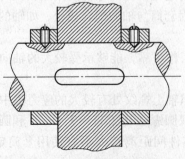

图 11 - 12　锁紧挡圈定位

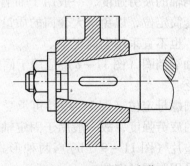

图 11 - 13　圆锥面定位

11.3.2.2 零件的周向定位

周向定位的目的是限制轴上零件与轴发生相对转动。常用的周向定位零件有键、花键、销、紧定螺钉以及过盈配合等，其中紧定螺钉只用在传力不大之处。

11.3.2.3 各轴段直径和长度的确定

有配合要求的轴段，应尽量采用标准直径。安装标准件（如滚动轴承、联轴器、密封圈等）部位的轴径，应取为相应的标准值及所选配合的公差。

为了使齿轮、轴承等有配合要求的零件装拆方便，并减少配合表面的擦伤，在配合轴段前应采用较小的直径（如图 11 – 7 中轴肩③、④右侧的直径）。为了使与轴做过盈配合的零件易于装配，相配轴段的压入端应制出锥度（图 11 – 14）；或在同一轴段的两个部分上采用不同的尺寸公差（图 11 – 15）。

确定各轴段长度时，应尽可能使结构紧凑，同时还要保证零件所需的装配或调整空间。轴的各段长度主要是根据各零件与轴配合部分的轴向尺寸和相邻零件间必要的空隙来确定的。为了保证轴向定位可靠，与齿轮和联轴器等零件相配合部分的轴段长度一般应比轮毂长度短 2~3mm（图 11 – 7（c））。

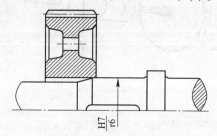

图 11 – 14　轴的装配锥度

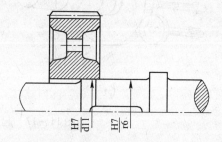

图 11 – 15　采用不同的尺寸公差

11.3.2.4 提高轴的强度的常用措施

轴和轴上零件的结构、工艺以及轴上零件的安装布置等对轴的强度有很大的影响，所以应在这些方面进行充分考虑，以利于提高轴的承载能力，减小轴的尺寸和机器的质量，降低制造成本。

A　合理布置轴上零件以减小轴的载荷

为了减小轴所承受的弯矩，传动件应尽量靠近轴承，并尽可能不采用悬臂的支撑形式，力求缩短支撑跨距及悬臂长度等。

当转矩由一个传动件输入，而由几个传动件输出时，为了减小轴上的扭矩，应将输入件放在中间，而不要置于一端。如图 11 – 16 所示，输入转矩为 $T_1 = T_2 + T_3 + T_4$，轴上各轮按图 11 – 16（a）的布置方式，轴所受最大扭矩为 $T_2 + T_3 + T_4$，如改为图 11 – 16（b）的布置方式，最大扭矩仅为 $T_3 + T_4$。显然，图 11 – 16（b）的布置更合理。

B　改进轴上零件的结构以减小轴的载荷

通过改进轴上零件的结构也可减小轴上的载荷。例如图 11 – 17 所示起重卷筒的两种安装方案中，图 11 – 17（a）的方案是大齿轮和卷筒联在一起，转矩经大齿轮直接传给卷筒，卷筒轴只受弯矩而不受扭矩；而图 11 – 17（b）的方案是大齿轮将转矩通过轴传到卷筒，因而卷筒轴既受弯矩又受扭矩。在同样的载荷 F 作用下，图 11 – 17（a）中轴的直径

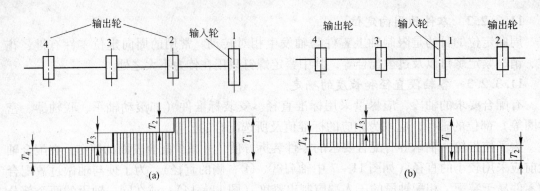

图 11 – 16　轴上零件的布置

(a) 不合理的布置；(b) 合理的布置

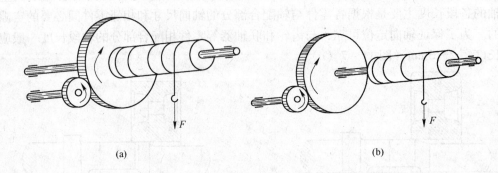

图 11 – 17　起重卷筒的两种安装方案

显然比图 11 – 17 (b) 中的轴径小。

C　改进轴的结构以减小应力集中的影响

轴通常是在变应力条件下工作的，轴的截面尺寸发生突变处要产生应力集中，轴的疲劳破坏往往在此处发生。为了提高轴的疲劳强度，应尽量减少应力集中源和降低应力集中的程度。为此，轴肩处应采用较大的过渡圆角半径 r 来降低应力集中。但对定位轴肩，还必须保证零件得到可靠的定位。当靠轴肩定位的零件的圆角半径很小时（如滚动轴承内圈的圆角），为了增大轴肩处的圆角半径，可采用内凹圆角（图 11 – 18 (a)）或加装隔离环（图 11 – 18 (b)）。

当轴与轮毂为过盈配合时，配合边缘处会产生较大的应力集中（图 11 – 19 (a)）。为了减小应力集中，可在轮毂上或轴上开卸

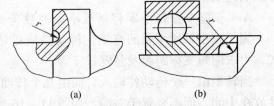

图 11 – 18　轴肩过渡结构

(a) 内凹圆角；(b) 加装隔离环

载槽（图 11 – 19 (b)，(c)）；或者加大配合部分的直径（图 11 – 19 (d)）。由于配合的过盈量愈大，引起的应力集中也愈严重，因而在设计中应合理选择零件与轴的配合。

用盘铣刀加工的键槽比用键槽铣刀加工的键槽在过渡处对轴的截面削弱较为平缓，因而应力集中较小；渐开线花键比矩形花键在齿根处的应力集中小，在作轴的结构设计时应妥加考虑。此外，由于切制螺纹处的应力集中较大，故应尽可能避免在轴上受载较大的区

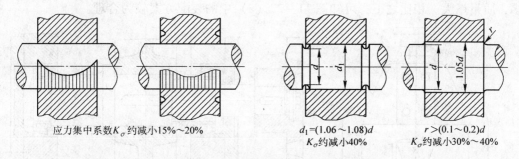

应力集中系数K_σ约减小15%～20%　　　$d_1 =(1.06～1.08)d$　　　$r >(0.1～0.2)d$
　　　　　　　　　　　　　　　　　　K_σ约减小40%　　　K_σ约减小30%～40%

图 11－19　轴毂配合处的应力集中及其降低方法

（a）过盈配合处的应力集中；（b）轮毂上开卸载槽；（c）轴上开卸载槽；（d）增大配合处直径

段切制螺纹。

D　改进轴的表面质量以提高轴的疲劳强度

轴的表面粗糙度和表面强化处理方法也会对轴的疲劳强度产生影响。轴的表面愈粗糙，疲劳强度也愈低。因此，应合理减小轴的表面及圆角处的加工粗糙度值。当采用对应力集中甚为敏感的高强度材料制作轴时，表面质量尤应予以注意。

表面强化处理的方法有：表面高频淬火等热处理；表面渗碳、氰化、氮化等化学热处理；碾压、喷丸等强化处理。通过碾压、喷丸进行表面强化处理时，可使轴的表层产生预压应力，从而提高轴的抗疲劳能力。

11.3.2.5　轴的结构工艺性

轴的结构工艺性是指轴的结构形式应便于加工和装配轴上的零件，并且生产率高，成本低。一般地说，轴的结构越简单，工艺性越好。因此，在满足使用要求的前提下，轴的结构形式应尽量简化。

为了便于装配零件并去掉毛刺，轴端应制出45°的倒角；需要磨削加工的轴段，应留有砂轮越程槽（图 11－20）；需要切制螺纹的轴段，应留有退刀槽（图 11－21）。它们的尺寸可参看标准或手册。

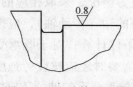

图 11－20　砂轮越程槽

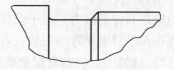

图 11－21　螺纹退刀槽

为了减少装夹工件的时间，同一轴上不同轴段的键槽应布置（或投影）在轴的同一母线上。为了减少加工刀具种类和提高劳动生产率，轴上直径相近处的圆角、倒角、键槽宽度、砂轮越程槽宽度和退刀槽宽度等应尽可能采用相同的尺寸。

通过上面的讨论已可进一步明确，轴上零件的装配方案对轴的结构形式起着决定性的作用。为了强调同时拟定不同的装配方案进行分析对比与选择的重要性，现以圆锥－圆柱齿轮减速器（图 11－22）输出轴的两种装配方案（图 11－23）为例进行对比，显而易见，图 11－23（b）较图 11－23（a）多了一个用于轴向定位的长轴套筒，使机器的零件增多，质量增大。相比之下，可知图 11 - 23（a）中的装配方案较为合理。

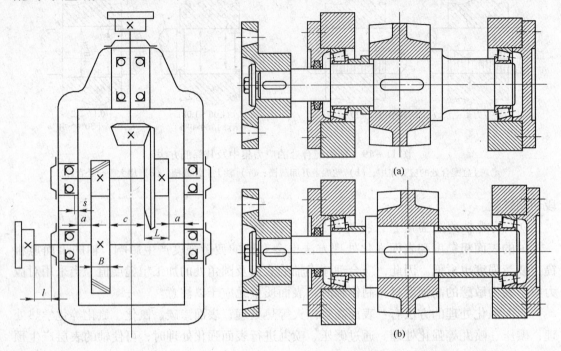

图 11 - 22　圆锥 - 圆柱齿轮减速器简图　　　　　图 11 - 23　输出轴的两种装配方案

11.4　轴的设计计算

　　轴的计算通常都是在初步完成结构设计后进行校核计算，计算准则是满足轴的强度或刚度要求，必要时还应校核轴的振动稳定性。

11.4.1　轴的强度校核计算

　　进行轴的强度校核计算时，应根据轴的具体受载及应力情况，采取相应的计算方法，并恰当地选取其许用应力。对于仅仅（或主要）承受扭矩的轴（传动轴），应按扭转强度条件计算；对于只承受弯矩的轴（心轴），应按弯曲强度条件计算；对于既承受弯矩又承受扭矩的轴（转轴），应按弯扭合成强度条件进行计算，需要时还应按疲劳强度条件进行精确校核。此外，对于瞬时过载很大或应力循环不对称性较为严重的轴，还应按峰尖载荷校核其静强度，以免产生过量的塑性变形。下面介绍几种常用的计算方法。

11.4.1.1　按扭转强度条件计算

　　这种方法是只按轴所受的扭矩来计算轴的强度；如果还受有不大的弯矩时，则用降低许用扭转切应力的办法予以考虑。在作轴的结构设计时，通常用这种方法初步估算轴径。对于不大重要的轴，也可作为最后计算结果。轴的扭转强度条件为

$$\tau_{\mathrm{T}} = \frac{T}{W_{\mathrm{T}}} \approx \frac{9550000 \dfrac{P}{n}}{0.2 d^3} \leqslant [\tau]_{\mathrm{T}} \tag{11 - 1}$$

式中 τ_T——扭转切应力，MPa；

T——轴所受的扭转，N·mm；

W_T——轴的抗扭截面系数，mm^3；

n——轴的转速，r/min；

P——轴传递的功率，kW；

d——计算截面处轴的直径，mm；

$[\tau]_T$——许用扭转切应力，MPa，见表 11-3。

表 11-3 轴常用几种材料的$[\tau]_T$及A_0值

轴的材料	Q235-A、20	Q275、35（1Cr18Ni9Ti）	45	40Cr、35SiMn 38SiMnMo、3Cr13
$[\tau]_T$/MPa	15~25	20~35	25~45	35~55
A_0	149~126	135~112	126~113	112~97

注：1. 表中 $[\tau]_T$ 值是考虑了弯矩影响而降低了的许用扭转切应力。

2. 在下述情况时，$[\tau]_T$ 取较大值，A_0 取较小值：弯矩较小或只受扭矩作用、载荷较平稳、无轴向载荷或只有较小的轴向载荷、减速器的低速轴、轴只作单向旋转；反之，$[\tau]_T$ 取较大值。

上式可得轴的直径

$$d \geqslant \sqrt[3]{\frac{9550000P}{0.2[\tau]_T \cdot n}} = \sqrt[3]{\frac{9550000}{0.2[\tau]_T}} \cdot \sqrt[3]{\frac{P}{n}} = A_0\sqrt[3]{\frac{P}{n}} \quad mm \qquad (11-2)$$

式中，$A_0 = \sqrt[3]{9550000/(0.2[\tau]_T)}$，查表 11-3。对于空心轴，则

$$d \geqslant A_0\sqrt[3]{\frac{P}{n(1-\beta^4)}} \qquad (11-3)$$

式中，$\beta = \dfrac{d_1}{d}$，即空心轴的内径 d_1 与外径 d 之比，通常取 $\beta = 0.5 \sim 0.6$。

应当指出，当轴截面上开有键槽时，应增大轴径以考虑键槽对轴的强度的削弱。对于直径 $d > 100mm$ 的轴，有一个键槽时，轴径增大 3%；有两个键槽时，应增大 7%。对于直径 $d \leqslant 100mm$ 的轴，有一个键槽时，轴径增大 5%~7%；有两个键槽时，应增大 11%~15%。然后将轴径圆整为标准直径。应当注意，这样求出的直径，只能作为承受扭矩作用的轴段的最小直径 d_{min}。

11.4.1.2 按弯扭合成强度条件计算

通过轴的结构设计，轴的主要结构尺寸、轴上零件的位置以及外载荷和支反力的作用位置均已确定，轴上的载荷（弯矩和扭矩）已可以求得，因而可按弯扭合成强度条件对轴进行强度校核计算。一般的轴用这种方法计算即可。其计算步骤如下。

A 作出轴的计算简图（即力学模型）

轴所受的载荷是从轴上零件传来的，计算时，常将轴上的分布载荷简化为集中力，其作用点取为载荷分布段的中点。作用在轴上的扭矩，一般从传动件轮毂宽度的中点算起。通常把轴当作置于铰链支座上的梁，支反力的作用点与轴承的类型和布置方式有关，可按图 11-24 来确定。图 11-24（b）中的 a 值可查滚动轴承样本或手册，图 11-24（d）中的 e 值与滑动轴承的宽径比 B/d 有关。当 $B/d \leqslant 1$ 时，取 $e = 0.5B$；当 $B/d > 1$ 时，取

$e = 0.5d$，但不小于 $(0.25 \sim 0.35)$ B；对于调心轴承，$e = 0.5B$。

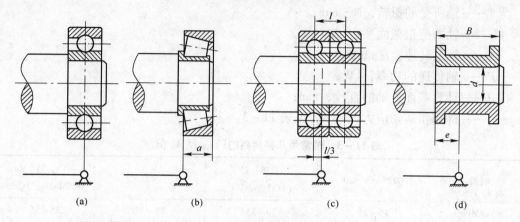

图 11－24　轴的支反力的作用点

(a) 向心轴承；(b) 向心推力轴承；(c) 双列向心轴承；(d) 滑动轴承

在作计算简图时，应先求出轴上受力零件的载荷（若为空间力系，应把空间力分解为圆周力、径向力和轴向力，然后把它们全部转化到轴上），并将其分解为水平分力和垂直分力，如图 11－25（a）所示。然后求出各支撑处的水平反力 F_H 和垂直反力 F_V。

B　作出弯矩图

根据上述简图，分别按水平面和垂直面计算各力产生的弯矩，并按计算结果分别作出水平面上的弯矩 M_H 图（图 11－25（b））和垂直面上的弯矩 M_V 图（图 11－25（c））；然后按下式计算总弯矩并作出 M 图（图 11－25（d））：

$$M = \sqrt{M_H^2 + M_V^2}$$

C　作出扭矩图

扭矩图如图 11－25（e）所示。

D　作出计算弯矩图

根据已作的总弯矩图和扭矩图，求出计算弯矩 M_{ca}，并作出 M_{ca} 图（图 11－25（f）），M_{ca} 计算公式为

$$M_{ca} = \sqrt{M^2 + (\alpha T)^2} \tag{11-4}$$

式中，α 是考虑扭矩和弯矩的加载情况及产生应力的循环特性差异的系数（即 α 可将循环特性 r_τ 折算为 r_σ）。因通常由弯矩所产生的弯曲应力是对称循环的变应力，而扭矩所产生的扭转切应力则常常不是对称循环的变应力，故在求计算弯矩时，必须计及这种循环特性差异的影响。即当扭转切应力为静应力时，取 $\alpha \approx 0.3$；扭转切应力为脉动循环变应力时，取 $\alpha \approx 0.6$；若扭转切应力亦为对称循环变应力时，则取 $\alpha = 1$。

E　校核轴的强度

已知轴的计算弯矩后，即可针对某些危险截面（即计算弯矩大而直径可能不足的截面）作强度校核计算。按第三强度理论，计算弯曲应力

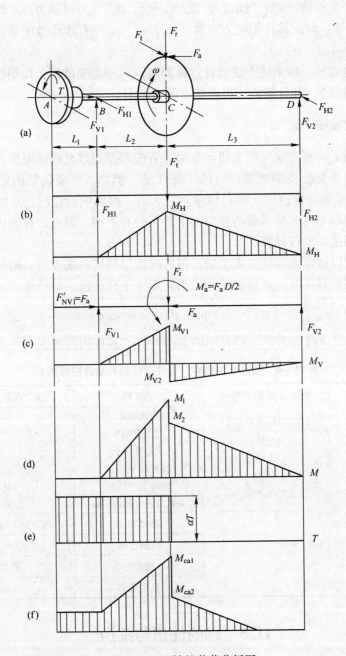

图 11 – 25   轴的载荷分析图

$$\sigma_{ca} = \frac{M_{ca}}{W} = \frac{\sqrt{M^2 + (\alpha T)^2}}{W} \leqslant [\sigma_{-1}] \qquad (11-5)$$

式中 W——轴的抗弯截面系数；

     $[\sigma_{-1}]$——轴的许用弯曲应力，其值按表 11 – 1 选用。

     由于心轴工作时只承受弯矩而不承受扭矩，所以在应用式（11 – 5）时，应取 $T = 0$，亦即 $M_{ca} = M$。转动心轴的弯矩在轴截面上所引起的应力是对称循环变应力；对于固定心轴，考虑启动、停车等的影响，弯矩在轴截面上所引起的应力可视为脉动循环变应力，所以在应用式（11-5）时，其许用应力应为 $[\sigma_0]$（$[\sigma_0]$ 为脉动循环变应力时的许用弯曲应力），$[\sigma_0] \approx 1.7 [\sigma_{-1}]$。

对于一般用途的轴，按上述方法设计计算即可。对于重要的轴，尚须作进一步的强度校核（如安全系数法），其计算方法可查阅有关参考书。

11.4.2　轴的刚度校核计算

轴在载荷作用下，将产生弯曲或扭转变形。若变形量超过允许的限度，就会影响轴上零件的正常工作，甚至会丧失机器应有的工作性能。例如，安装齿轮的轴，若弯曲刚度（或扭转刚度）不足而导致挠度（或扭转角）过大时，将影响齿轮的正常啮合，使齿轮沿齿宽和齿高方向接触不良，造成载荷在齿面上严重分布不均。因此，在设计有刚度要求的轴时，必须进行刚度的校核计算。

轴的弯曲刚度以挠度或偏转角来度量；扭转刚度以扭转角来度量。轴的刚度校核计算通常是计算出轴在受载荷时的变形量，并控制其不大于允许值。即

$$y \leqslant [y] \qquad \theta \leqslant [\theta] \qquad \varphi \leqslant [\varphi]$$

式中，y、θ、φ 可按《材料力学》中介绍的方法计算。其许用值如表 11-4 所示。

表 11-4　轴的允许挠度、允许偏转角和允许扭转角

名　称	允许挠度 $[y]$ /mm	名　称	允许偏转角 $[\theta]$ /rad
一般用途的轴	$(0.0003 \sim 0.0005) l$	滑动轴承	0.001
刚度要求较严的轴	$0.0002 l$	向心球轴承	0.005
感应电动机轴	0.1Δ	调心球轴承	0.05
安装齿轮的轴	$(0.01 \sim 0.03) m_n$	圆柱滚子轴承	0.0025
安装蜗轮的轴	$(0.02 \sim 0.05) m_{t2}$	圆锥滚子轴承	0.0016
		安装齿轮处轴的截面	$0.001 \sim 0.002$
l—轴的跨距，mm； Δ—电动机定子与转子间的气隙，mm； m_n—齿轮的法面模数； m_{t2}—蜗轮的端面模数。		适用场合	每米允许扭转角 $[\varphi]$ /(°)
		一般传动	$0.5 \sim 1$
		较精密传动	$0.25 \sim 0.5$
		重要传动	< 0.25

11.5　轴的使用与维护

轴若使用不当，没有良好的维护，就会影响其正常工作，甚至产生意外损坏，降低轴的使用寿命。因此，轴的正确使用和良好的维护，对轴的正常工作及保证轴的疲劳寿命有着很重要的意义。

11.5.1　轴的使用

（1）安装时，要严格按照轴上零件的先后顺序进行，注意保证安装精度。对于过盈配合的轴段要采用专门工具进行装配，以免破坏其表面质量。

（2）安装结束后，要严格检查轴在机器中的位置以及轴上零件的位置，并将其调整到最佳工作位置，同时轴承的游隙也要按工作要求进行调整。

（3）在工作中，必须严格按照操作规程进行，尽量使轴避免承受过量载荷和冲击载荷，并保证润滑，从而保证轴的疲劳强度。

11.5.2 轴的维护

在工作过程中，对机械要定期检查和维修，对于轴的维护重点注意以下三个方面：

（1）认真检查轴和轴上零件的完好程度，若发现问题应及时维修或更换。轴的维修部位主要是轴颈及轴端。对精度要求较高的轴，在磨损量较小时，可采用电镀法或热喷涂（或喷焊）法进行修复。轴上花键、键槽损伤，可以用气焊或堆焊修复，然后再铣出花键或键槽。也可将原键槽焊补后再铣制新键槽。

（2）认真检查轴以及轴上主要传动零件工作位置的准确性、轴承的游隙变化并及时调整。

（3）轴上的传动零件（如齿轮、链轮等）和轴承必须保证良好的润滑。应当根据季节和工作地点，按规定选用润滑剂并定期加注。要对润滑油及时检查和补充，必要时更换。

例 11 - 1 某一化工设备中的输送装置运转平稳，工作转矩变化很小，以圆锥 - 圆柱齿轮减速器作为减速装置。试设计该减速器的输出轴。减速器的装置简图参看图 11 - 22，输入轴与电动机相连，输出轴通过弹性柱销联轴器与工作机相连，输出轴为单向旋转（从装有半联轴器的一端看为顺时针方向）。已知电动机功率 $P = 11\text{kW}$，转速 $n_1 = 1450\text{r/min}$，齿轮机构的参数列于表 11 - 5。

表 11 - 5 齿轮机构的参数

级别	z_1	z_2	m_n/mm	m_t/mm	β	α_n	h_a^*	齿宽/mm
高速级	20	75	4	3.5	8°06′34″	20°	1	大圆锥齿轮轮毂长 $L = 50$
低速级	23	95		4.0404				$B_1 = 85$，$B_2 = 80$

解： 1. 求输出轴上的功率 P_3、转速 n_3 和转矩 T_3

若取每级齿轮传动的效率（包括轴承效率在内）$\eta = 0.97$，则

$$P_3 = P\eta^2 = 10 \times 0.97^2 = 9.41\text{kW}$$

又

$$n_3 = n_1 \frac{1}{i} = 1450 \times \frac{20}{75} \times \frac{23}{95} = 93.61\text{r/min}$$

于是

$$T_3 = 9550000 \frac{P_3}{n_3} = 9550000 \times \frac{9.41}{93.61} \approx 960000\text{N} \cdot \text{mm}$$

2. 求作用在齿轮上的力

因已知低速级大齿轮的分度圆直径为

$$d_2 = m_t z_2 = 4.0404 \times 95 = 383.84\text{mm}$$

而

$$F_t = \frac{2T_3}{d_2} = \frac{2 \times 960000}{383.84} = 5002\text{N}$$

$$F_r = F_t \frac{\tan\alpha_n}{\cos\beta} = 5002 \times \frac{\tan 20°}{\cos 8°06′34″} = 1839\text{N}$$

$$F_a = F_t \tan\beta = 5002 \times \tan 8°06'34'' = 713\text{N}$$

圆周力 F_t，径向力 F_r 及轴向力 F_a 的方向如图 11 - 25 所示。

3. 选择轴的材料

该轴没有特殊的要求，因而选用调质处理的 45 号钢，可以查（表 11 - 1）其强度极限 $\sigma_B = 640\text{MPa}$。

4. 初步确定轴的最小直径

先按式（11 - 2）初步估算轴的最小直径。根据表 11 - 3，取 $A_0 = 112$，于是得

$$d_{min} = A_0 \sqrt[3]{\frac{P_3}{n_3}} = 112 \times \sqrt[3]{\frac{9.41}{93.61}} = 52.1\text{mm}$$

输出轴的最小直径显然是安装联轴器处轴的直径 $d_{\text{I} - \text{II}}$（图 11 - 26）。为了使所选的轴直径 $d_{\text{I} - \text{II}}$ 与联轴器的孔径相适应，故需同时选取联轴器型号。

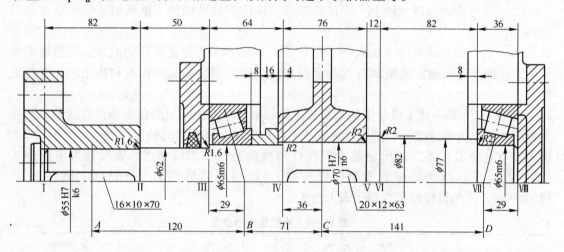

图 11 - 26　轴的结构与装配

联轴器的计算转矩 $T_{ca} = K_A T_3$，查表（参见有关联轴器资料），考虑到转矩变化很小，故取 $K_A = 1.3$，则：

$$T_{ca} = K_A T_3 = 1.3 \times 960000 = 1248000\text{N} \cdot \text{mm}$$

按照计算转矩 T_{ca} 应小于联轴器公称转矩的条件，查标准 GB/T 5014—2003 或手册，选用 HL4 型弹性柱销联轴器，其公称转矩为 1250000N · mm。半联轴器 I 的孔径 $d_1 = 55\text{mm}$，故取 $d_{\text{I} - \text{II}} = 55\text{mm}$；半联轴器长度 $L = 112\text{mm}$，半联轴器与轴配合的毂孔长度 $L_1 = 84\text{mm}$。

5. 轴的结构设计

（1）拟定轴上零件的装配方案。本题的装配方案已在前面分析比较，现选用图 11 - 23（a）所示的装配方案。

（2）根据轴向定位的要求确定轴的各段直径和长度：

1）为了满足半联轴器的轴向定位要求，I - II 轴段右端需制出一轴肩，故取 II - III 段的直径 $d_{\text{II} - \text{III}} = 62\text{mm}$；左端用轴端挡圈定位，按轴端直径取挡圈直径 $D = 65\text{mm}$。半联轴器与轴配合的毂孔长度 $L_1 = 84\text{mm}$，为了保证轴端挡圈只压在半联轴器上而不压在轴的

端面上，故Ⅰ－Ⅱ段的长度应比L_1略短一些，现取$l_{Ⅰ-Ⅱ}=82mm$。

2）初步选择滚动轴承。因轴承同时受有径向力和轴向力的作用，故选用单列圆锥滚子轴承。参照工作要求并根据$d_{Ⅱ-Ⅲ}=62mm$，由轴承产品目录中初步选取0基本游隙组、标准精度级的单列圆锥滚子轴承30313，其尺寸为$d×D×T=65×140×36$，故$d_{Ⅲ-Ⅳ}=d_{Ⅶ-Ⅷ}=65mm$；而$l_{Ⅶ-Ⅷ}=36mm$。

右端滚动轴承采用轴肩进行轴向定位。由手册上查得30313型轴承的定位轴肩高度$h=6mm$，因此，取$d_{Ⅵ-Ⅶ}=77mm$。

3）取安装齿轮处的轴段Ⅳ－Ⅴ的直径$d_{Ⅳ-Ⅴ}=70mm$；齿轮的左端与左轴承之间采用套筒定位。已知齿轮轮毂的宽度为80mm，为了使套筒端面可靠地压紧齿轮，此轴段应略短于轮毂宽度，故取$l_{Ⅳ-Ⅴ}=76mm$。齿轮的右端采用轴肩定位，轴肩高度$h>0.07d$，取$h=6mm$，则轴环处的直径$d_{Ⅴ-Ⅵ}=82mm$。轴环宽度$b\geqslant1.4h$，取$l_{Ⅴ-Ⅵ}=12mm$。

4）轴承端盖的总宽度为20mm（由减速器及轴承端盖的结构设计而定）。根据轴承端盖的装拆及便于对轴承添加润滑脂的要求，取端盖的外端面与半联轴器右端面间的距离$l=30mm$（参看图11－22），故取$l_{Ⅱ-Ⅲ}=50mm$。

5）取齿轮距箱体内壁之距离$a=16mm$，圆锥齿轮与圆柱齿轮之间的距离$c=20mm$（参看图11－22）。考虑到箱体的铸造误差，在确定滚动轴承位置时，应距箱体内壁一段距离s，取$s=8mm$（参看图11－22），已知滚动轴承宽度$T=36mm$，大圆锥齿轮轮毂长$L=50mm$，则

$$l_{Ⅲ-Ⅳ}=T+s+a+(80-76)=36+8+16+4=64mm$$
$$l_{Ⅵ-Ⅶ}=L+c+a+s-l_{Ⅴ-Ⅵ}=50+20+16+8-12=82mm$$

至此，已初步确定了轴的各段直径和长度。

（3）轴上零件的周向定位。齿轮、半联轴器与轴的周向定位均采用平键连接。按$d_{Ⅳ-Ⅴ}$由手册查得平键截面$b×h=20×12$（GB/T 1195—2003），键槽用键槽铣刀加工，长为63mm（标准键长见GB/T 1196—2003），同时为了保证齿轮与轴配合有良好的对中性，故选择齿轮轮毂与轴的配合为H7/n6；同样，半联轴器与轴的连接，选用平键为$16×11×70$，半联轴器与轴的配合为H7/k6。滚动轴承与轴的周向定位是借过渡配合来保证的，此处选轴的直径尺寸公差为m6。

（4）确定轴上圆角和倒角尺寸。参考表11－2，取轴端倒角为$2×45°$，轴肩处的圆角半径见图11－26。

6. 求轴上的载荷

首先根据轴的结构图（图11－26）作出轴的计算简图（图11－25）。在确定轴承的支点位置时，应从手册中查取a值（图11－24）。对于30313型圆锥滚子轴承，由手册中查得$a=29mm$。因此，作为简支梁的轴的支撑跨距$L_2+L_3=71+141=212$ mm。根据轴的计算简图作出轴的弯矩图、扭矩图和计算弯矩图（图11－25）。

从轴的结构图和计算弯矩图中可以看出截面C处的计算弯矩最大，是轴的危险截面。现将计算出的截面C处的M_H、M_V及M_a的值（图11－25）列于表11－6中。

计算弯矩M_{ca}的值为：

$$M_{ca1}=\sqrt{270938^2+(0.6×960000)^2}=636540N\cdot mm$$

（其中的 0.6 为所取的 α 值）

表 11 - 6 轴截面处的参数值

载 荷	水平面 H	垂直面 V
支反力 F	$F_{H1} = 3327N$, $F_{H2} = 1675N$	$F_{V1} = 1869N$, $F_{V2} = -30N$
弯矩 M	$M_H = 236217N \cdot mm$	$M_{V1} = 132699N \cdot mm$ $M_{V2} = -4140N \cdot mm$
总弯矩	$M_1 = \sqrt{236217^2 + 132699^2} = 270938N \cdot mm$ $M_2 = \sqrt{236217^2 + 4140^2} = 236253N \cdot mm$	
扭矩 T	$T_3 = 960000N \cdot mm$	

$$M_{ca2} = M_2 = 236253N \cdot mm$$

7. 按弯扭合成应力校核轴的强度

进行校核时，通常只校核轴上承受最大计算弯矩截面（即危险截面 C）的强度。轴上危险截面 C 的抗弯截面系数 $W = \dfrac{\pi d^3}{32} \approx 0.1d^3$，则计算弯矩的强度为：

$$\sigma_{ca} = \frac{M_{ca1}}{W} = \frac{636540}{0.1 \times 70^3} = 18.6MPa$$

由表 11 - 1 查得 $[\sigma_{-1}] = 60MPa$。因此 $\sigma_{ca} < [\sigma_{-1}]$，故安全。

8. 绘制轴的工作图，见图 11 - 27。

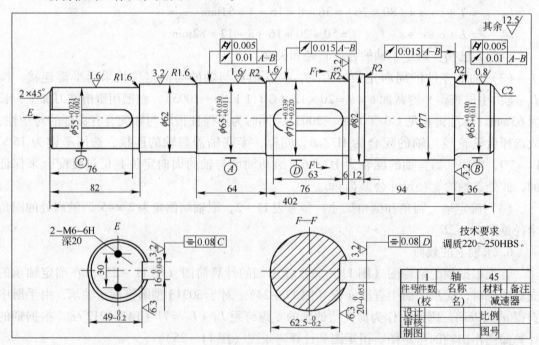

图 11 - 27 轴的工作图

思考题与习题

11 - 1 何为转轴、心轴和传动轴，自行车的前轴、中轴、后轴及脚踏板轴分别是什么轴？

11-2 试说明下面几种轴材料的适用场合：Q235-A，45，1Cr18Ni9Ti，Qr600-2，40CrNi。

11-3 轴的强度计算方法有哪几种，各适用于何种情况？

11-4 按弯扭合成强度和按疲劳强度校核轴时，危险截面应如何确定，确定危险截面时考虑的因素有何区别？

11-5 为什么要进行轴的静强度校核计算，这时是否要考虑应力集中等因素的影响？

11-6 经校核发现轴的疲劳强度不符合要求时，在不增大轴径的条件下，可采取哪些措施来提高轴的疲劳强度？

11-7 若轴的强度不足、刚度不足时，可分别采取哪些措施？

11-8 在轴强度计算中，弯矩计算中为何引入 α，如何选取 α？

11-9 按扭转强度设计轴径时系数 A_0 是考虑什么因素的影响？

11-10 设计某搅拌机用的单级斜齿圆柱齿轮减速器中的低速轴（包括选择两端的轴承及外伸端的联轴器），见图 11-28。已知：电动机额定功率 $P = 20W$，转速 $n_1 = 960r/min$，低速轴转速 $n_2 = 120r/min$，大齿轮节圆直径 $d_2' = 150mm$，宽度 $B_2 = 60mm$，齿轮螺旋角 $\beta = 10°$，法面压力角 $\alpha_n = 20°$。

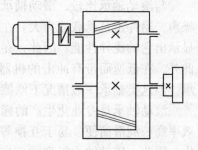

11-11 已知一传动轴的材料为 40Cr 钢调质，传递功率 $P = 12kW$ 转速 $n = 80r/min$。试求：

（1）按扭转强度计算轴的直径；

（2）按扭转刚度计算轴的直径（设轴的允许扭转角 $[\phi] \leqslant 0.5°/m$）。

图 11-28 题 11-10 图

11-12 直径 $d = 75mm$ 的实心轴与外径 $d_0 = 85mm$ 的空心轴的扭转强度相等，设两轴的材料相同，试求该空心轴的内径 d_1 和减轻重量的百分率。

11-13 图 11-29 所示为一二级圆锥-圆柱齿轮减速器简图，输入轴由左端看为逆时针转动。已知 $F_{t1} = 5000N$，$F_{r1} = 1690N$，$F_{a1} = 676N$，$d_{m1} = 120mm$，$d_{m2} = 300mm$，$F_{t3} = 11000N$，$F_{r3} = 3751N$，$F_{a3} = 2493N$，$d_3 = 150mm$，$l_1 = l_3 = 60mm$，$l_2 = 120mm$，$l_4 = l_5 = l_6 = 110mm$。试画出输入轴的计算简图，计算轴的支撑反力，画出轴的弯矩图和扭矩图，并将计算结果标在图中。

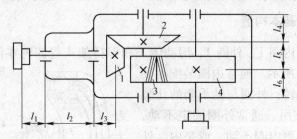

图 11-29 题 11-13 图

11-14 试指出斜齿圆柱齿轮轴系中的错误结构，并画出正确结构图。

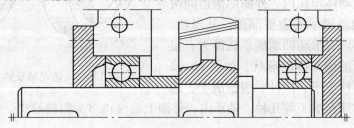

图 11-30 题 11-14 图

第12章 轴 承

轴承是用来支撑轴或轴上回转零件的部件，其功用是保持轴的旋转精度、减小摩擦和磨损。根据轴承工作表面摩擦性质的不同，轴承可分为滚动轴承和滑动轴承两大类。

与滚动轴承比较，滑动轴承径向尺寸小，结构简单，制造和装拆方便；工作平稳，无噪声，耐冲击且承载能力大。在高速、高精度、重载、结构要求剖分等场合下，滑动轴承显示出它的优异性能。因此，在内燃机、蒸汽机、机床以及重型机械中多采用滑动轴承。此外，在低速而带有冲击的机器中，如球磨机、滚筒清砂机、破碎机等也常采用滑动轴承。但这类轴承一般情况下摩擦损耗大、润滑和维护要求较高，且轴向尺寸较大。

滚动轴承是专业化生产的标准件。与滑动轴承相比，它具有摩擦阻力小、启动灵敏、效率高、润滑简便、易于互换等优点，且能在较广泛的载荷、转速和工作温度范围内工作。因此，滚动轴承得到非常广泛的应用。但这类轴承承受冲击能力较差，工作时有噪声，工作寿命低，径向外廓尺寸大。

滚动轴承的类型、尺寸、公差等已经标准化，并由专业工厂大量制造及供应各种常用规格的轴承，因而对使用者来说，只需根据具体工作条件，正确选择轴承的类型和尺寸，并进行组合结构设计。

12.1 滚动轴承的类型、代号及选用

12.1.1 滚动轴承的基本构造

滚动轴承一般由内圈1、外圈2、滚动体3和保持架4等四种零件组成，滚动轴承的基本结构如图12－1所示。通常内圈装配在轴颈上，并与轴一起回转；外圈与轴承座的孔装配在一起，起支撑作用。通常外圈固定不动，但也可用于外圈回转而内圈不动，或是内、外圈分别以不同的转速回转的场合。当内、外圈相对转动时，滚动体即在内、外圈的滚道间滚动。滚动体是滚动轴承的重要部件，其形状、数量和大小的不同对滚动轴承的承载能力有很大的影响。常用的滚动体的形状，如图12－2所示，有球、圆柱滚子、滚针、圆锥滚子、球面滚子、非对称球面滚子等几种。轴承内、外圈上的滚道多为凹槽形状，它有限制滚动体侧向位移的作用。

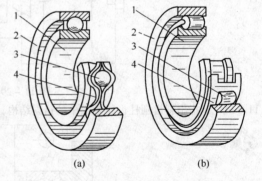

图12－1 滚动轴承的基本结构

保持架的主要作用是均匀地隔开滚动体，以避免相邻滚动体转动时，将会由于接触处

产生较大的摩擦和磨损。

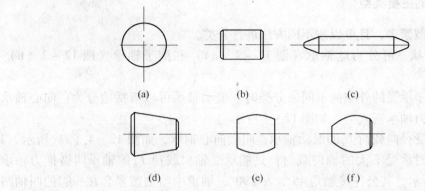

图 12 – 2　常用的滚动体形状

（a）球；（b）圆柱滚子；（c）滚针；（d）圆锥滚子；（e）球面滚子；（f）非对称球面滚子

12.1.2　滚动轴承的材料

滚动轴承的内圈、外圈和滚动体，一般是采用强度高、耐磨性好的合金钢制造，常用的牌号如 GCr15、GCr15SiMn 等（G 表示专用的滚动轴承钢），热处理后硬度一般不低于 60～65HRC。工作表面要求磨削抛光。由于一般轴承的这些元件都经过 150℃ 的回火处理，所以通常当轴承的工作温度不高于 120℃ 时，元件的硬度不会下降。

保持架有冲压的（图 12 – 1（a））和实体的（图 12 – 1（b））两种。冲压保持架一般用低碳钢板冲压制成，它与滚动体间有较大的间隙，工作时噪声较大；实体保持架常用铜合金、铝合金或塑料经切削加工制成，有较好的定心作用。

12.1.3　滚动轴承的重要结构特性

12.1.3.1　公称接触角

如图 12 – 3 所示，滚动轴承的外圈与滚动体之间作用力的合力 F 的方向与垂直于轴承平面之间的夹角 α，称为滚动轴承的公称接触角（简称接触角）。公称接触角 α 的大小反映了轴承承受轴向载荷的能力，接触角 α 越大，轴承承受轴向载荷的能力越大。

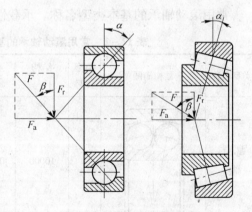

12.1.3.2　载荷角

如图 12 – 3 所示，滚动轴承实际所承受的径向载荷 F_r 与轴向载荷 F_a 的合力与半径方向的夹角 β，则叫做载荷角。

图 12 – 3　接触角和载荷角

12.1.3.3　游隙

滚动轴承中滚动体与内圈、外圈滚道之间的间隙，称为滚动轴承的游隙。游隙分为径向游隙和轴向游隙，其定义是当轴承的一个套圈固定不动，另一个套圈沿径向或轴向的最大移动量，称为轴承的径向游隙和轴向游隙。

轴承标准中将径向游隙分为基本游隙组和辅助游隙组，应优先选用基本游隙组值。轴向游隙值可由径向游隙值按一定关系换算得到。

12.1.4 滚动轴承的主要类型

滚动轴承的类型繁多，且可以按不同方法进行分类。

按滚动体的形状，可分为球轴承（图 12 - 2（a））和滚子轴承（图 12 - 2（b）~（f））两大类。

如果按轴承用于承受的外载荷不同来分类时，滚动轴承可以概括地分为：向心轴承、推力轴承和向心推力轴承三大类，如图 12 - 4 所示。

主要或只能承受径向载荷 F_r 的滚动轴承，叫做向心轴承，如图 12 - 4（a）所示，其中有几种类型可同时承受不大的轴向载荷；只能承受轴向载荷 F_a 的轴承叫做推力轴承，如图 12 - 4（b）所示，其公称接触角 $45° < \alpha \leqslant 90°$，轴承中与轴颈紧套在一起的叫轴圈，与机座相联的叫座圈；即能承受径向载荷 F_r 又能承受轴向载荷 F_a 的轴承叫做向心推力轴承的轴承，如图 12 - 4（c）所示。

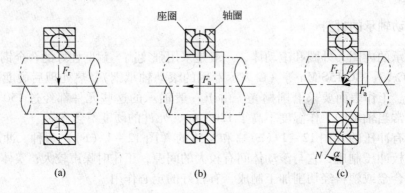

图 12 - 4 不同类型的轴承承载情况的示意图

常用滚动轴承的基本类型名称、承载性能及其代号如表 12 - 1 所示。

表 12 - 1 常用滚动轴承的基本类型名称、承载性能及其代号

类型名称	结构简图	类型代号	结构代号	基本额定动载荷比	极限转速	轴向承载能力	性 能 特 点
调心球轴承		1	10000	0.6 ~ 0.9	中	少量	外圈滚道表面是以轴承中点为中心，故能自动调心，允许内圈（轴）对外圈（外壳）轴线有小量偏斜（ < 2° ~ 3°）。有少量轴向限位能力，但一般不宜承受纯轴向载荷
调心滚子轴承		2	20000	1.8 ~ 4	低	少量	性能特点与调心球轴承相同，能承载较大的径向载荷，允许角偏位较小

续表 12-1

类型名称	结构简图	类型代号	结构代号	基本额定动载荷比	极限转速	轴向承载能力	性能特点
圆锥滚子轴承	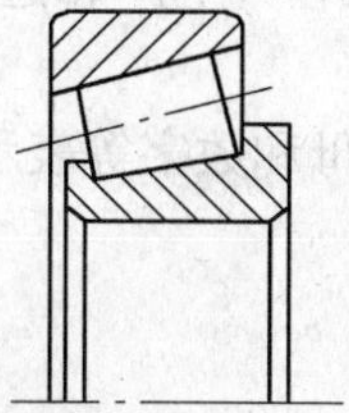	3	30000	1.5~2.5	中	较大	可以同时承受径向载荷及轴向载荷。外圈可分离，安装时可调整轴承的游隙。一般成对使用
			30000B	1.1~2.1	中	很大	
推力球轴承	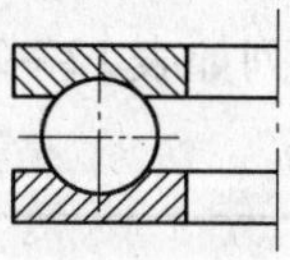	5	51000	1	低	只能承受单向轴向载荷	只能承受轴向载荷。为了防止钢球与滚道之间的滑动，工作时必须加一定的轴向载荷。高速时离心力大，钢球与保持架摩擦，发热严重，寿命降低，故极限转速很低。单列推力球轴承只能承受单方向的推力，而双列推力球轴承可以承受双向推力
双向推力球轴承	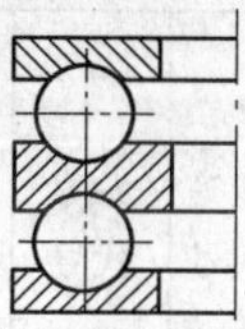		52000			能承受双向轴向载荷	
深沟球轴承	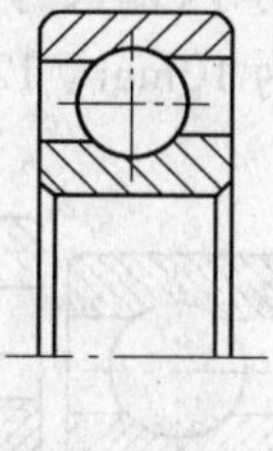	6	60000	1	高	少量	主要承受径向载荷，也可以同时承受不大的轴向载荷。在高转速时，可用来承受纯轴向载荷。工作中允许内、外圈轴线偏斜量 8′~16′，与其他类型的轴承相比，应用最普遍，价格也最低
角接触球轴承	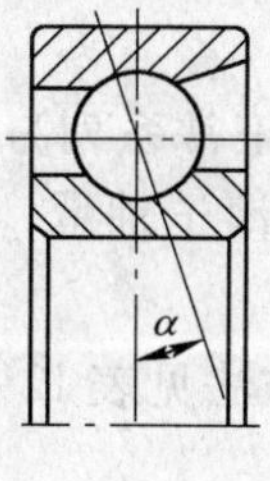	7	70000C ($\alpha=15°$)	1.0~1.4	高	一般	可以同时承受径向载荷及轴向载荷，也可以单独承受轴向载荷。能在较高转速下正常工作。由于一个轴承只能承受单向的轴向力，因此，一般成对使用；承受轴向载荷的能力由接触角 α 决定。接触角大的，承受轴向载荷的能力也高
			70000AC ($\alpha=25°$)	1.0~1.3		较大	
			70000B ($\alpha=40°$)	1.0~1.2		更大	

12.1.5 滚动轴承的代号

在常用的各类滚动轴承中，每种类型又可做成几种不同的结构、尺寸和公差等级，以便适应不同的技术要求。为了统一表征各类轴承的特点，便于组织生产和选用，GB/T 272—1993 规定了轴承代号的表示方法。

滚动轴承代号由基本代号、前置代号和后置代号组成，用字母和数字等表示，其排列顺序如下所示：

| 前置代号 | 基本代号 | 后置代号 |

12.1.5.1 基本代号

基本代号用来表明轴承的基本类型、内径代号、直径系列和宽度系列，是轴承代号的基础。它由轴承类型代号、直径系列、宽度系列和内径代号构成，其排列如表 12 - 2 所示。

表 12 - 2 滚动轴承代号的构成

前置代号	基本代号					后置代号						
	五	四	三	二	一							
轴承的分部件代号	类型代号	尺寸系列代号		内径代号		内部结构代号	密封与防尘结构代号	保持架及其材料代号	特殊轴承材料代号	公差等级代号	游隙代号	多轴承配置代号	其他代号
		宽度系列代号	直径系列代号									

（1）轴承内径用基本代号右起第一、二位数字表示，见表 12 - 2 所示，对常用内径 $d = 20 \sim 480\text{mm}$ 的轴承，内径一般为 5 的倍数，这两位数字表示轴承内径尺寸被 5 除得的商数，如代号 05 表示 $d = 25\text{mm}$；14 表示 $d = 70\text{mm}$ 等。对于内径为 10mm、12mm、15mm 和 17mm 的轴承，内径代号依次为 00、01、02 和 03。

（2）轴承的直径系列（即结构相同、内径相同的轴承在外径和宽度方面的变化系列）用基本代号右起第三位数字表示。直径系列代号有 7、8、9、0、1、2、3、4 和 5，对应于相同内径轴承的外径尺寸依次递增。部分直径系列之间的尺寸对比如图 12 - 5 所示。

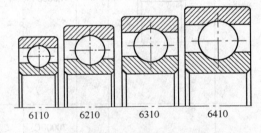

6110   6210   6310   6410

图 12 - 5 直径系列的尺寸对比

（3）轴承的宽度系列（即结构、内径和直径系列都相同的轴承，在宽度方面的变化系列）用基本代号右起第四位数字表示。当宽度系列为 0 系列（正常系列）时，对多数轴承在代号中不标出宽度系列代号 0，但对于调心滚子轴承和圆锥滚子轴承，宽度系列代号 0 应标出。直径系列代号和宽度系列代号统称为尺寸系列代号。

（4）轴承类型代号用基本代号右起第五位数字表示，其表示方法见表 12 - 1。

12.1.5.2 后置代号

轴承的后置代号是用字母和数字等表示轴承的结构、公差及材料的特殊要求等。后置代号的内容很多，下面介绍几个常用的代号。

（1）内部结构代号是表示同一类型轴承的不同内部结构，用字母紧跟着基本代号表示。如：接触角为15°、25°和40°的角接触球轴承分别用 C、AC 和 B 表示内部结构的不同。

（2）轴承的公差等级分为2级、4级、5级、6级、6x级和0级，共6个级别。依次由高级到低级，其代号分别为/P2、/P4、/P5、/P6x、/P6 和/P0。公差等级中，6x级仅适用于圆锥滚子轴承；0级为普通级，在轴承代号中不标出。

（3）常用的轴承径向游隙系列分为1组、2组、0组、3组、4组和5组，共6个组别，径向游隙依次由小到大。0组游隙是常用的游隙组别，在轴承代号中不标出，其余的游隙组别在轴承代号中分别用/C1、/C2、/C3、/C4、/C5 表示。

12.1.5.3 前置代号

轴承的前置代号用于表示轴承的分部件，用字母表示。如用 L 表示可分离轴承的可分离套圈；K 表示轴承的滚动体与保持架组件等。

实际应用的滚动轴承类型是很多的，相应的轴承代号也是比较复杂的。以上介绍的代号是轴承代号中最基本、最常用的部分，熟悉了这部分代号，就可以识别和查选常用的轴承。关于滚动轴承详细的代号方法可查阅 GB/T 272—1993。

例 12 - 1 试说明轴承代号 6206、32315E、7312C 及 51410/P6 的含义。

解：

6206：（从左至右）6 表示深沟球轴承；2 为尺寸系列代号，直径系列为2，宽度系列为0（省略）；06 为轴承内径 30mm；公差等级为0级。

32315E：（从左至右）3 为圆锥滚子轴承；23 为尺寸系列代号，直径系列为3、宽度系列为2；15 为轴承内径 75mm；E 表示加强型；公差等级为0级。

7312C：（从左至右）7 为角接触球轴承；3 为尺寸系列代号，直径系列为3、宽度系列为0（省略）；12 为轴承内径 60mm；C 表示公称接触角 $\alpha = 15°$；公差等级为0级。

51410/P6：（从左至右）5 为双向推力轴承；14 为尺寸系列代号，直径系列为4、宽度系列为1；10 为轴承直径 50mm；P6 前有"/"，为轴承公差等级。

12.2 滚动轴承类型的选择

选择轴承时，首先是选择轴承类型。如前所述，我国常用的标准轴承的基本特点已在表 12 - 1 中说明，下面再归纳出正确选择轴承类型时所应考虑的主要因素。

12.2.1 轴承的载荷

轴承所受载荷的大小、方向和性质，是选择轴承类型的主要依据。

12.2.1.1 根据轴承所受载荷的大小

在选择轴承类型时，由于滚子轴承中主要元件间是线接触，宜用于承受较大的载荷，承载后的变形也较小。而球轴承中则主要为点接触，宜用于承受较轻的或中等的载荷，故在载荷较小时，应优先选用球轴承。

12.2.1.2 根据轴承所受载荷的方向

在选择轴承类型时，对于纯轴向载荷，一般选用推力轴承；对于受较小的纯轴向载荷可选用推力球轴承；较大的纯轴向载荷可选用推力滚子轴承。对于纯径向载荷，一般选用深沟球轴承、圆柱滚子轴承或滚子轴承。当轴承在承受径向载荷 F_r 的同时，还有不大的轴向载荷 F_a 时，可选用深沟球轴承或接触角不大的角接触球轴承或圆锥滚子轴承；当轴向载荷较大时，可选用接触角较大的角接触球轴承或圆锥滚子轴承，或者选用向心轴承和推力轴承组合在一起的结构，分别承担径向载荷和轴向载荷。

12.2.2 轴承的转速

在一般转速下，转速的高低对类型的选择不发生什么影响，只有在转速较高时，才会有比较显著的影响。轴承样本中列入了各种类型、各种尺寸轴承的极限转速 n_{lim} 值。这个转速是指载荷不太大（当量动载荷 $P \leqslant 0.1C$，C 为基本额定动载荷），冷却条件正常，且为 0 级公差轴承时的最大允许转速。但是，由于极限转速主要是受工作时温升的限制，因此，不能认为样本中的极限转速是一个绝对不可超越的界限。从工作转速对轴承的要求看，可以确定以下几点。

（1）球轴承与滚子轴承相比较，有较高的极限转速，故在高速时应优先选用球轴承。

（2）在内径相同的条件下，外径越小，则滚动体就越小，运转时滚动体加在外圈滚道上的离心惯性力也就越小，因而也就更适合在更高的转速下工作。故在高速时，宜选用同一直径系列中外径较小的轴承。外径较大的轴承，宜用于低速重载的场合。若用一个外径较小的轴承而承载能力达不到要求时，可再装一个相同的轴承，或者考虑采用宽系列的轴承。

（3）保持架的材料与结构对轴承转速影响极大。实体保持架比冲压保持架允许高一些的转速、青铜实体保持架允许更高的转速。

（4）推力轴承的极限转速均很低。当工作转速高时，若轴向载荷不十分大，可以来用角接触球轴承承受纯轴向力。

（5）若工作转速略超过样本中规定的极限转速，可以用提高轴承的公差等级、或者适当地加大轴承的径向游隙、选用循环润滑或油雾润滑、加强对循环油的冷却等措施来改善轴承的高速性能。若工作转速超过极限转速较多，应选用特制的高速滚动轴承。

12.2.3 轴承的调心性能

当轴的中心线与轴承座中心线不重合而有角度误差时，或因轴受力而弯曲或倾斜时，会造成轴承的内外因轴线发生偏斜。这时，应采用有一定调心性能的调心轴承或带座外球面的球轴承。这类轴承在轴与轴承座孔的轴线有不大的相对偏斜时仍能正常工作。

圆柱滚子轴承和滚针轴承对轴承的偏斜最为敏感，这类轴承在偏斜状态下的承载能力可能低于球轴承。因此在轴的刚度和轴承座孔的支承刚度较低时，应尽量避免使用这类轴承。

12.2.4 轴承的安装和拆卸

便于装拆，也是在选择轴承类型时应考虑的一个因素。在轴承座没有剖分面而必须沿轴向安装和拆卸轴承部件时，应优先选用内、外圈可分离的轴承（如 N0000、NA0000、300000 等）。当轴承在长轴上安装时，为了便于装拆，可以选用其内圈孔为 1:12 的圆锥孔（用以安装在紧定衬套上）的轴承。

12.2.5 经济性要求

球轴承比滚子轴承价格便宜，调心轴承价格较高。从经济角度看，精度低的轴承比精度高的轴承便宜，普通结构轴承比特殊结构的轴承便宜，在满足使用功能的前提下，应尽量选用球轴承、低精度、低价格的轴承。

此外，轴承类型选择还应考虑轴承装置整体设计要求，如轴承的配置使用性、游动性等要求。

12.3　滚动轴承的工作能力计算

12.3.1　滚动轴承的失效形式和计算准则

12.3.1.1　滚动轴承的主要失效形式

A　疲劳点蚀

滚动轴承在运转过程中，滚动体和套圈滚道的表面受脉动循环变化接触应力。在这种接触变应力的长期作用下，金属表层会出现麻点状剥落现象，这就是疲劳点蚀。在发生点蚀破坏后，在运转中将会产生较强烈的振动、噪声和发热现象，最后导致失效而不能正常工作，轴承的设计就是针对这种失效而展开的。

实践表明：在安装、润滑、维护良好的条件下，滚动轴承的正常失效形式是滚动体或内、外圈滚道上的点蚀破坏。

B　塑性变形

当轴承不回转、缓慢摆动或低速转动（$n < 10\text{r/min}$）时，一般不会产生疲劳损坏。但过大的静载荷或冲击载荷会使套圈滚道与滚动体接触处产生较大的局部应力，在局部应力超过材料的屈服极限时将产生较大的塑性，从而导致轴承失效。因此对这种工况下的轴承需作静强度计算。

C　磨损

由于密封不好、灰尘及杂质侵入轴承中，造成滚动体和滚道表面产生磨粒磨损，或由于润滑不良引起轴承早期磨损或黏着磨损（烧伤）。

D　其他失效形式

由于装拆操作、维修不当引起轴承元件破裂，如滚子轴承因内、外圈偏斜引起挡边破裂，还有滚动体破碎、保持架磨损、锈蚀等。

12.3.1.2　滚动轴承设计准则

选定滚动轴承类型后，决定轴承尺寸时，应针对主要失效形式进行计算。疲劳点蚀失效是疲劳寿命计算的主要依据，塑性变形是静强度计算的依据，对于一般工作条件下作回转的滚动轴承除进行接触疲劳寿命计算外，还应该进行静强度计算。对于不转动、摆动或转速低的轴承，要求控制塑性变形，应作静强度计算；而以磨损、胶合为主要失效形式的轴承，由于影响因素复杂，目前还没有相应的计算方法，只能采取适当的预防措施。

12.3.2　基本额定寿命和基本额定动载荷

12.3.2.1　基本额定寿命

由于制造精度、材料的均质程度等的差异，即使是同样材料、同样尺寸以及同一批生产出来的轴承在完全相同的条件下工作，它们的寿命也会不相同。图 12 - 6 为一典型的轴承寿命分布曲线。从图中可以看出，轴承的最长工作寿命与最早破坏的轴承的寿命可相差几倍，甚至几十倍。

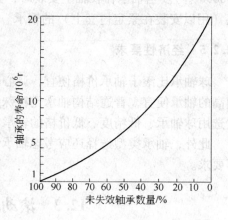

图 12 - 6　滚动轴承的寿命分布曲线

一组同一型号轴承在同一条件下运转，10% 的轴承发生点蚀破坏，而 90% 的轴承不发生点蚀破坏前的转数（以 10^6 转为单位）或工作小时作为轴承的寿命，并把这个寿命叫做基本额定寿命。以 L_{10} 表示。

由于基本额定寿命与破坏概率有关，所以在实际上按基本额定寿命计算而选择出的轴承中，可能有 10% 的轴承发生提前破坏；同时也可能有 90% 的轴承超过基本额定寿命后还能继续工作，甚至相当多的轴承还能再工作一个、两个或更多基本额定寿命周期，对每一个轴承来说，它能顺利地在基本额定寿命期内正常工作的概率为 90%，而在基本额定寿命期未达到之前即发生点蚀破坏的概率仅为 10%；在作轴承的寿命计算时，必须先根据机器的类型、使用条件及对可靠性的要求，确定一个恰当的预期计算寿命（即设计机器时所要求的轴承寿命，通常可参照机器的大修期限取定）。表 12 - 3 中给出了根据对机器的使用经验推荐的预期计算寿命值，可供参考采用。

表 12 - 3　推荐的轴承预期计算寿命 L_h'

机　器　类　型	预期计算寿命/h
不经常使用的仪器或设备，如闸门开闭装置等	300 ~ 3000
短期或间断使用的机械，中断使用不致引起严重后果，如手动机械等	3000 ~ 8000
间断使用的机械，中断使用后果严重，如发动机辅助设备、流水作业自动传送装置、升降机、车间吊车、不常使用的机床等	8000 ~ 12000
每日 8h 工作的机械（利用效率不高），如一般的齿轮传动等	12000 ~ 20000
每日 8h 工作的机械（利用效率较高），如金属切削机床、连续使用的起重机等	20000 ~ 30000
24h 连续工作的机械，如矿山升降机、纺织机械等	40000 ~ 60000
24h 连续工作的机械，中断使用后果严重，如发电站主电极、矿山水泵、船舶螺旋桨轴等	100000 ~ 200000

12.3.2.2　基本额定动载荷

轴承的寿命与所受载荷的大小有关，工作载荷越大，引起的接触应力也就越大，因而在发生点蚀破坏前所能经受的应力变化次数也就越少，亦即轴承的寿命越短；所谓轴承的基本额定动载荷，就是使轴承的基本额定寿命恰好为 10^6 转时，轴承所能承受的载荷值，用 C 表示。这个基本额定动载荷，对向心轴承指的是纯径向载荷，并称为径向基本额定动载荷，常用 C_r 表示；对推力轴承指的是纯轴向载荷，并称为轴向基本额定动载荷，常用 C_a 表示；对角接触球轴承或圆锥滚子轴承，指的是使套圈间产生纯径向位移的载荷的径向分量。

不同型号的轴承有不同的基本额定动载荷值，它表征了不同型号轴承的承载特性。在轴承样本中对每个型号的轴承都给出了它的基本额定动载荷值，需要时可从轴承样本中查取，轴承的基本额定动载荷值是在大量的试验研究的基础上，通过理论分析而得出来的。

12.3.3　滚动轴承的寿命计算公式

对于具有基本额定动载荷 C（C_a 或 C_r）的轴承，当它所受的载荷 P（当量动载荷，为一计算值，见下面说明）恰好为 C 时，其基本额定寿命就是 10^6 r。但是当所受的载荷 $P \neq C$ 时，轴承的寿命为多少？这就是轴承寿命计算所要解决的一类问题；轴承寿命计算所要解决的另一类问题是，轴承所受的载荷等于 P，而且要求轴承具有的预期计算寿命为 L'_h，那么，需选用具有多大的基本额定动载荷的轴承？下面就来讨论解决上述问题的方法。

图 12 – 7 所示为在大量试验研究基础上得出的代号为 6207 的轴承的载荷 – 寿命曲线。该曲线表示这类轴承的载荷 P 与基本额定寿命 L_{10} 之间的关系。曲线上相当于寿命 $L_{10} = 1 \times 10^6$ 的载荷（25.5kN）。即为 6207 轴承的基本额定动载荷 C；其他型号的轴承，也有与上述曲线的函数规律完全一样的载荷 – 寿命曲线；把此曲线用公式表示为

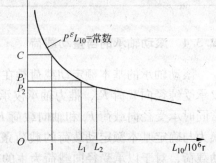

图 12 – 7　轴承的载荷 – 寿命曲线

$$L_{10} = \left(\frac{C}{P} \right)^{\varepsilon} \qquad (12 – 1)$$

式中　L_{10}——轴承的基本额定寿命，10^6 r；

　　　　P——轴承的载荷，N；

　　　　ε——指数，对于球轴承，$\varepsilon = 3$；对于滚子轴承，$\varepsilon = 10/3$。

实际计算时，用小时数表示的轴承寿命比较方便。这时可将式（12 – 1）改写。如令 n 代表轴承的转速（单位为 r/min），则以小时数表示轴承的寿命 L_h（h）为

$$L_h = \frac{10^6}{60n} \left(\frac{C}{P} \right)^{\varepsilon} \qquad (12 – 2)$$

如果载荷 P 和转速 n 为已知，预期计算寿命 L'_h 又已取定，则所需轴承应具有的基本额定动载荷 C（N），可根据式（12 – 2）计算得出：

$$C = P \sqrt[\varepsilon]{\frac{60nL'_h}{10^6}} \qquad (12 – 3)$$

在较高温度下工作的轴承（例如高于 125℃）应该采用经过较高温度回火处理的高温轴承。由于在轴承样本中列出的基本额定动载荷值是对一般轴承而言的，因此，如果要将该数值用于高温轴承，须乘以温度系数 f_t（见表 12 – 4），即

$$C_t = f_t C \tag{12-4}$$

式中　C_t——高温轴承的修正额定动载荷；

　　　　C——轴承样本所列的同一型号轴承的基本额定动载荷。

这时式（12-1）、式（12-2）、式（12-3）变为

$$L_{10} = \left(\frac{f_t C}{P}\right)^\varepsilon \tag{12-1a}$$

$$L_{10} = \frac{10^6}{60n}\left(\frac{f_t C}{P}\right)^\varepsilon \tag{12-2a}$$

$$C = \frac{P}{f_t}\sqrt[\varepsilon]{\frac{60nL_h'}{10^6}} \tag{12-3a}$$

表 12-4　温度系数 f_t

轴承工作温度/℃	≤120	125	150	175	200	225	250	300	350
温度系数 f_t	1.00	0.95	0.90	0.85	0.80	0.75	0.70	0.60	0.50

12.3.4　滚动轴承的当量动载荷

滚动轴承的基本额定动载荷是在一定的运转条件下确定的，如载荷条件为：向心轴承仅承受纯径向载荷 F_r，推力轴承仅承受纯轴向载荷 F_a。实际上轴承在许多应用场合，常常同时承受径向载荷 F_r 和轴向载荷 F_a，因此在进行轴承寿命计算时，必须把实际载荷转换为与确定基本额定动载荷的载荷条件相一致的当量动载荷，用字母 P 表示。这个当量动载荷，对于以承受径向载荷为主的轴承，称为径向当量动载荷，用字母 P_r 表示；对于以承受轴向载荷为主的轴承，称为轴向当量动载荷，用字母 P_a 表示。当量动载荷 P（P_r 或 P_a）的一般计算公式为

$$P = XF_r + YF_a \tag{12-5}$$

式中　X——径向动载荷系数，其值见表 12-5。

　　　　Y——轴向动载荷系数，其值见表 12-5。

表 12-5　径向动载荷系数 X 和轴向动载荷系数 Y

轴承类型		相对轴向载荷		$F_a/F_r \leqslant e$		$F_a/F_r > e$		判断系数 e
名　称	代号	$\dfrac{f_o F_a}{C_{or}}$	F_a/C_o	X	Y	X	Y	
双列角接触球轴承	00000	—	—	1	0.78	0.63	1.24	0.8
调心球轴承	10000	—	—	1	(Y_1)	0.65	(Y_2)	(e)
调心滚子轴承	20000	—	—	1	(Y_1)	0.67	(Y_2)	(e)
推力调心滚子轴承	29000	—	—	1	1.2	1	1.2	—

轴 承 类 型		相对轴向载荷		$F_a/F_r \leqslant e$		$F_a/F_r > e$		判断系数 e
名　称	代　号	$\dfrac{f_0 F_a}{C_{0r}}$	F_a/C_0	X	Y	X	Y	
圆锥滚子轴承	30000	—	—	1	0	0.4	(Y)	(e)
双列圆锥 滚子轴承	350000	—	—	1	(Y_1)	0.67	(Y_2)	(e)
深沟球轴承	60000	—	0.025	1	0	0.56	2.0	0.22
			0.040				1.8	0.24
			0.070				1.6	0.27
			0.130				1.4	0.31
			0.250				1.2	0.37
			0.500				1.0	0.44
角接触 球轴承	70000C $\alpha = 15°$		0.015	1	0	0.44	1.47	0.38
			0.029				1.40	0.40
			0.058				1.30	0.43
			0.087				1.23	0.46
			0.120				1.19	0.47
			0.170				1.12	0.50
			0.290				1.02	0.55
			0.440				1.00	0.56
			0.580				1.00	0.56
	70000AC $\alpha = 25°$	—	—	1	0	0.41	0.87	0.68
	70000b $\alpha = 40°$	—	—	1	0	0.35	0.57	1.14

注：1. f_0 是轴承零件的几何尺寸、制造精度及材料性质相关的系数。

2. C_0 是轴承基本额定静载荷；α 是接触角。

3. 表中括号内的系数 Y、Y_1、Y_2 和 e 的具体值应查轴承手册，对不同型号的轴承，有不同的值。

4. 深沟球轴承的 X、Y 值仅适用于 0 组游隙的轴承，对应其他轴承组的 X、Y 值可查轴承手册。

5. 对于深沟球轴承，先根据算得的相对轴向载荷的值查出对应的 e 值，然后再得出相应的 X、Y 值。对于表中列出的 F_a/C_0 值，可按线性插值法求出相应的 e、X、Y 值。

6. 两套相同的角接触球轴承可在同一支点上"背对背"、"面对面"或"串联"安装作为一个整体使用，这种轴承可由生产厂选配组合成套提供，其基本额定动载荷及 X、Y 系数可查轴承手册。

对于只承受纯径向载荷 F_r 的轴承（如 N、NA 类轴承）

$$P = F_r \qquad\qquad (12-6)$$

对于只承受纯轴向载荷 F_a 的轴承（如 5 类轴承）

$$P = F_a \qquad\qquad (12-7)$$

　　按式（12 – 5）、式（12 – 6）、式（12 – 7）求得的当量动载荷仅为一理论值，实际上，在许多支撑中还会出现一些附加载荷，如冲击力、不平衡作用力、惯性力以及轴挠曲或轴承座变形产生的附加力等，这些因素很难从理论上精确计算。为了考虑这些影响，可对当量动载荷乘上一个根据经验而定的载荷系数 f_P，其值参见表 12 – 6，故实际计算时，轴承的当量动载荷应为：

$$P = f_p(XF_r + YF_a) \tag{12-5a}$$

$$P = f_p F_r \tag{12-6a}$$

$$P = f_p F_a \tag{12-7a}$$

表 12-6　滚动轴承的载荷系数 f_p

载荷性质	载荷系数 f_p	举　　例
无冲击或轻微冲击	1.0 ~ 1.2	电机、汽轮机、通风机、水泵等
中等冲击或中等惯性力	1.2 ~ 1.8	机床、车辆、动力机械、起重机、造纸机、选矿机、冶金机械、卷扬机械等
强大冲击	1.8 ~ 3.0	碎石机、轧钢机、钻探机、振动筛等

12.3.5　角接触球轴承和圆锥滚子轴承的径向载荷 F_r 与轴向载荷 F_a 的计算

角接触球轴承和圆锥滚子轴承承受径向载荷时，要产生派生的轴向力，为了保证这类轴承正常工作，通常是成对使用的，如图 12-8 所示，图中表示了两种不同的安装方式。

在按式（12-5a）计算各轴承的当量动载荷 P 时，其中的径向载荷 F_r 即为由外界作用到轴上的径向力 F_R 在各轴承上产生的径向载荷；但其中的轴向载荷 F_a 并不完全由外界的轴向作用力 F_A 产生，而是应该根据整个轴上的轴向载荷（包括因径向载荷 F_r 产生的派生轴向力 F_d）之间的平衡条件得出。下面来分析这个问题。

根据力的径向平衡条件，很容易由外界作用到轴上的径向力 F_R 计算出两个轴承上的径向载荷 F_{r1}、F_{r2}，当 F_R 的大小及作用位置固定时，径向载荷 F_{r1}、F_{r2} 也就确定了。由 F_{r1}、F_{r2} 派生的轴向力 F_{d1}、F_{d2} 的大小可按照表 12-7 中的公式计算。计算所得的 F_d 值，相当于正常的安装情况，即大致相当于下半圈的滚动体全部受载（轴承实际的工作情况不允许比这样更坏）。

表 12-7　角接触轴承派生 F_d 轴向力的计算公式

圆锥滚子轴承	角接触球轴承		
	70000C（$\alpha = 15°$）	70000AC（$\alpha = 25°$）	70000B（$\alpha = 40°$）
$F_d = F_r/(2Y)$	$F_d = eF_r$	$F_d = 0.68F_r$	$F_d = 1.14F_r$

注：表中 Y 和 e 由载荷系数表中查取，Y 是对应表中 $F_a/F_r > e$ 的 Y 值。

如图 12-8 所示，把派生轴向力的方向与外加轴向载荷 F_A 的方向一致的轴承标为 2，另一端标为轴承 1。取轴和与其相配合的轴承内圈为分离体，如达到轴向平衡的，应满足

$$F_A + F_{d2} = F_{d1}$$

如果按表 12-7 中的公式求得的 F_{d1} 和 F_{d2} 不满足上面的关系式时，就会出现下面两种情况：

（1）当 $F_A + F_{d2} > F_{d1}$ 时，则轴有向左窜动的趋势，相当于轴承 1 被"压紧"，轴承 2 被"放松"，但实际上轴必须处于平衡位置（即轴承座必然要通过轴承元件施加一个附加的轴向力来阻止轴的窜动），所以被"压紧"的轴承 1 所受的总轴向力 F_{a1} 必须与 $F_A + F_{d2}$ 相平衡，即

$$F_{a1} = F_A + F_{d2} \tag{12-8a}$$

而被"放松"的轴承2所受的总轴向力 F_{a2} 只等于其本身派生的轴向力 F_{d2},即

$$F_{a2} = F_{d2} \tag{12-8b}$$

（2）当 $F_A + F_{d2} < F_{d1}$ 时,同前理,被"放松"的轴承1只受其本身派生的轴向力 F_{d1},其所受的总轴向力 F_{a1} 为

$$F_{a1} = F_{d1} \tag{12-9a}$$

而被"压紧"的轴承2所受的总轴向力 F_{a2} 为

$$F_{a2} = F_{d1} - F_A \tag{12-9b}$$

综上可知,计算角接触球轴承和圆锥滚子轴承所受轴向力的方法可以归结为:先通过派生轴向力及外加轴向载荷的计算与分析,判定被"放松"或被"压紧"的轴承;然后确定被"放松"轴承的轴向力仅为其本身派生的轴向力,被"压紧"的轴承的轴向力则为除去本身派生的轴向力后其余各轴向力的代数和。

轴承反力的径向分力在轴心线上的作用点叫轴承的压力中心;图12-8（a）、（b）两种安装方式,对应两种不同的压力中心的位置。但当两轴承支点间的距离不是很小时,常以轴承宽度中点作为支点反力的作用位置,这样计算起来比较方便,且误差也不大。

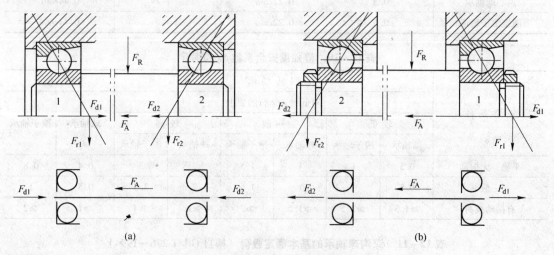

图12-8 角接触球轴承轴向载荷的分析
（a）正装；（b）反装

12.3.6 滚动轴承的静强度计算

对于转速很低（$n < 10\text{r/min}$）或缓慢摆动的滚动轴承,一般不会产生疲劳点蚀,但为了防止滚动体和内、外圈产生过大的塑性变形,应进行静强度计算。

GB/T 4662—1993 规定,使受载最大的滚动体与滚道接触中心处引起的接触应力达到表12-8中的许用值时,则该载荷称为基本额定静载荷 C_0,其值可查设计手册。

表12-8 各类轴承的许用接触应力值

4600MPa	调心球轴承
4200MPa	所有其他型号球轴承
4000MPa	所有滚子轴承

当轴承同时承受径向载荷 F_r 和轴向载荷 F_a 复合载荷时，应转化成为当量静载荷 P_0，应满足

$$P_0 = X_0 F_r + Y_0 F_a \leqslant \frac{C_0}{S_0} \qquad (12-10)$$

式中　X_0，Y_0——分别为径向、轴向静载荷系数，其值见表 12-9；

　　　　S_0——静强度安全系数，其值见表 12-10。

表 12-9　径向和轴向静载荷系数 X_0、Y_0 值

轴承类型	单列轴承		双列轴承	
	X_0	Y_0	X_0	Y_0
深沟球轴承	0.6	0.5	0.6	0.5
角接触球轴承				
$\alpha = 15°$	0.5	0.46	1	0.92
$\alpha = 25°$	0.5	0.38	1	0.76
$\alpha = 40°$	0.5	0.26	1	0.52
调心球轴承	0.5	$0.22\cot\alpha$	1	$0.44\cot\alpha$
圆锥滚子轴承	0.5	$0.22\cot\alpha$	1	$0.44\cot\alpha$

表 12-10　静强度安全系数 S_0 推荐值

正常条件	回转轴承						非回转轴承	
	对低噪音运行的要求						球轴承	滚子轴承
	较低		一般		较高			
	球轴承	滚子轴承	球轴承	滚子轴承	球轴承	滚子轴承		
平稳、无振动	0.5	1	1	1.5	2	3	0.4	0.8
一般	0.5	1	1	1.5	2	3.5	0.5	1
有振动载荷	≥1.5	≥2.5	≥1.5	≥3	≥2	≥4	≥1	≥2

表 12-11　深沟球轴承的基本额定载荷（摘自 GB/T 276—1994）

轴承类型	基本额定载荷 /kN		轴承类型	基本额定载荷 /kN		轴承类型	基本额定载荷 /kN		轴承类型	基本额定载荷 /kN	
	C_r	C_{0r}		C_r	C_{0r}		C_r	C_{0r}		C_r	C_{0r}
6202	5.88	3.48	6211	33.5	25.0	6302	8.80	5.40	6311	55.2	41.8
6203	7.35	4.45	6212	36.8	27.8	6303	10.5	6.55	6312	62.8	48.5
6204	9.88	6.18	6213	44.0	31.0	6304	12.2	7.78	6313	72.2	50.5
6205	10.8	6.95	6214	47.8	32.8	6305	17.2	11.2	6314	81.8	51.8
6206	15.0	10.0	6215	50.8	41.2	6306	20.8	14.2	6315	87.2	71.5
6207	19.8	13.5	6216	55.0	44.8	6307	25.8	17.8	6316	94.5	80.0
6208	22.8	15.8	6217	64.0	53.2	6308	31.2	22.2	6317	102	89.2
6209	25.5	17.5	6218	73.8	60.5	6309	40.8	29.8	6318	112	100
6210	27.0	19.8	6219	84.8	70.5	6310	47.7	35.6	6319	122	112

表 12-12　角接触球轴承的基本额定载荷（摘自 GB/T 292—1994）

轴承类型		基本额定载荷/kN				轴承类型		基本额定载荷/kN			
		C_r		C_{0r}				C_r		C_{0r}	
		C 型	AC 型	C 型	AC 型			C 型	AC 型	C 型	AC 型
7204C	7204AC	11.2	10.8	7.46	7.00	7304C	7304AC	14.2	13.8	9.68	9.00
7205C	7205AC	12.8	12.2	8.95	7.88	7305C	7305AC	21.5	20.8	15.8	14.8
7206C	7206AC	17.8	16.8	12.8	12.2	7306C	7306AC	26.2	25.2	19.8	18.5
7207C	7207AC	23.5	22.5	17.5	16.5	7307C	7307AC	34.2	32.8	26.8	24.8
7208C	7208AC	26.8	25.8	20.5	19.2	7308C	7308AC	40.2	38.5	32.8	30.5
7209C	7209AC	29.8	28.2	23.8	22.5	7309C	7309AC	49.2	47.5	39.8	37.2
7210C	7210AC	32.8	31.5	26.8	25.2	7310C	7310AC	55.5	53.5	47.2	44.5
7211C	7211AC	40.8	38.5	33.8	31.8	7311C	7311AC	70.5	67.2	60.5	56.8
7212C	7212AC	44.8	42.8	37.8	35.5	7312C	7312AC	80.8	77.8	70.2	65.8
7213C	7213AC	53.8	51.2	46.0	43.2	7313C	7313AC	91.5	89.8	80.5	70.5
7214C	7214AC	56.0	53.2	49.2	46.2	7314C	7314AC	102	98.5	91.5	86
7215C	7215AC	64.2	57.8	60.8	50.8	7315C	7315AC	112	108	105	97
7216C	7216AC	63.2	59.2	68.8	65.5	7316C	7316AC	118	115	118	108
7217C	7217AC	69.8	65.5	76.8	72.8	7317C	7317AC	132	122	128	122
7218C	7218AC	87.8	82.2	94.2	89.8	7318C	7318AC	142	135	142	135
7219C	7219AC	95.5	89.9	102	98.8	7319C	7319AC	152	158	158	148
7220C	7220AC	130	108	115	100	7320C	7320AC	162	165	175	178

例 12-2　根据工作条件决定选用 6300 系列的深沟球轴承。轴承载荷 $F_r = 5000N$，$F_a = 2500N$，轴承转速 $n = 1000r/min$，运转时有轻微冲击，预期计算寿命 $L'_h = 5000h$，装轴承处的轴径直径可在 $50 \sim 60mm$ 内选择，试选择球轴承型号。

解：

（1）求比值　$F_a/F_r = 2500/5000 = 0.5$

根据表（12-5），深沟球轴承的最大 e 值为 0.44，故此时 $F_a/F_r > e$。

（2）初步计算当量动载荷 P，由式 $P = f_p(XF_r + YF_a)$

按表 12-5，$X = 0.56$，Y 值需在已知型号和基本额定静载荷 C_0 后才能求出。现暂时选一平均值，取 $Y = 1.5$，并由此表取 $f_p = 1.1$，则

$$P = 1.1 \times (0.56 \times 5000 + 1.5 \times 2500) = 7205N$$

（3）根据寿命计算公式可以求出轴承应具有的基本额定动载荷值：

$$C = P\sqrt{\frac{60nL'_h}{10^6}} = 7205 \times \sqrt{\frac{60 \times 1000 \times 5000}{10^6}} = 48233N$$

（4）根据表 12-11，选择 $C = 55200N$ 的 6311 轴承，该轴承的 $C_0 = 41800N$。验算如下：

1）$F_a/C_0 = 2500/41800 = 0.0598$，按表 12-5，此时 Y 值在 $1.6 \sim 1.8$ 之间。用线性插值法求 Y 值为

$$Y = 1.8 + \frac{1.6 - 1.8}{0.07 - 0.04} \times (0.0598 - 0.04) = 1.668$$

故 $X = 0.56$，$Y = 1.668$

2）计算当量载荷

$$P = f_p(XF_r + YF_a) = 1.1 \times (0.56 \times 5000 + 1.668 \times 2500) = 7667N$$

3）验算 6311 轴承的寿命

$$L_h = \frac{10^6}{60n}\left(\frac{C}{P}\right)^{\varepsilon} = \frac{10^6}{60 \times 1000}\left(\frac{55200}{7667}\right)^3 = 6220h > 5000h$$

故所选轴承能够满足设计要求。

例 12-3 有一轴采用一对角接触球轴承 7206C，两端反向安装。轴的转速 $n = 960$r/min，轴上外载荷 $F_R = 2000N$，$F_A = 500N$，载荷系数 $f_p = 1.2$，温度系数 $f_t = 1.0$；7206C 轴承的基本额定动载荷 $C = 17800N$，基本额定静载荷 $C_{0r} = 12800N$；有关尺寸如图 12-9 所示，试计算轴承寿命。

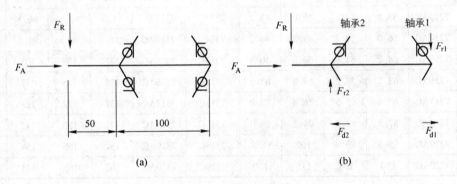

图 12-9 例 12-3 图

解：

根据轴承样本表 12-12，轴承 7206C 的径向额定动载荷 $C = 17800N$，轴承的径向额定静载荷 $C_{0r} = 12800N$。

1. 求两轴承的径向载荷 F_{r1}、F_{r2}（即支反力，参见图示 b）

$$F_{r2} = \frac{(100 + 50)F_R}{100} = 3000N \qquad F_{r1} = F_{r2} - F_R = 1000N$$

2. 求两轴承的轴向载荷 F_{a1}、F_{a2}

为此，需在力分析图中标出轴承内部轴向力 F_{d1}、F_{d2} 的方向（见图（b））；并求出 F_{d1}、F_{d2} 的值。对于 70000C 轴承 $\alpha = 15°$，查表（12-7）可知，内部轴向力 $F_d = eF_r$，因为 F_r 已经求出，则为了求 F_d 需先确定 e；其中 e 为表（12-5）中的判别系数，其值应该由 F_a/C_{0r} 的大小确定；而现在 F_a 为待求解量，这样就产生了"为了求 F_a 需先知道 F_a"的递归问题。这种现象在工程上经常遇到，解决的办法就是采用试算法。下面我们就来看一下具体的计算方法。

这里我们可以先假定一个 e_0 值，例如试取 F_a/F_r 表中 $e_0 = 0.47$（基本取中值为宜），对应于 $F_a/C_{0r} = 0.12$。则由 $F_d = e_0 F_r$ 可得：

$$F_{d1} = e_0 F_{r1} = 0.47 \times 1000 = 470N$$

$$F_{d2} = e_0 F_{r2} = 0.47 \times 3000 = 1410N$$

按式（12－8）得

$$F_A + F_{d1} = 970N < F_{d2}$$

轴有向左窜动的趋势，相当于轴承 1 被"压紧"，轴承 2 被"放松"，但实际上轴必须处于平衡位置（即轴承座必然要通过轴承元件施加一个附加的轴向力来阻止轴的窜动），所以被"压紧"的轴承 1 所受的总轴向力 F_{a1} 必须与 $F_{d2} - F_A$ 相平衡（见图（b）所示），即

$$F_{d1} = F_{d2} - F_A = 1410 - 500 = 910N$$

这时需要利用所求得的 F_a 值进行验证，判断 F_a/C_{0r} 与假定界限值 e_0 时的相应比值是否相等（一般只要足够近似就可以了，例如误差限制在 5% 以内）。

$F_{a1}/C_{0r} = 910/12800 = 0.07109$，与所试取的 $F_a/C_{0r} = 0.12$ 误差较大；

$F_{a2}/C_{0r} = 1410/12800 = 0.1102$，与所试取的 $F_a/C_{0r} = 0.12$ 误差较小。

若精度要求不高时，也可以此作为轴承 2 的计算结果，但在对计算精度要求较高时还需再作试算调整。而轴承 1 显然不行，需要进一步再作试算。

参照上次试算的结果，对轴承 1 重新试取 $e_1 = 0.445$，对应的 F_{a1}/C_{0r} 可由线性插值法求得为 0.073，

$$F_{d1} = e_1 F_{r1} = 0.445 \times 1000 = 445N$$

同样对轴承 2 重新选取 $e_2 = 0.465$，线性插值得到对应的 $F_{a2}/C_{0r} = 0.104$，则

$$F_{d2} = e_2 F_{r2} = 0.465 \times 3000 = 1395N$$

$$F_{a1} = F_{d2} - F_A = 950N, \quad F_{a2} = F_{d2} = 1395N$$

验证：$F_{a1}/C_{0r} = 950/12800 = 0.0742$，$F_{a2}/C_{0r} = 1395/12800 = 0.109$，

这两个比值与假定 e_1、e_2 时 F_{a1}/C_{0r}、F_{a2}/C_{0r} 已经很接近，即可依次作为试算时的结果。

3. 计算轴承的当量动载荷 P_1、P_2

（1）轴承 1。$F_{a1}/F_{r1} = 950/1000 = 0.95 > e_1$，利用表格中相邻的两个 e 值（0.43，0.46）及其对应的 Y 值（1.30，1.23），可以利用线性插值得 $Y_1 = 1.265$，而 $X_1 = 0.44$，

$$P_1 = f_p(X_1 F_{r1} + Y_1 F_{a1}) = 1970N$$

（2）轴承 2。$F_{a2}/F_{r2} = 1395/3000 = 0.465 = e_2$，则 $X_2 = 1$，$Y_2 = 0$

$$P_2 = f_p(X_2 F_{r2} + Y_2 F_{a2}) = 3600N$$

$$P_2 > P_1$$

所以取：$P = P_2 = 3600N$

（一般只需按受载较大的那个轴承进行计算寿命或选型即可）

4. 计算轴承寿命

直接应用公式将以上数据代入计算：

$$L_h = \frac{10^6}{60n}\left(\frac{f_t C}{P}\right)^3 = \frac{10^6}{960 \times 60}\left(\frac{1 \times 17800}{3600}\right)^3 = 2099h$$

12.4　滚动轴承的组合设计

要想保证轴承顺利工作，除了正确选择轴承类型和尺寸外，还应正确设计轴承装置。

轴承装置的设计主要是正确解决轴承的安装、配置、紧固、调节、润滑、密封等问题。下面提出一些设计中的注意要点以供参考。

12.4.1 支撑部分的刚性和同心度

轴和安装轴承的外壳或轴承座，以及轴承装置中的其他受力零件，必须有足够的刚性，因为这些零件的变形都要阻滞滚动体的滚动而使轴承提前损坏。外壳及轴承座孔壁均应有足够的厚度，壁板上的轴承座的悬臂应尽可能地缩短，并用加强肋来增强支撑部位的刚性。如果外壳是用轻合金或非金属制成的，安装轴承处应采用钢或铸铁制的套杯。

对于一根轴上用一个支撑的座孔，必须尽可能地保持同心，以免轴承内外圈间产生过大的偏斜，最好的办法是采用整体结构的外壳，并把安装轴承的两个孔一次镗出；如在一根轴上装有不同尺寸的轴承时，外壳上的轴承孔仍应一次镗出，这时可利用衬筒来安装尺寸较小的轴承。当两个轴承孔分在两个外壳上时，则应把两个外壳组合在一起进行镗出孔。

12.4.2 轴承的配置

一般来说，一根轴需要两个支点，每个支点可由一个或一个以上的轴承组成。合理的轴承配置应考虑轴在机器中有正确的位置，防止轴向窜动以及轴受热膨胀后不致使轴承卡死等因素，常用的轴承配置方法有以下三种。

12.4.2.1 双支点各单向固定

这种轴承配置常用两个反向安装的角接触球轴承或圆锥滚子轴承，两个轴承各限制一个方向的轴向移动，如图 12 – 10 所示。安装时，通过调整轴承外圈（图 12 – 10（a））或内圈（图 12 – 10（b））的轴向位置，可使轴承达到理想的游隙或所要求的预紧程度，图 12 – 10 所示的结构为悬臂支撑的小锥齿轮轴，从图中可看出，在支撑距离 b 相同的条件下，压力中心间的距离，图 12 – 10（a）中为 L_1，图 12 – 10（b）中为 L_2，且 $L_1 < L_2$，故前者悬臂较长，支撑刚性较差；在受热变形方面，因运转时轴的温度一般高于外壳的温度，轴的轴向和径向热膨胀将大于外壳的热膨胀，这时图 12 – 10（a）的结构中减小了预调的间隙，可能导致卡死，而图 12 – 10（b）的结构可以避免这种情况的发生。

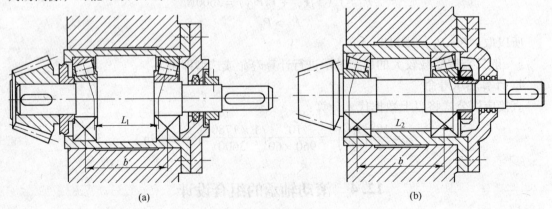

(a)   (b)

图 12 – 10 小锥齿轮轴支撑结构

深沟球轴承也可用于双支点各单向固定的支撑，如图 12 - 11 所示；这种轴承在安装时，通过调整端盖端面与外壳之间垫片的厚度，使轴承外圈与端盖之间留有很小的轴向间隙，间隙 $c = 0.2 \sim 0.4\text{mm}$（如图 12 - 11 所示）以适当补偿轴受热伸长。由于轴向间隙的存在，这种支撑不能作精确的轴向定位。由于轴向间隙不能过大（避免在交变的轴向力作用下轴来窜动），因此这种支撑不能用于工作温度较高的场合。

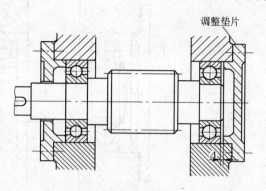

图 12 - 11　深沟球轴承的双支点各单向固定支撑

12.4.2.2　一支点双向固定，另一端支点游动

对于跨距较大（如大于 350mm）且工作温度较高的轴，其热伸长量大，应采用一支点双向固定，另一端支点游动的支撑结构。

作为固定支撑的轴承，应能承受双向轴向载荷，故内外圈在轴向都要固定。作为补偿轴的热膨胀的游动支撑，若使用的是内外圈不可分离型轴承，只需固定内圈，其外圈在座孔内应可以轴间游动，如图 12 - 12（a）所示，右端为固定端，轴承外圈固定在机座上，内圈固定在轴上，这样就限制了轴沿轴向左右移动；左端为游动端，选用深沟球轴承时，应在轴承外圈与端盖之间留有很小轴向间隙，当轴与机座的温度有差异时，允许它们之间可做相对移动；若使用的是分离型的圆柱滚子轴承或滚针轴承，则内外圈都固定，如图 12 - 12（b）所示。当轴向载荷较大时，作为固定的支点可以采用向心轴承和推力轴承组合在一起的结构，如图 12 - 13 所示；也可以采用两个角接触球轴承（或圆锥滚子轴承）"背对背"或"面对面"组合在一起的结构，如图 12 - 14 所示（右端两轴承"面对面"安装）。

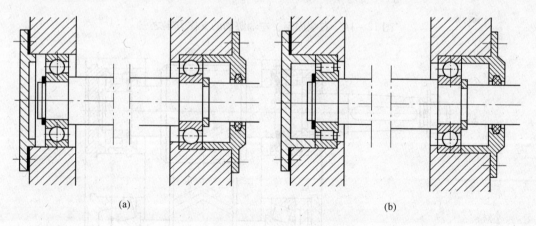

(a)　　　　　　　　　　　　　　　　　(b)

图 12 - 12　右端固定、左端游动的支撑方案之一

12.4.2.3　端游动支撑

要求能左右两端移动的轴，可以采用两端游动支撑，如图 12 - 15 所示，对于一对人字齿轮轴，由于人字齿轮本身的相互轴向限位作用，它们的轴承内外圈的轴向紧固应设计成只保证其中一根轴相对机座有固定的轴向位置，而另一根轴上的两个轴承都必须是游动的，以防齿轮卡死或轮齿两侧受力不均匀。

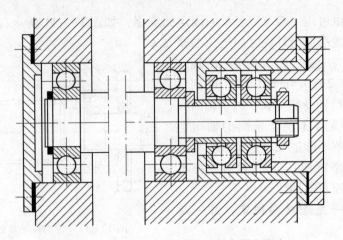

图 12 - 13　右端固定、左端游动的支撑方案之二

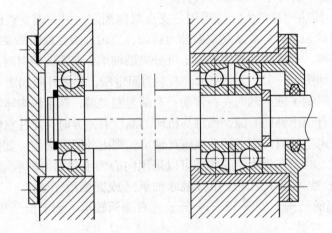

图 12 - 14　右端固定、左端游动的支撑方案之三

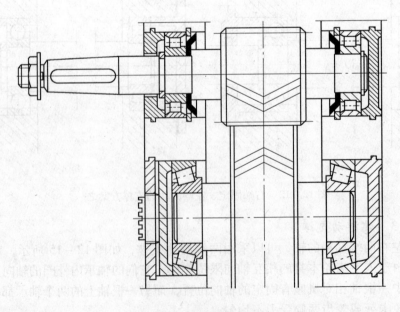

图 12 - 15　两端游动支撑

12.4.3　滚动轴承的轴向紧固

滚动轴承轴向紧固的方法很多，内圈紧固的常用方法有：

（1）用轴用弹性挡圈嵌在轴的沟槽内，主要用于轴向力不大及转速不高时（图 12 – 16（a））；

（2）用螺钉固定的轴端挡圈紧固，可用于在高转速下承受大的轴向力（图 12 – 16（b））；

（3）用圆螺母和止动垫圈紧固，主要用于轴承转速高、承受较大的轴向力的情况（图 12 – 16（c））；

（4）用紧定衬套、止动垫圈和圆螺母紧固，用于光轴上的、轴向力和转速都不大的、内圈为圆锥孔的轴承（图 12 – 16（d））；内圈的另一端常以轴肩作为定位面。为了便于轴承拆卸。轴肩的高度应低于轴承内圈的厚度。

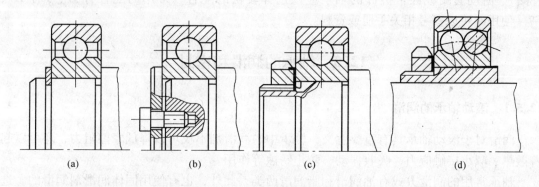

图 12 – 16　内圈紧固的常用方法

外圈轴向紧固的常用方法有：

（1）用嵌入外壳沟槽内的孔用弹性挡圈紧固，用于轴向力不大且需减小轴承装置的尺寸时（图 12 – 17（a））；

（2）用轴用弹性挡圈嵌入轴承外圈的止动槽内紧固，用于带有止动槽的深沟球轴承，当外壳不便设凸肩，且外壳为剖分式结构时（图 12 – 17（b））；

（3）用轴承盖紧固，用于高转速及很大轴向力时的各类向心、推力和向心推力轴承（图 12 – 17（c））；

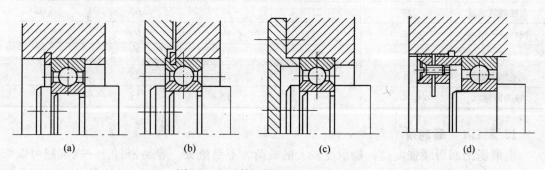

图 12 – 17　外圈轴向紧固的常用方法

（4）用螺纹环紧固，用于轴承转速高，轴向载荷大，而不适于使用轴承紧固的情况
（图 12 - 17 （d））。

12.4.4　滚动轴承的配合

滚动轴承的配合是指内圈与轴径、外圈与座孔的配合，就是轴与孔之间的间隙大小。
这些配合的松紧程度直接影响轴承间隙的大小，从而关系到轴承的运转精度和使用寿命。

轴承内孔与轴径的配合采用基孔制，就是以轴承内孔确定轴的直径；轴承外圈与轴承
座孔的配合采用机轴制，就是用轴承的外圈直径确定座孔的大小。这是为了便于标准化生
产。

在具体选取时，要根据轴承的类型和尺寸、载荷的大小和方向以及载荷的性质来确
定。工作载荷不变时，转动圈（一般为内圈）要紧；转速越高、载荷越大、振动越大、
工作温度变化越大，配合应该越紧，常用的配合有 n6、m6、k6、js6；固定套圈（通常为
外圈）、游动套圈或经常拆卸的轴承应该选择较松的配合，常用的配合有 J7、J6、H7、
G7。使用时可以参考相关手册或资料。

12.5　轴承的润滑和密封

12.5.1　滚动轴承的润滑

润滑对于滚动轴承具有重要意义，轴承中的润滑剂不仅可以降低摩擦阻力，还可以起
着散热、减小接触应力、吸收振动、防止锈蚀等作用。

轴承常用的润滑方式有油润滑和脂润滑两类，此外，也有使用固体润滑剂润滑的。选
用哪一类润滑方式，这与轴承的速度有关，一般用滚动轴承 dn 值（d 为滚动轴承内径，
单位为 mm；n 为轴承的转速，单位为 r/min）表示轴承的速度大小。适用于脂润滑和油
润滑的 dn 值界限列于表 12 - 13 中，可作为选择润滑方式时的参考。

表 12 - 13　适用于脂润滑和油润滑的 dn 值界限　　　　　　10^4 mm · r/min

轴承类型	脂润滑	油　润　滑			
		油浴润滑	滴油润滑	循环油（喷油）	油雾润滑
深沟球轴承	16	25	40	60	>60
调心球轴承	16	25	40	50	
角接触球轴承	16	25	40	60	>60
圆柱滚子轴承	12	25	40	60	>60
圆锥滚子轴承	10	16	23	30	
调心滚子轴承	8	12	20	25	
推力球轴承	4	6	12	15	

12.5.1.1　脂润滑

润滑脂的润滑膜强度高，能承受较大的载荷，不易流失，容易密封，一次加脂可以维
持相当长的一段时间。对于那些不便经常添加润滑剂的地方，或那些不允许润滑油流失而

致污染产品的工业机械来说，这种润滑方式十分适宜，但它只适用于较低的 dn 值，滚动轴承的装脂量一般为轴承内部空间容积的 1/3 ~ 2/3。

润滑脂的主要性能指标为锥入度和滴点轴承的 dn 值，载荷小时，应选锥入度较大的润滑脂；反之，应选用锥入度较小的润滑脂。此外，轴承的工作温度比润滑脂的滴点低，对于矿物油润滑脂，应低 10 ~ 20℃；对于合成润滑脂，应低 20 ~ 30℃。

12.5.1.2　油润滑

在高速高温的条件下，通常采用油润滑，润滑油的主要性能指标是黏度，转速越高，应选用黏度越低的润滑油；载荷越大，应选用黏度越高的润滑油，根据工作温度及 dn 值，可选出润滑油应具有的黏度值，然后按黏度值从润滑油产品目录中选出相应的润滑油牌号。

油润滑时，常用的润滑方法有下列几种。

A　油浴润滑

把轴承局部浸入润滑油中，当轴承静止时，油面应不高于最低滚动体的中心，这个方法不适于高速，因为搅动油液剧烈时要造成很大的能量损失，以致引起油液和轴承的严重过热。

B　滴油润滑

适用于需要定量供应润滑油的轴承部件，滴油量应适当控制，过多的油量将引起轴承温度的增高。为使滴油通畅，常使用黏度较小的全损耗系统用油 L—AN15。

C　飞溅润滑

这是一般闭式齿轮传动装置中的轴承常用的润滑方法，即利用齿轮的转动把润滑齿轮的油甩到四周壁面上，然后通过适当的沟槽把油引入轴承中去，这类润滑方法所用装置的结构形式较多，可参考现有机器的使用经验来进行设计。

D　喷油润滑

适用于转速高，载荷大，要求润滑可靠的轴承。用油泵将润滑油增压，通过油管或机体上特制的油孔，经喷嘴将油喷射到轴承中去；流过轴承后的润滑油，经过过滤冷却后再循环使用，为了保证油能进入高速转动的轴承，喷嘴应对准内圈和保持架之间的间隙。

E　油雾润滑

当轴承液滚动体的线速度很高（如 $dn \geq 6 \times 10^5 \, \text{mm} \cdot \text{r/min}$）时，常采用油雾润滑，以避免其他润滑方法由于供油过多，油的内摩擦增大而增高轴承的工作温度。润滑油在油雾发生器中变成油雾，其温度较液体润滑油的温度低，这对冷却轴承来说也是有利的；但润滑轴承的油雾，可能部分地随空气散逸，要污染环境。故在必要时，宜用油气分离器来收集油雾，或者采用通风装置来排除废气。

12.5.1.3　固体润滑

在一些特殊条件下，如果使用脂润滑和油润滑达不到可靠的润滑要求时，则可采用固体润滑。固体润滑的方法有：

（1）用黏结剂将固体润滑剂粘接在滚道和保持架上；

（2）把固体润滑剂加入过程塑料和粉末冶金材料中，制成有自润滑性能的轴承零件；

（3）用电镀、高频溅射、离子镀层、化学沉积等技术使润滑固体剂或软金属（金，银，铟，铅等）在轴承零件摩擦表面形成一层均匀致密的薄膜，最常用的固体润滑剂有二硫化铝、石墨和聚四氟乙烯等。

12.5.2 滚动轴承的密封装置

轴承的密封装置是为了阻止灰尘、水、酸气和其他杂物进入轴承，并阻止润滑剂流失而设置的，密封装置可分为接触式及非接触式两大类。

12.5.2.1 接触式密封

在轴承盖内放置软材料与转动轴直接接触而起密封作用，常用的软材料有毛毡、橡胶、皮革、软木等；或者放置减摩性好的硬质材料（如加强石墨、青铜、耐磨铸铁等）与转动轴直接接触以进行密封，下面是几种常用的结构形式。

A 毡圈油封

在轴承盖上开出梯形槽，将毛毡按标准制成环形（尺寸不大时）或带形（尺寸较大时），放置在梯形槽中以与轴密合接触（图12-18）。
这种密封主要用于脂润滑的场合，它的结构简单，但摩擦较大，只用于滑动速度小于 4~5m/s 的地方。与毡圈油封相接触的轴表面如经过抛光且毛毡质量高时，可用到滑动速度达 7~8m/s 之处。

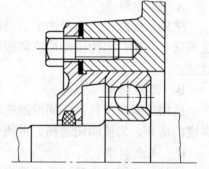

图12-18 毡圈油封

B 唇形密封圈

在轴承盖中，放置一个用耐油橡胶制的唇形密封圈，靠弯折了的橡胶的弹力和附加的环形螺旋弹簧的扣紧作用而紧套在轴上，以便起密封作用，有的唇形密封圈还装在一个钢套内，可与端盖较精确地装配。
唇形密封圈密封唇的方向要朝向密封的部位，即如果主要是为了封油，密封唇应对着轴承（朝内）；如果主要是为了防止外物浸入，则密封唇应背着轴承（朝外，图12-19（a））；如果两个作用都要有，最好使用反向放置的两个唇形密封圈（图12-19（b）），它可用于接触面滑动速度小于10m/s（当轴颈是精车的）或小于15m/s（当轴颈是磨光的）处，轴颈与唇形密封圈接触处最好经过表面硬化处理，以增强耐磨性。

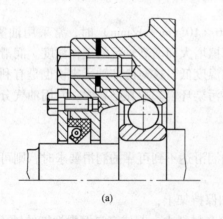

(a)

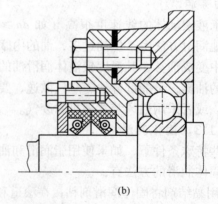

(b)

图12-19 唇形密封圈

12.5.2.2 非接触式密封

使用接触式密封，总要在接触处产生滑动摩擦。使用非接触式密封，就能避免此缺点，常用的非接触式密封有以下几种。

A 隙缝密封

在轴和轴承盖的通孔壁之间留一个极窄的隙缝，半径间隙通常为 0.1~0.3mm。这对使用脂润滑的轴承来说，已具有一定的密封效果（图 12-20（a））。如果再设计一些环槽结构（图 12-20（b）），并在环槽中添以润滑脂，可以提高密封效果。

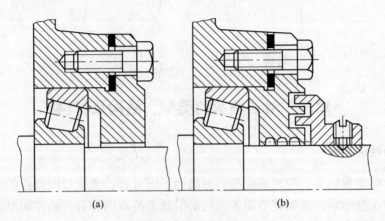

图 12-20 隙缝密封

B 甩油密封

油润滑时，在轴上开出沟槽（图 12-21（a））或装入一个环（图 12-21（b）），都可以把欲向外流失的油甩开，再经过轴承端盖的集油腔及与轴承腔相通的油孔流回。或者在紧贴轴承处装一甩油环，在轴上车有螺旋式送油槽，可有效地防止油外流，但这时轴必须按一个方向旋转，以便把欲向外流失的润滑油借螺旋的输送作用而送回到轴承腔内。

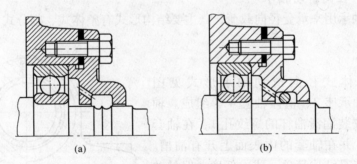

图 12-21 隙缝密封

C 曲路密封

当环境比较脏和比较潮湿时，采用曲路密封是相当可靠的。曲路密封是由旋转的和固定的密封零件之间拼合成的曲折的隙缝所形成的。隙缝中填入润滑脂，可增加密封效果。根据部件的结构，曲路的布置可以是轴向的（图 12-22（a））或径向的（图 12-22（b））。采用轴向曲路时，端盖应为剖分式。当轴因温度变化而伸缩或采用调心轴承作支撑时，都有使旋转片与固定片相接触的可能，设计时应加考虑。

以上介绍的各种密封装置，在实践中可以把它们适当组合起来使用。

其他有关润滑、密封方法及装置可参看有关手册。

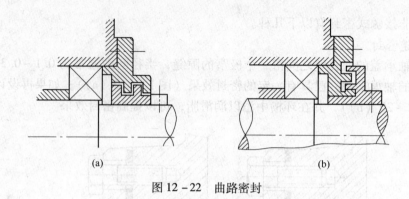

(a)   (b)

图 12-22   曲路密封

12.6   滑动轴承的类型、结构及材料

12.6.1   滑动轴承类型

滑动轴承的类型很多，按其承受载荷方向的不同分有：承受径向载荷的径向轴承和承受轴向载荷的止推轴承；根据其滑动表面间润滑状态的不同分有：液体润滑轴承、不完全液体润滑轴承（指滑动表面间处于边界润滑或混合润滑状态）和无润滑轴承（指工作前和工作时不加润滑剂）；根据液体润滑承载机理的不同，又可分为液体动力润滑轴承（简称液体动压轴承）和液体静压润滑轴承（简称液体静压轴承）。本节只介绍非液体摩擦润滑轴承。

12.6.2   滑动轴承的结构

12.6.2.1   径向滑动轴承

径向滑动轴承用来承受径向载荷，其主要结构形式有整体式、剖分式、自动调心式三大类。

A   整体式

典型的整体式径向滑动轴承形式见图12-23。它由轴承座3、整体轴套4等组成。轴承座上面设有安装润滑油杯的螺纹孔1，在轴套上开有油孔2，并在轴套的内表面上开有油槽。这种轴承的优点是结构简单，成本低廉。但是轴套磨损后，轴承间隙过大时无法调节；另外，只能从轴颈端部装拆，对于质量大的轴或具有中间轴颈的轴，装拆很不方便，甚至在结构上无法实现，所以这种轴承多用在低速、轻载或间

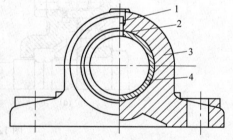

图 12-23   整体式径向滑动轴承

歇性工作的机器上，如某些农业机械、手动机械等。这种轴承叫做整体有衬滑动轴承，其标准见 JB/T 2560—1991。

B   剖分式

剖分式径向滑动轴承形式见图12-24。它是由轴承座、轴承盖、剖分式轴瓦和双头螺柱等组成。轴承盖和轴承座的剖分面常做成阶梯形，以便对中和防止横向错动。轴承盖上部分开有螺纹孔，用以安装油杯或油管。剖分式轴瓦由上、下两半轴瓦组成，通常是下

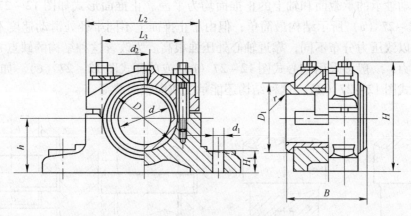

图 12 - 24　剖分式径向滑动轴承

轴瓦承受载荷，上轴瓦不承受载荷。为了节省贵重金属或其他需要，常在轴瓦内表面上贴附一层轴承衬。在轴瓦内壁不承受载荷的表面上开设油槽，润滑油通过油孔和油槽流进轴承间隙。轴承剖分面最好与载荷方向近于垂直，多数轴承的剖分面是水平的（也有作成倾斜的）。这种轴承装拆方便，并且轴瓦磨损后可以调整轴承间隙（调整后应修刮轴瓦内孔）。这种轴承叫做剖分式两螺柱正轴承座，其标准见 JB/T 2561—1991；剖分面倾斜的见 JB/T 2562—1991。

　　C　自动调心式

　　如果轴的刚度较差，或轴承座的安装精度较差，可采用图 12 - 25 所示的自动调心式滑动轴承结构。由于轴瓦可在轴承座的球面内摆动，故能自动适应轴线方向的变化。

12.6.2.2　止推滑动轴承

　　止推滑动轴承用来承受轴向载荷，且能防止轴的轴向位移。当与径向轴承组合使用时，可同时承受径向和轴向载荷，其结构简图如图 12 - 26 所示。它由轴承座 1、止推轴瓦 2、防止止推轴瓦转动的销钉 3 及径向轴瓦 4 组成。止推轴瓦 2 与轴承座 1 以球面配合，起自动调心作用。在止推轴瓦 2 与轴端接触的表面上开有油沟，以便润滑。径向轴瓦 4 是用来承受径向载荷的。

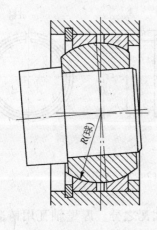

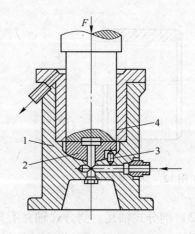

图 12 - 25　自动调心式滑动轴承　　　　　　图 12 - 26　止推滑动轴承

止推滑动轴承的承载面和轴上的止推面均为平面。止推面形式如图 12 - 27 所示，实心式如图 12 - 27（a）所示结构最简单；但由于止推面上不同半径处滑动速度不同，导致磨损不同，以致压力分布不同，靠近轴心处压强很高。为改善这种结构的缺点并提高止推面的承载能力，一般多采用空心式图 12 - 27（b）或单环式图 12 - 27（c）。如载荷较大，可做成多环式图 12 - 27（d），这种结构还能承受双向轴向载荷。

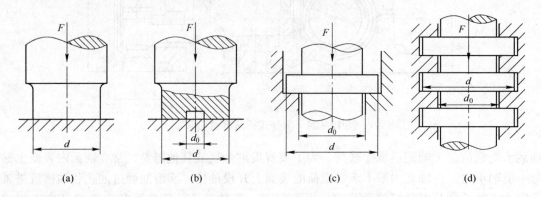

图 12 - 27 止推面形式
（a）实心式；（b）空心式；（c）单环式；（d）多环式

12.6.2.3 轴瓦及轴套的结构

轴瓦是滑动轴承中的重要零件，轴瓦的工作表面既是承载面又是摩擦面，因此，非液体润滑滑动轴承的工作能力和使用寿命，主要取决于轴瓦的材料选择和结构的合理性。轴瓦应具有一定的强度和刚度，在轴承中定位可靠，便于输入润滑剂，容易散热，并且装拆、调整方便。有时为了节省贵重合金材料或者由于结构上的需要，常在轴瓦的内表面上浇铸或轧制一层轴承合金，称为轴承衬。

轴瓦也有整体式和剖分式两种结构。

（1）整体式轴瓦。按材料及制法不同，分为整体轴套（图 12 - 28）和单层、双层或多层材料的卷制轴套（图 12 - 29）。非金属整体式轴瓦既可以是整体非金属轴套，也可以是在钢套上填衬非金属材料。

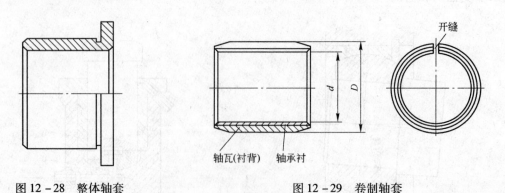

图 12 - 28 整体轴套　　　　　图 12 - 29 卷制轴套

（2）剖分式轴瓦。剖分式轴瓦有厚壁轴瓦和薄壁轴瓦之分。厚壁轴瓦用铸造方法制造（图12 - 30），内表面可附有轴承衬，常将轴承合金用离心铸造法浇注在铸铁、钢或青钢轴瓦的内表面上。为使轴承合金与轴瓦贴附得好，常在轴瓦内表面上制出各种形式的榫头、凹沟或螺纹。

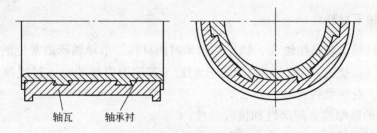

图 12-30 剖分式厚壁轴瓦

薄壁轴瓦（图 12-31）质量稳定，成本低，但轴瓦刚性小，装配时不再修刮轴瓦内圆表面，轴瓦受力后，其形状完全取决于轴承座的形状，因此，剖分面上冲出定位后（凸耳）以供定位用（图 12-32）。

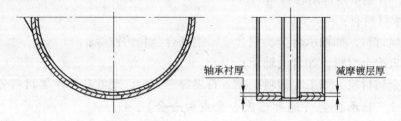

图 12-31 剖分式薄壁轴瓦

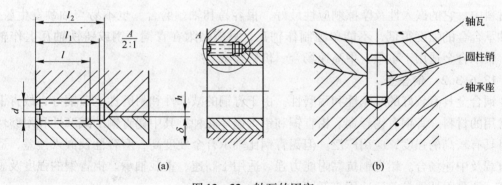

图 12-32 轴瓦的固定
（a）用紧定螺钉；（b）用销钉

为了把润滑油导入整个摩擦面之间，一般在轴瓦内壁上开设油孔和油槽，其常见结构如图 12-33 所示。油孔和油槽一般应开在非承载区的上轴瓦内，或压力较小的区域，以

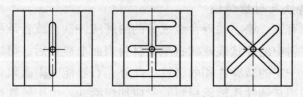

图 12-33 油孔和油槽（非承载轴瓦）

利供油，同时避免降低轴承的承载能力。纵向油槽的长度，一般应稍短于轴瓦的长度（约是轴瓦长度的 80%），以免润滑油流失过多。

12.6.3 滑动轴承材料

滑动轴承材料主要是指轴套、轴瓦和轴承衬的材料。滑动轴承最常见的失效形式是轴瓦磨损、胶合（即烧瓦）、疲劳破坏和由于制造工艺原因引起的轴承衬脱落。针对滑动轴承的失效形式，对轴承材料基本要求是：

（1）良好的减摩性、耐磨性和抗胶合性；

（2）良好的摩擦顺应性、嵌入性和磨合性；

（3）足够的强度和抗腐蚀能力；

（4）良好的导热性、工艺性、经济性等。

同时满足所有材料性能要求是很困难的。因此，选用轴承材料时，只能根据使用中最主要的要求，有侧重地选用较合适的材料。

常用轴承材料有：

（1）金属材料，如轴承合金、铜合金、铝基合金和铸铁等；

（2）粉末冶金材料，如含油轴承；

（3）非金属材料，如工程塑料、碳 – 石墨等三大类。现就几种主要材料分述如下。

12.6.3.1 轴承合金（通称巴氏合金或白合金）

轴承合金是锡、铅、锑、铜的合金，它以锡或铅作基体，其内含有锑锡（Sb – Sn）或铜锡（Cu – Sn）的硬晶粒。硬晶粒起抗磨作用，软基体则增加材料的塑性。在所有轴承材料中，它的嵌入性及摩擦顺应性最好，很容易和轴颈磨合，也不易与轴颈发生胶合。但轴承合金的强度很低，不能单独制作轴瓦，只能贴附在青铜、钢或铸铁轴瓦上作轴承衬。轴承合金适用于重载、中高速场合，价格较贵。

12.6.3.2 铜合金

铜合金具有较好的减摩性和耐磨性。由于青铜的减摩性和耐磨性比黄铜好，故青铜是最常用的材料。青铜有锡青铜、铅青铜和铝青铜等几种，其中锡青铜的减摩性和耐磨性最好且具有较高的强度，应用广泛。但锡青铜比轴承合金硬度高，磨合性及嵌入性差，适合于重载及中速场合。铅青铜抗黏附能力强，适用于高速、重载轴承。铝青铜的强度及硬度较高，抗黏附性能较差，适用于低速、重载轴承。

12.6.3.3 铝基合金

铝基轴承合金在许多国家获得广泛应用。它有相当好的耐蚀性和较高的疲劳强度，摩擦性能亦较好。这些品质使铝基合金在部分领域取代了较贵的轴承合金和青铜。

12.6.3.4 灰铸铁及耐磨铸铁

普通灰铸铁或加有镍、铬、钛等合金成分的耐磨灰铸铁，或者球墨铸铁，都可以用作轴承衬材料。这类材料中的片状或球状石墨在材料表面上覆盖后，可以形成一层起润滑作用的石墨层，故具有一定的减摩性和耐磨性。此外，石墨能吸附碳氢化合物，有助于提高边界润滑性能，故采用灰铸铁作轴承材料时，应加润滑油。由于铸铁性脆、耐磨性差，故只适用于轻载低速和不受冲击载荷的场合。

12.6.3.5　粉末冶金材料

粉末冶金材料是用不同金属粉末经压制、烧结而成的轴承材料。这种材料是多孔结构的，使用前先把轴瓦在热油中浸渍数小时，使孔隙中充满润滑油，因而通常把这种材料制成的轴承叫含油轴承，它具有自润滑性。如果定期给以供油，则使用效果更佳。但由于其韧性较小，故宜用于平稳无冲击载荷及中低速度情况。我国已有专门制造含油轴承的工厂，需用时可根据设计手册选用。

12.6.3.6　非金属材料

非金属材料中应用最多的是各种塑料（聚合物材料），如酚醛树脂、尼龙、聚四氟乙烯等。其特点是：耐磨、抗腐蚀，具有一定的自润滑性，可以在无润滑条件下工作，在高温条件下具有一定的润滑能力；具有包容异物的能力（嵌入性好），不容易划伤配偶表面，减摩性及耐磨性都比较好。

思考题与习题

12 – 1　滚动轴承由哪些元件组成，各元件起什么作用，它们都常用什么材料？

12 – 2　滚动轴承共分几大类型，写出它们的类型代号及名称，并说明各类轴承能承受何种载荷（径向或轴向）。

12 – 3　根据如下滚动轴承的代号，指出它们的名称、精度、内径尺寸、直径系列及结构特点：6210，7309C，30308，N209E。

12 – 4　滚动轴承的当量动载荷与基本额定动载荷有什么区别，当当量动载荷超过基本额定动载荷时，该轴承是否可用？

12 – 5　分别指出受径向载荷的滚动轴承，当外圈不转或内圈不转时，不转的套圈上哪点受力最大。

12 – 6　为什么30000型和70000型轴承常成对使用，成对使用时，什么叫正装及反装，什么叫"面对面"及"背靠背"安装，试比较正装与反装的特点。

12 – 7　角接触型轴承的派生轴向力是怎样产生的，它的大小和方向与哪些因素有关？

12 – 8　已知某深沟球轴承的工作转速为 n_1，当量动载荷为 P_1 时，预期寿命为8000h，求：

（1）当转速 n_1 保持不变，当量动载荷增加到 $P_2 = 2P_1$ 时其寿命应为多少小时？

（2）当当量动载荷 P_1 保持不变，若转速增加到 $n_2 = 2n_1$ 时，其寿命为多少小时？

（3）当转速 n_1 保持不变，欲使预期寿命增加一倍时，当量动载荷有何变化？

12 – 9　某轴用一对6313深沟球轴承支撑，径向载荷 $F_{r1} = 5500N$，$F_{r2} = 6400N$，轴向载荷 $F_A = 2700N$，工作转速 $n = 250r/min$，运转时有较大冲击，常温下工作，预期寿命 $L_h = 5000h$，试分析轴承是否适用。

12 – 10　一深沟球轴承6304承受的径向载荷 $F_r = 4kN$，$n = 960r/min$，载荷平稳，室温下工作，求该轴承的基本额定寿命，并说明能达到或超过此寿命的概率。若载荷改为 $F_r = 2kN$，轴承的基本额定寿命是多少？

12 – 11　某机械传动装置中轴的两端各采用一个深沟球轴承支撑，轴颈 $d = 35mm$，转速 $n = 2000r/min$，每个轴承承受径向载荷 $F_r = 2000N$，常温下工作，载荷平稳，预期寿命 $L_h = 8000h$，试选择轴承。

12 – 12　根据工作条件，决定在某传动轴上安装一对7205AC型角接触球轴承，如图12 – 34所示。已知轴上轴向力 $F_A = 600N$，轴的径向载荷分别为

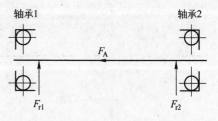

图12 – 34　题12 – 12图

$F_{r1} = 2000N$，$F_{r2} = 1000N$。转速 $n = 960r/min$，常温下运转，有中等冲击，计算轴承的寿命。

12 – 13 如图 12 – 35 所示，轴上装有一斜齿圆柱齿轮，轴支撑在一对正装的 7209AC 轴承上。齿轮轮齿上受到圆周力 $F_t = 8100N$，径向力 $F_R = 3052N$，轴向力 $F_A = 2170N$，转速 $n = 300r/min$，载荷系数 $f_P = 1.2$。试计算两个轴承的基本额定寿命。（想一想：若两轴承反装，轴承的基本额定寿命将有何变化？）

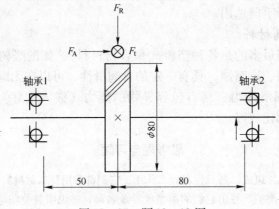

图 12 – 35 题 12 – 13 图

12 – 14 如图 12 – 36 所示，轴由一对 32306 圆锥滚子轴承支撑，已知转速 $n = 1380r/min$，$F_{r1} = 5200N$，$F_{r2} = 3800N$，轴向外负荷 F_A 的方向如图所示，若载荷系数 $f_P = 1.8$，工作温度在 120℃ 以下，要求寿命 $L_h = 6000h$，试计算该轴允许的最大外加轴向负荷 F_{Amax} 等于多少？

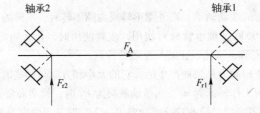

图 12 – 36 题 12 – 14 图

第13章 联轴器和离合器

联轴器和离合器是机械传动中常用的部件，它们主要用来连接轴与轴（或连接轴与其他回转零件），以传递运动与转矩；有时也可用作安全装置。根据工作特性，它们可分为以下四类。

（1）联轴器 用来把两轴连接在一起，机器运转时两轴不能分离；只有在机器停车并将连接拆开后，两轴才能分离。

（2）离合器 在机器运转过程中，可使两轴随时接合或分离的一种装置。它可用来操纵机器传动系统以便进行变速及换向等。

（3）安全联轴器及安全离合器 机器工作时，如果转矩超过规定值，这种联轴器及离合器即可自行断开或打滑，以保证机器中的主要零件不致因过载而损坏。

（4）特殊功用的联轴器及离合器 用于某些有特殊要求处，例如在一定的回转方向或达到一定的转速时，联轴器或离合器即可自动接合或分离等。

由上可知，具有上述功能之一者均可用作联轴器或离合器，但由于机器的工况各异，因而对联轴器和离合器提出了各种不同的要求，如传递转矩的大小、转速高低、扭转刚度变化情况、体积大小、缓冲吸振能力等，为了适应机器的工作性能、特点及应用场合的需要，联轴器和离合器都已出现了很多类型，而且新型产品正在不断涌现，是一个广阔的开发领域。

由于联轴器和离合器的类型繁多，本章仅对少数典型结构及其有关知识作些介绍，以便为选用标准件和自行创新设计提供必要的基础。

13.1 联轴器的种类和特性

联轴器所连接的两轴，由于制造及安装误差、承载后的变形以及温度变化的影响等，往往不能保证严格的对中，而是存在着某种程度的相对位移，如图13-1所示。这就要求设计联轴器时，要从结构上采取各种不同的措施，使之具有适应一定范围的相对位移的性能。

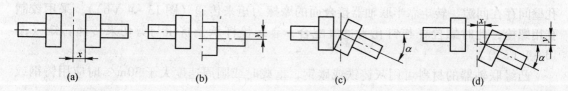

图13-1 联轴器所联两轴的相对位移
(a) 轴向位移 x；(b) 径向位移 y；(c) 角位移 α；(d) 综合位移 x、y、α

根据对各种相对位移有无补偿能力（即能否在发生相对位移条件下保持连接的功

能），联轴器可分为刚性联轴器（无补偿能力）和挠性联轴器（有补偿能力）两大类。挠性联轴器又按是否具有弹性元件分为无弹性元件的挠性联轴器和有弹性元件的挠性联轴器两个类别。

13.1.1　刚性联轴器

这类联轴器有套筒式（图 13-2）、夹壳式（图 13-3）和凸缘式（图 13-4）等。这里只介绍较为常用的凸缘联轴器。

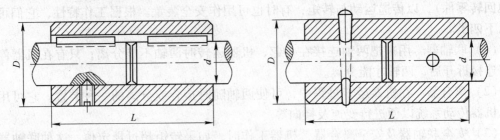

图 13-2　套筒式联轴器

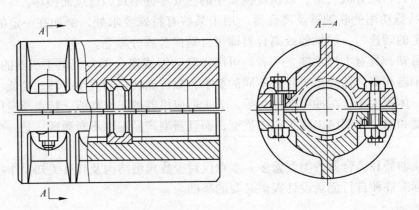

图 13-3　夹壳式联轴器

凸缘联轴器是把两个带有凸缘的半联轴器用键分别与两轴连接，然后用螺栓把两个半联轴器连成一体，以传递运动和转矩（图 13-4）。这种联轴器有两种主要的结构形式：图 13-4（a）是普通的凸缘联轴器，通常是靠铰制孔用螺栓来实现两轴对中；图 13-4（b）是有对中的凸缘联轴器，靠一个半联轴器上的凸肩与另一个半联轴器上的凹槽相配合而对中。连接两个半联轴器的螺栓可以采用 A 级或 B 级的普通螺栓，此时螺栓杆与钉孔壁间存在间隙，转矩靠半联轴器接合面的摩擦力矩来传递（图 13-4（b））；采用铰制孔用螺栓，此时螺栓杆与钉孔为过渡配合，靠螺栓杆承受挤压与剪切来传递转矩（图 13-4（a））。

凸缘联轴器的材料可用灰铸铁或碳钢，重载时或圆周速度大于 30m/s 时应用铸钢或锻钢。

由于凸缘联轴器属于刚性联轴器，对所联两轴间的相对位移缺乏补偿能力，故对两轴对中性的要求很高。当两轴有相对位移存在时，就会在机件内引起附加载荷，使工作情况恶化，这是它的主要缺点。但由于构造简单、成本低、可传递较大转矩，故当转速低、无冲击、轴的刚性大、对中性较好时常采用。

13.1.2 挠性联轴器

13.1.2.1 无弹性元件的挠性联轴器

这类联轴器因具有挠性，故可补偿两轴的相对位移；但因无弹性元件，故不能缓冲减振。常用的有以下几种。

A 十字滑块联轴器

如图 13 – 5 所示，十字滑块联轴器由两个在端面上开有凹槽的半联轴器 1、3，和一

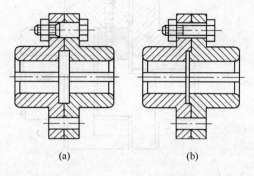

图 13 – 4 凸缘式联轴器

个两面带有凸牙的中间盘 2 所组成。因凸牙可在凹槽中滑动，故可补偿安装及运转时两轴间的相对位移。

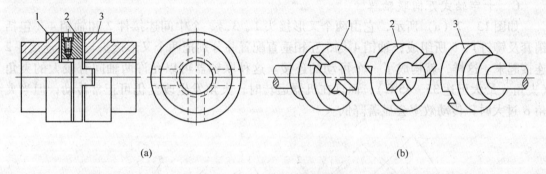

图 13 – 5 十字滑块联轴器

这种联轴器零件的材料可用 45 钢，工作表面须进行热处理，以提高其硬度；要求较低时也可用 Q275 钢，不进行热处理。为了减少摩擦及磨损，使用时应从中间盘的轴孔中注油进行润滑。

因为半联轴器与中间盘组成移动副，不能发生相对转动，故主动轴与从动轴的角速度应相等。但在两轴间有相对位移的情况下工作时，中间盘就会产生很大的离心力，从而增大动载荷及磨损。因此选用时应注意其工作转速不得大于规定值。

这种联轴器一般用于转速 $n < 250\text{r/min}$，轴的刚度较大，且无剧烈冲击时。效率为

$$\eta = 1 - (3 \sim 5)\frac{fy}{d} \qquad (13 - 1)$$

式中　f——摩擦系数，一般取为 0.13 ~ 0.25；

　　　y——两轴间径向位移量，mm；

　　　d——轴径，mm。

B 滑块联轴器

如图 13 – 6 所示，这种联轴器与十字滑块联轴器相似，只是两边半联轴器上的沟槽很宽，并把原来的中间盘改为两面不带凸牙的方形滑块，且通常用夹布胶木制成。由于中间滑块的质量减小，又具有弹性，故具有较高的极限转速。中间滑块也可用尼龙制成，并在配制时加入少量的石墨或二硫化钼，以便在使用时可以自行润滑。

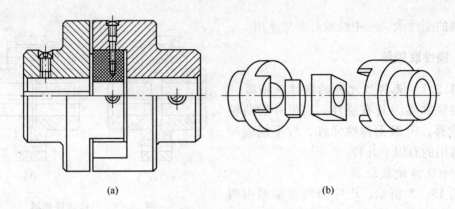

(a)　　　　　　　　　　　　　　　(b)

图 13 - 6　滑块联轴器

这种联轴器结构简单，尺寸紧凑，适用于小功率、同转速而无剧烈冲击处。

C　十字轴式万向联轴器

如图 13 - 7（a）所示，它由两个叉形接头 1、3，一个中间连接件 2 和轴销 4（包括销套及铆钉）、5 所组成；轴销 4 与 5 互相垂直配置并分别把两个叉形接头与中间连接件 2 连接起来。这样，就构成了一个可动的连接。这种联轴器可以允许两轴间有较大的夹角（夹角 α 最大可达 35 ~ 45℃），而且在机器运转时，夹角发生改变仍可正常传动；但当夹角 α 过大时，传动效率会显著降低。

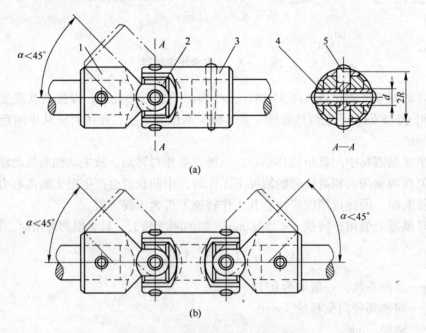

(a)

(b)

图 13 - 7　十字轴式万向联轴器

这种联轴器的缺点是：当主动轴角速度 ω_1 为常数时，从动轴的角速度 ω_3 并不是常数，而是在一定范围内（$\omega_1\cos\alpha \leqslant \omega_3 \leqslant \omega_1/\cos\alpha$）变化，因而在传动中将产生附加动载荷。为了改善这种情况，常将十字轴式万向联轴器成对使用（图 13 - 7（b）），但应注意安装时必须保证 O_1 轴、O_3 轴与中间轴之间的夹角相等，并且中间轴的两端的叉形接头应在同一平面内（图 13 - 8）。只有这样双万向联轴器才可以得到 $\omega_1 = \omega_3$。

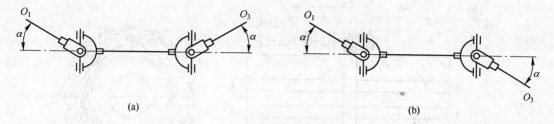

图 13 - 8　双万向联轴器

这类联轴器各元件的材料，除铆钉用 20 钢外，其余多用合金钢，以获得较高的耐磨性及较小的尺寸。

这类联轴器结构紧凑，维护方便，广泛应用于汽车、多头钻床等机器的传动系统中。小型十字轴式万向联轴器已标准化，设计时可按标准选用。

D　齿式联轴器

如图 13 - 9 所示，这种联轴器由两个带有内齿及凸缘的外套筒 3 和两个带有外齿的内套筒 1 所组成。两个内套筒 1 分别用键与两轴连接，两个外套筒 3 用螺栓 5 联成一体，依靠内外齿相啮合以传递转矩。由于外齿的齿顶制成椭球面，且保证与内齿啮合后具有适当的顶隙和侧隙，故在传动时，套筒 1 可有轴向和径向位移以及角位移。为了减少磨损，可由油孔 4 注入润滑油，并在套筒 1 和 3 之间装有密封圈 6，以防止润滑油泄漏。

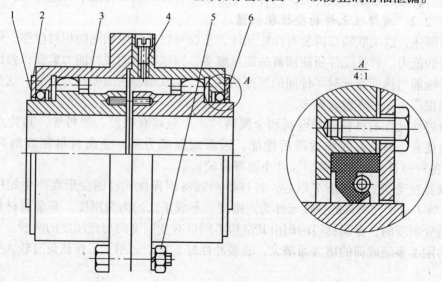

图 13 - 9　齿式联轴器

齿式联轴器中，所用齿轮的齿廓曲线为渐开线，啮合角为 20°，齿数一般为 30～80，材料一般用 45 钢或 ZG310～570。这类联轴器能传递很大的转矩，并允许有较大的偏移量，安装精度要求不高；但质量较大，成本较高，在重型机械中广泛应用。

E　滚子链联轴器

图 13 - 10 所示为滚子链联轴器。这种联轴器是利用一条公用的双排链条 2 同时与两

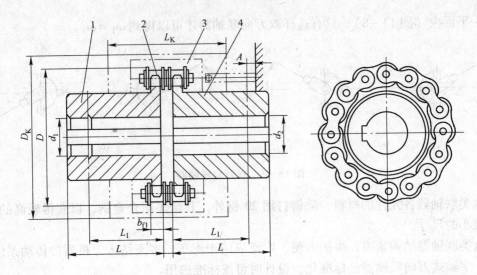

图 13 - 10　滚子链联轴器

个齿数相同的并列链轮啮合来实现两半联轴器 1 与 4 的连接。为了改善润滑条件并防止污染，一般都将联轴器密封在罩壳 3 内。

滚子链联轴器的特点是结构简单、尺寸紧凑、质量小、装拆方便、维修容易、价格低廉并具有一定的补偿性能和缓冲性能，但因链条的套筒与其相配件间存在间隙，不宜用于逆向传动、启动频繁或立轴传动，同时由于受离心力影响也不宜用于高速传动。

13.1.2.2　有弹性元件的挠性联轴器

如前所述，这类联轴器因装有弹性元件，不仅可以补偿两轴间的相对位移，而且具有缓冲减振的能力。弹性元件所能储蓄的能量愈多，则联轴器的缓冲能力愈强；弹性元件的弹性滞后性能与弹性变形时零件间的摩擦功愈大，则联轴器的减振能力愈好。这类联轴器目前应用很广，品种亦愈来愈多。

制造弹性元件的材料有非金属和金属两种。非金属有橡胶、塑料等，其特点为质量小，价格便宜，有良好的弹性滞后性能，因而减振能力强；金属材料制成的弹性元件（主要为各种弹簧）则强度高、尺寸小而寿命较长。

联轴器在受到工作转矩 T 以后，被连接两轴将因弹性元件的变形而产生相应的扭转角 φ。φ 与 T 成正比关系的弹性元件为定刚度，不成正比的为变刚度。非金属材料的弹性元件都是变刚度的，金属材料的则由其结构不同可有变刚度的与定刚度的两种。常用非金属材料的刚度多随载荷的增大而增大，故缓冲性好，特别适用于工作载荷有较大变化的机器。

A　弹性套柱销联轴器

这种联轴器（图 13 - 11）的构造与凸缘联轴器相似，只是用套有弹性套的柱销代替了连接螺栓。因为通过蛹状的弹性套传递转矩，故可缓冲减振。弹性套的材料常用耐油橡胶，并将截面形状做成如图中网纹部分所示，以提高其弹性。

半联轴器的材料常用 HT200，有时也采用 35 钢或 ZG270 ~ 500；柱销材料多用 35 钢；弹性套柱销联轴器其标准为 GB/T 4323—2002。

这种联轴器制造容易，装拆方便，成本较低。但弹性套易磨损，寿命较短。它适用于

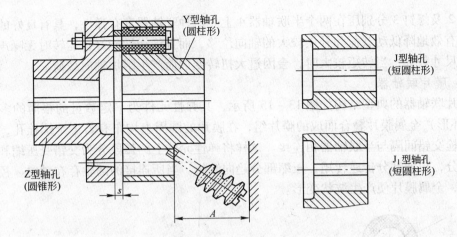

图 13 – 11　弹性套柱销联轴器

连接载荷平稳、需正反转或启动频繁的传递中小转矩的轴。

B　弹性柱销联轴器

弹性柱销联轴器的结构如图 13 – 12 所示，工作时转矩是通过主动轴上的键、半联轴器、柱销、另一半联轴器及键而传到从动轴上去的。为了防止柱销脱落，在半联轴器的外侧，用螺钉固定了挡板。

这种联轴器与弹性套柱销联轴器很相似，但传递转矩的能力很大，结构更为简单，安装、制造方便，耐久性好，也有一定的缓冲和吸振能力，允许被连接两轴有一定的轴向位移以及少量的径向位移和角位移，适用于轴向窜动较大、正反转变化较多和启动频繁的场合，由于尼龙柱销对温度较敏感，故使用温度限制在 –20 ~ 70℃ 的范围内。

C　梅花形弹性联轴器

这种联轴器如图 13 – 13 所示，其半联轴器与轴的配合孔可做成圆柱形或圆锥形。装配联轴器时将梅花形弹性件的花瓣部分夹紧在两半联轴器端面凸齿交错插进所形成的齿侧空间，以便在联轴器工作时起到缓冲减振的作用。弹性件可根据使用要求选用不同硬度的聚氨酯橡胶、铸型尼龙等材料制造。工作温度范围为 –35 ~ 80℃，短时工作温度可达 100℃，传递的公称转矩范围为 16 ~ 25000N · m。

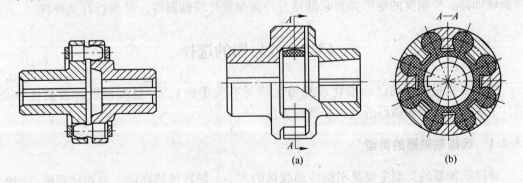

图 13 – 12　弹性柱销联轴器　　　　图 13 – 13　梅花形弹性联轴器

D　轮胎式联轴器

轮胎式联轴器如图 13 – 14 所示，用橡胶或橡胶织物制成轮胎状的弹性元件 1，两端用压板 2 及螺钉 3 分别压在两个半联轴器 4 上。这种联轴器富有弹性，具有良好的消振能力，能有效地降低动载荷和补偿较大的轴向位移，而且绝缘性能好，运转时无噪声；缺点是径向尺寸较大，当转矩较大时，会因过大扭转变形而产生附加轴向载荷。

E　膜片联轴器

膜片联轴器的典型结构如图 13－15 所示，其弹性元件为一定数量的很薄的多边环形（或圆环形）金属膜片叠合而成的膜片组，在膜片的圆周上均布有若干个螺栓孔，用铰制孔用螺栓交错间隔与半联轴器相连接。这样将弹性元件上的弧段分为交错受压缩和受拉伸的两部分，拉伸部分传递转矩，压缩部分趋向皱折。当所连接的两轴存在轴向、径向和角位移时，金属膜片便产生波状变形。

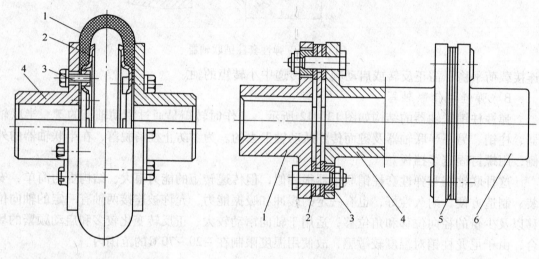

图 13－14　轮胎式联轴器　　　　　　　　图 13－15　膜片联轴器

这种联轴器结构比较简单，弹性元件的连接没有间隙，不需润滑，维护方便，平衡容易，质量小，对环境适应性强，发展前途广泛；但扭转弹性较低，缓冲减振性能差，主要用于载荷比较平稳的高速传动。

有金属弹性元件的绕件联轴器除上述膜片联轴器外，还有多种形式，如定刚度的圆柱弹簧联轴器、变刚度的蛇形弹簧联轴器及径向弹簧片联轴器等，可参看有关资料。

13.2　联轴器的选择

绝大多数联轴器均已标准化或规格化（见有关手册），一般机械设计者的任务是选用，下面介绍选用联轴器的基本步骤和方法。

13.2.1　选择联轴器的类型

选择联轴器的类型主要是根据传递载荷的大小、轴转速的高低、被连接两部件的安装精度等，来选择一种合用的联轴器类型。在具体选择时可考虑以下几点：

（1）所需传递的转矩大小和性质以及对缓冲减振功能的要求，例如，对大功率的重载传动，可选用齿式联轴器；对严重冲击载荷或要求消除轴系扭转振动的传动，可选用轮胎式联轴器等具有高弹性的联轴器；

（2）联轴器的工作转速高低和引起的离心力大小，对于高速传动轴，应选用平衡精度高的联轴器，例如膜片联轴器等，而不宜选用存在偏心的滑块联轴器等；

（3）两轴相对位移的大小和方向，当安装调整后，难以保持两轴严格精确对中，或工作过程中两轴将产生较大的附加相对位移时，应选用挠性联轴器，例如当径向位移较大时，可选滑块联轴器；角位移较大或相交两轴的连接可选万向联轴器等；

（4）联轴器的可靠性和工作环境，通常由金属元件制成的不需润滑的联轴器比较可靠；需要润滑的联轴器，其性能易受润滑完善程度的影响，且可能污染环境；含有橡胶等非金属元件的联轴器耐温度、腐蚀性介质及强光等比较敏感，而且容易老化；

（5）联轴器的制造、安装、维护和成本，在满足使用性能的前提下，应选用装拆方便，维护简单，成本低的联轴器，例如刚性联轴器不但结构简单，而且装拆方便，可用于低速、刚性大的传动轴；一般的非金属弹性元件联轴器（例如弹性套柱销联轴器、弹性柱销联轴器、梅花形弹性联轴器等），由于具有良好的综合性能，广泛适用于一般的中小功率传动。

13.2.2 计算联轴器的计算转矩

由于机器启动时的动载荷和运转中可能出现的过载现象，所以应当按轴上的最大转矩作为计算转矩 T_{ca}。计算转矩按下式计算：

$$T_{ca} = K_A T \tag{13-2}$$

式中　T——公称转矩，$N \cdot m$；

　　　K_A——工作情况系数，与原动机、工作机有关，见表13-1。

表13-1　工作情况系数 K_A

工作机		K_A			
		原 动 机			
分类	工作情况及举例	电动机、汽轮机	四缸和四缸以上内燃机	双缸内燃机	单缸内燃机
I	转矩变化很小，如发电机小型通风、小型离心泵	1.3	1.5	1.8	2.2
II	转矩变化小，如运输机、木工机床、透平压缩机	1.5	1.7	2.0	2.4
III	转矩变化中等，如搅拌机、增泵、有飞轮的压缩机、冲床	1.7	1.9	2.2	2.6
IV	转矩变化和冲击载荷中等，如水泥搅拌机、拖拉机	1.9	2.1	2.4	2.8
V	转矩变化和冲击载荷大，如造纸机、挖掘机、起重机、碎石机	2.3	2.5	2.8	3.2
VI	转矩变化并有极强烈冲击载荷，如压延机、无飞轮的活塞泵、重型初轧机	3.1	3.3	3.6	4.0

注：对刚性联轴器、牙嵌离合器，应选取较大值；对弹性联轴器、摩擦离合器，应选取中间值；对安全联轴器或离合器，应选取较小值。

处于重要机器中的联轴器对其个别关键零件应进行必要的验算校核时要用计算扭矩。

13.2.3　确定联轴器的型号

根据计算转矩 T_{ca} 及所选的联轴器类型，按照

$$T_{ca} \leqslant [T] \tag{13-3}$$

的条件由联轴器标准中选定该联轴器型号。上式中的 $[T]$ 为该型号联轴器的许用转矩。

13.2.4　校核最大转速

计算联轴器的转速 n 应不超过所选联轴器允许的最高转速 n_{max}，即

$$n \leqslant n_{max}$$

13.2.5　协调轴孔直径

多数情况下，每一型号联轴器适用的轴的直径均有一个范围。标准中或者给出轴直径的最大值或最小值，或者给出轴直径的尺寸系列，被连接两轴许用的直径应当在此范围之内。一般情况下被连接两轴的直径是不同的，两个轴端的形状也可能是不同的，如主动轴轴端为圆柱形，所连接的从动轴轴端为圆锥形。

13.2.6　规定部件相应的安装精度

根据所选联轴器允许轴的相对位移偏差，规定部件相应的安装精度。通常标准中只给出单项位移偏差的允许值。如果有多项位移偏差存在，则必须根据联轴器的尺寸大小计算出相互影响的关系，以此作为规定部件安装精度的依据。

例 13-1　某车间起重机根据工作要求选用一电动机，其功率 $P = 10kW$，转速 $n = 970r/min$，已知电动机轴直径 $d = 42mm$，试选择电动机与起重机之间的联轴器（只要求与电动机轴连接的半联轴器满足直径要求）。

解： 1. 类型选择

为了隔离振动与冲击，选用弹性套柱销联轴器。

2. 载荷计算

公称转矩　　　　$T = 9550 \dfrac{P}{n} = 9550 \times \dfrac{10}{960} N \cdot m = 99.48 N \cdot m$

由表 13-1 查得 $K_A = 2.3$，故由式（13-4）得计算转矩为

$$T_{ca} = K_A T = 2.3 \times 99.48 N \cdot m = 228.80 N \cdot m$$

3. 型号选择

从 GB 4323—84 中查得 TL6 型弹性套柱销联轴器的许用转矩为 250N·m，许用最大转速为 3800r/min，轴径为 32~42mm 之间，故可以选用。

其余计算从略。

13.3　离　合　器

离合器在机器运转中可将传动系统随时分离或接合，对离合器的要求有：接合平稳、

分离迅速而彻底、调节和修理方便、外廓尺寸小、质量小、耐磨性好和有足够的散热能力、操纵方便省力。离合器的类型很多，常用的可分牙嵌式与摩擦式两大类。

13.3.1　牙嵌离合器

　　牙嵌离合器由两个端面上有牙的半离合器组成（图 13 – 16），其中一个（图 13 – 16（a））半离合器固定在主动轴上；另一个半离合器用导向键（或花键）与从动轴连接，并可由操纵机构使其做轴向移动，以实现离合器的分离与接合（图 13 – 16（b））。牙嵌离合器是借牙的相互嵌合来传递运动和转矩的，为使两半离合器能够对中，在主动轴端的半离合器上固定一个对中环，从动轴可在对中环内自由转动。

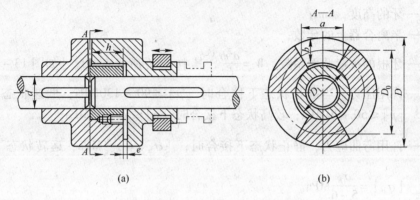

(a)　　　　　　　　　　　　　(b)

图 13 – 16　牙嵌离合器

　　牙嵌离合器常用的牙形如图 13 – 17 所示，三角形牙（图 13 – 17（a）、（b））用于传递小转矩的低速离合器；矩形牙（图 13 – 17（c））无轴向分力，但不便于接合与分离，磨损后无法补偿，故使用较少；梯形牙（图 13 – 17（e））的强度高，能传递较大的转矩，能自动补偿牙的磨损与间隙，从而减少冲击，故应用较广；锯齿形牙（图 13 – 17（f））强

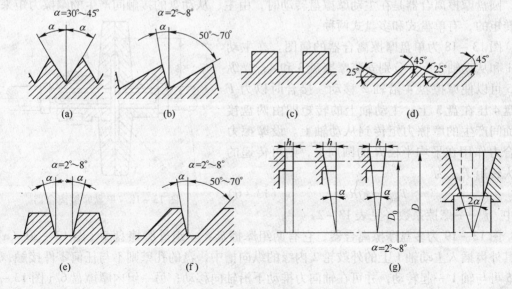

(a)　　　　　(b)　　　　　(c)　　　　　(d)

(e)　　　　　(f)　　　　　(g)

图 13 – 17　牙嵌离合器常用的牙形

度高，只能传递单向转矩，用于特定的工作条件处；（如图 13 – 17（d））所示的牙形主要用于安全离合器；如图 13 – 17（g）所示为牙形的纵截面，牙数一般取 3 ~ 60。

牙嵌离合器的主要尺寸可从有关手册中选取，必要时应按下式验算牙面上的压力 p 及牙根弯曲应力，即

$$p = \frac{2K_A T}{D_0 zA} \leqslant [p] \qquad (13 - 4)$$

$$\sigma_b = \frac{KTh}{WDz} \leqslant [\sigma_b] \qquad (13 - 5)$$

式中 A ——每个牙的接触面积，mm^2；

D_0 ——离合器牙齿所在圆环的平均直径（图 13 – 17），mm；

h ——牙的高度，mm；

z ——半离合器上的牙数；

W ——牙根的抗弯截面系数，$W = \frac{a^2 b}{6}$，其中 a、b 所代表的尺寸如图 13 – 16 所示；

$[p]$ ——许用压力，当静止状态下接合时 $[p] \leqslant 90 \sim 130MPa$；低速状态下接合时 $[p] \leqslant 50 \sim 70MPa$；较高状态下接合时 $[p] \leqslant 35 \sim 45MPa$；

$[\sigma_b]$ ——许用弯曲应力，静止状态下接合时，$[\sigma_b] = \frac{\sigma_s}{1.5}MPa$；运转状态下接合时，

$[\sigma_b] = \frac{\sigma_s}{5 \sim 6}MPa$。

牙嵌离合器一般用于转矩不大，低速接合处。材料常用低碳钢表面渗碳，硬度为56 ~ 62HRC；或采用中碳钢表面淬火，硬度为 48 ~ 54HRC；不重要的和静止状态接合的离合器，也允许用 HT200 制造。

13.3.2　圆盘摩擦离合器

圆盘摩擦离合器是在主动摩擦盘转动时，由主、从动盘的接触间产生的摩擦力矩来传递转矩的，有单盘式和多盘式两种。

图 13 – 18 为单盘摩擦离合器的简图。在主动轴 1 和从动轴 2 上，分别安装摩擦盘 3 和 4，操纵环 5 可以使摩擦盘 4 沿轴 2 移动。接合时以力 F 将盘 4 压在盘 3 上，主动轴上的转矩即由两盘接触面间产生的摩擦力矩传到从动轴上。设摩擦力的合力作用在平均半径 R 的圆周上，则可传递的最大转矩 T_{max} 为

$$T_{max} = FfR \qquad (13 - 6)$$

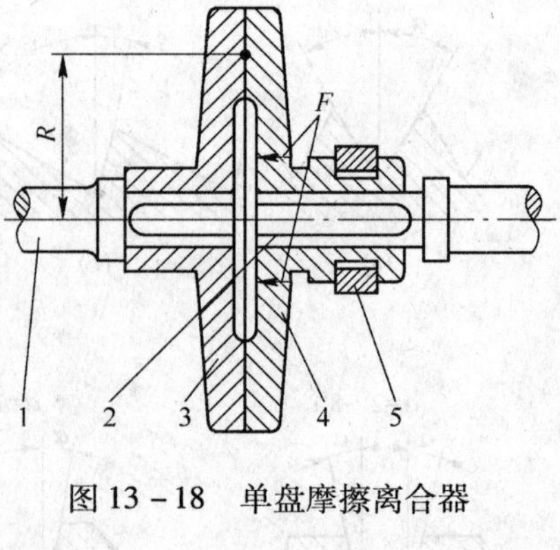

式中 f ——摩擦系数（见表 13 – 2）。

图 13 – 18　单盘摩擦离合器

图 13 – 19 为多盘摩擦离合器，它有两组摩擦盘：一组外摩擦盘 5（图 13 – 20（a））以其外齿插入主动轴 1 上的外鼓轮 2 内缘的纵向槽中，盘的孔壁则不与任何零件接触，故盘 5 可与轴 1 一起转动，并可在轴向力推动下沿轴向移动；另一组内摩擦盘 6（图 13 – 20（b））以其孔壁凹槽与从动轴 3 上的套筒 4 的凸齿相配合，而盘的外缘不与任何零件接

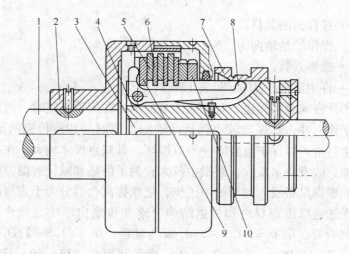

图 13 - 19 多盘摩擦离合器

触，故盘 6 可与轴 3 一起转动，也可在轴向力推动下作轴向移动；另外在套筒 4 上开有三个纵向槽，其中安置可绕销轴转动的曲臂压杆 8，当滑环 7 向左移动时，曲臂压杆 8 通过压板 9 将所有内、外摩擦盘紧压在调节螺母 10 上。离合器即进入接合状态；螺母 10 可调节摩擦盘之间的压力。内摩擦盘也可作成碟形（图 13 - 20（c）），当承压时，可被压平而与外盘贴

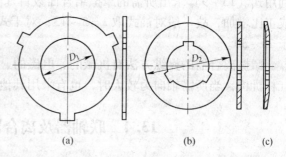

图 13 - 20 盘摩擦结构图

紧，松脱时，由于内盘的弹力作用可以迅速与外盘分离。摩擦盘常用材料及其性能见表 13 - 2。

表 13 - 2 常用摩擦片材料的摩擦系数 f 和许用压强 $[p]$

摩擦片材料	平均摩擦系数 f		圆盘摩擦离合器 $[p]$/MPa
	在油中工作	不在油中工作	
铸铁—铸铁或钢	0.08	0.15	0.25 ~ 0.30
淬火钢——淬火钢	0.06	0.18	0.60 ~ 0.80
青铜—钢或铸铁	0.08	0.17	0.40 ~ 0.50
淬火钢—金属陶瓷	0.10	0.40	0.30 ~ 0.40
压制石棉—钢或铸铁	0.13	0.30	0.20 ~ 0.30

多盘摩擦离合器所能传递的最大转矩 T_{max} 和作用在摩擦盘接合面上的压力 p 为：

$$T_{max} = Qf \cdot t \frac{D_1 + D_2}{4} \geqslant K_A F \qquad (13-7)$$

$$p = \frac{4Q}{\pi(D_2^2 - D_1^2)} \leqslant [p] \qquad (13-8)$$

式中 D_1，D_2 ——摩擦盘接合面的内径和外径，mm；

t——接合面的数目；

Q——操作轴的轴向力，N；

f——摩擦系数；

$[p]$——许用压强，MPa，见表 13 – 2。

摩擦离合器和牙嵌离合器相比，有下列优点：不论在何种速度时，两轴都可以接合或分离；接合过程平稳，冲击、振动较小；从动轴的加速时间和所传递的最大转矩可以调节；过载时可发生打滑，以保护重要零件不致损坏。其缺点尺寸较大；在接合、分离过程中要产生滑动摩擦，故发热量较大，磨损也较大；为了散热和减轻磨损，可以把摩擦离合器浸入油中工作，根据是否浸入润滑油中工作，把摩擦离合器分为干式与油式两种。

设计时，可先选定摩擦面材料和根据结构要求初步定出摩擦盘接合面的直径 D_1 和 D_2。对油式摩擦离合器，取 $D_l = (1.5 \sim 2)d$，d 为轴径，$D_2 = (1.5 \sim 2)D_l$；对干式摩擦离合器，取 $D_l = (2 \sim 3)d$，$D_2 = (1.5 \sim 2.5)D_l$，然后利用式（13 – 10）求出轴向压力 F，利用式（13 – 9）求出所需的摩擦结合面数目 z。因为 z 增加过多时，传递转矩并不能随之成正比增加，故一般对油式取 $z = 5 \sim 13$；对干式取 $z = 1 \sim 6$，并限制内外摩擦盘总数不大于 $25 \sim 30$。

摩擦离合器的操纵方法有机械的、电磁的、气动的和液压的等数种。机械式操纵多用杠杆机构，当所需轴向力较大时，也有采用其他机械的（如螺旋机构）。

13.4　联轴器及离合器的使用与维护

使用联轴器和离合器时，除考虑前述各自特点及应用等基本因素外，还应考虑工作环境、安装条件和使用寿命等方面的问题。

13.4.1　联轴器的使用与维护

（1）联轴器的安装误差应严格控制。由于所连接两轴的相对偏移在负载后还可能增大，故通常要求安装误差不大于许用补偿量的二分之一。

（2）在工作后应检查两轴对中情况，其相对偏移不应大于许用补偿量。应定期检查传力零件是否损坏，如连接螺栓断裂、弹性套磨损失效等，以便及时更换。

（3）对于转速较高的联轴器力求径向尺寸小、质量轻，同时要进行动平衡检验。对其连接螺栓之间的质量差有严格的限制，不得任意更换。

（4）有润滑要求的联轴器（如齿轮联轴器等），要定期检查润滑情况。

13.4.2　离合器的使用与维护

（1）片式摩擦离合器在工作时不应有打滑或分离不彻底现象。应经常检查作用在摩擦片上的压力是否足够，回位弹簧是否灵活，摩擦片磨损情况，主、从动片之间的间隙，必要时应注意调整或更换。

（2）应定期检查离合器的操纵系统是否操作灵活，工作可靠。有防护罩、散热片的离合器，使用前应检查防护罩、散热片是否完好。

（3）有润滑要求的离合器（如超越离合器）应密封严实，不得有漏油现象。在运行中如有异常响声，应及时停车检查。

思考题与习题

13-1 联轴器有哪些种类，并说明其特点及应用。

13-2 画图说明可移式刚性联轴器是如何补偿两轴的位移的。

13-3 联轴器如何选用？

13-4 离合器有哪些种类，并说明其工作原理及应用。

13-5 离合器如何选用？

13-6 牙嵌离合器的牙形有几种？选用时应进行哪些计算？

13-7 摩擦离合器的摩擦面材料应具有哪些性质？

13-8 在带式运输机的驱动装置中，电动机与减速器之间、齿轮减速器与带式运转机之间分别用联轴器连接。有两种方案：

(1) 高速级选用弹性联轴器，低速级选用刚性联轴器；

(2) 高速级选用刚性联轴器，低速级选用弹性联轴器。

试问上述两种方案哪个好，为什么？

13-9 带式运输机中减速器的高速轴与电动机采用弹性套柱销联轴器。已知电动机的功率 $P=21kW$，转速 $n=970r/min$，已知电动机轴直径为 44mm，减速器的高速轴的直径为 35mm，试选择电动机与减速器之间的联轴器。

第 14 章　机构组合与创新

14.1　机构组合方式

机械常由简单的基本机构组合而成，如凸轮连杆机构是凸轮机构和连杆机构组合而成；复印机是一种现代的机械产品，它也由许多基本机构组合而成。它们都是用多种基本机构组合来实现某些复杂的运动要求，因此，进行机构的组合设计是实现机械创新的一个很重要的途径。

机构的组合原理是指将几个基本机构按一定的原则或规律组合成一个复杂的机构，这个复杂的机构一般有两种形式，一种是几种基本机构融合成性能更加完善、运动形式更加多样化的新机构，被称为组合机构；另一种则是几种基本机构组合在一起，组合体的各基本机构还保持各自特性，但需要各个机构的运动或动作协调配合，以实现组合的目的，这种形式被称作为机构的组合。

机构的组合方式可划分为以下四种：串联式机构组合、并联式机构组合、复合式机构组合和叠加式机构组合。

14.1.1　串联式机构组合

串联式机构组合是指若干个单自由度的基本机构 A、B…顺序连接，每一个前置机构的输出运动是后置机构的输入。组合框图见图 14 −1。

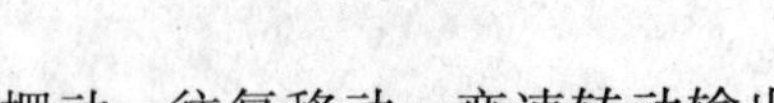

下面讨论两个基本机构的串联组合问题，并设定

图 14 −1　串联式机构组合

这两个基本机构分别为前置子机构和后置子机构，在对基本机构进行串联组合时，需要了解每种基本机构的性能特点，需要分析哪些基本机构在什么条件下适合作前置机构，又在什么情况下适合作后置机构，然后才能进行具体的组合。可推荐的串联组合方法常有以下几种。

14.1.1.1　前置子机构为连杆机构

连杆机构的输出构件一般是连架杆，它能实现往复摆动、往复移动、变速转动输出，具有急回性质。常采用的后置机构有：

（1）连杆机构，可利用变速转动的输入获得等速转动的输出，还可以利用杠杆原理，确定合适的铰接位置，在不减小机构传动角的情况下实现增程和增力的作用；

（2）凸轮机构，作为后置子机构，可获得变速凸轮、移动凸轮，使后置子机构的从动件获得更多的运动规律；

（3）齿轮机构，利用摆动或移动输入，获得从动齿轮或齿条的大行程摆动或移动，还利用变速转动的输入进一步通过后置的齿轮机构进行增速或减速；

（4）槽轮机构，利用变速转动输入，减小槽轮转位的速度波动；

（5）棘轮机构，利用往复摆动或移动拨动棘轮间歇转动。

连杆机构的输出构件还可以是作平面运动的连杆，它能实现平面运动和平面运动轨迹输出，这种串联的特点是利用连杆上的某些点的特殊轨迹——直线、圆弧曲线、"8"字自交形曲线等，使后置子机构的输出构件获得某些特殊的运动规律，如停歇、行程两次重复等。

14.1.1.2 前置子机构为凸轮机构

凸轮主动、从动件输出移动或摆动的凸轮机构为前置子机构时，其特点是输出的移动或摆动可以实现任意的运动规律，但行程太小。后置子机构利用凸轮机构输出构件的运动规律改善后置子机构的运动特性，或使其运动行程增大。后置子机构可以是连杆机构、齿轮机构、槽轮机构、凸轮机构等。

当凸轮机构演化成固定凸轮的凸轮机构时，从动件可实现平面复杂运动。

14.1.1.3 前置子机构为齿轮机构

齿轮机构的基本型作前置子机构，输出转动或移动。后置子机构可以是各种类型的基本机构，例如齿轮机构、连杆机构、凸轮机构等，可获得各种减速、增速以及其他的功能要求。

前置子机构还可以是非圆齿轮机构、槽轮机构等。

例 14 − 1　槽轮机构常用于转位和分度的机械装置中，但它的运动和动力特性不太理想，尤其在槽数较少的外槽轮机构中，其角速度和角加速度的波动均达到很大数值，造成工作台转位不稳定。分析原因，是因为主动拨盘一般做匀速转动，并且回转半径是不变的。当运动传递给槽轮时，由于主动拨盘的滚销在槽轮的传动槽内沿径向位置相对滚移，致使槽轮受力作用点也沿径向位置发生变化。若滚销以不变的圆周速度传递运动时，导致槽轮在一次转位过程中，角速度由小变大，又由大变小。为改善这种状况，可以采用双曲柄机构与槽轮机构的串联式组合方式，如图 14 − 2 所示。槽轮机构的主动拨盘固接在双曲柄机构 *ABCD* 中的从动曲柄上，对双曲柄机构进行尺寸综合时，要求从动曲柄 *E* 点的变化速度能够中和槽轮的转速变化，使槽轮能近似等速转位。

图 14 − 3 绘制出经优化设计的双曲柄槽轮机构与普通槽轮机构的角速度曲线的对照线图，其中，横坐标 a 是槽轮动程时的转角，纵坐标 i 是从动槽轮与其主动构件的角速比。可以看出，经串联组合的槽轮机构的运动和动力特性有了较大的改善。

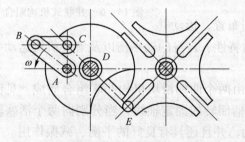

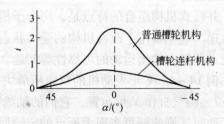

图 14 − 2　双曲柄机构与槽轮机构的串联组合　　　图 14 − 3　槽轮角速度变化曲线

类似改变槽轮运动和动力特性的机构串联组合形式还有，转动导杆槽轮机构、凸轮槽轮机构、椭圆齿轮槽轮机构以及双槽轮机构的串联等。

例 14 − 2　图 14 − 4 所示牛头刨床的导杆机构，前置机构为转动导杆机构，输出杆

BE 做非匀速运动，从而使从动件 4 实现近似匀速往复移动。其中转动导杆机构 *ABD* 为前置子机构，曲柄 1 为主动件，绕固定轴 *A* 匀速转动，使该机构的从动件 2 输出非匀速转动。六杆机构 *BCEFG* 为后置子机构，主动构件为曲柄 *BE*，即前置子机构的输出构件 2，因 2 构件输入的是非匀速转动，所以中和了后续机构的转速变化。故当曲柄 1 匀速转动时，滑块 4 在某区段内实现近似匀速往复移动。

　　例 14 - 3　图 14 - 5 是用于毛纺针梳机导条机构的椭圆齿轮连杆机构。前置子机构为输出非匀速转动的椭圆齿轮机构，通过一对齿轮串联后置机构，使后置子机构的主动曲柄 3 输入非匀速转动，而使从动件 5 近似实现匀速移动以满足工作要求。

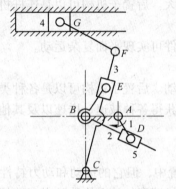
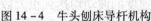
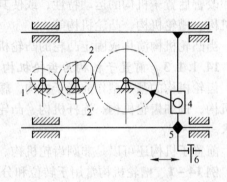

图 14 - 4　牛头刨床导杆机构　　　　　　图 14 - 5　毛纺针梳机导条机构

　　通过以上实例分析可知，对于这种要求改善输出构件运动特性的串联式机构组合的设计主要包括两个方面的问题：

　　（1）按照后置子机构输出的运动规律实际要求，确定前置子机构应输出的运动规律；

　　（2）按已经确定的运动规律，对前置子机构进行尺寸综合。

　　串联组合还可用于增力和运动的放大。运动的放大指运动速度和运动行程的放大，利用杠杆原理或齿轮齿条机构，可实现运动增倍或实现力和运动的放大。

14.1.2　并联式机构组合

　　两个或多个基本机构并列布置，称为机构并联式组合。组合框图见图 14 - 6。

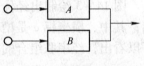

图 14 - 6　并联式机构组合

　　并联式机构组合的特点是，两个子机构并列布置，运动并行传递。它主要用于改善机构的受力状态、动力特性、自身的动平衡以及解决机构运动中的死点问题、输出运动的可靠性等问题。

　　例 14 - 4　V 形发动机的双曲柄滑块机构是由两个曲柄滑块机构并联组合而成，见图 14 - 7。两气缸作 V 形布置，它们的轴线通过曲柄回转的固定轴线，当分别向两个活塞输入运动时，则曲柄可实现无死点的定轴回转运动，并且还具有良好的平衡、减振作用。

　　例 14 - 5　图 14 - 8 所示为某型飞机上所采用的襟翼操纵机构，它是由两个齿轮齿条机构并列组合而成，用两个直移电机输入运动，这样可以使襟翼摆动速度加快。若一个直移电机发生故障，另一个直移电机可以单独驱动（这时襟翼摆动速度减半），这样就增大了操纵系统的安全程度。

显然这两个例子均加强了输出构件运动的可靠性，但应注意，两个并联机构的结构尺寸须相同。

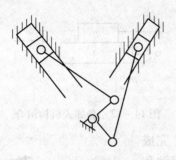

图 14 -7　V 形双缸发动机

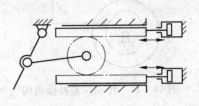

图 14 -8　襟翼操纵机构

例 14 -6　图 14 -9 是可以实现从动件作复杂平面运动的两自由度机构，用于缝纫机中的针杆传动，它由凸轮机构和曲柄滑块机构并联组合而成，原动件分别为曲柄 1 和凸轮 4，从动件是针杆 3，可以实现上下往复移动和摆动的复杂平面运动，若想改变摆角，可以通过调整偏心凸轮的偏心距来实现。

例 14 -6 不同于例 14 -4，它是具有两个自由度的机构，必须有两个输入构件运动才能确定。设计时，两个主动构件的运动一定要协调配合，要按照输出构件的复合运动要求绘制运动循环图，按照运动循环图确定两个主动构件的初始位置。

14.1.3　复合式机构组合

一个具有两个自由度的基础机构和一个附加机构并接在一起的组合形式为复合式机构组合。这是一种比较复杂的组合形式，基础机构的两个输入运动，一个来自机构的主动构件，另一个则来自附加机构。组合框图见图 14 -10。

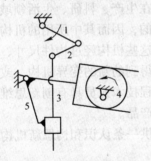

图 14 -9　缝纫机针杆传动

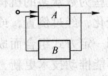

图 14 -10　复合式机构组合

图 14 -11 是一种齿轮加工机床的误差补偿机构，由具有两个自由度的蜗杆机构（蜗杆与机架组成的运动副是圆柱副）作为基础机构，主动构件为蜗杆 1，凸轮机构为附加机构，而且附加机构的一个构件又回接到主动构件蜗杆 1 上。从动构件是蜗轮 2，输入的运动是蜗杆 1 的转动，从而使蜗轮 2 以及与蜗轮 2 并接的凸轮实现转动；凸轮的转动又使蜗杆 1 实现往复移动，从而使蜗轮 2 的转速根据蜗杆 1 的移动方向而增加或减小。

14.1.4　叠加式机构组合

将一个机构安装在另一个机构的某个运动构件上的组合形式为叠加式机构组合，其输出的运动是若干个机构输出运动的合成。组合框图见图 14-12。

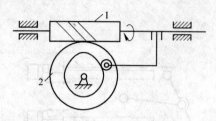

图 14-11　传动误差补偿机构

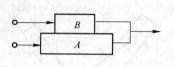

图 14-12　叠加式机构组合

叠加式机构组合的主要功能是实现特定的输出，完成复杂的工艺动作。设计的主要问题是根据所要求的运动和动作如何选择各个子机构的类型，和如何解决输入运动的控制，对于后一个问题主要借助于机械、液、气压、电磁等控制系统解决，使得输出的复杂工艺动作适度，符合工作要求。

图 14-13 是电动玩具马的传动机构，由曲柄摇块机构 *ABC* 安装在两杆机构的转动构件 4 上组合而成的。机构工作时分别由转动构件 4 和曲柄 1 输入转动，致使马的运动轨迹是旋转运动和平面运动的叠加，产生了一种飞奔向前的动态效果。

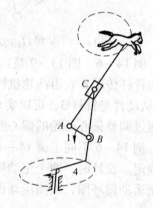

图 14-13　电动玩具马

14.2　机构创新方法简介

机器的创新在很大程度上取决于其中机构的创新。在生产、科研、生活领域中应用着各式各样的机器，所要完成的运动和动作也是多种多样的，因而其中所用的机构也不尽相同。但是，这些为数众多的机构可认为是由基本机构或这些机构经过构件尺寸、形状及运动副形状的变化，经过倒置，或增加辅助构件等手段而得到的新的变异机构，或者是由上述这些机构用一定方式组合而成的新机构。这就要求工程技术人员具有创新思维和创造能力，否则就不能推动技术更新，也很难开发新机构、新产品。

本节拟通过实例简述机构创新的一些方法，试图提供一条认识和构思新机构的思路。

14.2.1　分析综合法

现要求设计一个在方形罐头上自动贴商标的机器。对于所要求的工艺动作，可分解为几个简单的动作，如把商标纸从一叠中分离出一张、给商标纸上胶水、罐头进入和送出贴商标工位以及将商标纸自动贴上并压紧等动作，然后逐个分析研究实现这些动作的运动规律，并应用一些成熟的技术来实现这些动作。如从一叠商标纸中取出一张的动作，可参考印刷机械中印刷时从大量纸张中分离出一张来的成熟的工艺动作；在商标纸上上胶动作，可吸取邮票上胶机的有关技术；将罐头自动送入和送出贴商标工位的动作，可采用各式各样的自动传送带等。经过分析综合，可组合成图 14-14 所示的商标纸自动粘贴机，它在工位 I 由吸气口 1 吸住一张商标纸，并在转盘 7 转动时将第一张抽走，转过 90° 到工位 II，由上胶辊 4 给商标纸上胶水；当转到工位 Ⅲ 时，与送入工位的罐头 5 相遇，吹气口 2 吹气，将商标纸吹压在罐头上，罐头直线向前送进到工位 Ⅳ 时，压刷 6 刷过商标纸将它紧压在罐头上。这样就连续不断地自动完成贴商标的工作。

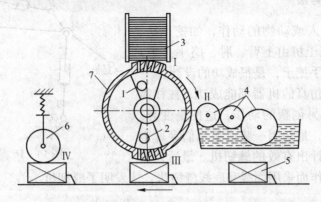

图 14 - 14   商标纸自动粘贴机

14.2.2 联想法

如图 14 - 15 （a）所示偏心轮泵，因隔离片 3 与偏心轮 2 的摩擦磨损等原因，使两者间密封破坏而影响到压缩效率，故被淘汰。但是人们从偏心凸轮机构为了减小摩擦磨损、提高寿命和效率而采用滚子从动件的事实，联想到也可用滚子来解决这种摩擦和磨损问题。但若将滚子装在隔离片 3 上，就破坏了隔离片的功能，因此把滚子装在偏心轮 2 上，

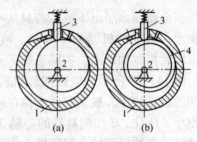

图 14 - 15   偏心轮泵
1—壳体；2—偏心轮；3—隔离片；4—滚动环

如图 14 - 15 （b）中的滚动环 4。这就成了一种新型的压缩机——旋转式压缩机，因这种压缩机具有效率高、体积小、质量轻、噪声小、寿命长、零部件数量少、便于大批量生产的特点，目前在国内发展较快，在国产家用电冰箱中正处于与往复式压缩机并用阶段。

14.2.3 还原法

这里以洗衣机的发明为例来说明还原创造法。最初，人们考虑创造的起点是怎样模仿人的洗衣方法，如搓揉、刷擦、捶打。但是，要使机构像人那样搓揉不同大小的衣服是不容易的；若采用刷擦，如何使衣服各处都能刷到，也很难解决；古老的捶打法虽简单，但易损坏衣服及纽扣。故在相当长的时间中难以设计出洗衣机。

还原法就是跳出以往考虑问题的起点，即人们洗衣方法，而还原到问题的创造原点。洗衣机的创造原点并不是搓、揉、刷、擦、捶，而应该是"洗"和"洁"，且不损伤衣服，对所采用的方法并无限制。"洗"的作用是把衣服与脏物分离，这可利用洗衣粉这种表面活性剂来达到目的。洗衣粉的特点是其分子与水和脏物均有很好的亲和力，因而能把衣服中的脏物拉出来与水相混合。但这种作用先发生在衣服表面与水相接触的滞留层上，因此需外加机械运动帮助脏物脱离滞留层，以达到"洁"。这种机械运动除了人们惯用的搓、揉、刷、擦、捶外，还可用振动、挤压、漂洗等。从结构简单、减小衣物损伤的角度

考虑，于是发明了漂洗的家用洗衣机，它用一个波轮旋转，搅动水流，使衣服在水中不断运动、互相摩擦，达到清洗目的。

14.2.4　仿真与变异法

仿真是指模仿人或动物的动作，如挖土机。参见图 14 - 16，挖土机由上臂、肘、挖斗（手）组成，完全模仿人手挖土，是很成功的设计。

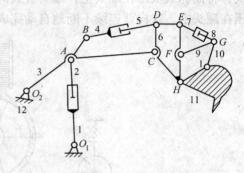

图 14 - 16　挖土机

但并不是所有仿真的机器都能成功，往往需要突破模仿动作而另创新的动作，这便是变异。例如缝纫机的发明，最初因一味模仿人们穿针走线的动作，无法设计出有效的缝纫机。最后，只有突破模仿人的动作而采用面线和底线缝纫法，才发明了缝纫机。

14.2.5　思维扩展法

当今新技术层出不穷，若只从本专业知识出发，往往设计出的机器不一定是最优的。事实上，当今的机器离不开气、液、光、声、电各方面的新技术，因此拓宽知识面、扩展思维，才能实现机构创新。

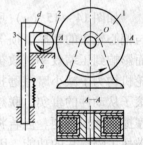

图 14 - 17　电磁回转机构

图 14 - 17 所示为电磁回转机构，此机构可用于零件圆柱度检测的测量仪中。被测零件支撑在静止的钳牙 a 上，并且用可动的钳牙 d 压住，d 和测量器的心轴 3 固连。当电磁铁 1 绕定轴 O 转动时，在被检测的金属零件 2 中感应出涡流，它和电磁场相互作用，电磁铁 1 产生转动力矩作用于被测零件，使其沿电磁铁 1 转动方向的反方向转动以便检测。这种机、电一体化的设计可方便地实现设计要求。

图 14 - 18 所示为蛙式打夯机的工作原理。它虽然只是带传动和连杆机构的组合，但发明者巧妙地利用了一般认为有害的惯性力。在大带轮上设计一重锤，借重锤离心力向外

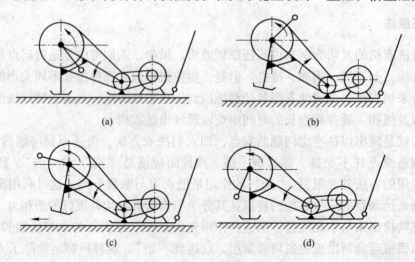

(a)　　　　　　　　　　　　(b)

(c)　　　　　　　　　　　　(d)

图 14 - 18　蛙式打夯机

并向上甩，使夯靴提升离地（图14-18（a）、（b））；当重锤转到左侧，离心力帮助夯靴向前移动（图14-18（b）、（c））；重锤转至左下侧时，离心力迫使夯靴富有冲击力地打击地面（图14-18（d））。这种变害为利的设计，没有思维的扩展是难以完成的。

思考题与习题

14-1 如图14-19所示为洗瓶机的推瓶机构。当主动凸轮6、7转动时，输出构件2端点 M 完成推瓶轨迹。试分析该机构系统的组合形式，并画出组合示意图。

14-2 如图14-20所示为粉料压片机的主加压机构。构件1输入运动，使构件5（冲头）往复移动。试分析该机构系统的组合形式，并画出组合示意图。

14-3 试列举常用的机构创新设计方法的应用实例。

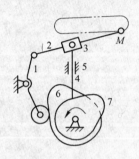

图14-19 题14-1图

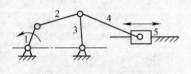

图14-20 题14-2图

参 考 文 献

[1] 吴杰，宗振奇. 机械原理 [M]. 北京：冶金工业出版社，2010.

[2] 张磊，王冠五. 机械设计 [M]. 北京：冶金工业出版社，2011.

[3] 濮良贵，纪名刚. 机械设计 [M]. 8 版. 北京：高等教育出版社，2008.

[4] 杨可桢，程光蕴. 机械设计基础 [M]. 5 版. 北京：高等教育出版社，2008.

[5] 孙桓，陈作模. 机械原理 [M]. 7 版. 北京：高等教育出版社，2006.

[6] 徐锦康. 机械设计 [M]. 北京：高等教育出版社，2005.

[7] 黄华梁，彭文生. 机械设计基础 [M]. 3 版. 北京：高等教育出版社，2004.

[8] 黄劲枝. 机械设计基础 [M]. 5 版. 北京：机械工业出版社，2002.

[9] 张春林，曲继方. 机械创新设计 [M]. 北京：机械工业出版社，2004.

冶金工业出版社部分图书推荐

书　名	作　者	定价(元)
UG NX7.0 三维建模基础教程（光盘）	王庆顺	42.00
机械原理	吴洁	29.00
数控机床操作与维修基础	宋晓梅	29.00
机械设计课程设计	吴洁等	29.00
轧钢机械设计	黄庆学	56.00
机械设计基础	吴联兴	29.00
现代机械设计方法	臧勇	22.00
简明机械零件手册	蔡春源	45.00
冶金废旧杂料回收金属实用技术	谭宪章	55.00
金属学与热处理	刘天佑	42.00
轧钢机械知识问答	周建男	30.00
轧钢机械（第3版）	邹家祥	49.00
轧钢机械设备	刘宝珩	28.00
C++程序设计	高潮	40.00
高精度板带钢厚度控制的理论与实践	丁修堃	65.00
轧制过程自动化（第3版）	丁修堃	59.00
无线传感器网络技术	彭力	22.00
热轧带钢轧后层流冷却控制系统	彭力	18.00
信息融合关键技术及其应用	彭力	29.00
电磁冶金技术及装备	韩至成	76.00
电磁冶金技术及装备500问	韩至成	58.00